녹색건축인증
에너지효율등급
작성가이드

무작정 따라하기

지은이 | 양성희 · 김학인 · 유철종 · 박준성
감 수 | 이광호 · 한승원 · 왕정한 · 이기완

한솔아카데미
H/A/N/S/O/L//A/C/A/D/E/M/Y

머리말

녹색건축은 생생하게 살아 움직이고 있다.

녹색건축은 1990년에 이후 에너지절약건축이란 이름으로 나타나서 → 그린건축 → 지속가능한 건축 → 장수명건축, 친환경건축, 저에너지(저탄소)건축, 제로에너지건축, 카본건축 등으로 진화해 오고 있다. 이처럼 건축물은 언제나 에너지를 기준으로 형성되어 있으며 에너지의 관점에서 패러다임이 변화하고 있다.

이러한 시대적 흐름 속에서 정부는 2017년까지 패시브 하우스 수준으로 에너지를 절감하고 냉난방에너지 90%를 절감하는 기준을 단계적으로 강화할 계획이다.
그뿐 아니라 자연훼손을 최소화하고 주변환경과 조화되는 디자인 개념이 도입될 수 있는 체계를 준비하고 있다.

그러나 정부는 녹색건축의 활성화 및 정책목표를 달성하기 위해 실질적인 현장의 전문가를 끌어들이지 않은 채 건축설계과정에서 녹색건축개념이 배제되어 건축이 기획되고 설계되어지는 현실을 묵과하고 있는 실정이다.
이런 상황이 더 진행되어서는 아니 되기에 작은 시작으로의 하나로 본질적인 것을 직시하고 불필요한 것은 과감히 배재하는 작업이 필요하다고 인식하고 소규모건축사사무소에서 녹색건축인증과 건축물에너지효율등급에 따른 보고서를 작성하는데 참고하는 자료가 있으면 건축행위시 녹색건축의 개념이 녹아들어갈 수 있을 것이라 믿고 작업을 시작하였다.

지구를 지속가능한 상태로 후손에게 넘겨주기 위한 전인류적인 큰 목적보다는 소규모건축사사무소에서 인증업무보고서를 처음 작성하는 자의 관점에서 따라할 수 있도록 쉽게 만들려고 신경을 썼다.

이 책은 1장과 2장으로 구분하고 있으며 녹색건축 인증과 건축물에너지효율등급이 무엇이며, 왜 받아야 하는지의 본질적인 궁금증을 짚어보고 어떻게 보고서를 작성해야 하는지에 대해서 고급스런 거치래는 벗어던지고 보는 자가 쉽고 편하게 받아들일 수 있도록 인증기관에 제출하는 보고서의 형태를 최대한 그대로 유지해서 알려주도록 만들었다.

아무쪼록 이 작은 시작은 끝이 아니며 녹색건축영역이 실질적인 건축사의 영역에서 친숙하게 만들어지는데 역할을 할 수 있는 전도사가 되도록 끊임없이 노력하는 할 것이다.

2015.2

저자

목 차

1

녹색건축인증

1.1 기초다지기_녹색건축인증이란 무엇인가?

녹색건축인증이란은 친환경건축, 패시브건축 등의 다양한 이름과 의미를 담고 있으며 아래와 같이 의미를 말하고 있다.

- 녹색건축물이란 건축물과 환경에 미치는 영향을 최소화하고 동시에 쾌적하고 건강한 거주환경을 제공하는 건축물을 말한다._녹색건축물조성지원법
- 녹색건축 인증제도란 설계와 시공 유지, 관리 등 전 과정에 걸쳐 에너지 절약 및 환경오염 저감에 기여한 건축물에 대한 친환경 건축물 인증을 부여하는 제도이다. 또한 지속 가능한 개발의 실현을 목표로 인간과 자연이 서로 친화하며 공생할 수 있도록 계획된 건축물의 입지, 자재선정 및 시공, 유지관리, 폐기 등 건축의 전 생애(Life Cycle)를 대상으로 환경에 영향을 미치는 요소에 대한 평가를 통하여 건축물의 환경성능을 인증하는 제도를 말한다._www.g-seed.co.kr
- 친환경건축물이라 함은 지속가능한 개발의 실현을 목표로 인간과 자연이 서로 친화하며 공생할 수 있도록 계획. 설계되고 에너지와 자원절약 등을 _친환경건축물인증제도 세부시행지침

액티브 하우스(Active House)는 태양광발전패널(PV Panel) 지열히트펌프(GHP) 등을 이용하여 외부로부터 에너지를 얻어 냉난방 등에 이용하는데 비하여 패시브 하우스는 냉난방 기기 없이 집안의 열을 최대한 빼앗기지 않도록 최대한 차단함으로써 화석연료를 사용하지 않고도 실내온도를 일정하게 유지한다_친환경 건축설계 가이드북_p269

녹색건축인증제도는 설계, 시공, 유지, 관리 등 건축물 생애 전 과정에 걸쳐 에너지절약 및 환경오염 저감에 기여한 건축물을 평가하고 인증을 부여하는 제도로서, 지속가능한 개발의 실현과 인간과 자연이 서로 친화하며 공생할 수 있는 건축물을 구현하는 것에 목적이 있다_친환경 건축설계 전문가 양성 정규과정6_사례 분석을 통한 녹색건축 인증제도의 이해_김학건_p1

패시브하우스란?

'1995년 독일의 볼프강 파이스트 박사에 의해 최초로 건축되었고 고단열 고기밀의 건축자재로 지어 난방에너지 소비를 95%까지 줄인 초저에너지 건축물을 말한다' 패시브하우스는 고단열 고기밀을 통해 인체의 체온과 햇빛만으로 난방을 하는 주택이다. 풍력, 태양열 등을 이용해 능동적으로 에너지를 끌어 쓰는 액티브하우스와 대응하는 개념으로 단열공법을 통해 에너지효율을 높인다.

패시브하우스 '수동적(passive)인 집' 이라는 뜻으로 능동적으로 에너지를 끌어 쓰는 액티브 하우스(active house)에 대응하는 개념이다. 액티브 하우스는 태양열 흡수장치 등을 이용하여 외부로부터 에너지를 끌어쓰는데 비하여 패시브하우스는 집안의 열이 밖으로 새어나가지 않도록 최대한 차단함으로써 화석연료를 사용하지 않고도 실내온도를 따뜻하게 유지한다.

- 패시브 디자인이란 여름철의 열획득과 겨울철 열손실을 최소화하기 위해 건물의 요소 및 시스템의 열적인 성능을 고려하여 열적, 환경적인 이익을 극대화하는 것이다._출처_ieea
- 패시브 디자인이란 기계적인 냉난방을 최소화하고 패시브적인 설계를 통해 자연적인 기후를 이용한 열쾌적을 유지하는데 기여한다. 패시브 디자인은 쾌적도의 향상과 냉난방 비용의 절감, 냉난방 및 기계환기, 조명으로 인한 온실가스 발생감소를 주요원칙으로 한다._A joint initiative of the Australian Governmen and the design and construction industries, AU

- 패시브 디자인이란 에너지 소비를 최소화하고 열적 쾌적을 향상시키기 위한 건축적 방법을 사용하여 건물을 설계하는 방법이다. 건물의 형태와 구성요소(건축적, 구조적, 외피 및 패시브 메카닉)에 의한 열적성능은 지역기후를 고려하여 최적화된 설계를 한다. 패시브 디자인의 궁극적인 목적은 액티브 기계적 시스템 및 화석연료를 이용한 에너지 소비의 수요를 완전히 제거하고 항상 거주자의 쾌적을 유지시키는 것이다._ City of Vancouver CA

녹색건축 인증제도는 건축물의 자재 생산단계, 설계, 건설, 유지관리, 폐기에 걸쳐 건축물의 전 과정에서 발생할 수 있는 에너지와 자원의 사용 및 오염물질 배출과 같은 환경 부담을 줄이고 쾌적한 환경을 조성하기 위한 목적으로 건축물의 환경친화 정도를 평가하여 인증하는 제도이다._친환경 건축설계 전문가 양성 정규과정6_녹색건축물 인증제도의 개요_조동우_p1

친환경건축이란? 자연환경을 훼손하지 않고 자연자원을 유지하고 이용하면서 인간생활의 질을 적정수준으로 유지할 수 있도록 하는 건축물을 말한다. 생태건축, 친환경/환경친화적 건축, 그린건축, 지속 가능한 건축 등의 개념들이 있다. _p.9, 친환경 건축디자인 보고서, 건원건축

친환경 건축이란 건축물의 계획, 설계, 생산, 유지관리 그리고 폐기에 이르기까지 전 과정에 걸쳐 총체적으로 에너지 및 자원을 절약하고 자연과의 유기적 연계를 도모하여 자연환경을 보전하며 인간의 건강과 쾌적성 향상을 가능하게 하는 건축_친환경건축 설계의 평가 및 보급을 위한 워크숍, 대한건축학회 자료집 2010

친환경건축은 자연환경의 중요성에 대한 생태학적 인식으로부터 출발하여 합리화와 경제성의 가치숭상으로 빚어진 획일화, 비인간화, 생태환경의 파괴의 모순을 초래한 근대 이후의 건축양상에 대한 반석으로 새로운 건축적 대안의 모색이라 할 수 있다_p.23, 친환경 건축 설계 가이드 북

지속가능한 개발의 개념은 1972년 유엔인간환경회의에서 워드(Ward)가 처음 사용하였으며, 블룬트란트(Brundtland)는 '다은세대의 욕구를 충족시킬 수 있는 여건을 저해하지 않으면서 현 세대의 욕구를 충족시키는 개발' 로 정의_p.32, 친환경 건축설계 가이드 북

패시브 디자인

건축물의 향 등의 배치에서부터 각 실의 배치, 창호의 선정 및 배치를 비롯하여 축열재의 사용, 고단열 / 고기밀 외벽재의 적용 등의 여러과정을 모두 아우리는 것_건축환경설비 2010년 1월, 한국형 제로 에너지 하우스 'Green Tomorrow' 구축사례

영어로 직역하면 '수동적 설계'라는 뜻을 기계 전기 등의 설비기기를 사용하지 않고 에너지 부하를 작게 하도록 만드는 디자인

패시브 하우스란 냉 난방기기 없이 집안의 열을 빼앗기지 않도록 최대한 차단함으로써 화석연료를 사용하지 않고도 실내온도를 일정하게 유지한다._p.269, 친환경 건축 설계 가이드 북, 발언'

액티브 디자인

기계 및 전기 설비를 이용한 능동적 부하처리로 에너지의 이용 및 생산하는 것을 말함_건축환경설비 2010년 1월, 한국형 제로에너지 하우스 'Green Tomorrow' 구축사례

기계, 전기설비나 동력을 적극적으로 이용하는 개념이다. 예를 들어 액티브 하우스는 냉난방기기 없이 집안의 열을 빼앗기지 않도록 최대한 차단함으로써 화석연료를 사용하지 않고도 실내온도를 일정하게 유지한다._p.269, 친환경 건축설계 가이드

친환경건축이란?

자연생태계의 일부로서 자연환경에 해를 주지 않는 자연자원을 활용하며, 자연환경의 4대 요소(태양, 토양, 공기, 물)로 구성된 자연의 순환체계에 건축이 연계되어 자연생태계와 더불어 인간이 안정된 생활을 하도록 하는데 그 이상적 목표가 있다._p43, 친환경 건축 설계 가이드 북

원시시대-최초의 인류→주변에서 쉽게 찾을 수 있는 재료와 나무, 자연석, 동물의 뼈로 된 도구를 가지고 최대한 안락하고 위생적인 쉼터를 만들어 갔으며, 매일 찾아와도 반가운 손님인 빛과 바람을 전신으로 감지하면서 이들의 일부가 되는 지혜를 가지고 있었다._인류 문명의 변화와 친환경건축, 현경아 박사

친환경건축이란 인간의 건축활동이 과거의 소비적, 폐기적 생산활동에서 탈피하여 순환적이며 자연공생적인 건축활동을 통해 환경부하를 저감하고 인간의 삶의 질을 향상시키는 순환형 전 생애주기 건축활동으로 정의_친환경건축 기술과 경제성_신성우

그럼 녹색건축인증에 대한 저자의 생각은 '건축물의 에너지를 절감과 저탄소의 저감의 목표를 달성하고 건축물의 가치를 향상시키기 위한 도구로 사용되어지는 제도이다' 라고 개념을 정리하려 한다. 이제도가 너무 높게 평가되어 도구가 장애물이 되어서는 아니된다고 본다. 그러나 녹색건축의 실현은 시대적 흐름이며 녹색건축이 건축물 가치판단의 주요한 요소로 작용할 것이라는 것은 이론의 여지가 없다할 것이다.

1.1.1 인증을 왜 받아야 하는가?

정부는 건축물의 자재생산, 설계, 건설, 유지관리, 폐기 등 전 과정을 대상으로 에너지 및 자원의 절약, 오염물질, 배출감소, 쾌적성, 주변 환경과의 조화 등 환경에 영향을 미치는 요소에 대한 평가를 통해 건축무의 환경성능을 인증함으로써 친환경 건축물 건설을 유도 및 촉진하고자 하는 목적을 갖고 있다.

건축주에게는 녹색건축물인증을 통해 기존 건축물에 비해 각종 공공요금 절감률과 실내에 이산화탄소의 방출이 적어 거주자에게 경제적, 심리적, 건강상의 만족을 가져다 주며 실질적인 지원이 이루어지고 있다.

- 건축물 에너지의 사용량 절감에 따른 건물 가치 상승
- 이산화탄소 저감을 통한 실내공기질 향상에 따른 생산성 증대
- 각종 인센티브 혜택에 따른 경제적 이득_취등록세 경감, 환경개선부담금 경감, 재산세 경감, 건축기준 완화, PQ심사시 가점부여 등

녹색건축물의 취·등록세 경감

구분	에너지 효율인증 1등급 또는 EPI 90점 이상	에너지효율인증 2등급 또는 EPI 80점 이상 90점 미만
녹색인증 최우수 등급	15% 이하	10% 이하
녹색인증 우수등급	10% 이하	5% 이하

재산세 경감

구분	에너지 효율인증 1등급	에너지효율인증 2등급
녹색인증 최우수 등급	15%	10%
녹색인증 우수등급	10%	5%
*에너지 효율인증 1등급인 경우 재산세 3% 경감		
〈건축기준 완화(용적율, 최대층고, 조경면적의 완화)〉		
구분	에너지 효율인증 1등급 또는 EPI 90점 이상	에너지효율인증 2등급 또는 EPI 80점 이상 90점 미만
녹색인증 최우수 등급	12% 이하	8% 이하
녹색인증 우수등급	8% 이하	4% 이하

환경개선부담금 경감

구분	경감률(%)
녹색인증 최우수 등급(그린1등급)	50
녹색인증 우수등급(그린2등급)	40
녹색인증 우량등급(그린3등급)	30
녹색인증 일반등급(그린4등급)	20

1.1.2 인증 대상 건축물

공공기관에서 건축하는 연면적 3,000제곱미터 이상 공공건축물은 인증취득을 의무화하고 있으며, 청사 또는 공공업무시설은 우수등급 이상을 요구하고 있다.

- 신축건축물 : 공동주택, 업무시설, 주거복합, 학교, 판매, 숙박, 소형주택, 그밖의 건축물
- 기존건축물 : 공동주택, 업무시설

1.1.3 인증을 하는 기관

국토교통부와 환경부가 공동으로 총괄하며, 녹색건축 인증기준의 개정 및 관리를 위한 운영기관으로는 한국건설기술연구원이 맡아서 하고 있다. 이때 녹색건축 인증기준을 심사하여 인증하는 인증기관은 아래와 같이 10개의 기관이 있다.

한국생산성본부인증원(02-6973-9060)

(사)한국교육환경연구원(02-456-9442)

(사)그린빌딩협의회(02-558-3013)

크레비즈인증원(02-2069-3616)

한국감정원(02-2189-8000)

한국시설안전공단(031-910-3524)

한국에너지기술연구원(042-860-3114)

한국토지주택공사(031-738-4531~9)

한국환경건축연구원(02-558-8123)

한국환경산업기술원(02-3800-568)

1.1.4 인증 처리절차

인증을 받기 위해서는 건축주 또는 건축주의 동의를 받은 시공자가 인증기관에 인증신청을 해야 하며, 사용승인을 취득한 건축물의 경우는 항상 인증신청이 가능하고 예비인증신청은 설계단계에서 해야 한다._www.g-seed.co.kr

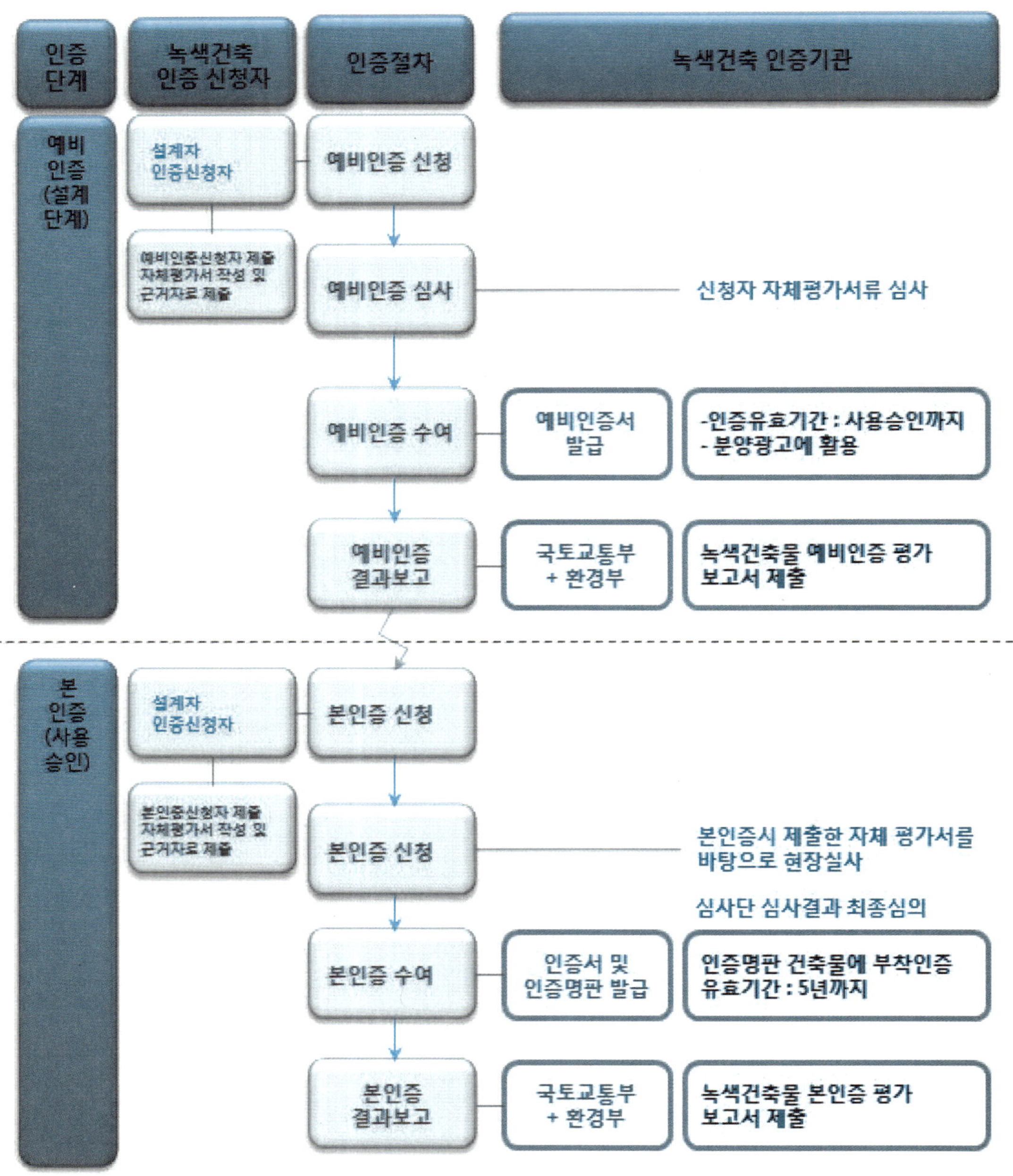

1.1.5 녹색건축인증기준 꼼꼼히 살펴보기

인증기준은 신축건축물 종류별 인증심사기준과 기존 건축물 종류별 인증심사기준에 따라 평가한다.

- 2개 이상의 용도가 있는 복합건축물에 대하여는 각 용도별로 인증심사기준에 따라 평가하고, 최종 인증점수는 복합건축물 인증등급 산정표에 따라 각 용도별 바닥면적을 가중 평균하여 산출한다.
- 하나의 대지에 2 이상의 건축물을 신축하는 경우 또는 건축물이 있는 대지에 기존 건축물과 떨어져 증축하는 경우에는 녹색건축 인증대상 건축물 주변에 가상의 대지 경계선을 설정하여 건축물 외부환경 관련 항목에 대하여 평가할 수 있으며, 그 외 항목은 동일하게 평가한다. 이 경우 가상의 대지 경계선은 해당 건축물의 용적률에 근거하여 설정하며, 가상의 대지 경계선은 인증신청자가 제시할 수 있다.
- 인증신청 건축물은 각 인증심사기준의 필수항목에서 제시하고 있는 최소평점 이상을 반드시 취득하여야 한다.
- 국내법이 적용되지 않는 지역에서의 건축 등 특수한 상황으로 인하여 인증기준 적용이 불합리하다고 국토교통부장관이 인정하는 경우에는 규칙 제15조에 따른 인증운영위원회의 심의를 거쳐 인증기준을 변경하여 적용할 수 있다. 이 경우 건축주등은 인증기준을 변경하여 적용하고자 하는 사항을 작성하여 운영기관의 장에게 요청하여야 한다.

인증기준은 7개의 전문분야인 토지이용 및 교통, 에너지 및 환경오염, 재료 및 자원, 물순환관리, 유지관리, 생태환경, 실내환경으로 구성되어 있으며 평가내용을 아래와 같이 정리한 것이다.

1) 토지이용 및 교통

생태학적 기능과 외부환경과의 관련성을 고려하여 교통부하를 줄일 수 있는 측면에서의 항목을 평가한다.

2) 에너지 및 환경오염

건축물이 지어지고 사용하는 과정에서 발생하는 환경오염을 줄일 수 있는 측면에서의 대책을 평가한다.

3) 재료 및 자원

재생재료의 활용여부를 평가한다.

4) 물순환관리

물절약과 물순환이 효율적인지 여부를 평가한다.

5) 유지관리

지속적인 유지관리체계를 갖출 수 있는지 여부를 평가한다.

6) 생태환경

건축물이 지어지는 과정에서 생태계에의 변화를 최소화하는지 여부를 평가한다.

7) 실내환경

건강과 환경측면에서 실내의 쾌적한 환경을 조성하기 위한 목적을 달성할 수 있는지 여부를 평가한다.

■ 용도별 인증심사기준

[공동주택]

구분	범 주	평 가 항 목	세부평가기준	구분	배점
1. 토지 이용 및 교통	1.1 생태적 가치	1.1.1 기존대지의 생태학적 가치	기존 대지의 생태학적 가치, 토지이용 현황, 용도지역 등을 근거로 점수 부여	평가항목	2
	1.2 인접대지 영향	1.2.1 일조권 간섭방지 대책의 타당성	인접대지 경계선으로부터 대상 건축물 정북방향의 각 부분의 높이를 잰 최대 앙각	평가항목	2
	1.3 거주 환경의 조성	1.3.1 커뮤니티 센터 및 시설 공간의 조성수준	단지 내 일정수준 이상의 커뮤니티 센터나 커뮤니티 공간의 조성 여부	평가항목	3
		1.3.2 단지 내 보행자 전용도로 조성여부	보행자 전용도로 조성 상태 및 단지내시설과의 연계성 평가	평가항목	3
		1.3.3 외부보행자 전용도로 네트워크 연계여부	외부 보행자 전용도로 네트워크와의연계여부 측정	평가항목	2
	1.4 교통부하 저감	1.4.1 대중교통의 근접성	대중교통시설(철도역, 지하철역, 버스터미널, 버스정류소)과의 도보거리	평가항목	2
		1.4.2 자전거 보관소 및 자전거도로 설치여부	자전거 보관소의 설치 및 자전거 도로의 적합성	평가항목	2
		1.4.3 도시중심 및 지역중심과 단지중심간의 거리	도시중심 및 지역중심과 단지중심간의 직선거리 측정	평가항목	2
2. 에너지 및 환경 오염	2.1 에너지 절약	2.1.1 에너지 성능	건축물의 에너지절약 설계기준(국토교통부 고시)의 에너지성능지표 검토서에서 취득한 점수 또는 건축물 에너지효율 인증등급을 근거로 평가	필수항목	12
	2.2 지속 가능한 에너지원 사용	2.2.1 신·재생에너지 이용	신·재생에너지 시설의 설치 비율에 따라 점수를 부여	평가항목	3
	2.3 지구 온난화방지	2.3.1 이산화탄소 배출 저감	이산화탄소 배출을 저감시킬 수 있는 시스템의 적용여부 평가	평가항목	3
		2.3.2 오존층 보호를 위하여 특정물질의 사용 금지	지구 온난화 방지를 위한 오존층 파괴물질 기준에 따라 평가	평가항목	3
3. 재료 및 자원	3.1 자원 절약	3.1.1 가변성	단위세대내의 내력벽 및 기둥의 길이 비율 평가	평가항목	3
	3.2 폐기물 최소화	3.2.1 생활용 가구재 사용억제 대책의 타당성	방면적 대비 수납공간 비율	평가항목	3
	3.3 생활 폐기물 분리수거	3.3.1 재활용 가능자원의 분리수거	재활용 생활폐기물 보관시설 설치 및 분리품목 종류에 의해 평가	필수항목	2
		3.3.2 음식물 쓰레기 저감	음식물 쓰레기 분리수거를 의한 시설 및 재활용 계획 수립 여부 평가	평가항목	2
	3.4 지속가능한 자원 활용	3.4.1 유효자원 재활용을 위한 친환경인증제품 사용여부	환경표지인증제품 또는 GR마크 인증제품의 사용여부를 평가	필수항목	3
		3.4.2 재료의 탄소배출량 정보표시	사용된 재료 및 자재의 탄소성적표시 인증 여부를 평가	평가항목	2
리모델링시에만 평가		3.4.3 기존 건축물의 주요구조부 재사용으로 재료 및 자원의 절약	전면 리모델링 건축물에 대하여 주요구조부의 재사용률에 따라 평가	가산항목	7
		3.4.4 기존 건축물의 비내력벽 재사용으로 재료 및 자원의 절약	전면 리모델링 건축물에 대하여 비내력벽의 재사용률에 따라 평가	가산항목	2

구분	범 주	평 가 항 목	세부평가기준	구분	배점
4. 물순환 관리	4.1 수순환체계 구축	4.1.1 우수부하 절감대책의타당성	우수유출 저감시설로의 연계면적의 비율로 평가	평가 항목	4
	4.2 수자원 절약	4.2.1 생활용 상수 절감 대책의 타당성	환경표지인증을 받은 제품의 적용 여부에 따라 평가	필수 항목	4
		4.2.2 우수 이용	우수를 빗물이용시설의 시설기준 및 중수도 수질기준에 의한 살수용수, 조경용수 등으로 이용하는 시설의 설치여부에 따라 평가	평가 항목	4
		4.2.3 중수도 설치	사용한 수돗물을 처리하는 중수도 시설로 생산한 중수의 살수용수, 조경용수 등으로의 사용률을 평가	평가 항목	3
5. 유지 관리	5.1 체계적인 현장관리	5.1.1 환경을 고려한 현장관리 계획의 합리성	시공회사의 ISO14001 획득여부와 현장운영지침에서의 환경우선정책 채택 정도	평가 항목	1
	5.2 효율적인 건물관리	5.2.1 운영/유지관리 문서 및 지침 제공의 타당성	건축물 관리자를 위해 관련 장비/설비의 효과적인 운영/유지관리를 위한 매뉴얼 및 지침이 제공되는지의 여부를 평가	필수 항목	2
	5.3 효율적인 세대관리	5.3.1 사용자 매뉴얼 제공	입주자들에게 사용자 유지관리 매뉴얼(문서 또는 전자문서)을 제공하는지에 따라 평가	평가 항목	1
	5.4 수리용이성	5.4.1 전용부분	전용부분의 내부구성재의 점검, 수선, 교환의 용이성 평가	평가 항목	2
		5.4.2 공용부분	공용부분의 배관·배선의 내구성, 유지보수 및 갱신성이 우수한 설비 계획 평가	평가 항목	2
6. 생태 환경	6.1 대지 내 녹지공간 조성	6.1.1 연계된 녹지축 조성	대지내 조성된 녹지축의 길이와 대지의 외곽길이의 합과의 비율에 대한 가중치를 산정하여 평가된 점수 및 조성된 대지 내 녹지축이 대지외부의 녹지와 연계되어 생태축으로서의 기능성 유무를 평가한 점수를 합산하여 평가	평가 항목	2
		6.1.2 자연지반녹지율	전체 대지 내에 분포하는 자연지반녹지(인공지반 및 건축물 상부의 녹지 제외)의 비율로 평가	평가 항목	2
	6.2 외부공간 및 건물외피의 생태적 기능확보	6.2.1 생태면적률	생태적 가치를 달리하는 공간유형을 구분하고, 각 공간유형에 해당하는 가중치를 곱하여 구한 환산면적의 합과 전체 대지 면적의 비율로 평가	필수 항목	10
	6.3 생물서식 공간 조성	6.3.1 비오톱 조성	비오톱 조성을 위해 채용된 기법을 대상으로 정성적, 정량적으로 평가	평가 항목	4
7. 실내 환경	7.1 공기환경	7.1.1 실내공기오염물질 저방출 제품의 적용	유해화학물질 저방출제품의 적용정도에 대해 평가	필수 항목	6
		7.1.2 자연 통풍 확보 여부	거주자가 직접 외기를 도입할 수 있도록 자연통풍이 가능한 환기창의 설치 여부를 평가	평가 항목	3
		7.1.3 단위세대의 환기성능확보여부	실내공기환경을 건강하고 안전하게 유지하기 위하여 요구되는 최소환기량 및 일정수준 이상의 환기성능 확보에 필요한 적정 환기설비의 설치여부를 확인	평가 항목	3
	7.2 온열환경	7.2.1 각 실별 자동 온도 조절 장치 채택 여부	각 실별 또는 난방존별로 시간제어운전기능이 있거나 홈오토메이션시스템 등과 연동이 가능한 자동 온도조절장치 적용 비율	평가 항목	2

구분	범 주	평 가 항 목	세부평가기준	구분	배점
7. 실내 환경	7.3 음환경	7.3.1 경량 충격음 차단성능	「공동주택 바닥충격음 차단구조인정 및 관리기준」(국토교통부 고시)에 따라 취득한 인정서, 감리보고서 등으로 평가	평가항목	2
		7.3.2 중량 충격음 차단성능	「공동주택 바닥충격음 차단구조인정 및 관리기준」(국토교통부 고시)에 따라 취득한 인정서, 감리보고서 등으로 평가	평가항목	2
		7.3.3 세대간 경계벽의 차음성능	세대간 경계벽이 콘크리트로 구성된 경우에는 벽체의 두께로 평가하며, 건식벽체인 경우에는 「벽체의 차음구조 인정 및 관리기준」(국토교통부 고시)에 따른 차음구조 인정서로 평가	평가항목	2
		7.3.4 교통소음(도로,철도)에 대한 실내·외 소음도	「공동주택의 소음측정기준」(국토교통부 고시)에서 정하고 있는 방법에 따라 평가	평가항목	2
		7.3.5 화장실 급배수 소음	채택한 급·배수소음 저감공법별 배점을 합산하여 평가	평가항목	2
	7.4 빛환경	7.4.1 세대 내 일조 확보율	채광창 면적 비율 및 인동간격에 따른 방위별 가중치를 계산하여 최종 등급 산출	평가항목	4
8. 주택 성능 분야	8.1 수명관리	8.1.1 내구성	일상의 유지관리 조건하에 건물의 수명기간년수를 평가	−	−
	8.2 사회적 약자의 배려	8.2.1 전용부분	전용부분 설계도면 분석을 통한 사회적 약자를 위한 디자인 설계방법의 적정성 및 적용 여부 평가	−	−
		8.2.2 공용부분	공용부분 설계도면 분석을 통한 사회적 약자를 위한 디자인 설계방법의 적정성 및 적용 여부 평가	−	−
	8.3 홈네트워크	8.3.1 홈네트워크 종합시스템	단지 및 세대의 효율적인 유지관리와 미래주거 변화의 대응성을 평가	−	−
	8.4 방범안전	8.4.1 방범안전 콘텐츠	매뉴얼, 인력배치계획서 방범안전관리센터 등을 통해 단지의 방범콘텐츠를 평가	−	−
	8.5 화재소방	8.5.1 감지 및 경보설비	화재소방과 관련된 건축, 설비 등을 평가	−	−
		8.5.2 제연설비	화재소방과 관련된 건축, 설비 등을 평가	−	−
		8.5.3 내화성능	화재소방과 관련된 건축, 설비 등을 평가	−	−
	8.6 피난안전	8.6.1 수평피난거리	피난안전과 관련된 건축, 설비 등을 평가	−	−
		8.6.2 복도 및 계단 유효폭	피난안전과 관련된 건축, 설비 등을 평가	−	−
		8.6.3 피난설비	피난안전과 관련된 건축, 설비 등을 평가	−	−

[복합건축물(주거) 인증심사기준]

구분	범 주	평 가 항 목		세 부 평 가 기 준	구분	배점
1. 토지 이용 및 교통	1.1 생태적가치	1.1.1	기존대지의 생태학적 가치	기존 대지의 생태학적 가치, 토지이용 현황, 용도지역 등을 근거로 점수 부여	평가항목	2
	1.2 인접대지 영향	1.2.1	일조권 간섭방지대책의 타당성	인접대지 경계선으로부터 대상 건축물 정북방향의 각 부분의 높이를 잰 최대 앙각	평가항목	2
	1.3 교통부하 저감	1.3.1	대중교통의 근접성	대중교통시설(철도역, 지하철역, 버스터미널, 버스정류소)과의 도보거리	평가항목	2
		1.3.2	자전거 보관소 설치여부	자전거 보관소 설치 여부	평가항목	2
2. 에너지 및 환경 오염	2.1 에너지 절약	2.1.1	에너지 성능	건축물의 에너지절약 설계기준(국토교통부 고시)의 '에너지성능지표'에서 취득한 점수 또는 건축물 에너지효율 인증등급을 근거로 평가	필수항목	12
	2.2 지속가능한 에너지원 사용	2.2.1	신·재생에너지 이용	신·재생에너지 시설의 설치비율에 따라 점수를 부여	평가항목	3
	2.3 지구온난화 방지	2.3.1	이산화탄소 배출저감	이산화탄소 배출을 저감시킬 수 있는 시스템의 적용여부 평가	평가항목	3
		2.3.2	오존층보호를 하여 특정물질의 사용금지	지구 온난화 방지를 위한 오존층 파괴물질 기준에 따라 평가	평가항목	3
3. 재료 및 자원	3.1 자원 절약	3.1.1	라이프스타일 변화를 고려한 평면개발	각 단위세대내의 내력벽 및 기둥의 길이 비율 평가	평가항목	3
	3.2 폐기물 최소화	3.2.1	생활용 가구재 사용억제 대책의 타당성	방면적 대비 수납공간 비율	평가항목	3
	3.3 생활 폐기물 분리수거	3.3.1	재활용 가능자원의 분리수거	재활용 생활폐기물 보관시설 및 분리품목 종류에 의해 평가	필수항목	2
		3.3.2	음식물 쓰레기 저감	음식물 쓰레기 분리수거를 위한 시설 및 재활용 계획 수립 여부 평가	평가항목	2
	3.4 지속가능한 자원 활용	3.4.1	유효자원 재활용을 위한 친환경인증제품 사용여부	환경표지인증제품 또는 GR마크의 인증제품의 사용 여부를 평가	필수항목	3
		3.4.2	재료의 탄소배출량 정보 표시	사용된 재료 및 자재의 탄소성적표시 인증 여부를 평가	평가항목	2
리모델링시에만 평가		3.4.3	기존 건축물의 주요구조부 재사용으로 재료 및 자원의 절약	전면 리모델링 건축물에 대하여 주요구조부의 재사용률에 따라 평가	가산항목	7
		3.4.4	기존 건축물의 비내력벽 재사용으로 재료 및 자원의 절약	전면 리모델링 건축물에 대하여 비내력벽의 재사용률에 따라 평가	가산항목	2
4. 물순환 관리	4.1 수순환체계구축	4.1.1	우수부하 절감대책의 타당성	우수유출 저감시설 연계면적의 비율로 평가	평가항목	3
	4.2 수자원 절약	4.2.1	생활용 상수 절감 대책의 타당성	환경표지인증을 받은 제품의 적용 여부에 따라 평가	필수항목	4
		4.2.2	우수 이용	우수를 빗물이용시설의 시설기준 및 중수도 수질기준에 의한 살수용수, 조경용수 등으로 이용하는 시설의 설치여부에 따라 평가	평가항목	3

구분	범 주	평 가 항 목	세 부 평 가 기 준	구분	배점
4. 물순환 관리	4.2 수자원 절약	4.2.3 중수도 설치	사용한 수돗물을 처리하는 중수도 시설로 생산한 중수의 살수용수, 조경용수 등으로의 사용률을 평가	평가 항목	3
5. 유지 관리	5.1 체계적인 현장관리	5.1.1 환경을 고려한 현장관리계획의 합리성	시공회사의 ISO14001 획득여부와 현장운영지침에서의 환경우선정책 채택 정도	평가 항목	1
	5.2 효율적인 건물관리	5.2.1 운영/유지관리 문서 및 지침 제공의 타당성	건축물 관리자를 위해 관련 장비/설비의 효과적인 운영/유지관리를 위한 매뉴얼 및 지침이 제공되는지의 여부를 평가	필수 항목	2
	5.3 효율적인 세대관리	5.3.1 사용자 매뉴얼 제공	입주자들에게 사용자 유지관리 매뉴얼(문서 또는 전자문서)을 제공하는지에 따라 평가	평가 항목	1
6. 생태 환경	6.1 대지 내 녹지공간 조성	6.1.1 자연지반녹지율	전체 대지 내에 분포하는 자연지반녹지(인공지반 및 건축물 상부의 녹지 제외)의 비율로 평가	평가 항목	2
	6.2 외부공간 및 건물 외피의 생태적 기능 확보	6.2.1 생태면적률	생태적 가치를 달리하는 공간유형을 구분하고, 각 공간유형에 해당하는 가중치를 곱하여 구한 환산면적의 합과 전체 대지 비율로 평가	평가 항목	6
	6.3 생물서식 공간조성	6.3.1 비오톱 조성	비오톱 조성을 위해 채용된 기법을 대상으로 정성적, 정량적으로 평가	평가 항목	4
7. 실내 환경	7.1 공기환경	7.1.1 실내공기오염물질 저방출 자재의 사용	유해화학물질 저방출자재의 적용정도에 대해 평가	필수 항목	6
		7.1.2 자연 환기성능 확보 여부	거주자가 직접 외기를 도입할 수 있도록 자연통풍이 가능한 환기창의 설치 여부를 평가	평가 항목	3
		7.1.3 건축자재로부터 배출되는 그 밖의 유해물질 억제	건축물내에서 석면이 포함된 자재를 사용하는지를 평가	평가 항목	1
	7.2 온열환경	7.2.1 각 세대별 자동온도 조절장치 채택 여부	각 실별 또는 난방존별로 시간제어 운전기능이 있거나 홈오토메이션시스템 등과 연동이 가능한 자동 온도조절장치의 적용비율	평가 항목	2
	7.3 음환경	7.3.1 층간 경계바닥의 바닥충격음 차단성능	「공동주택 바닥충격음 차단구조인정 및 관리기준」(국토교통부 고시)에 따라 취득한 인정서, 감리보고서 등으로 평가	평가 항목	2
		7.3.2 세대간 경계벽의 차음성능	세대간 경계벽이 콘크리트로 구성된 경우에는 벽체의 두께로 평가하며, 건식벽체인 경우에는 「벽체의 차음구조 인정 및 관리기준」(국토교통부 고시)에 따른 차음구조 인정서로 평가	평가 항목	2
		7.3.3 교통소음(도로,철도)에 대한 실내 소음도	「공동주택의 소음측정기준」(국토교통부 고시)에서 정하고 있는 예측 및 측정방법에 따라 실내소음도를 평가	평가 항목	2
		7.3.4 화장실 급배수 소음	채택한 급·배수소음 저감공법별 배점을 합산하여 평가	평가 항목	2

[업무용 건축물 인증심사기준]

부 문	범 주	평 가 항 목	세 부 평 가 기 준	구분	배점
1. 토지 이용 및 교통	1.1 생태적 가치	1.1.1 기존대지의 생태학적 가치	기존 대지의 생태학적 가치, 토지이용 현황, 용도지역 등을 근거로 점수 부여	평가 항목	2
	1.2 인접대지 영향	1.2.1 일조권 간섭방지 대책의 타당성	인접대지 경계선으로부터 대상 건축물 정북방향의 각 부분의 높이를 잰 최대 앙각	평가 항목	2
	1.3 교통부하 저감	1.3.1 대중교통의 근접성	대중교통시설(철도역, 지하철역, 버스터미널, 버스정류소)과의 도보거리	평가 항목	2
		1.3.2 자전거 보관소 설치 여부	자전거 보관소 설치 및 자전거 이용자를 위한 샤워시설 마련 여부	평가 항목	2
2. 에너지 및 환경 오염	2.1 에너지 절약	2.1.1 에너지 성능	건축물의 에너지절약 설계기준(국토교통부 고시제)의 '에너지성능지표 검토서'에서 취득한 점수 또는 건축물 에너지효율 인증 등급을 근거로 평가	필수 항목	12
		2.1.2 계량기 설치 여부	용도별 사용에너지를 측정할 수 있는 계량기 설치 여부	평가 항목	2
		2.1.3 조명에너지 절약	조명밀도 및 조명방식에 대한 평가	평가 항목	4
	2.2 지속가능한 에너지원 사용	2.2.1 신·재생에너지 이용	신·재생에너지 시설의 설치 비율에 따라 점수를 부여	평가 항목	3
	2.3 지구온난화 방지	2.3.1 이산화탄소 배출저감	이산화탄소 배출을 저감시킬 수 있는 시스템의 적용여부 평가	평가 항목	3
		2.3.2 오존층보호를 위한 특정 물질의 사용금지	지구 온난화 방지를 위한 오존층 파괴물질 기준에 따라 평가	평가 항목	3
3. 재료 및 자원	3.1 자원 절약	3.1.1 화장실에서 사용되는 소비재 절약	건축물내 화장실에서 세수 후 건조방법에 대하여 평가	평가 항목	1
	3.2 지속가능한 자원 활용	3.2.1 유효자원 재활용을 위한 친환경인증제품 사용여부	환경표지인증제품 또는 GR마크 인증제품의 사용여부를 평가	필수 항목	3
		3.2.2 재활용 가능자원의 분리수거	재활용 폐기물 보관시설 설치 및 분리품목 종류에 의해 평가	필수 항목	2
		3.2.3 재료의 탄소배출량 정보표시	사용된 재료 및 자재의 탄소성적표시 인증 여부를 평가	평가 항목	2
리모델링시에만 평가		3.2.4 기존 건축물의 주요구조부 재사용으로 재료 및 자원의 절약	전면 리모델링 건축물에 대하여 주요구조부의 재사용률에 따라 평가	가산 항목	7
		3.2.5 기존 건축물의 비내력벽 재사용으로 재료 및 자원의 절약	전면 리모델링 건축물에 대하여 비내력벽의 재사용률에 따라 평가	가산 항목	2
4. 물순환 관리	4.1 수순환 체계 구축	4.1.1 우수부하 절감대책의 타당성	대지내 설치된 우수유출저감시설 연계면적의 비율로 평가	평가 항목	3
	4.2 수자원 절약	4.2.1 생활용 상수 절감 대책의 타당성	환경표지인증을 받은 제품의 적용 여부에 따라 평가	필수 항목	4
		4.2.2 우수 이용	우수를 빗물이용시설의 시설기준 및 중수도 수질기준에 의한 살수용수, 조경용수 등으로 이용하는 시설의 설치 여부에 따라 평가	평가 항목	3

부 문	범 주	평 가 항 목	세 부 평 가 기 준	구분	배점
4. 물순환 관리	4.2 수자원 절약	4.2.3 중수도 설치	사용한 수돗물을 처리하는 중수도 시설로 생산한 중수의 살수용수, 조경용수 등으로의 사용률을 평가	평가 항목	3
5. 유지 관리	5.1 체계적인 현장관리	5.1.1 환경을 고려한 현장관리계획의 합리성	시공회사의 ISO14001 획득여부와 현장운영지침에서의 환경우선정책 채택 정도	평가 항목	1
	5.2 효율적인 건물관리	5.2.1 운영/유지관리 문서 및 지침제공의 타당성	건축물 관리자를 위해 관련 장비/설비의 효과적인 운영/유지관리를 위한 매뉴얼 및 지침이 제공되는지의 여부를 평가	필수 항목	2
		5.2.2 TAB 및 커미셔닝 실시	TAB 및 커미셔닝 실시 여부	평가 항목	2
	5.3 시스템 변경의 용이성	5.3.1 거주자의 요구에 대응하여 공간 배치 및 시스템 변경 용이성	실내공간에 설치된 시스템의 기술적 측면에서 변경 용이성에 대하여 평가	평가 항목	4
6. 생태 환경	6.1 대지 내 녹지공간 조성	6.1.1 자연지반 녹지율	전체 대지 내에 분포하는 자연지반녹지(인공지반 및 건축물 상부의 녹지 제외)의 비율로 평가	평가 항목	2
	6.2 외부공간 및 건물 외피의 생태적 기능확보	6.2.1 생태면적률	생태적 가치를 달리하는 공간유형을 구분하고, 각 공간유형에 해당하는 가중치를 곱하여 구한 환산면적의 합과 전체 대지면적의 비율로 평가	평가 항목	6
	6.3 생물서식 공간조성	6.3.1 비오톱 조성	비오톱 조성을 위해 채용된 기법으로 대상으로 정성적, 정량적으로 평가	평가 항목	4
7. 실내 환경	7.1 공기환경	7.1.1 실내공기오염물질 저방출 자재의 사용	유해화학물질 저방출자재의 적용정도에 대해 평가	필수 항목	3
		7.1.2 자연환기성능 확보 여부	이용자가 직접 외기를 도입할 수 있도록 자연통풍이 가능한 환기창/환기구의 설치 여부를 평가	평가 항목	3
		7.1.3 외기 급·배기구의 설계	신선한 외기를 도입하기 위한 공조 급·배기구 설계도서 확인	평가 항목	3
		7.1.4 건축자재로부터배출되는 그 밖의 유해물질 억제	건축물내에서 석면이 포함된 자재를 사용하는지를 평가	평가 항목	1
	7.2 온열환경	7.2.1 실내 자동온도조절 장치 채택 여부	실내 자동온도조절장치 적용 비율	평가 항목	2
	7.3 음환경	7.3.1 교통소음(도로,철도)에 대한 실내 소음도	「공동주택의 소음측정기준」(국토교통부 고시)에서 정하고 있는 예측 및 측정방법에 따라 실내소음도를 평가	평가 항목	2
	7.4 쾌적한 실내환경 조성	7.4.1 휴식 및 재충전을 위한 공간 마련	거주자에게 휴식 및 재충전을 위한 전용휴게공간이 조성되어 있는지를 평가	평가 항목	3
		7.4.2 거주자를 위한 쾌적한 실내환경 조성	거주자에게 실내환경조절방식의 제공여부를 통해 평가	평가 항목	4

[학교시설 인증심사기준]

부 문	범 주	평 가 항 목	세 부 평 가 기 준	구분	배점
1. 토지 이용 및 교통	1.1 생태적 가치	1.1.1 기존대지의 생태학적 가치	기존 대지의 생태학적 가치, 토지이용 현황, 용도지역 등을 근거로 점수 부여	평가항목	2
	1.2 인접대지 영향	1.2.1 일조권 간섭방지 대책의 타당성	인접대지 경계선으로부터 대상 건축물 정북방향의 각 부분의 높이를 잰 최대 앙각	평가항목	2
	1.3 교통부하 저감	1.3.1 대중교통의 근접성	대중교통시설(철도역, 지하철역, 버스터미널, 버스정류소)과의 도보거리	평가항목	2
		1.3.2 자전거 보관소 설치여부	자전거 보관소 설치 여부	평가항목	2
2. 에너지 및 환경 오염	2.1 에너지 절약	2.1.1 에너지 성능	건축물의 에너지절약 설계기준(국토교통부 고시)의 '에너지성능지표'에서 취득한 점수를 근거로 평가	필수항목	12
		2.1.2 계량기 설치 여부	용도별 사용에너지를 측정할 수 있는 계량기 설치 여부	평가항목	2
		2.1.3 조명에너지 절약	조명밀도 및 조명방식에 대한 평가	평가항목	4
	2.2 지속가능한 에너지원 사용	2.2.1 신·재생에너지 이용	신·재생에너지 시설의 설치 비율에 따라 점수를 부여	평가항목	3
	2.3 지구 온난화 방지	2.3.1 이산화탄소 배출 저감	이산화탄소 배출을 저감시킬 수 있는 시스템의 적용여부 평가	평가항목	3
		2.3.2 오존층보호를 위한 특정물질의 사용금지	지구 온난화 방지를 위한 오존층 파괴물질 기준에 따라 평가	평가항목	3
	2.4 공기환경	2.4.1 운동장 먼지 발생 방지	운동장 먼지발생을 억제할 수 있는 저감공법의 점수를 합산하여 평가	평가항목	3
3. 재료 및 자원	3.1 자원 절약	3.1.1 화장실에서 사용되는 소비재 절약	건축물내 화장실에서 세수 후 건조방법에 대하여 평가	평가항목	1
	3.2 지속가능한 자원 활용	3.2.1 유효자원 재활용을 위한 친환경인증제품 사용여부	환경표지인증제품 또는 GR마크 인증제품의 사용 여부를 평가	필수항목	3
		3.2.2 재활용 가능자원의 분리수거	재활용 폐기물 보관시설 설치 및 분리품목 종류에 의해 평가	필수항목	2
		3.2.3 음식물 쓰레기 저감	음식물 쓰레기 분리수거를 위한 시설 및 재활용 계획 수립 여부 평가	평가항목	2
		3.2.4 재료의 탄소배출량 정보 표시	사용된 재료 및 자재의 탄소성적표시 인증 여부를 평가	평가항목	2
리모델링시에만 평가		3.2.5 기존 건축물의 주요구조부 재사용으로 재료 및 자원의 절약	전면 리모델링 건축물에 대하여 주요구조부의 재사용률에 따라 평가	가산항목	7
		3.2.6 기존 건축물의 비내력벽 재사용으로 재료 및 자원의 절약	전면 리모델링 건축물에 대하여 비내력벽의 재사용률에 따라 평가	가산항목	2
4. 물순환 관리	4.1 수순환체계 구축	4.1.1 우수부하 절감대책의 타당성	대지내 설치된 우수유출 저감시설 연계면적의 비율로 평가	평가항목	3
	4.2 수자원 절약	4.2.1 생활용 상수 절감 대책의 타당성	환경표지인증을 받은 제품의 적용 여부에 따라 평가	필수항목	4

부 문	범 주		평 가 항 목		세 부 평 가 기 준	구분	배점
4. 물순환 관리	4.2	수자원 절약	4.2.2	우수 이용	우수를 빗물이용시설의 ㅅ설기준 및 중수도 수질기준에 의한 살수용수, 조경용수 등으로 이용하는 시설의 설치 여부에 따라 평가	평가 항목	3
			4.2.3	중수도 설치	사용한 수돗물을 처리하는 중수도 시설로 생산한 중수의 살수용수, 조경용수 등으로의 사용률을 평가	평가 항목	3
5. 유지 관리	5.1	체계적인 현장관리	5.1.1	환경을 고려한 현장관리 계획의 합리성	시공회사의 ISO14001 획득여부와 현장운영지침에서의 환경우선정책 채택 정도	평가 항목	1
	5.2	효율적인 건물관리	5.2.1	운영/유지관리 문서 및 지침 제공의 타당성	건축물 관리자를 위해 관련 장비/설비의 효과적인 운영/유지관리를 위한 매뉴얼 및 지침이 제공되는지의 여부를 평가	필수 항목	2
			5.2.2	TAB 및 커미셔닝 실시	TAB 및 커미셔닝 실시 여부	평가 항목	2
	5.3	향상된 실내환경 및 유지관리	5.3.1	보행시에 발생하는 먼지 배출량 감소	건축물 내외의 출입구에 먼지털이가 가능한 매트나 매트를 설치할 수 있는 그리드 설치 유무 또는 신발장을 설치하였는지를 평가	평가 항목	2
6. 생태 환경	6.1	대지 내 녹지 공간 조성	6.1.1	연계된 녹지축 조성	대지내 조성된 녹지축의 길이와 대지의 외곽길이의 합과의 비율에 대한 가중치를 산정하여 평가된 점수 및 조성된 대지 내 녹지축이 대지 외부의 녹지와 연계되어 생태축으로서의 기능성 유무를 평가한 점수를 합산하여 평가	평가 항목	2
			6.1.2	자연지반 녹지율	전체 대지 내에 분포하는 자연지반녹지(인공지반 및 건축물 상부의 녹지 제외)의 비율로 평가	평가 항목	2
	6.2	외부공간 및 건물 외피의 생태적 기능확보	6.2.1	생태면적률	생태적 가치를 달리하는 공간유형을 구분하고, 각 공간유형에 해당하는 가중치를 곱하여 구한 환산면적의 합과 전체 대지면적의 비율로 평가	평가 항목	6
	6.3	생물서식 공간 조성	6.3.1	비오톱 조성	비오톱 조성을 위해 채용된 기법을 대상으로 정성적, 정량적으로 평가	평가 항목	4
			6.3.2	생태학습원 조성	대지 내 생물이 서식할 수 있는 생태학습원을 조성한 경우에 대한 평가	평가 항목	2
	6.4	자연 자원의 활용	6.4.1	표토 재활용율	대지 자체의 표토를 식재지역에 재활용하는 경우에 해당되며 전체 표토량 대비 식재지반에 이용되는 재활용 표토량의 비율(%)을 산정하여 평가	평가 항목	2
7. 실내 환경	7.1	공기 환경	7.1.1	실내공기오염물질 저방출 자재의 사용	유해화학물질 저방출자재의 적용정도에 대한 평가	필수 항목	6
			7.1.2	자연환기성능 확보 여부	이용자가 직접 외기를 도입할 수 있도록 자연통풍이 가능한 환기창의 설치 여부를 평가	평가 항목	3
			7.1.3	건축자재로부터배출되는 그 밖의 유해물질 억제	건축물내에서 석면이 포함된 자재를 사용하는지를 평가	평가 항목	1
	7.2	온열 환경	7.2.1	적정 열원기기 배치 및 실내 자동온도 조절장치 채택 여부	가열원의 공급방식과 각 실별 또는 존별로 구획된 자동온도 조절장치 채택여부를 평가	평가 항목	2
	7.3	음환경	7.3.1	교통소음(도로,철도)에 대한 실내 소음도	「공동주택의 소음측정기준」(국토교통부 고시)에서 정하고 있는 예측 및 측정방법에 따라 실내소음도를 평가	평가 항목	2
	7.4	직사일광 이용 및 향상된 시환경 확보	7.4.1	직사일광을 이용하면서 현휘를 감소시키기 위한 계획 수립	현휘(glare)를 줄이면서 직사일광을 이용할 수 있도록 계획 및 시설을 한 경우	평가 항목	2
	7.5	쾌적한 실내환경 조성	7.5.1	휴식 및 재충전을 위한 공간 마련	건축물 내 이용자에게 쾌적한 전용공간이 조성되어 있는지를 평가	평가 항목	3

[판매시설 인증심사기준]

부 문	범 주	평 가 항 목	세 부 평 가 기 준	구분	배점
1. 토지 이용 및 교통	1.1 생태적 가치	1.1.1 기존대지의 생태학적 가치	기존 대지의 생태학적 가치, 토지이용 현황, 용도지역 등을 근거로 평가	평가 항목	2
	1.2 인접대지 영향	1.2.1 일조권 간섭방지 대책의 타당성	인접대지 경계선으로부터 대상 건축물 정북 방향의 각 부분의 높이를 잰 최대 앙각	평가 항목	2
	1.3 교통부하 저감	1.3.1 대중교통의 근접성	대중교통시설(철도역, 지하철역, 버스터미널, 버스정류소)과의 도보거리	평가 항목	2
		1.3.2 자전거 보관소 설치 여부	자전거 보관소 설치 및 자전거 이용자를 위한 샤워시설 마련 여부	평가 항목	2
2. 에너지 및 환경 오염	2.1 에너지 절약	2.1.1 에너지 성능	건축물의 에너지절약 설계기준(국토교통부 고시)의 에너지성능지표 검토서에서 취득한 점수를 근거로 평가	필수 항목	12
		2.1.2 계량기 설치 여부	용도별 사용에너지를 측정할 수 있는 계량기 설치 여부	평가 항목	2
	2.2 지속가능한 에너지원 사용	2.2.1 신·재생에너지 이용	신·재생에너지 시설의 설치 여부에 따라 점수를 부여	평가 항목	3
	2.3 지구 온난화 방지	2.3.1 이산화탄소 배출 저감	이산화탄소 배출을 저감시킬 수 있는 시스템의 적용 여부 평가	평가 항목	3
		2.3.2 오존층 보호를 위한 특정 물질의 사용 금지	지구 온난화 방지를 위한 오존층 파괴물질 기준에 따라 평가	평가 항목	3
3. 재료 및 자원	3.1 자원절약	3.1.1 화장실에서 사용되는 소비재 절약	건축물 내 화장실에서 세수 후 건조방법에 대하여 평가	평가 항목	1
	3.2 지속가능한 자원 활용	3.2.1 유효자원 재활용을 위한 친환경인증제품 사용 여부	환경표지인증제품 또는 GR마크 인증제품의 사용 여부를 평가	필수 항목	3
		3.2.2 재활용 가능자원의 분리수거	재활용 폐기물의 보관시설 설치 및 분리품목 종류에 의해 평가	필수 항목	2
		3.2.3 음식물 쓰레기 저감	음식물 쓰레기 분리수거를 위한 시설 및 재활용 계획수립 여부 평가	평가 항목	2
		3.2.4 재료의 탄소배출량 정보 표시	사용된 재료 및 자재의 탄소성적표시 인증 여부를 평가	평가 항목	2
리모델링시에만 평가		3.2.5 기존 건축물의 주요구조부 재사용으로 재료 및 자원의 절약	전면 리모델링 건축물에 대하여 주요구조부의 재사용률에 따라 평가	가산 항목	7
		3.2.6 기존 건축물의 비내력벽 재사용으로 재료 및 자원의 절약	전면 리모델링 건축물에 대하여 비내력벽의 재사용률에 따라 평가	가산 항목	2
4. 물순환 관리	4.1 수순환 체계 구축	4.1.1 우수부하 절감대책의 타당성	대지내 설치된 우수유출 저감시설 연계면적의 비율로 평가	평가 항목	3
	4.2 수자원 절약	4.2.1 생활용 상수 절감 대책의 타당성	환경표지인증을 받은 제품의 적용 여부에 따라 평가	필수 항목	4
		4.2.2 우수 이용	우수를 빗물이용시설의 시설기준 및 중수도 수질기준에 의한 살수용수, 조경용수 등으로 이용하는 시설의 설치 여부에 따라 평가	평가 항목	3
		4.2.3 중수도 설치	사용한 수돗물을 처리하는 중수도 시설로 생산한 중수의 살수용수, 조경용수 등으로의 사용률을 평가	평가 항목	3

부 문	범 주	평 가 항 목	세 부 평 가 기 준	구분	배점
5. 유지 관리	5.1 체계적인 현장관리	5.1.1 환경을 고려한 현장관리계획의 합리성	시공회사의 ISO14001 획득여부와 현장운영지침에서의 환경우선정책 채택 정도	평가 항목	1
	5.2 효율적인 건물관리	5.2.1 운영/유지관리 문서 및 지침 제공의 타당성	건축물 관리자를 위해 관련 장비/설비의 효과적인 운영/유지관리를 위한 매뉴얼 및 지침이 제공되는지의 여부를 평가	필수 항목	2
		5.2.2 TAB 및 커미셔닝 실시	TAB 및 커미셔닝 실시 여부	평가 항목	2
6. 생태 환경	6.1 대지 내 녹지공간 조성	6.1.1 자연지반 녹지율	전체 대지 내에 분포하는 자연지반녹지 (인공지반 및 건축물 상부의 녹지 제외)의 비율로 평가	평가 항목	2
	6.2 외부공간 및 건물 외피의 생태적 기능 확보	6.2.1 생태면적률	생태적 가치를 달리하는 공간유형을 구분하고, 각 공간유형에 해당하는 가중치를 곱하여 구한 환산면적의 합과 전체 대지면적의 비율로 평가	평가 항목	6
	6.3 생물 서식공간 조성	6.3.1 비오톱 조성	비오톱 조성을 위해 채용된 기법을 대상으로 정성적, 정량적으로 평가	평가 항목	4
7. 실내 환경	7.1 공기 환경	7.1.1 실내공기오염물질 저방출자재의 사용	유해화학물질 저방출자재의 적용 정도에 대한 평가	필수 항목	3
		7.1.2 외기 급·배기구의 설계	신선한 외기를 도입하기 위한 공조 급·배기구 설계도서 확인	평가 항목	3
		7.1.3 CO_2 모니터링시스템 구축 및 환기량 평가	매장 내의 CO_2 농도를 모니터링 및 제어할 수 있는 감시 및 제어시스템 구축여부, 이용자를 위한 CO_2 농도 디스펠레이 장치의 매장 내 설치여부, 적정 CO_2 농도 제어에 필요한 환기성능(환기량) 확보여부를 평가	평가 항목	6
		7.1.4 건축자재로부터 배출되는 그 밖의 유해물질 억제	건축물내에서 석면이 포함된 자재를 사용하는지를 평가	평가 항목	1
	7.2 온열 환경	7.2.1 실내 자동온도 조절장치 채택 여부	실내 자동온도 조절장치 적용 비율	평가 항목	2
	7.3 쾌적한 실내환경 조성	7.3.1 휴식 및 재충전을 위한 공간 마련	거주자에게 휴식 및 재충전을 위한 전용휴게공간이 조성되어 있는지를 평가	평가 항목	3

[숙박시설 인증심사기준]

부 문	범 주	평 가 항 목	세 부 평 가 기 준	구분	배점
1. 토지 이용 및 교통	1.1 생태적 가치	1.1.1 기존대지의 생태학적 가치	기존 대지의 생태학적 가치, 토지이용 현황, 용도지역 등을 근거로 점수 부여	평가항목	2
	1.2 인접대지 영향	1.2.1 일조권 간섭방지 대책의 타당성	인접대지 경계선으로부터 대상 건축물 정북방향의 각 부분의 높이를 잰 최대 앙각	평가항목	2
	1.3 교통부하 저감	1.3.1 대중교통의 근접성	대중교통시설(철도역, 지하철역, 버스터미널, 버스정류소)과의 도보거리	평가항목	2
		1.3.2 자전거 보관소 설치 여부	자전거 보관소 설치 및 자전거 이용자를 위한 샤워시설 마련 여부	평가항목	2
2. 에너지 및 환경 오염	2.1 에너지 절약	2.1.1 에너지 성능	건축물의 에너지절약 설계기준(국토교통부 고시)의 에너지성능지표 검토서에서 취득한 점수를 근거로 평가	필수항목	12
		2.1.2 계량기 설치 여부	용도별 사용에너지를 측정할 수 있는 계량기 설치 여부	평가항목	2
		2.1.3 조명에너지 절약	키택홀더와 조명절약시스템(조명조절기, 리모컨, 타이머 등)의 채택여부에 대한 평가	평가항목	4
	2.2 지속가능한 에너지원 사용	2.2.1 신·재생에너지 이용	신·재생에너지 시설의 설치 여부에 따라 점수를 부여	평가항목	3
	2.3 지구 온난화 방지	2.3.1 이산화탄소 배출 저감	이산화탄소 배출을 저감시킬 수 있는 시스템의 적용여부 평가	평가항목	3
		2.3.2 오존층 보호를 위한 특정물질의 사용 금지	지구 온난화 방지를 위한 오존층 파괴물질 기준에 따라 평가	평가항목	3
3. 재료 및 자원	3.1 지속가능한 자원 활용	3.1.1 유효자원 재활용을 위한 친환경인증제품 사용여부	환경표지인증제품 또는 GR마크 인증제품의 사용 여부를 평가	필수항목	3
		3.1.2 재활용 가능자원의 분리수거	재활용 폐기물 보관시설 설치 및 분리품목 종류에 의해 평가	필수항목	2
		3.1.3 음식물 쓰레기 저감	음식물 쓰레기 분리수거를 위한 시설 및 재활용 계획 수립여부 평가	평가항목	2
		3.1.4 재료의 탄소배출량 정보 표시	사용된 재료 및 자재의 탄소성적표시 인증여부를 평가	평가항목	2
리모델링시에만 평가		3.1.5 기존 건축물의 주요구조부 재사용으로 재료 및 자원의 절약	전면 리모델링 건축물에 대하여 주요구조부의 재사용률에 따라 평가	가산항목	7
		3.1.6 기존 건축물의 비내력벽 재사용으로 재료 및 자원의 절약	전면 리모델링 건축물에 대하여 비내력벽의 재사용률에 따라 평가	가산항목	2
4. 물순환 관리	4.1 수순환 체계 구축	4.1.1 우수부하 절감대책의 타당성	대지내 설치된 우수유출 저감시설 연계면적의 비율로 평가	평가항목	3
	4.2 수자원 절약	4.2.1 생활용 상수 절감 대책의 타당성	환경표지인증을 받은 제품의 적용 여부에 따라 평가	필수항목	4
		4.2.2 우수 이용	우수를 빗물이용시설의 시설기준 및 중수도 수질기준에 의한 살수용수, 조경용수 등으로 이용하는 시설의 설치 여부에 따라 평가	평가항목	3
		4.2.3 중수도 설치	사용한 수돗물을 처리하는 중수도 시설로 생산한 중수의 살수용수, 조경용수 등으로의 사용률을 평가	평가항목	3

부 문	범 주	평 가 항 목	세 부 평 가 기 준	구분	배점
5. 유지 관리	5.1 체계적인 현장관리	5.1.1 환경을 고려한 현장관리계획의 합리성	시공회사의 ISO14001 획득여부와 현장운영지침에서의 환경우선정책 채택 정도	평가 항목	1
	5.2 효율적인 건물관리	5.2.1 운영/유지관리 문서 및 지침 제공의 타당성	건축물 관리자를 위해 관련 장비/설비의 효과적인 운영/유지관리를 위한 매뉴얼 및 지침이 제공되는지의 여부를 평가	필수 항목	2
		5.2.2 TAB 및 커미셔닝 실시	TAB 및 커미셔닝 실시 여부	평가 항목	2
	5.3 효율적인 고객관리	5.3.1 사용자 매뉴얼 제공	사용자 매뉴얼(문서 또는 전자문서) 제공 여부를 평가	평가 항목	1
6. 생태 환경	6.1 대지내 녹지공간 조성	6.1.1 자연지반 녹지율	전체 대지 내에 분포하는 자연지반녹지(인공지반 및 건축물 상부의 녹지 제외)의 비율로 평가	평가 항목	2
	6.2 외부공간 및 건물외피의 생태적 기능 확보	6.2.1 생태면적률	생태적 가치를 달리하는 공간유형을 구분하고, 각 공간유형에 해당하는 가중치를 곱하여 구한 환산면적의 합과 전체 대지면적의 비율로 평가	평가 항목	6
	6.3 생물서식 공간 조성	6.3.1 비오톱 조성	비오톱 조성을 위해 채용된 기법을 대상으로 정성적, 정량적으로 평가	평가 항목	4
7. 실내 환경	7.1 공기 환경	7.1.1 실내공기오염물질 저방출 자재의 사용	유해화학물질 저방출자재의 적용정도에 대한 평가	필수 항목	3
		7.1.2 자연환기성능 확보 여부	투숙객이 직접 외기를 도입할 수 있도록 자연통풍이 가능한 환기창/환기구의 설치여부를 평가	평가 항목	3
		7.1.3 외기 급·배기구의 설계	신선한 외기를 도입하기 위한 공조 급·배기구 설계도서 확인	평가 항목	3
		7.1.4 건축자재로부터 배출되는 그 밖의 유해물질 억제	건축물내에서 석면이 포함된 자재를 사용하는지를 평가	평가 항목	1
	7.2 온열 환경	7.2.1 객실 내 자동온도 조절 장치 채택 여부	객실별 자동온도 조절장치 적용 비율	평가 항목	2
	7.3 음환경	7.3.1 객실간 경계벽 차음성능 수준	객실간 경계벽이 콘크리트로 구성된 경우에는 벽체의 두께로 평가하며, 건식벽체인 경우에는 「벽체의 차음구조 인정 및 관리기준」(국토교통부 고시)에 따른 차음구조 인정서로 평가	평가 항목	2
		7.3.2 교통소음(도로,철도)에 대한 실내 소음도	「공동주택의 소음측정기준」(국토교통부 고시)에서 정하고 있는 예측 및 측정방법에 따라 실내 소음도를 평가	평가 항목	2
	7.4 쾌적한 실내환경 조성	7.4.1 휴식 및 재충전을 위한 공간 마련	거주자에게 휴식 및 재충전을 위한 전용휴게공간이 조성되어 있는지를 평가	평가 항목	3
		7.4.2 투숙객을 위한 쾌적한 실내환경 조성	투숙객에게 실내환경 조절방식의 제공여부를 평가	평가 항목	4

[소형주택 인증심사기준]

구분	범 주	평 가 항 목	세 부 평 가 기 준	구분	배점
1. 토지 이용 및 교통	1. 생태적가치	1.1.1 기존대지의 생태학적 가치	기존 대지의 생태학적 가치, 토지이용 현황, 용도지역 등을 근거로 점수 부여	평가항목	2
	1. 인접대지 영향	1.2.1 일조권 간섭방지 대책의 타당성	인접대지 경계선으로부터 대상 건축물 정북방향의 각 부분의 높이를 잰 최대 앙각	평가항목	2
	1. 교통부하 저감	1.3.1 대중교통의 근접성	대중교통시설(철도역, 지하철역, 버스터미널, 버스정류소)과의 도보거리	평가항목	2
		1.3.2 자전거 보관장소 설치 및 자전거도로와 연계 여부	자전거 보관장소 설치 및 자전거 도로와의 연계성	평가항목	2
		1.3.3 근린생활시설과 대지경계선과의 거리	근린생활시설 조성 및 접근성 여부	평가항목	3
2. 에너지 및 환경오염	2. 에너지절약	2.1.1 에너지 성능	건축물 각 부위의 성능기준을 근거로 평가	필수항목	12
	2. 지속가능한 에너지원 사용	2.2.1 신·재생에너지 이용	신·재생에너지 시설의 설치 비율에 따라 점수를 부여	평가항목	3
	2. 지구온난화 방지	2.3.1 이산화탄소 배출 저감	이산화탄소 배출을 저감시킬 수 있는 시스템의 적용여부 평가	평가항목	4
		2.3.2 오존층 보호를 위하여 특정물질의 사용 금지	지구 온난화 방지를 위한 오존층 파괴물질 기준에 따라 평가	평가항목	3
3. 재료 및 자원	3. 생활 폐기물 분리수거	3.1.1 재활용 가능자원의 분리수거	재활용 생활폐기물 보관시설 설치 및 분리품목 종류에 의해 평가	필수항목	2
		3.1.2 음식물 쓰레기 저감	음식물 쓰레기 분리수거를 위한 시설 및 재활용 계획 수립 여부 평가	평가항목	2
	3. 지속가능한 자원 활용	3.2.1 유효자원 재활용을 위한 친환경인증제품 사용여부	환경표지인증제품 또는 GR마크 인증제품 의사용 여부를 평가	필수항목	3
		3.2.2 재료의 탄소배출량 정보표시	사용된 재료 및 자재의 탄소성적표시 인증 여부를 평가	평가항목	2
리모델링시에만 평가		3.2.3 기존 건축물의 주요구조부 재사용으로 재료 및 자원의 절약	전면 리모델링 건축물에 대하여 주요구조부의 재사용률에 따라 평가	가산항목	7
		3.2.4 기존 건축물의 비내력벽 재사용으로 재료 및 자원의 절약	전면 리모델링 건축물에 대하여 비내력벽의 재사용률에 따라 평가	가산항목	2
4. 물순환 관리	4. 수자원 절약	4.1.1 생활용 상수 절감 대책의 타당성	환경표지인증을 받은 제품의 적용 여부에 따라 평가	필수항목	3
		4.1.2 우수 이용	우수저수조 설치로 살수용수, 조경용수 등으로 이용 여부에 따라 평가	평가항목	3
5. 유지 관리	5. 효율적인 세대관리	5.1.1 사용자 매뉴얼 제공	입주자에게 사용자 유지관리 매뉴얼(문서 또는 전자문서)을 제공하는지에 따라 평가	평가항목	2
6. 생태 환경	6. 대지의 녹지 공간 조성	6.1.1 생태면적률	생태적 가치를 달리하는 공간유형을 구분하고, 각 공간유형에 해당하는 가중치를 곱하여 구한 환산면적의 합과 전체 대지면적의 비율로 평가	필수항목	10
7. 실내 환경	7. 공기 환경	7.1.1 실내공기오염물질 저방출 자재의 사용	유해화학물질 저방출자재의 적용정도에 대해 평가	필수항목	6
		7.1.2 자연 환기성능 확보 여부	거주자가 직접 외기를 도입할 수 있도록 자연통풍이 가능한 환기창의 설치 여부를 평가	평가항목	3
	7. 열환경	7.2.1 각 실별 자동 온도 조절 장치 채택 여부	각 실별 또는 난방존별로 시간제어운정기능이 있거나 홈오토메이션시스템 등과 연동이 가능한 자동 온도조절장치 적용 비율	평가항목	2
		7.2.2 일조 확보를 위한 건물배치	일조 확보를 위한 건축물의 방위배치계획을 평가	평가항목	2

[기존 공동주택 인증심사기준]

구분	범 주	평 가 항 목	세 부 평 가 기 준	구분	배점
1. 토지 이용 및 교통	1.1 인접대지 영향	1.1.1 일조권 간섭방지 대책의 타당성	인접 대지 경계선으로부터 대상 건물 정북방향의 높이를 잰 최대앙각	평가 항목	2
	1.2 거주환경의 조성	1.2.1 커뮤니티 센터 및 시설계획 여부	단지 내 일정수준 이상의 커뮤니티 시설이나 커뮤니티 공간의 조성 여부	평가 항목	3
		1.2.2 단지 내 보행자 전용 도로 조성여부	보행자 전용도로 조성 상태 및 단지내 시설과의 연계성 평가	평가 항목	3
		1.2.3 외부보행자 전용도로 네트워크 연계여부	외부 보행자 전용도로 네트워크와의 연계여부 측정	평가 항목	2
	1.3 교통부하 저감	1.3.1 대중교통의 근접성	대중교통시설(철도역, 지하철역, 버스터미널, 버스정류소)과의 도보거리	평가 항목	2
		1.3.2 자전거 보관소 및 자전거도로 설치여부	자전거 보관소의 설치 정도, 자전거 도로의 적합성 및 연계여부 측정	평가 항목	2
		1.3.3 도시중심 및 지역중심과 단지중심간의 거리	도시중심 및 지역중심과 단지중심간의 직선거리 측정	평가 항목	2
2. 에너지 및 환경 오염	2.1 에너지절약	2.1.1 에너지 효율 향상	건축물의 에너지절약 설계기준(국토교통부고시)의 '에너지성능지표 검토서'에서 취득한 점수를 근거로 평가하거나 또는 1차에너지 사용량의 절감률로 평가	평가 항목	12
		2.1.2 에너지 사용량 모니터링	탄소포인트제도의 참여 비율로 병가	평가 항목	4
	2.2 지속가능한 에너지원 사용	2.2.1 신 · 재생에너지 이용	신·재생에너지 시설의 설치 여부에 따라 점수를 부여	가산 항목	3
	2.3 지구온난화 방지	2.3.1 이산화탄소 배출 저감	이산화탄소 배출을 저감시킬 수 있는 시스템의 적용 여부 평가	평가 항목	3
		2.3.2 오존층 보호를 위하여 특정물질의 사용 금지	지구 온난화 방지를 위한 오존층 파괴물질 기준에 따라 평가	평가 항목	3
3. 재료 및 자원	3.1 생활 폐기물 분리수거	3.1.1 재활용 가능자원의 분리수거	재활용 생활폐기물 보관시설 설치 및 분리품목 종류에 의해 평가	평가 항목	2
		3.1.2 음식물 쓰레기 저감	음식물 쓰레기 분리수거를 위한 시설 및 감량화 계획 수립 여부 평가	평가 항목	2
	3.2 지속가능한 자원 활용	3.2.1 유효자원 재활용을 위한 친환경인증제품 사용여부	환경마크 인증제품 또는 GR마크 인증제품의 사용 여부를 평가	평가 항목	3
		3.2.2 재료의 탄소배출량 정보표시	사용된 재료 및 자재의 탄소성적표시 인증 여부를 평가	평가 항목	2
4. 물순환 관리	4.1 수순환체계 구축	4.1.1 우수부하 절감대책의 타당성	우수유출 저감시설로의 연계면적비율로 평가	평가 항목	3
	4.2 수자원 절약	4.2.1 우수 이용	우수를 중수도 시설 기준에 의한 살수용수, 조경용수 등으로 이용하는 시설의 설치여부에 따라 평가	평가 항목	3
		4.2.2 중수도 설치	사용한 수돗물을 처리하는 중수도 시설로 생산한 중수의 살수용수, 조경용수 등으로의 사용률을 평가	가산 항목	3

구분	범 주	평 가 항 목	세 부 평 가 기 준	구분	배점
5. 유지관리	5.1 체계적인 건물관리	5.1.1 환경을 고려한 건축물 유지관리계획의 합리성	유지관리회사의 ISO14001 획득여부와 건물 운영지침에서의 환경우선정책 채택 정도	평가항목	1
	5.2 효율적인 건물관리	5.2.1 운영/유지관리 문서 및 지침 제공의 타당성	건축물 관리자를 위해 관련 장비/설비의 효과적인 운영/유지관리를 위한 매뉴얼 및 지침이 제공되는지의 여부를 평가	평가항목	2
	5.3 효율적인 세대관리	5.3.1 사용자 매뉴얼 제공	입주자들에게 사용자 유지관리 매뉴얼(문서 또는 전자문서)을 제공하는지에 따라 평가	평가항목	1
6. 생태환경	6.1 대지 내 녹지 공간조성	6.1.1 연계된 녹지축 조성	대지 내 조성된 녹지축의 길이와 대지 외곽 길이의 합과의 비율에 대한 가중치를 산정하여 평가된 점수 및 조성된 대지 내 녹지축이 대지 외부의 녹지와 연계되어 생태축으로서의 기능성 유무를 평가한 점수를 합산하여 평가	평가항목	2
		6.1.2 자연지반녹지율	전체 대상지 내에 분포하는 자연지반녹지(인공지반 및 건축물 상부의 녹지 제외)의 비율로 평가	평가항목	2
	6.2 외부공간 및 건물외피의 생태적 기능확보	6.2.1 생태면적률	생태적 가치를 달리하는 공간유형을 구분하고, 각 공간유형에 해당하는 가중치를 곱하여 구한 환산면적의 합과 전체대상지 비율로 평가	평가항목	10
	6.3 생물서식 공간조성	6.3.1 비오톱 조성	비오톱 조성을 위해 채용된 기법으로 대상으로 정성적, 정량적으로 평가	평가항목	4
7. 실내환경	7.1 공기 환경	7.1.1 자연 환기성능 확보 여부	거주자가 직접 외기를 도입할 수 있도록 통풍조절이 가능한 환기창의 설치 여부	평가항목	3
	7.2 온열 환경	7.2.1 각 실별 자동 온도 조절 장치 채택 여부	각 실별 또는 존별 자동 온도조절장치 적용 비율	평가항목	2
	7.3 음환경	7.3.1 교통소음(도로,철도)에 대한 실내·외 소음도	「공동주택의 소음측정기준」(국토교통부 고시)에서 정하고 있는 방법에 따라 평가	평가항목	2
	7.4 빛환경	7.4.1 세대 내 일조 확보율	심사대상 건물(단지)의 전체 세대수에 대한 동지일 기준으로 09:00~15:00 사이 6시간 동안 최소 2시간의 연속일조를 받는 세대율(%)을 평가	평가항목	4
	7.5 쾌적한 실내환경 조성	7.5.1 거주자 만족도 조사	입주자들을 대상으로 설문조사(문서 또는 전자문서) 실시 여부	평가항목	2

[기존 업무용 건축물 인증심사기준]

부 문	범 주	평 가 항 목	세 부 평 가 기 준	구분	배점
1. 토지 이용 및 교통	1.1 인접대지 영향	1.1.1 일조권 간섭방지 대책의 타당성	인접대지 경계선으로부터 대상 건축물 정북방향의 각 부분의 높이를 잰 최대 앙각	평가 항목	2
	1.2 교통부하 저감	1.2.1 대중교통의 근접성	대중교통시설(철도역, 지하철역, 버스터미널, 버스정류소)과의 도보거리	평가 항목	2
		1.2.2 자전거 보관소 설치 여부	자전거 보관소 설치 및 자전거 이용자를 위한 샤워시설 마련 여부	평가 항목	2
2. 에너지 및 환경 오염	2.1 에너지 절약	2.1.1 에너지 성능	건축물의 에너지절약 설계기준(국토교통부고시)의 '에너지성능지표 검토서'에서 취득한 점수를 근거로 평가하거나 또는 1차 에너지 사용량의 절감률로 평가	평가 항목	12
		2.1.2 계량기 설치 및 에너지 모니터링	용도별 사용에너지를 측정할 수 있는 계량기 설치와 에너지 모니터링 시행 여부	평가 항목	2
		2.1.3 조명에너지 절약	조명밀도 및 조명방식에 대한 평가	평가 항목	4
	2.2 지속가능한 에너지원 사용	2.2.1 신·재생에너지 이용	신·재생에너지 시설의 설치 비율에 따라 점수를 부여	가산 항목	3
	2.3 지구온난화 방지	2.3.1 이산화탄소 배출저감	이산화탄소 배출을 저감시킬 수 있는 시스템의 적용여부 평가	평가 항목	3
		2.3.2 오존층보호를 위한 특정물질의 사용금지	지구 온난화 방지를 위한 오존층 파괴물질 기준에 따라 평가	평가 항목	3
3. 재료 및 자원	3.1 자원 절약	3.1.1 화장실에서 사용되는 소비재 절약	건축물내 화장실에서 세수 후 건조방법에 대하여 평가	평가 항목	1
	3.2 지속가능한 자원 활용	3.2.1 유효자원 재활용을 위한 친환경인증제품 사용여부	환경표지인증제품 또는 GR마크 인증제품의 사용 여부를 평가	평가 항목	3
		3.2.2 재활용 가능자원의 분리수거	재활용 폐기물 보관시설 설치 및 분리품목 종류에 의해 평가	평가 항목	2
		3.2.3 재료의 탄소배출량 정보표시	사용된 재료 및 자재의 탄소성적표시 인증 여부를 평가	평가 항목	2
4. 물순환 관리	4.1 수순환체계 구축	4.1.1 우수부하 절감대책의 타당성	대지 내 설치된 우수유출저감시설 연계면적의 비율로 평가	평가 항목	3
	4.2 수자원 절약	4.2.1 생활용 상수 절감 대책의 타당성	환경표지인증을 받은 제품의 적용 여부에 따라 평가	평가 항목	4
		4.2.2 우수 이용	우수를 빗물이용시설의 시설기준 및 중수도 수질기준에 의한 살수용수, 조경용수 등으로 이용하는 시설의 설치 여부에 따라 평가	평가 항목	3
		4.2.3 중수도 설치	사용한 수돗물을 처리하는 중수도 시설로 생산한 중수의 살수용수, 조경용수 등으로의 사용률을 평가	가산 항목	3

부 문	범 주	평 가 항 목	세 부 평 가 기 준	구분	배점
5. 유지관리	5.1 체계적인 건물관리	5.1.1 환경을 고려한 건축물 유지관리계획의 합리성	유지관리회사의 ISO14001 획득여부와 건물운영지침에서의 환경우선정책 채택 정도	평가항목	1
	5.2 효율적인 건물관리	5.2.1 운영/유지관리 문서 및 지침 제공의 타당성	건축물 관리자를 위해 관련 장비/설비의 효과적인 운영/유지관리를 위한 매뉴얼 및 지침이 제공되는지의 여부를 평가	평가항목	2
	5.3 시스템 변경의 용이성	5.3.1 거주자의 요구에 대응하여 공간 배치 및 시스템 변경 용이성	실내공간에 설치된 시스템의 기술적 측면에서 변경 용이성에 대하여 평가	평가항목	4
6. 생태환경	6.1 대지 내 녹지공간 조성	6.1.1 자연지반 녹지율	전체 대지 내에 분포하는 자연지반녹지(인공지반 및 건축물 상부의 녹지 제외)의 비율로 평가	평가항목	2
	6.2 외부공간 및 건물외피의 생태적 기능확보	6.2.1 생태면적률	생태적 가치를 달리하는 공간유형을 구분하고, 각 공간유형에 해당하는 가중치를 곱하여 구한 환산면적의 합과 전체 대지면적의 비율로 평가	평가항목	6
	6.3 생물서식 공간조성	6.3.1 비오톱 조성	비오톱 조성을 위해 채용된 기법으로 대상으로 정성적, 정량적으로 평가	평가항목	4
7. 실내환경	7.1 공기 환경	7.1.1 실내공기오염물질 저방출 자재의 사용	유해화학물질 저방출자재의 적용정도에 대해 평가	평가항목	3
		7.1.2 자연환기성능 확보 여부	이용자가 직접 외기를 도입할 수 있도록 자연통풍이 가능한 환기창/환기구의 설치 여부를 평가	평가항목	3
		7.1.3 외기 급·배기구의 설계	신선한 외기를 도입하기 위한 공조 급·배기구 설계도서 확인	평가항목	3
		7.1.4 건축자재로부터 배출되는 그 밖의 유해물질 억제	건축물내에서 석면이 포함된 자재를 사용하는지를 평가	평가항목	1
	7.2 온열 환경	7.2.1 실내 자동온도조절 장치 채택 여부	실내 자동온도조절장치 적용 비율	평가항목	2
	7.3 음환경	7.3.1 교통소음(도로,철도)에 대한 실내 소음도	「공동주택의 소음측정기준」(국토교통부 고시)에서 정하고 있는 예측 및 측정방법에 따라 실내소음도를 평가	평가항목	2
	7.4 쾌적한 실내환경 조성	7.4.1 휴식 및 재충전을 위한 공간 마련	거주자에게 휴식 및 재충전을 위한 전용휴게공간이 조성되어 있는지를 평가	평가항목	3
		7.4.2 거주자를 위한 쾌적한 실내환경 조성	거주자에게 실내환경조절방식의 제공여부를 통해 평가	평가항목	4
		7.4.3 거주자 만족도 조사	이용자들을 대상으로 설문조사(문서 또는 전자문서) 실시 여부	평가항목	2

[그 밖의 건축물 인증심사기준]

구 분	범 주	평 가 항 목	세 부 평 가 기 준	구분	배점
1. 토지 이용 및 교통	1.1 생태적 가치	1.1.1 기존대지의 생태학적 가치	기존 대지의 생태학적 가치, 토지이용 현황, 용도지역 등을 근거로 점수 부여	평가항목	2
	1.2 인접 대지영향	1.2.1 일조권 간섭방지 대책의 타당성	인접대지 경계선으로부터 대상 건축물 정북방향의 각 부분의 높이를 잰 최대 앙각	평가항목	2
	1.3 교통부하 저감	1.3.1 대중교통의 근접성	대중교통시설(철도역, 지하철역, 버스터미널, 버스정류소)과의 도보거리	평가항목	2
		1.3.2 자전거 보관소 설치 여부	자전거 보관소 설치 및 자전거 이용자를 위한 샤워시설 마련 여부	평가항목	2
2. 에너지 및 환경 오염	2.1 에너지절약	2.1.1 에너지 성능	건축물의 에너지절약 설계기준(국토교통부 고시)의 '에너지성능지표 검토서'에서 취득한 점수를 근거로 평가	필수항목	12
		2.1.2 계량기 설치 여부	용도별 사용에너지를 측정할 수 있는 계량기 설치 여부	평가항목	2
	2.2 지속가능한 에너지원 사용	2.2.1 신·재생에너지 이용	신·재생에너지 시설의 설치 비율에 따라 점수를 부여	평가항목	3
	2.3 지구온난화 방지	2.3.1 이산화탄소 배출 저감	이산화탄소 배출을 저감시킬 수 있는 시스템의 적용여부 평가	평가항목	3
		2.3.2 오존층보호를 위하여 특정물질의 사용금지	지구 온난화 방지를 위한 오존층 파괴물질 기준에 따라 평가	평가항목	3
3. 재료 및 자원	3.1 자원 절약	3.1.1 화장실에서 사용되는 소비재 절약	건축물내 화장실에서 세수 후 건조방법에 대하여 평가	평가항목	1
	3.2 지속가능한 자원 활용	3.2.1 유효자원 재활용을 위한 친환경인증제품 사용여부	환경표지인증제품 또는 GR마크 인증제품의 사용여부를 평가	필수항목	3
		3.2.2 재활용 가능자원의 분리수거	재활용 폐기물 보관시설 설치 및 분리품목 종류에 의해 평가	필수항목	2
		3.2.3 재료의 탄소배출량 정보 표시	사용된 재료 및 자재의 탄소성적표시 인증 여부를 평가	평가항목	2
리모델링시에만 평가		3.2.4 기존 건축물의 주요구조부 재사용으로 재료 및 자원의 절약	전면 리모델링 건축물에 대하여 주요구조부의 재사용률에 따라 평가	가산항목	7
		3.2.5 기존 건축물의 비내력벽 재사용으로 재료 및 자원의 절약	전면 리모델링 건축물에 대하여 비내력벽의 재사용률에 따라 평가	가산항목	2

구 분	범 주	평 가 항 목	세 부 평 가 기 준	구분	배점
4. 물순환 관리	4.1 수순환 체계 구축	4.1.1 우수부하 절감대책의 타당성	대지내 설치된 우수유출 저감시설 연계면적의 비율로 평가	평가 항목	3
	4.2 수자원 절약	4.2.1 생활용 상수 절감 대책의 타당성	환경표지인증을 받은 제품의 적용 여부에 따라 평가	필수 항목	4
		4.2.2 우수 이용	우수를 빗물이용시설의 시설기준 및 중수도 수질기준에 의한 살수용수, 조경용수 등으로 이용하는 시설의 설치 여부에 따라 평가	평가 항목	3
		4.2.3 중수도 설치	사용한 수돗물을 처리하는 중수도의 설치로 생산한 중수의 살수용수, 조경용수 등으로의 사용률을 평가	평가 항목	3
5. 유지 관리	5.1 체계적인 현장관리	5.1.1 환경을 고려한 현장관리계획의 합리성	시공회사의 ISO14001 획득여부와 현장운영 지침에서의 환경우선정책 채택 정도	평가 항목	1
	5.2 효율적인 건물관리	5.2.1 운영/유지관리 문서 및 지침 제공의 타당성	건축물 관리자를 위해 관련 장비/설비의 효과적인 운영/유지관리를 위한 매뉴얼 및 지침이 제공되는지의 여부를 평가	필수 항목	2
		5.2.2 TAB 및 커미셔닝 실시	TAB 및 커미셔닝 실시 여부 평가	평가 항목	2
6. 생태 환경	6.1 대지 내 녹지 공간조성	6.1.1 자연지반 녹지율	전체 대지 내에 분포하는 자연지반녹지(인공지반 및 건축물 상부의 녹지 제외)의 비율로 평가	평가 항목	2
	6.2 외부공간 및 건물외피의 생태적 기능확보	6.2.1 생태면적률	생태적 가치를 달리하는 공간유형을 구분하고, 각 공간유형에 해당하는 가중치를 곱하여 구한 환산면적의 합과 전체 대지면적의 비율로 평가	평가 항목	6
	6.3 생물 서식공간 조성	6.3.1 비오톱 조성	비오톱 조성을 위해 채용된 기법을 대상으로 정성적, 정량적으로 평가	평가 항목	4
7. 실내 환경	7.1 공기환경	7.1.1 실내공기오염물질 저방출 자재의 사용	유해화학물질 저방출자재의 적용정도에 대한 평가	필수 항목	3
		7.1.2 자연 환기성능 확보 여부	이용자가 직접 외기를 도입할 수 있도록 자연통풍이 가능한 환기창/환기구의 설치 여부를 평가	평가 항목	3
		7.1.3 건축자재로부터 배출되는 그 밖의 유해물질 억제	건축물내에서 석면이 포함된 자재를 사용하는지를 평가	평가 항목	1
	7.2 음환경	7.2.1 교통소음(도로,철도)에 대한 실내 소음도	「공동주택의 소음측정기준」(국토교통부 고시)에서 정하고 있는 예측 및 측정방법에 따라 실내소음도를 평가	평가 항목	2
	7.3 쾌적한 실내환경 조성	7.3.1 휴식 및 재충전을 위한 공간 마련	거주자에게 휴식 및 재충전을 위한 전용휴게공간이 조성되어 있는지를 평가	평가 항목	3

1.2 무작정 따라하기_뛰어난 보고서 작성하기

1.2.1 토지 이용 및 교통

가. 생태적 가치

1) 기존대지의 생태학적 가치

<table>
<tr><th colspan="2">녹색건축인증 2013-2</th><th colspan="2">업무용 건축물</th></tr>
<tr><td>평가부문</td><td colspan="3">1 토지이용 및 교통</td></tr>
<tr><td>평가범주</td><td colspan="3">1.1 생태적 가치</td></tr>
<tr><td>평가기준</td><td colspan="3">1.1.1 기존대지의 생태학적 가치</td></tr>
<tr><td>작 성 자</td><td></td><td>심사위원</td><td></td></tr>
<tr><td>배 점</td><td colspan="3">2점 (평가항목)</td></tr>
<tr><td>산출기준</td><td colspan="3">· 평점 = (등급별 가중치) × (배점)
<table>
<tr><th>구분</th><th>기존 대지의 생태학적 가치</th><th>가중치</th></tr>
<tr><td>1급</td><td>생태학적 가치가 낮은 대지가 전체 대지면적의 80% 이상일 경우</td><td>1.0</td></tr>
<tr><td>2급</td><td>생태학적 가치가 낮은 대지가 전체 대지면적의 50% 이상일 경우</td><td>0.5</td></tr>
</table>
여기서 생태학적 가치가 낮은 대지라 함은 아래의 조건 중 하나를 만족하는 경우
· 쓰레기매립지 등 이와 유사하게 사용되어 생태학적으로 훼손된 대지의 경우 해당한다.
· 기 사용되는 대지(재사용 대지)의 경우
· 전면 리모델링을 하는 경우
※ 택지개발지구 등 대규모 개발사업지구, 해안 및 습지 매립지 등은 생태학적 가치가 낮은 대지에 해당하지 않음</td></tr>
<tr><td rowspan="2">부여점수</td><td>자체평가</td><td colspan="2">심사단평가</td></tr>
<tr><td>0 점</td><td colspan="2">0 점</td></tr>
<tr><td>산출근거</td><td>해당 사항 없음</td><td colspan="2"></td></tr>
<tr><td>첨부자료</td><td colspan="3"></td></tr>
</table>

2) 작성시 유의사항 (이것만은 꼭 알고 보고서 작성하기)

① 평가목적

기존 대지의 환경 및 생태학적 가치를 평가하여 환경적으로 가치 있는 토지자원을 보호한다.

② 평가방법

기존 대지의 생태학적 가치, 토지이용 현황, 용도지역 등을 근거로 점수 부여

③ 심사시 보완요청 사례

- 예비인증은 녹색건축 인증에 관한규칙 제11조의 내용 주택법 제16조에 따른 사업계획승인 후, 본인증은 녹색건축 인증에 관한규칙 제6조의 내용 주택법 제29조에 따른 사용검사를 받은 후 인증심사 신청 및 평가를 하기 때문에 착공도면 및 시공도면으로는 평가가 곤란하며 최종 사용검사 때 제출한 도면을 첨부 필요(사용검사 승인일 2014년 7월 15일 前)
- 기존 건축물을 철거하고 다시 건축하는 것으로 추측되는 건축물에 대한 좀 더 구체적인 자료를 제출필요 (예 : 현재 건축물의 전경사진. 기존건축물을 철거한다는 내용을 알 수 있는 도면이나, 시방서 등)
- 도면과 문서는 사업부지 또는 건축물의 개발 전후 이용현황이 확인 가능해야 함.
- 사진 자료는 계획대지의 기존이용 용도나 현황이 확인 가능해야 함.

④ 적용 건축물

공동주택, 복합(주거), 업무시설, 학교시설, 판매시설, 숙박시설, 소형주택, 그밖의 건축물

3) 제출서류

① 예비인증

- 출근거가 도시된 자체평가서
- 도시계획 확인원
- 토지이용 계획 확인원
- 형질변경행위 확인원
- (개발계획을 확인 가능한) 배치도
- (개발, 훼손, 보존 면적을 확인 가능한) 면적구적도
- (개발 전과 후 현황 파악이 가능한) 현장사진
- (개발 전과 후 현황 파악이 가능한) 위성사진 또는 항공사진

※ 위 제출서류 중 평가항목의 조건을 만족하는 서류제출

② 본인증

- 예비인증시와 동일

나. 인접대지 영향

1) 일조권 간섭방지 대책의 타당성

<table>
<tr><th colspan="2">녹색건축인증 2013-2</th><th colspan="2">업무용 건축물</th></tr>
<tr><td>평가부문</td><td colspan="3">1 토지이용 및 교통</td></tr>
<tr><td>평가범주</td><td colspan="3">1.2 인접대지 영향</td></tr>
<tr><td>평가기준</td><td colspan="3">1.2.1 일조권 간섭방지 대책의 타당성</td></tr>
<tr><td>작 성 자</td><td></td><td>심사위원</td><td></td></tr>
<tr><td>배 점</td><td colspan="3">2점 (평가항목)</td></tr>
<tr><td>산출기준</td><td colspan="3">• 평점=(가중치)×(배점)
※ 인접대지 경계선으로부터 대상 건축물 정북방향의 각 부분의 높이를 잰 최대 앙각(V)

| 구 분 | 인접 대지 경계선으로부터 대상 건축물의 정북방향의 각 부분의 높이를 잰 최대앙각 | 가중치 |
1급	V 〈 40°	
2급	40° ≤ V 〈 45°	
3급	45° ≤ V 〈 50°	
4급	50° ≤ V 〈 55°	
5급	55° ≤ V 〈 60°	| ※ 기존에 위치하고 있는 건축물 뿐 만 아니라 장래에 있을 인접 대지의 개발에 미칠 잠재적 영향에 대해서도 고려하기 위함 ※ 당해 대지와 다른 대지 사이에 공원(「도시공원 및 녹지 등에 관한 법률」 제2조제3호에 따른 도시공원 중 지방건축위원회의 심의를 거쳐 허가권자가 공원의 일조 등을 확보할 필요가 있다고 인정하는 공원은 제외), 도로, 철도, 하천, 광장, 공공공지, 녹지, 유수지, 자동차전용도로, 유원지, 그 밖에 건축이 허용되지 아니하는 공지가 있는 경우에는 그 반대편의 대지경계선을 인접대지 경계선으로 한다.</td></tr>
<tr><td rowspan="2">부여점수</td><td colspan="2">자체평가</td><td>심사단평가</td></tr>
<tr><td colspan="2">○.○ 점</td><td>○.○ 점</td></tr>
<tr><td>산출근거</td><td colspan="2">▶ 대지 경계선으로부터 대상 건축물 정북방향의 각 부분의 높이를 잰 최대 앙각 ○○° 으로 ○급 기준 만족
• 최대앙각 : ○○.○○°
- 적용기준 : ○급(가중치 ○.○)
- 평점(Y)=○.○×2 = ○.○</td><td></td></tr>
<tr><td>첨부자료</td><td colspan="3">배치도(북측앙각산출도), 대지종횡단면도</td></tr>
</table>

2) 작성시 유의사항 (이것만은 꼭 알고 보고서 작성하기)

① 평가목적

대상건축물이 인접 대지로의 유용한 주광을 차단하지 않도록, 대상건축물의 최고 높이와 인접대지 경계선으로부터 대상건축물까지의 수평거리 비율이 적정한지를 평가한다.

② 평가방법

인접대지 경계선으로부터 대상 건축물 정북방향의 각 부분의 높이를 잰 최대 앙각

③ 심사시 보완요청 사례

- 자체평가서(배치도, 대지종횡단면도)에 도시된 최대 앙각으로 적합판정이 실시됨
- 정북방향 인접대지와 본 사업대지와의 level 차이를 확인할 수 없어 배점이 불가함
- 인접대지의 레벨 차이에 따라 건축물의 높이가 달라짐
- 배치도에 인접 대지와의 거리를 표기 필요
- 건물의 앙각 산출 종횡단면도에 최대앙각 산출결과를 기재 필요
- 최대앙각 산출결과를 검토 및 확인 필요

④ 적용 건축물

공동주택, 복합(주거), 업무시설, 학교시설, 판매시설, 숙박시설, 소형주택, 기존공동주택, 기존업무시설, 그밖의 건축물

3) 제출서류

① 예비인증

- 배치도
- 종·횡단면도
- 최대 앙각 산출도

② 본인증

- 예비인증시와 동일

③ 일반적 제출서류 리스트

- 배치도
- 종·횡단면도
- 최대 앙각 산출도

1.2.1 일조권 간섭방지 대책의 타당성

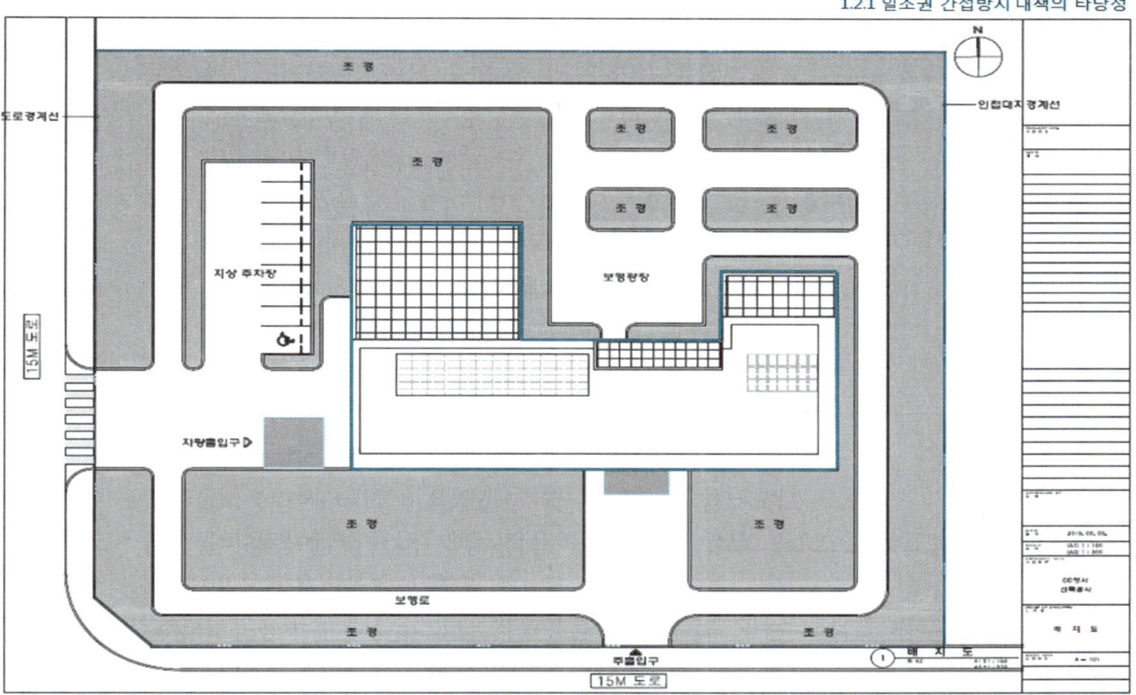

[그림 2] 배치도

1.2.1 일조권 간섭방지 대책의 타당성

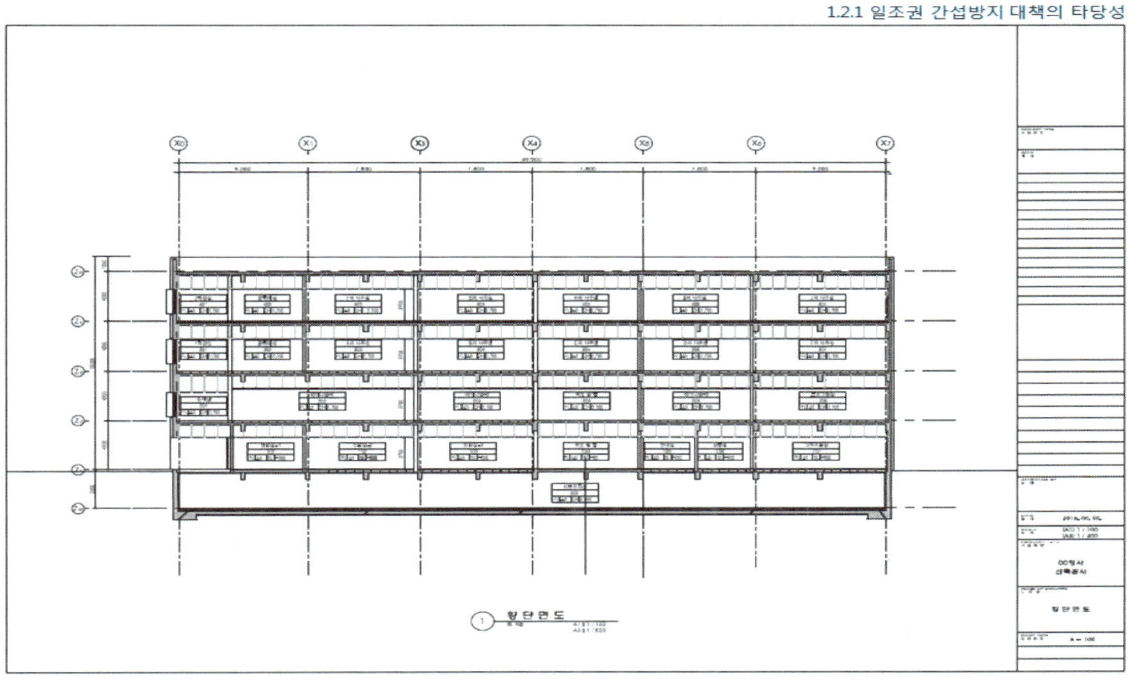

[그림 3] 횡단면도

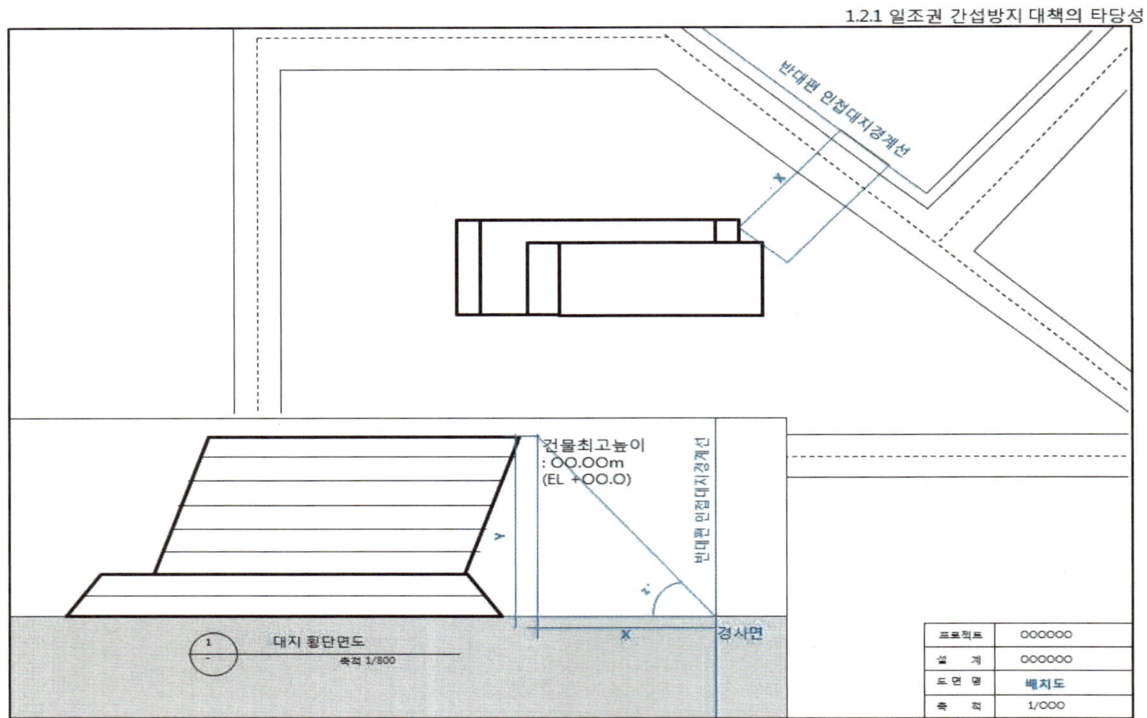

[그림 4] 배치도 및 최대앙각 산출도

다. 교통부하저감

1-1) 대중교통에의 근접성

<table>
<tr><th colspan="2">녹색건축인증 2013-2</th><th colspan="2">업무용 건축물</th></tr>
<tr><td>평가부문</td><td colspan="3">1　토지이용 및 교통</td></tr>
<tr><td>평가범주</td><td colspan="3">1.3　교통부하저감</td></tr>
<tr><td>평가기준</td><td colspan="3">1.3.1 대중교통에의 근접성</td></tr>
<tr><td>작 성 자</td><td></td><td>심사위원</td><td></td></tr>
<tr><td>배　　점</td><td colspan="3">2점 (평가항목)</td></tr>
<tr><td>산출기준</td><td colspan="3">· 평점 = (가중치) × (배점)
<table><tr><th>구 분</th><th>대중교통시설과의 도보거리</th><th>가중치</th></tr><tr><td>1급</td><td>2개 이상의 대중 교통시설이 300m 이내에 위치한 경우</td><td>1.0</td></tr><tr><td>2급</td><td>가장 가까운 대중 교통시설이 200m 이내에 위치한 경우</td><td>0.8</td></tr><tr><td>3급</td><td>가장 가까운 대중 교통시설이 200m 이상 300m 이내에 위치한 경우</td><td>0.6</td></tr><tr><td>4급</td><td>가장 가까운 대중 교통시설이 300m 이상 400m 이내에 위치한 경우</td><td>0.4</td></tr><tr><td>5급</td><td>가장 가까운 대중 교통시설이 400m 이상 500m 이내에 위치한 경우</td><td>0.2</td></tr></table>※ – 도보거리란 가장 안전하고 편리한 길을 이용한 물리적 거리를 말함
– 평가 시점 시 대중교통수단과의 근접성을 증명할 수 있는 증빙서류의 제출이 어려운 경우 실제 운행 시점부터 가점 대상으로 함 (예 : 버스 등)
– 거리는 가장 유리한 대지출입구로부터 산정함
– 마을버스 정류소는 일반정류소와 동일한 것으로 봄</td></tr>
<tr><td rowspan="2">부여점수</td><td colspan="2">자체평가</td><td>심사단평가</td></tr>
<tr><td colspan="2">○.○점</td><td>○.○점</td></tr>
<tr><td>산출근거</td><td colspan="2">▶ 본 건축물은 가장 가까운 대중교통시설로 버스정류장이 ○○○m 이내에 위치함으로 ○급 기준을 만족함
· 가장 가까운 버스정류장과의 거리 : ○○○m
– 적용기준 : ○급(가중치 ○.○)
– 평점(Y) = ○.○×2 = ○.○</td><td></td></tr>
<tr><td>첨부자료</td><td colspan="3">설치 예정 확인서</td></tr>
</table>

2) 작성시 유의사항 (이것만은 꼭 알고 보고서 작성하기)

① 평가목적

대중교통 이용을 통한 공해발생의 저감, 에너지 사용 절감 등을 유도하고자 한다.

② 평가방법

대중교통시설(철도역, 지하철역, 버스터미널, 버스정류소)과의 도보거리

③ 심사시 보완요청 사례

- 마을버스정류장까지의 거리가 200이내인 것을 확인하였지만, '마을버스 노선(안)건의' 부분이 음영 처리되어 식별이 불가능하오니, 이점 보완 필요
- 제출된 "토지이용계획도"에 scale 표시가 되어있지 않아 거리 확인을 증명할 수 없음
- 인터넷에서 거리가 측정된 사진을 첨부하는 방법도 가능함
- 적합한 현장인근 상황도 및 현장사진이 첨부 필요
- 버스정류장의 설치 사진이 첨부 필수사항임
- 설계개요 도면이 전체적으로 식별이 어려워 재제출 필요
- 전체적으로 도면 작성일자, 건축사 도장이 미비되어 최종 시공도면(사용승인)임을 확인할 수 없음
- 현장사진이 미첨부 되었음
- 최종 시공도면(사용승인도면 2014년O월O일)으로 제출필요(제출된 도면작성일자 2012년O월, 2013년O월)

④ 적용 건축물

공동주택, 복합(주거), 업무시설, 학교시설, 판매시설, 숙박시설, 소형주택, 기존공동주택, 기존업무시설, 그밖의 건축물

3) 제출서류

① 예비인증

현장인근 상황도(대중교통수단의 위치 및 대지출입구 표기, 대중교통수단 위치에서 대지출입구까지의 거리 명기)

② 본인증

예비인증시와 동일

③ 일반적 제출서류 리스트

- 버스 정류장 설치계획서
- 버스 정류장 설치 사진
- 배치도

1.3.1 대중교통에의 근접성

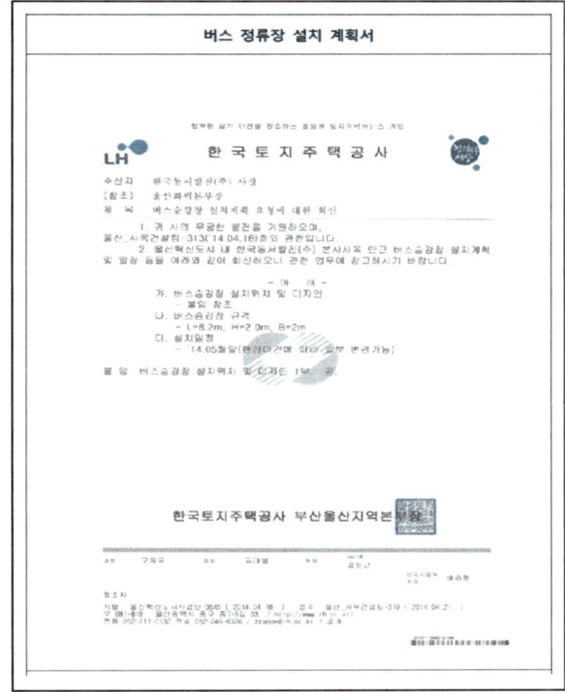

버스 정류장 설치 계획서

LH

한 국 토 지 주 택 공 사

수신자 한국동서발전(주) 사장

(참조) 울산화력본부장

제 목 버스승강장 설치계획 요청에 대한 회신

1. 귀 사의 무궁한 발전을 기원하오며, 울산_사옥건설팀-313('14.04.16)호와 관련입니다.

2. 울산혁신도시 내 한국동서발전(주) 본사사옥 인근 버스승강장 설치계획 및 일정 등을 아래와 같이 회신하오니 관련 업무에 참고하시기 바랍니다.

- 아 래 -

가. 버스승강장 설치위치 및 디자인
- 붙임 참조

나. 버스승강장 규격
- L=6.2m, H=2.0m, B=2m

다. 설치일정
- '14.05월말(현장여건에 따라 일부 변경가능)

붙임 버스승강장 설치위치 및 디자인 1부. 끝.

한국토지주택공사 부산울산지역본부장

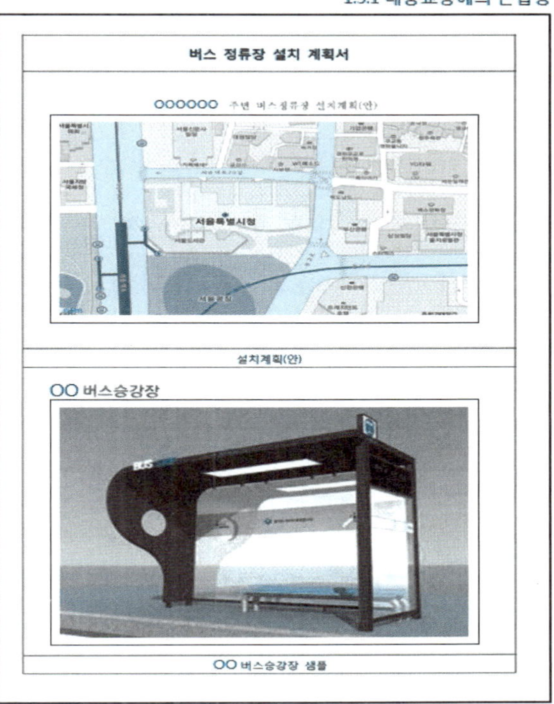

[그림 5] 버스 정류장 설치계획서 및 설치사진

1.3.1 대중교통에의 근접성

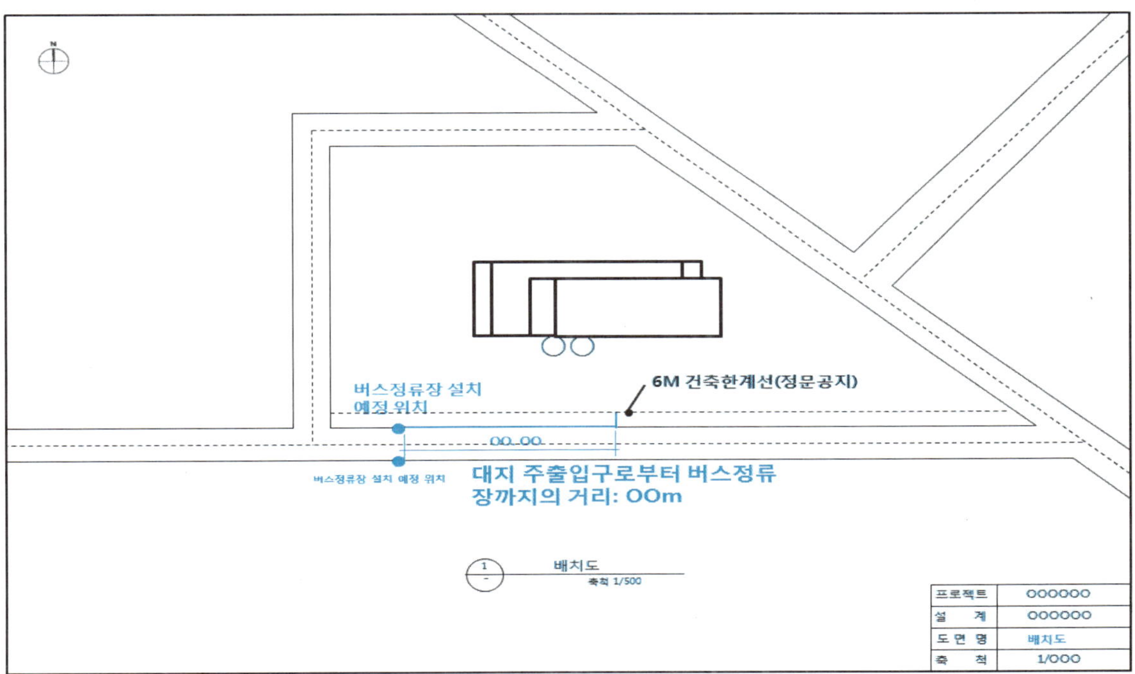

[그림 6] 배치도

1-2) 자전거 보관소 설치여부

<table>
<tr><th colspan="2">녹색건축인증 2013-2</th><th colspan="2">업무용 건축물</th></tr>
<tr><td>평가부문</td><td colspan="3">1　　토지이용 및 교통</td></tr>
<tr><td>평가범주</td><td colspan="3">1.3　　교통부하저감</td></tr>
<tr><td>평가기준</td><td colspan="3">1.3.2　자전거 보관소 설치여부</td></tr>
<tr><td>작 성 자</td><td></td><td>심사위원</td><td></td></tr>
<tr><td>배　　점</td><td colspan="3">2점(평가항목)</td></tr>
<tr><td>산출기준</td><td colspan="3">• 평점 = (가중치) × (배점)
<table><tr><th>구분</th><th>자전거 보관소 설치 여부</th><th>가중치</th></tr><tr><td>1급</td><td>자전거 보관소 및 샤워시설 설치</td><td>1.0</td></tr><tr><td>2급</td><td>자전거 보관소 설치</td><td>0.5</td></tr></table>
단, 자전거 보관소는 아래의 자전거 대수 이상을 보관할 수 있는 규모로 한다.
자전거 대수 = 법정 자동차 주차대수×15%</td></tr>
<tr><td rowspan="2">부여점수</td><td colspan="2">자체평가</td><td>심사단평가</td></tr>
<tr><td colspan="2">○.○점</td><td>○.○점</td></tr>
<tr><td>산출근거</td><td colspan="2">▶ 본 건축물은 자전거 보관소 및 샤워시설 설치함에 따라 해당등급 ○급 기준을 만족함
1. 자전거 보관소
• 자전거 보관소 설치기준 :
법정주차대수 ○○○대×0.15=○○대
• 자전거 보관소 설계계획 :
○○대(○대×○)
2. 샤워실 : 지하○층
남, 녀 구분하여 설치
• 적용기준 : ○급(가중치 ○.○)
• 평점(Y)=○.○×2=○.○</td><td></td></tr>
<tr><td>첨부자료</td><td colspan="3">설계개요, 시설물 계획도, 지하1층 평면도, 자전거보관대 상세도</td></tr>
</table>

2) 작성시 유의사항 (이것만은 꼭 알고 보고서 작성하기)

① 평가목적

자전거 보관소 설치 여부를 판단함으로써 녹색교통 환경을 유도하며, 에너지소비와 공해발생 저감을 도모한다.

② 평가방법

자전거 보관소 설치 및 자전거 이용자를 위한 샤워시설 마련 여부

③ 심사시 보완요청 사례

- 자전거 보관소의 상세도를 제출필요
- 샤워실과 탈의실은 구분되어 있어야 합니다. 이점을 확인할 수 있는 도서를 제출필요
- 공동주택 경우 단지 내 조성된 2개 이내의 보행자 전용도로가 휴게 및 커뮤니티 공간과 80% 이상 연계되어 조성되어 1급에 해당되었으나, 전체적으로 도면 작성일자, 건축사 도장이 미비되어 최종 시공도면(사용승인)임을 확인할 수 없음.

④ 적용 건축물

공동주택, 복합(주거), 업무시설, 학교시설, 판매시설, 숙박시설, 소형주택, 기존공동주택, 기존업무시설, 그밖의 건축물

3) 제출서류

① 예비인증

- 자전거 보관소 배치도 및 설계평면도
- 샤워시설에 대한 평면도

② 본인증

- 자전거 보관소 배치도 및 설계평면도
- 샤워시설에 대한 평면도 및 설치사진
- 자전거 보관소 현장사진

③ 일반적 제출서류 리스트

- 건축 개요
- 시설물 및 포장계획도
- 샤워실이 도시된 평면도
- 자전거 보관대 상세도
- 자전거 보관소 현장사진
- 샤워실 현장사진

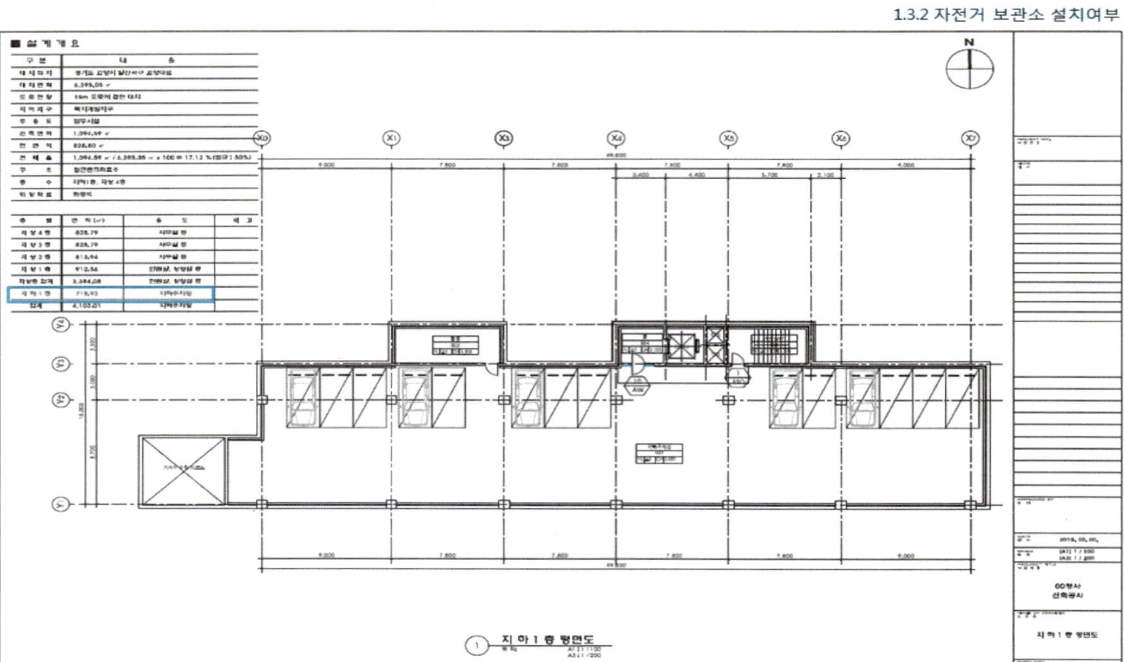

[그림 7] 건축개요

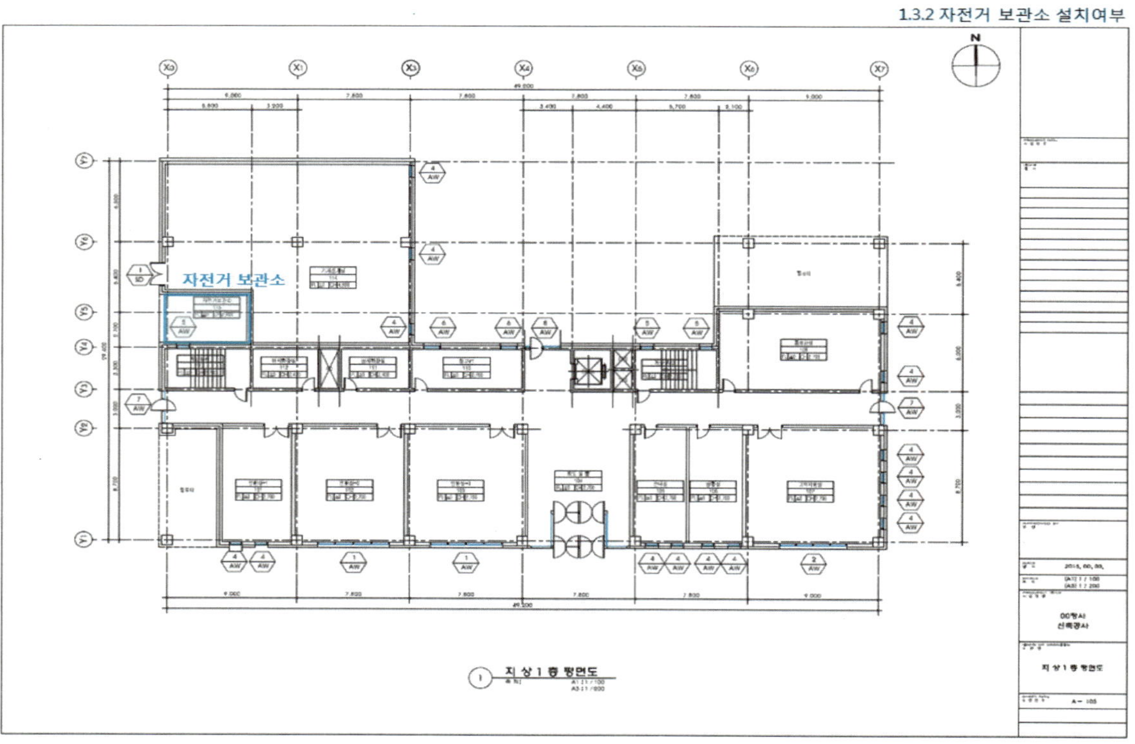

[그림 8] 자전거 보관소가 도시된 평면도

1.3.2 자전거 보관소 설치여부

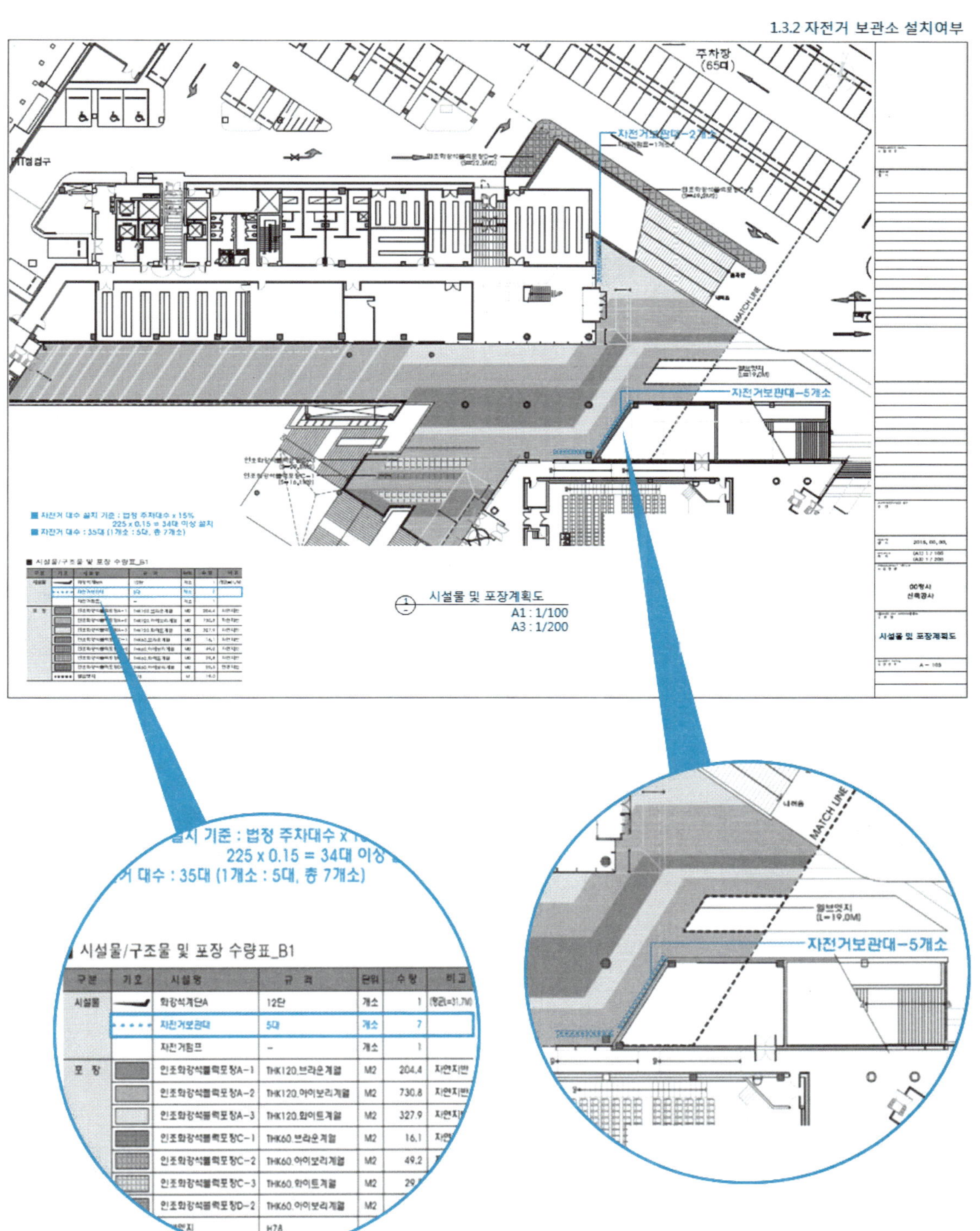

[그림 9] 시설물 및 포장계획도

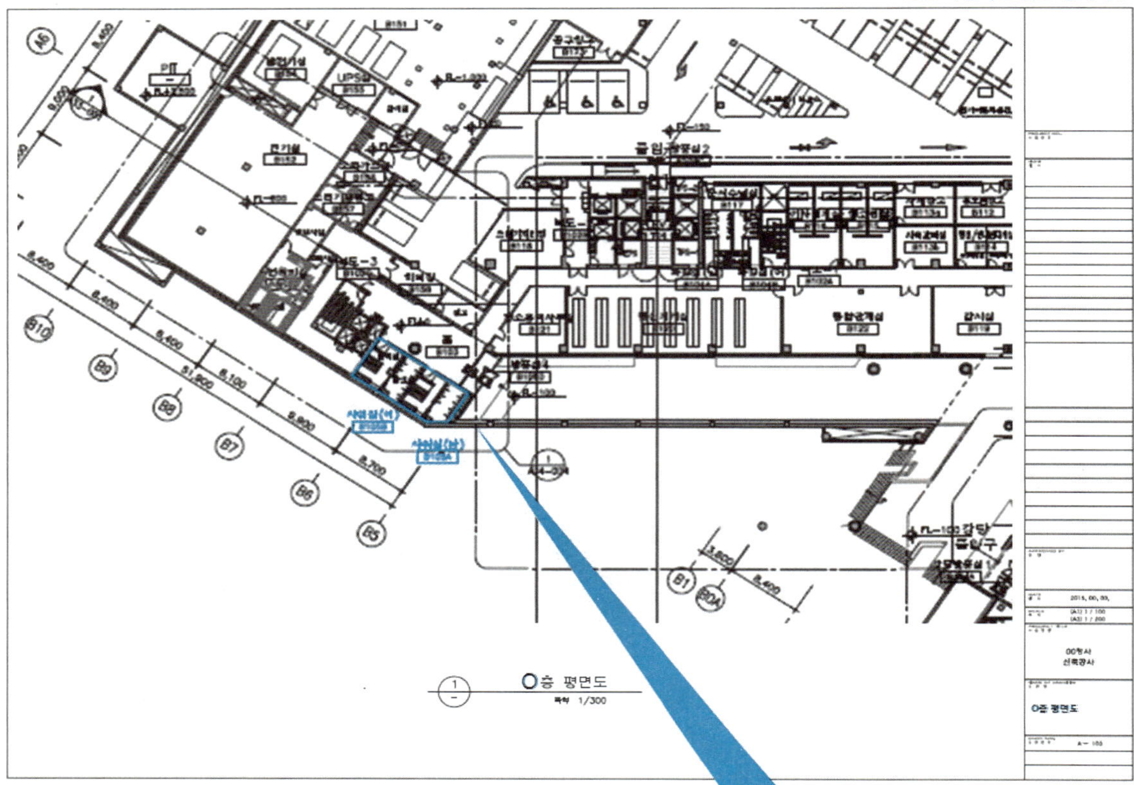

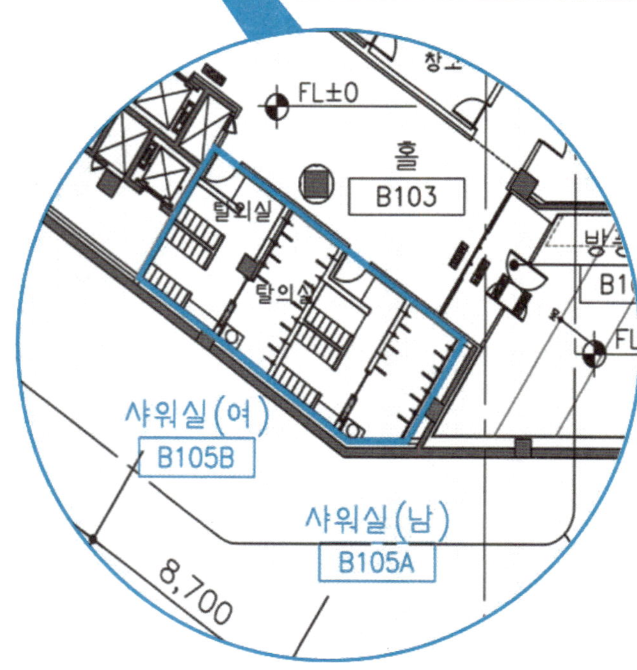

[그림 10] 샤워실이 명시된 평면도

1.3.2 자전거 보관소 설치여부

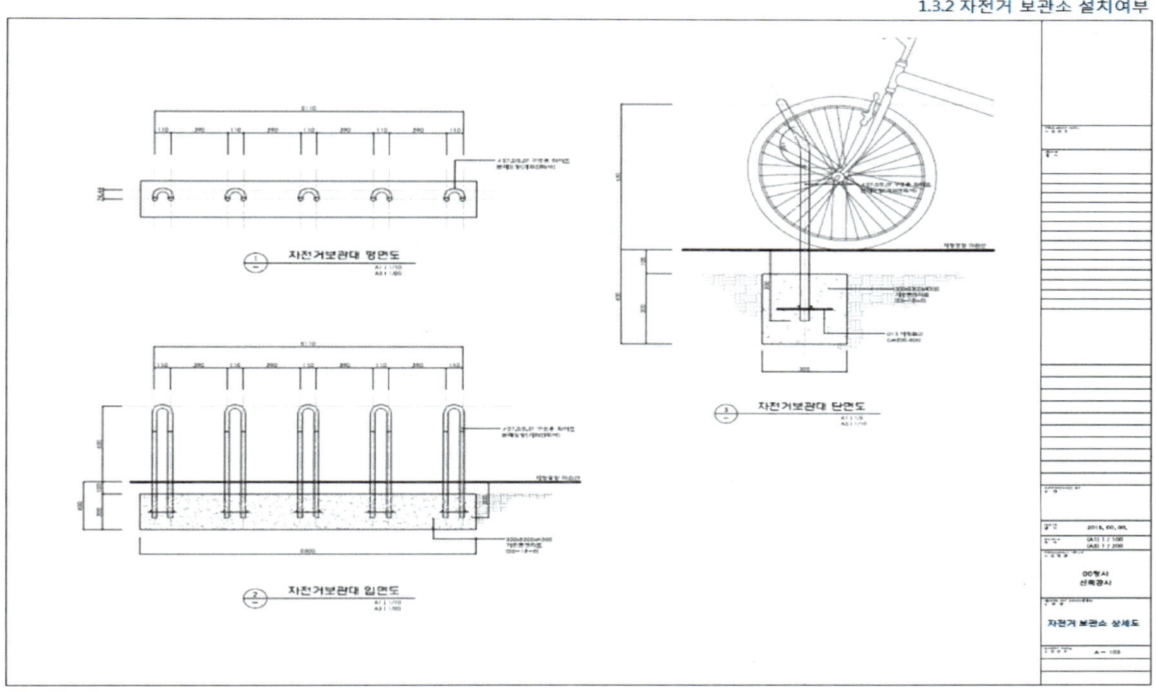

[그림 11] 자전거보관소 상세도

1.3.2 자전거 보관소 설치여부

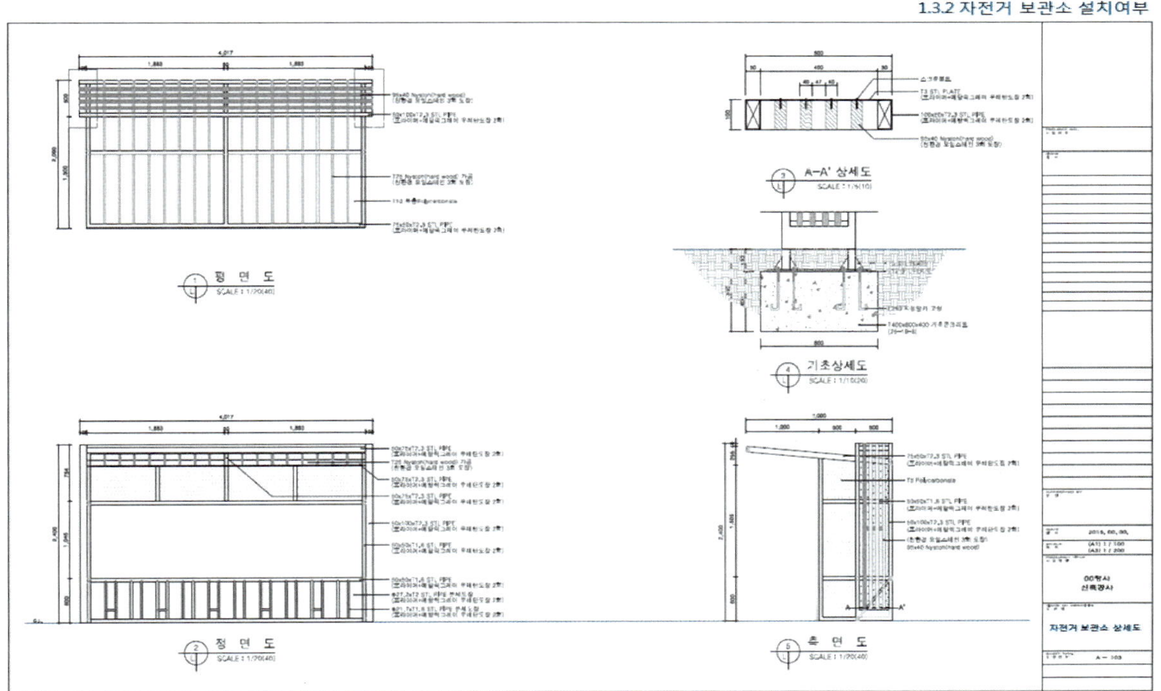

[그림 12] 자전거 보관소 상세도

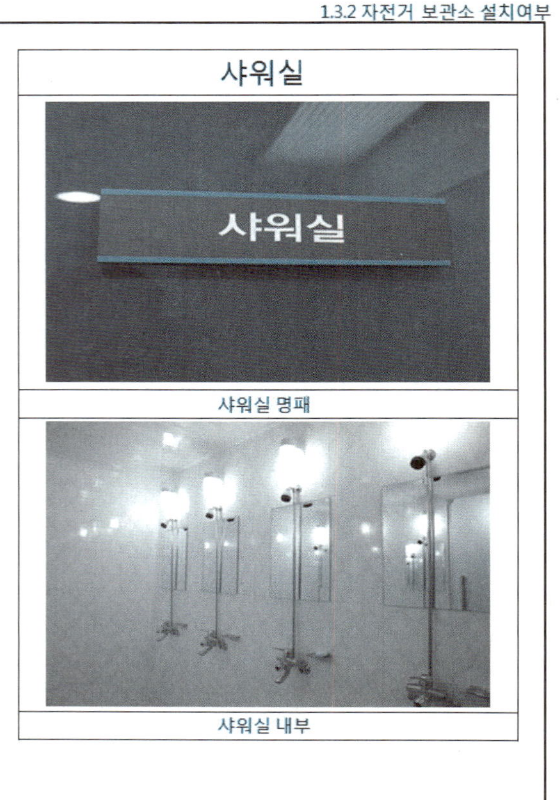

[그림 13] 현장 사진

1.2.2 에너지 및 환경오염

가. 에너지 절약

1-1) 에너지 성능

녹색건축인증 2013-2			업무용 건축물
평가부문	2 에너지 및 환경오염		
평가범주	2.1 에너지 절약		
평가기준	2.1.1 에너지 성능		
작 성 자		심사위원	
배 점	12점 (필수항목 : 최소평점 4.8점)		
산출기준	• 평점 = (가중치) × (배점) (아래 표 참조) ※ 에너지성능지표검토서와 건축물 에너지효율등급 산출결과 중에서 유리한 점수로 적용 가능		
부여점수	자체평가: ○.○ 점		심사단평가: ○.○ 점
산출근거	▶ 본 건축물은 EPI 총 배점이 ○○점 이상이므로 해당등급 ○급 기준을 만족함 • 건 축 : ○.○점 기 계 : ○.○점 전 기 : ○.○점 신재생 : ○.○점 – 평점합계 : ○.○점 – 평점(Y)=○.○×12 = ○.○		
첨부자료	EPI근거자료		

구분	에너지성능지표검토서의 평점 합계의 평균	가중치
1급	평점합계의 평균이 95점 이상인 경우	1.00
2급	평점합계의 평균이 90점 이상 ~95점 미만인 경우	0.90
3급	평점합계의 평균이 85점 이상 ~90점 미만인 경우	0.80
4급	평점합계의 평균이 80점 이상 ~85점 미만인 경우	0.70
5급	평점합계의 평균이 75점 이상 ~80점 미만인 경우	0.60
6급	평점합계의 평균이 70점 이상 ~75점 미만인 경우	0.50
7급	평점합계의 평균이 65점 이상 ~70점 미만인 경우	0.40

구분	에너지효율등급	가중치
1급	건축물에너지효율 1등급 (예비)인증을 취득한 경우	0.90
2급	건축물에너지효율 2등급 (예비)인증을 취득한 경우	0.70
3급	건축물에너지효율 3등급 (예비)인증을 취득한 경우	0.50
4급	건축물에너지효율 4등급 (예비)인증을 취득한 경우	0.40

2) 작성시 유의사항 (이것만은 꼭 알고 보고서 작성하기)

① 평가목적

건축물의 에너지소비는 화석 연료 사용에 의한 온실가스 배출과 밀접한 관계가 있으므로 건축물에서 에너지절감이 바로 온실가스 배출을 억제한다는 취지하에 건축물의 라이프사이클에서 가장 많은 에너지를 소비하는 운영단계에서의 에너지소비량을 사전에 평가함으로써 건축물의 에너지를 절감하고 나아가 온실가스의 배출을 저감시키고자 한다.

② 평가방법

- 건축물의 에너지절약설계기준에 따른 에너지절약계획서의 에너지성능지표 검토서 평점 합계에 근거하여 평가
- 건축물 에너지효율등급 (예비)인증서에 근거하여 평가

③ 심사시 보완요청 사례

- 에너지절약계획서 설계자 날인하여 첨부하고 자체평가 근거자료 및 현장시공 사진 제출 필요
- EPI를 건축물에너지효율등급으로 대체.
- 건축물 에너지효율등급인증서 첨부 필요
- EPI 최종점수는 소수 둘째자리까지 표기 필요
- 다수의 동이 있는 경우 동별로 EPI를 제출해야 함.(공동주택의 경우는 하나의 단지로 작성함.)

[건 축]

- 평균 열관류율 계산서 첨부 필요
- 지하O층 입면전개도는 폐곡선으로 작성 필요
- 면적산출도면 CAD파일 제출 필요
- 형별로 컬러표기 필요
- 형별성능내역서의 단열재(페놀폼보드)의 열전도율 확인자료 제출필요
- 지붕 및 바닥은 입면전개도에 맞추어 작성필요
- 평균열관류율계산서상에 FO의 열관류율이 형별성능내역서와 다르므로 수정필요
- 지상O층에 산정된 바닥면적이 지하O층 및 지하O층과 일부 중복(OOO.OO㎡, OOO.OO㎡ 부분)되므로 재검토 후 지상O층 바닥면적을 수정필요
- 지붕 및 바닥면적의 차이가 크므로 면적 재검토 필요
- 지하O층, 지상O층 바닥면적이 중복되므로 재검토 후 수정 필요
- 외벽평균열관류율과 단열성능기준표의 바닥, 지붕의 부위별 면적이 불일치. 단열성능기준표-O(RO)의 바닥 및 지붕면적 수정 필요

- 형별성능관계내역서에 해당하는 벽체, 창문, 문에 대해 표시 필요
- 근거도서와 산출서 중 도어 관련 부분이 오기되어 있음. 확인 필요(면적산출 도면에는 DO이 있으나 계산서에는 없음)
- 면적집계표 작성 필요
- 펄라이트뿜칠 열전도율 0.03의 인증서 첨부 또는 단열성능에서 제외 필요
- 형별성능내역서상 외단열에 해당되는 않는 형별은 W1, W2, W3임.
- 형별성능내역의 W1, W2는 축열체(콘크리트나 벽돌 등)가 없는 구조이므로 외단열에서 제외하여 비율 계산이 필요. 계산시 외벽면적(분모값)에서 창 및 문의 면적은 제외 필요
- 외단열비율계산서 첨부 필요
- 개폐가능한 창 면적은 창이 개폐되는 실유효면적을 의미하므로 비율재계산 필요
- Tilt창은 창호면적의 50%만 개폐면적으로 인정함.
- 각 입면도에 부호별 면적 기재하여 주시기 필요
- 시험성적서 모델번호 OO-OO-OO와 OOO-OOO-OO이 창호 일람표에서 어느 창호에 해당하는지를 확인 필요

[기 계]

- 난방효율계산서상의 흡수식냉온수기의 용량을 OOO.Okw 수정 필요
- 냉방효율계산서상의 지열히트펌프의 용량을 OOO.OOKw 수정 필요
- 열원설비계통도 첨부필요
- 패키지에어컨1,2의 배점(b)은 0.6으로 적용 필요
- 전기히트펌프는 고효율기자재인증제품이 아니므로 배점(b)은 0.6으로 적용 필요
- 송풍기효율계산서상의 동력은 장비일람표와 일치 필요
- 장비일람표상에 효율 표기필요
- 전체 환기소요량에 대비한 환기유니트의 적용비율계산서 작성 필요
- 장비일람표에 고효율에너지기자재 인증제품 명기필요
- 인증서와 장비일람표의 온도교환효율, 유효전열효율이 상이하므로 확인필요
- 첨부된 시방서가 당해 현장의 시방서임을 확인할 수 없으므로 기계설비설계사무실 도장날인 필요
- 도장 첨부 하였으나, 공통보완사항 참고 하여 기존 서류를 포함하여 제출 필요
- 흡수식냉동기 및 EHP실외기의 비례제어 근거서류 제출필요
- 보완 자료가 없습니다. 자료 보완 필요
- 기계1,2 수정 후 비율계산서 첨부필요

- 지열용펌프의 에너지절약적 제어방식이 없을 경우 60% 이상을 확인할 수 있는 비율계산서 첨부 필요
- 지열HP의 스케쥴 제어, 모니터링 기능 등의 적용을 확인할 수 있는 자료를 제출필요
- 중앙에서 모니터링, 스케쥴제어, 피크전력제어 적용여부 확인할 수 있는 자료를 첨부필요
- 고효율 인증서, 신재생 인증서 첨부 필요
- A효율비 65.8/46.8=1.4E, B효율비 61/38.3=1.59E를 계산하여 표기 필요
- 펌프 시험 성적서 첨부 필요
- 고효율 기자재 인증서 첨부 필요
- 주간최대 난방에 대한 적용비율로 계산하여 결과 기재하여 주시기 필요
- GHP가 가스를 사용하므로 최대냉방부하에 대한 GHP 난방 비율로 계산이 용이

[전 기]

- 전등설비평면도 및 조명기기일람표 제출필요
- 거실이외의 공간은 제외하고 조명밀도계산서에 각 실명을 표기필요
- 조명밀도계산서상의 비율 근거식 표기필요
- 계산서에 적용된 조명기기를 확인하기 위한 경비실, 관리동의 조명기기일람표 첨부 필요
- 해당하는 조명기구를 조명기구 상세도에 표기해 주시기 필요
- 거실(냉난방공간)에 해당하지 않는 실
  (ex : 기계실, 전기실, 창고 등등)은 제외하고 조명밀도를 작성필요
- 조명밀도계산서에 전기기술사의 소속, 직책, 성명, 날인 필요
- 전압강하계산서에 전기기술자의 소속, 직책, 성명 날인 필요
- 계산에 적용된 간선도면 첨부 필요
- 첨부된 도서상 각 용도가 상이하므로 대수제어가 인정되지 않음.
- 옥외등의 상세도 첨부필요 (조명기기일람표)
- 층별 또는 구획별로 전력량계 칼라로 표시 필요
- 미터링 항목 및 미터링 방법 표시 필요
- 전등설비평면도 및 조명기기일람표 제출 필요
- 각 층의 전등설비평면도상에 비율계산서 작성 필요
- 조명밀도 계산자 날인 필요
- 조명도면 등기구 일람표 첨부 필요
- 간선전압 강하 계산자 날인 필요

- 강하율이 3.5% 미만이므로 EPI적용 재확인 필요
- 해당 간선도면 첨부 필요
- 전등설비 도면에 LED 구분하여 표기하여 주시고, 수량에 따른 소비전력과 비율 표기 후 집게 필요
- 전열설비 도면에 대기전력 콘센트 확인가능하게 표기하여 각장별로 수량 기재하시고 최종 집계표와 비율 작성 필요

[신재생]

- 기계1 보완 후 용량비율 재계산필요
- 급탕설비용량에 대한 비율계산서 및 근거자료 첨부 필요
- 급탕설비용량에 대한 신재생 적용비율계산서 첨부 필요(지열 급탕설비 적용비율 100%이나 적용비율계산서 필요)
- 태양광 적용비율계산서 및 설치용량을 확인할 수 있는 도서를 첨부 필요
- 난방용량 0,000Kcl/h 표기하여 주시기 필요
- 전체냉방 설비에 대한 신재생 냉방적용비율로 수정필요 0*00,000=000,000은 난방 용량임.
- 태양광 설비 용량 재확인 필요 도면에는 00.0kw+00.0kw로 되어있음.

④ 적용 건축물

- 공동주택, 복합(주거), 업무시설, 학교시설, 판매시설, 숙박시설, 소형주택, 기존공동주택, 기존업무시설, 그밖의 건축물

3) 제출서류

① 예비인증

에너지절약계획서(단열재 명세, 창호상세도 및 명세, 보일러 명세 등 포함) 및 관련 근거자료(도면, 성적서 등) 또는 건축물에너지효율등급 예비인증서

② 본인증

에너지절약계획서(단열재 명세, 창호상세도 및 명세, 보일러 명세 등 포함) 및 관련 근거자료(도면, 성적서, 인증서, 거래명세서, 현장 사진 등) 또는 건축물에너지효율등급 인증서

③ 일반적 제출서류 리스트

EPI 근거 자료(업무용 건축물 에너지효율등급 인증서)

■ 건축물 에너지효율등급 인증에 관한 규칙[별지 제6호서식]

건축물 에너지효율등급 예비인증서

※ [ ]에는 해당하는 곳에 √표를 합니다.

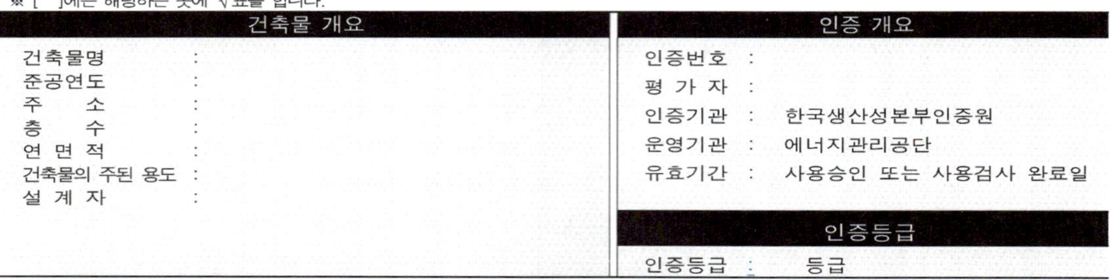

건축물 개요		인증 개요	
건축물명	:	인증번호	:
준공연도	:	평 가 자	:
주 소	:	인증기관	: 한국생산성본부인증원
층 수	:	운영기관	: 에너지관리공단
연 면 적	:	유효기간	: 사용승인 또는 사용검사 완료일
건축물의 주된 용도	:		
설 계 자	:		

인증등급

인증등급 : 등급

건축물 에너지효율등급 평가결과

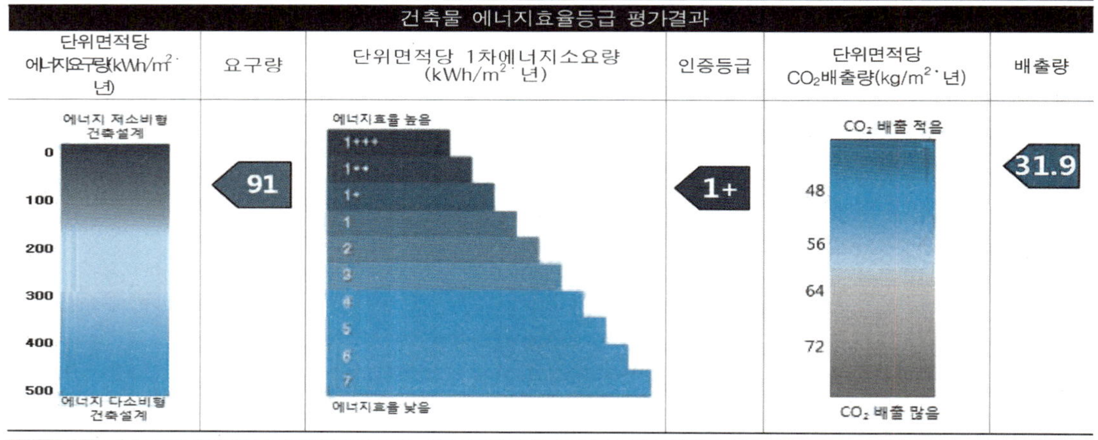

단위면적당 에너지요구량(kWh/m²·년)	요구량	단위면적당 1차에너지소요량 (kWh/m²·년)	인증등급	단위면적당 CO₂배출량(kg/m²·년)	배출량
	91		1+		31.9

에너지 용도별 평가결과

구분	단위면적당 에너지요구량 (kWh/m²·년)	단위면적당 에너지소요량 (kWh/m²·년)	단위면적당 1차에너지소요량 (kWh/m²·년)	단위면적당 CO_2배출량 (kWh/m²·년)
난방	15.2	19.8	27.0	5.3
냉방	40.6	39.2	61.0	11.6
급탕	19.5	26.9	15.0	5.6
조명	15.7	12.0	28.4	5.6
환기		8.2	21	3.8
합계	91.0	106.1	152.4	31.9

단위면적당 에너지요구량	건축물이 냉방, 난방, 급탕, 조명 부문에서 요구되는 단위면적당 에너지량
단위면적당 에너지소요량	건축물에 설치된 냉방, 난방, 급탕, 조명, 환기시스템에서 드는 단위면적당 에너지량
단위면적당 1차에너지소요량	에너지소요량에 연료의 채취, 가공, 운송, 변환, 공급 과정 등의 손실을 포함한 단위면적당 에너지량
단위면적당 CO_2배출량	에너지소요량에서 산출한 단위면적당 이산화탄소 배출량

※ 이 건물은 냉방설비가 ([√]설치된[ ]설치되지 않은) 건물입니다.
※ 예비인증을 받은 건축물은 완공 후에 본인증을 받아야 하며, 설계변경에 따라 인증결과가 달라질 수 있습니다.
※ 단위면적당 1차에너지소요량은 용도 등에 따른 보정계수를 반영한 결과입니다.

위 건축물은 「녹색건축물 조성 지원법」 제17조 및 「건축물 에너지효율등급 인증에 관한 규칙」 제11조제3항에 따라 에너지효율등급(등급) 건축물로 인증되었기에 예비인증서를 발급합니다.

20 년 월 일

한국생산성본부인증원장

210mm×297mm(보존용지(1종) 120g/㎡)

[그림 14] EPI 근거 자료

1-2) 계량기 설치 여부

<table>
<tr><th colspan="3">녹색건축인증 2013-2</th><th>업무용 건축물</th></tr>
<tr><td>평가부문</td><td colspan="3">2 에너지 및 환경오염</td></tr>
<tr><td>평가범주</td><td colspan="3">2.1 에너지 절약</td></tr>
<tr><td>평가기준</td><td colspan="3">2.1.2 계량기 설치 여부</td></tr>
<tr><td>작 성 자</td><td></td><td>심사위원</td><td></td></tr>
<tr><td>배 점</td><td colspan="3">2점 (평가항목)</td></tr>
<tr><td>산출기준</td><td colspan="3">• 평점 = (가중치) × (배점)
<table><tr><th>구 분</th><th>용도별 사용에너지의 계량기 설치 여부</th><th>가중치</th></tr><tr><td>1급</td><td>용도별 사용에너지를 측정할 수 있는 계량기가 5종 이상 설치된 경우</td><td>1.0</td></tr><tr><td>2급</td><td>용도별 사용에너지를 측정할 수 있는 계량기가 3종 이상 설치된 경우</td><td>0.5</td></tr></table>
• 용도별 사용에너지의 계량기 예시 : 냉방, 난방, 급탕, 조명, 콘센트, 공조용 팬동력
• 그밖의 중앙컴퓨터시스템에서 용도별 사용에너지 검침이 가능한 경우도 인정</td></tr>
<tr><td rowspan="2">부여점수</td><td colspan="2">자체평가</td><td>심사단평가</td></tr>
<tr><td colspan="2">○.○점</td><td>○.○점</td></tr>
<tr><td>산출근거</td><td colspan="2">• 용도별 사용에너지를 측정할 수 있는 계량기가 ○종 이상 설치로 해당등급 ○급 기준을 만족함.
• 난방, 냉방, 엘리베이터, 전열, 전등
– 적용기준 : ○급(가중치 ○.○)
– 평점(Y) = ○.○×2 = ○.○</td><td></td></tr>
<tr><td>첨부자료</td><td colspan="3">열원흐름도, 가스배관 계통도, 전력간선 계통도 및 원격검침, 지열 자동제어 계통도</td></tr>
</table>

2) 작성시 유의사항(이것만은 꼭 알고 보고서 작성하기)

① 평가목적

건축물 관리자 및 사용자가 전력 및 화석연료를 합리적으로 이용하고 절약할 수 있도록 용도별 사용에너지의 계량기를 설치하였는지를 평가한다.

② 평가방법

용도별 사용에너지를 측정할 수 있는 계량기 설치 여부

③ 심사시 보완요청 사례

- 장비일람표 전체 첨부 하고 EHP, 항온항습기 등 모든 냉난방 장비의 사용에너지 측정할 수 있는 근거서류를 첨부 필요
- 전등, 전열, 엘리베이터 첨부서류로는 전력계량기 설치여부를 확인할 수 없으므로 추가서류 첨부 필요
- 현장설치사진 첨부 필요
- 냉방, 난방의 경우 모든 열원에 대한 계량기를 설치 필요.
- 전체 장비일람표를 제출 필요
- 냉방, 난방, 급탕의 해당열원기기와 계량기방식 표기한 리스트를 제출 필요
- 적용예정확인서 첨부 필요
- 적용예정확인서에 적용예정 계량기3종 구체적으로 표기 필요
- 흡수식냉동기는 배관에서 유량으로 측정할 경우 적산열량계 적용여부자료 첨부 필요
- EHP, 패키지에어컨의 전력량계 적용여부자료 첨부 필요
- 지열히트펌프는 적산열량계로 적용 필요
- PAC1,2 전력량계 적용 필요
- PAC1 운영관리실, 박물관 작업장 교육실, 사무실 등 3개실의 전력량계 적용 필요

④ 적용 건축물

공동주택, 학교시설, 판매시설, 숙박시설, 기존업무시설, 그밖의 건축물

3) 제출서류

① 예비인증

계량기 설치가 포함된 설계도서

※ 적용예정확인서로 갈음 가능

② 본인증

- 계량기 설치 도서
- 계량기 설치를 확인할 수 있는 사진 또는 증빙서류

③ 일반적 제출서류 리스트

- 장비일람표
- 열원흐름도
- 가스배관 계통도
- 전력간선 계통도 및 원격검침
- 분전반 결선도
- 현장 설치 사진

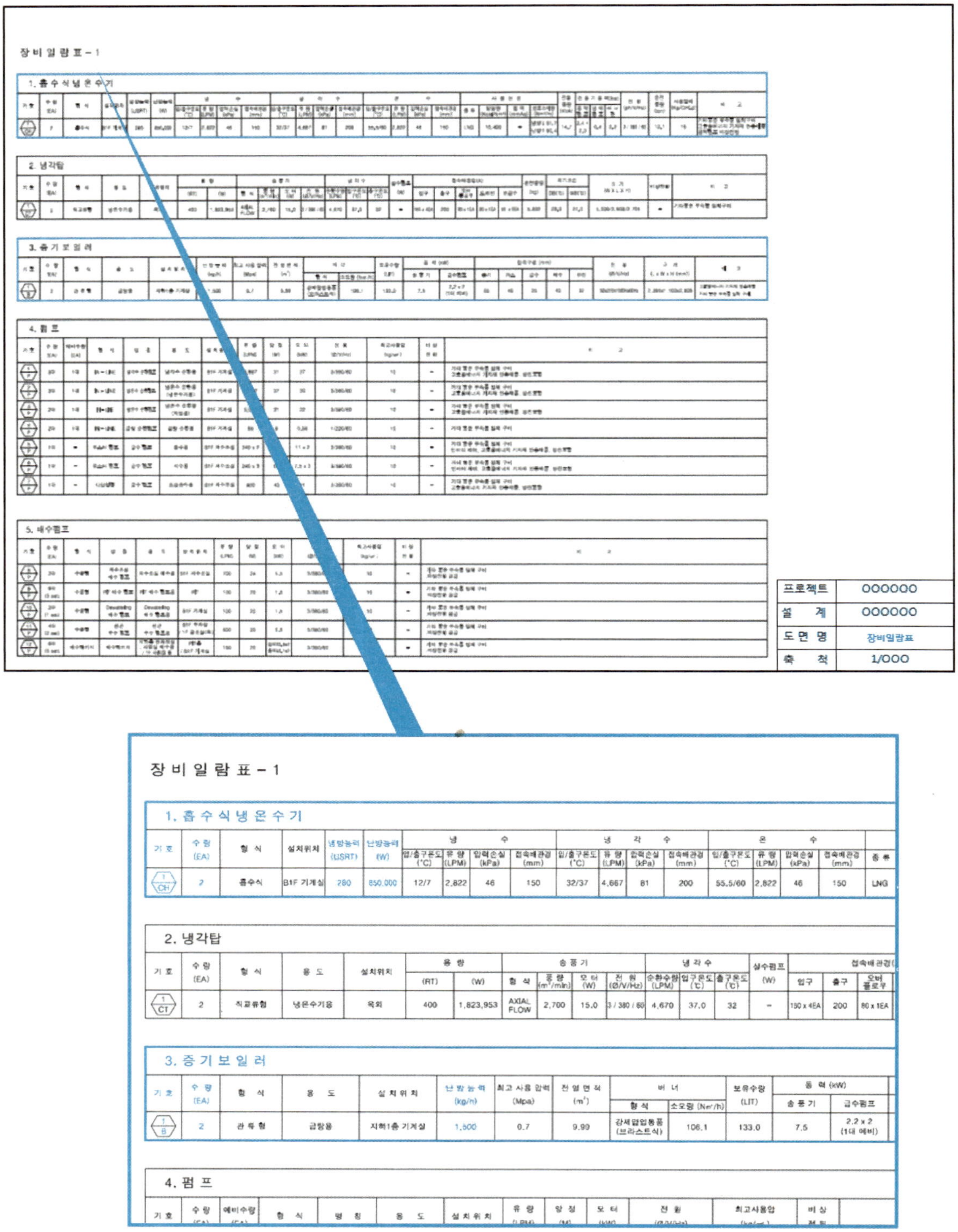

장비일람표 - 1

1. 흡수식냉온수기

2. 냉각탑

3. 증기보일러

4. 펌프

5. 배수펌프

프로젝트	OOOOOO
설계	OOOOOO
도면명	장비일람표
축척	1/OOO

장비일람표 - 1

1. 흡수식냉온수기

기호	수량 (EA)	형식	설치위치	냉방능력 (USRT)	난방능력 (W)	냉수				냉각수				온수				
						입/출구온도 (℃)	유량 (LPM)	압력손실 (kPa)	접속배관경 (mm)	입/출구온도 (℃)	유량 (LPM)	압력손실 (kPa)	접속배관경 (mm)	입/출구온도 (℃)	유량 (LPM)	압력손실 (kPa)	접속배관경 (mm)	종류
1 CH	2	흡수식	B1F 기계실	280	850,000	12/7	2,822	46	150	32/37	4,667	81	200	55.5/60	2,822	46	150	LNG

2. 냉각탑

기호	수량 (EA)	형식	용도	설치위치	용량		송풍기				냉각수			살수펌프	접속배관경		
					(RT)	(W)	형식	풍량 (m^3/min)	모터 (W)	전원 (Ø/V/Hz)	순환수량 (LPM)	입구온도 (℃)	출구온도 (℃)	(W)	입구	출구	오버플로우
1 CT	2	직교류형	냉온수기용	옥외	400	1,823,953	AXIAL FLOW	2,700	15.0	3 / 380 / 60	4,670	37.0	32	-	150 x 4EA	200	80 x 1EA

3. 증기보일러

기호	수량 (EA)	형식	용도	설치위치	난방능력 (kg/h)	최고 사용 압력 (Mpa)	전열면적 (m^2)	버너		보유수량 (LIT)	동력 (kW)	
								형식	소모량 (Nm³/h)		송풍기	급수펌프
1 B	2	관류형	급탕용	지하1층 기계실	1,500	0.7	9.90	강제압입통풍 (브라스트식)	106.1	133.0	7.5	2.2 x 2 (1대 예비)

4. 펌프

기호	수량 (EA)	예비수량 (EA)	형식	명칭	용도	설치위치	유량 (LPM)	양정 (M)	모터 (kW)	전원 (Ø/V/Hz)	최고사용압 (kg/cm²)	비상전원

[그림 15] 장비일람표

2.1.2 계량기 설치 여부

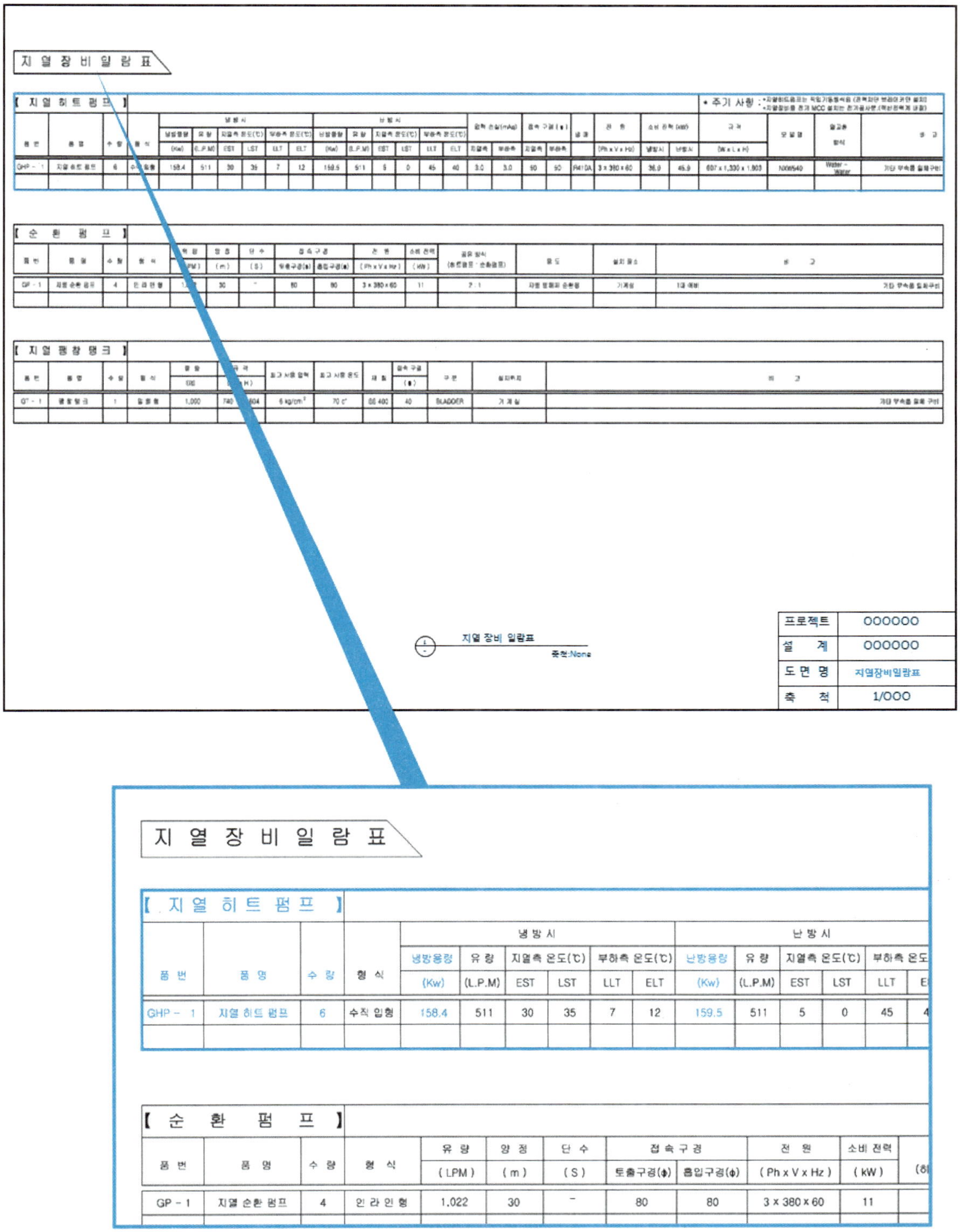

지 열 장 비 일 람 표

【 지 열 히 트 펌 프 】

• 주기 사항 : [illegible]

품번	품명	수량	형식	냉방시						난방시						압력 손실(mAq)		접속 구경(φ)		냉매	전원	소비 전력(kW)		규격	모델명	열교환 방식	비고
				냉방용량	유량	지열측 온도(℃)		부하측 온도(℃)		난방용량	유량	지열측 온도(℃)		부하측 온도(℃)													
				(Kw)	(L.P.M)	EST	LST	LLT	ELT	(Kw)	(L.P.M)	EST	LST	LLT	ELT	지열측	부하측	지열측	부하측		(Ph x V x Hz)	냉방시	난방시	(W x L x H)			
GHP - 1	지열 히트 펌프	6	수직 입형	158.4	511	30	35	7	12	159.5	511	5	0	45	40	3.0	3.0	50	50	R410A	3 x 380 x 60	36.9	45.9	607 x 1,330 x 1,903	NXW540	Water - Water	기타 부속품 일체구비

【 순 환 펌 프 】

품번	품명	수량	형식	유량	양정	단수	접속구경		전원	소비 전력	운전 방식	용도	설치 장소	비고
				(LPM)	(m)	(S)	토출구경(φ)	흡입구경(φ)	(Ph x V x Hz)	(kW)	[illegible]			
GP - 1	지열 순환 펌프	4	인 라 인 형	1,022	30	-	80	80	3 x 380 x 60	11	2 : 1	[illegible]	기계실	1대 예비 기타 부속품 일체구비

【 지 열 팽 창 탱 크 】

품번	품명	수량	형식	용량	규격	최고 사용 압력	최고 사용 온도	재질	접속 구경	구분	설치위치	비고
				(ℓ)	(φ x H)				(φ)			
OT - 1	팽창탱크	1	밀폐형	1,000	740 x 1,604	6 kg/cm²	70 ℃	SS 400	40	BLADDER	기계실	기타 부속품 일체 구비

지열 장비 일람표

축척:None

프로젝트	OOOOOO
설 계	OOOOOO
도 면 명	지열장비일람표
축 척	1/OOO

지 열 장 비 일 람 표

【 지 열 히 트 펌 프 】

품 번	품 명	수 량	형 식	냉 방 시						난 방 시					
				냉방용량	유 량	지열측 온도(℃)		부하측 온도(℃)		난방용량	유 량	지열측 온도(℃)		부하측 온도	
				(Kw)	(L.P.M)	EST	LST	LLT	ELT	(Kw)	(L.P.M)	EST	LST	LLT	E
GHP - 1	지열 히트 펌프	6	수직 입형	158.4	511	30	35	7	12	159.5	511	5	0	45	4

【 순 환 펌 프 】

품 번	품 명	수 량	형 식	유 량	양 정	단 수	접 속 구 경		전 원	소비 전력	(히
				(LPM)	(m)	(S)	토출구경(φ)	흡입구경(φ)	(Ph x V x Hz)	(kW)	
GP - 1	지열 순환 펌프	4	인 라 인 형	1,022	30	-	80	80	3 x 380 x 60	11	

[그림 16] 지열장비일람표

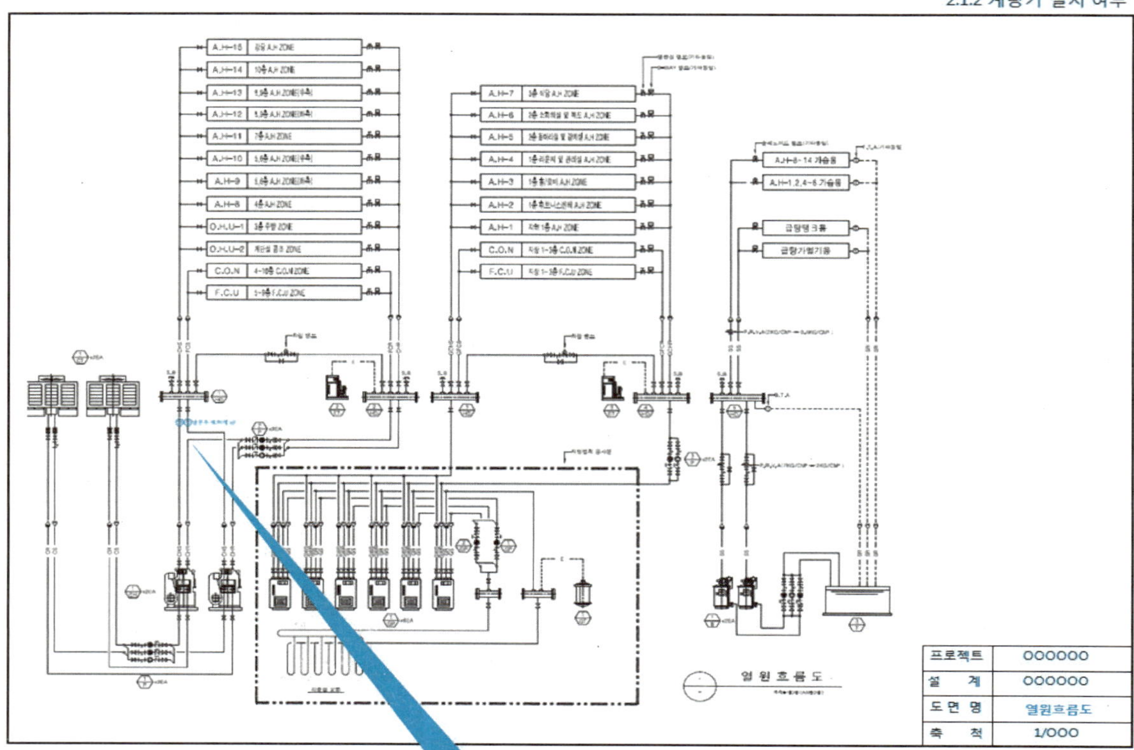
열원흐름도
프로젝트
OOOOOO
설 계
OOOOOO
도면명
열원흐름도
축 척
1/OOO

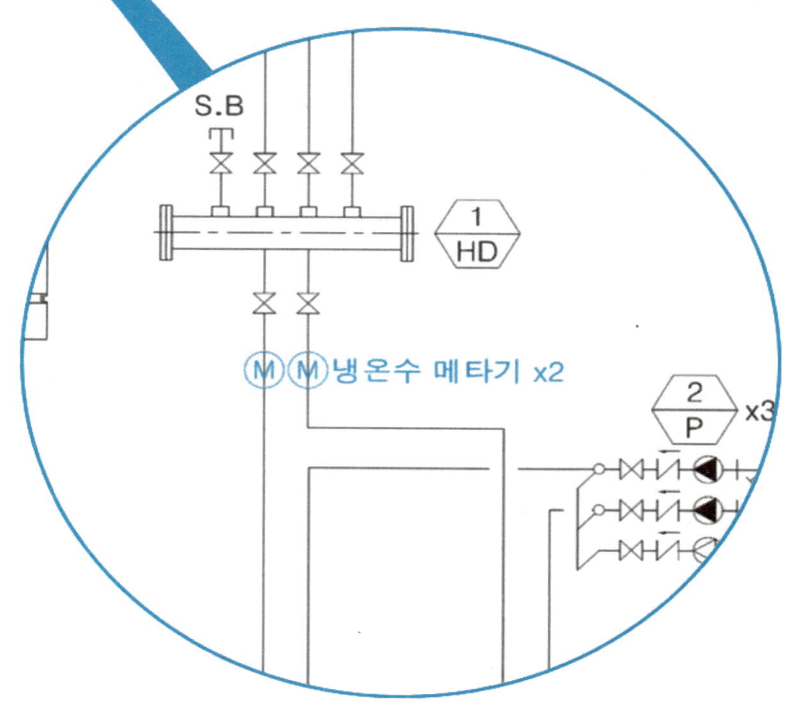
S.B
1
HD
M M 냉온수 메타기 x2
2
P
x3

[그림 17] 열원흐름도

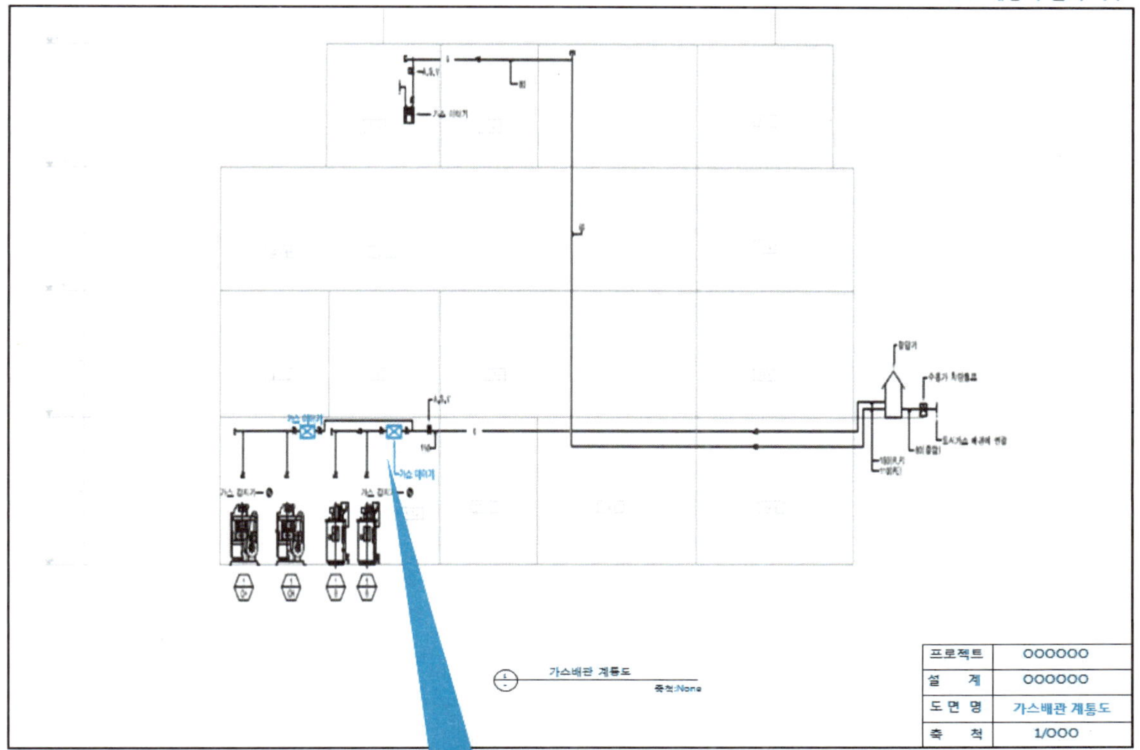

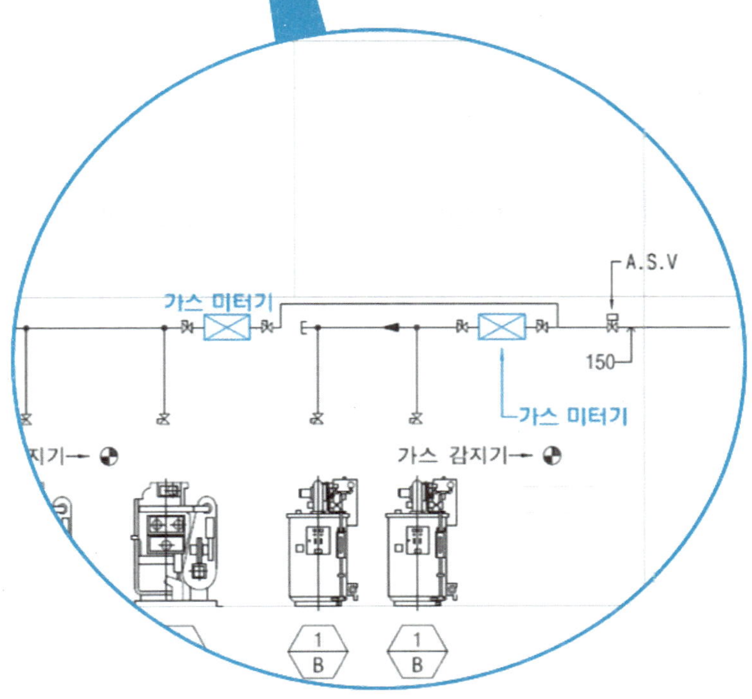

[그림 18] 가스배관 계통도

2.1.2 계량기 설치 여부

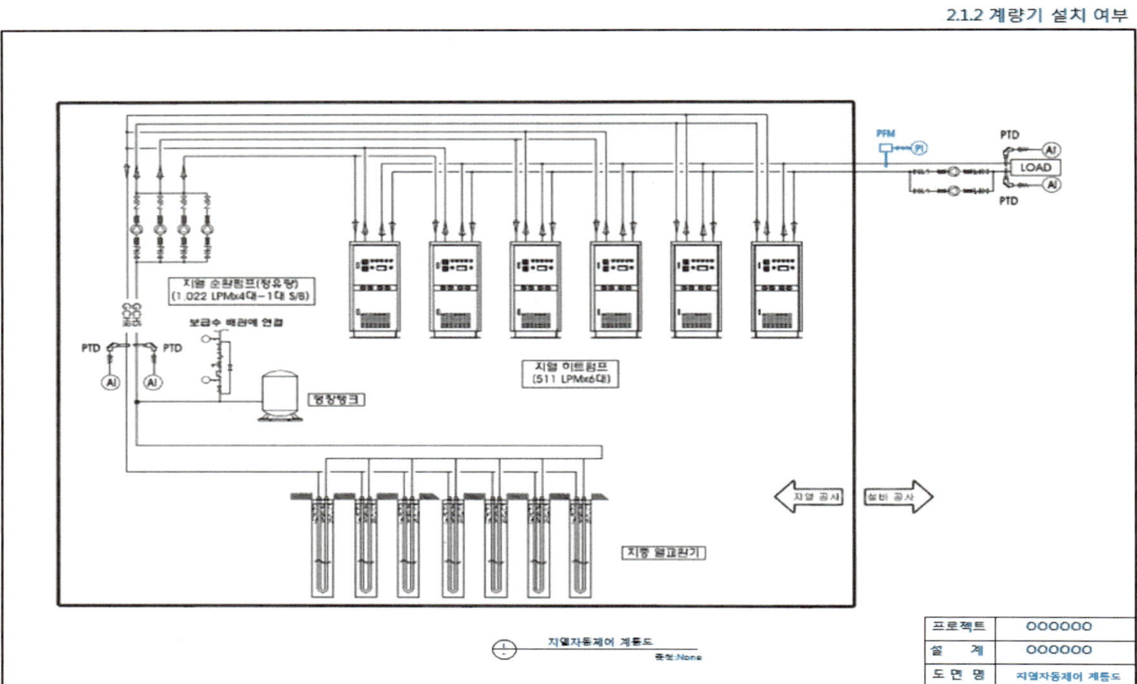

[그림 19] 자동제어 계통도

2.1.2 계량기 설치 여부

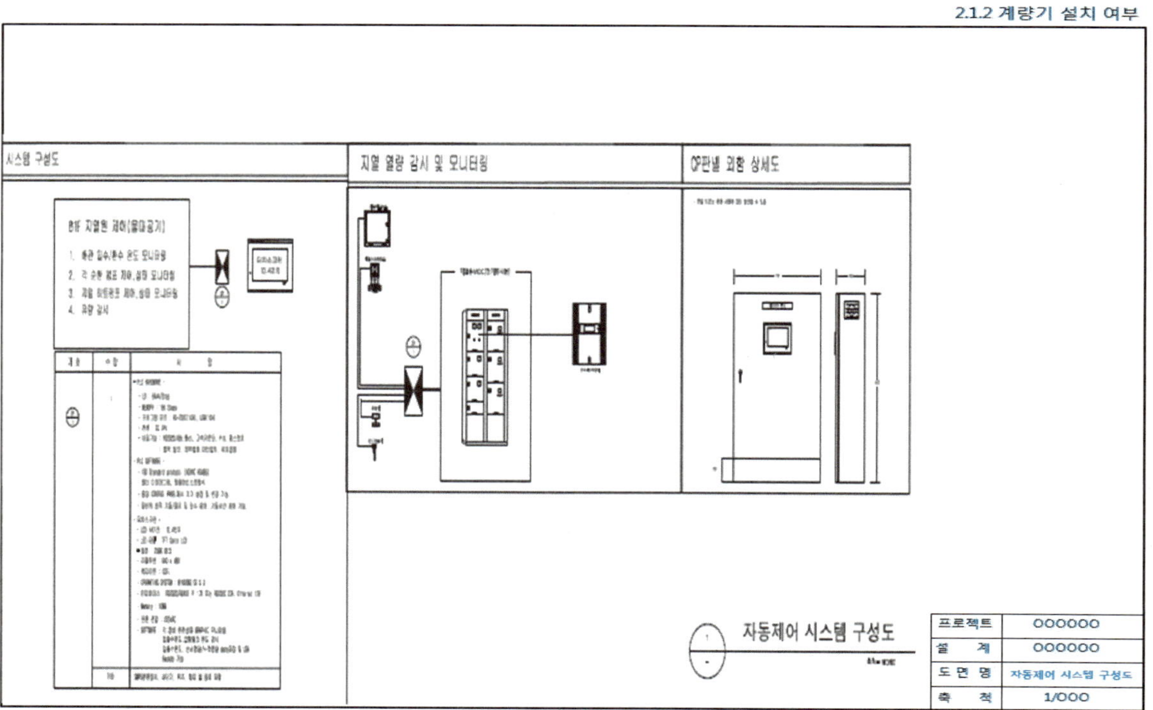

[그림 20] 자동제어 시스템 구성도

2.1.2 계량기 설치 여부

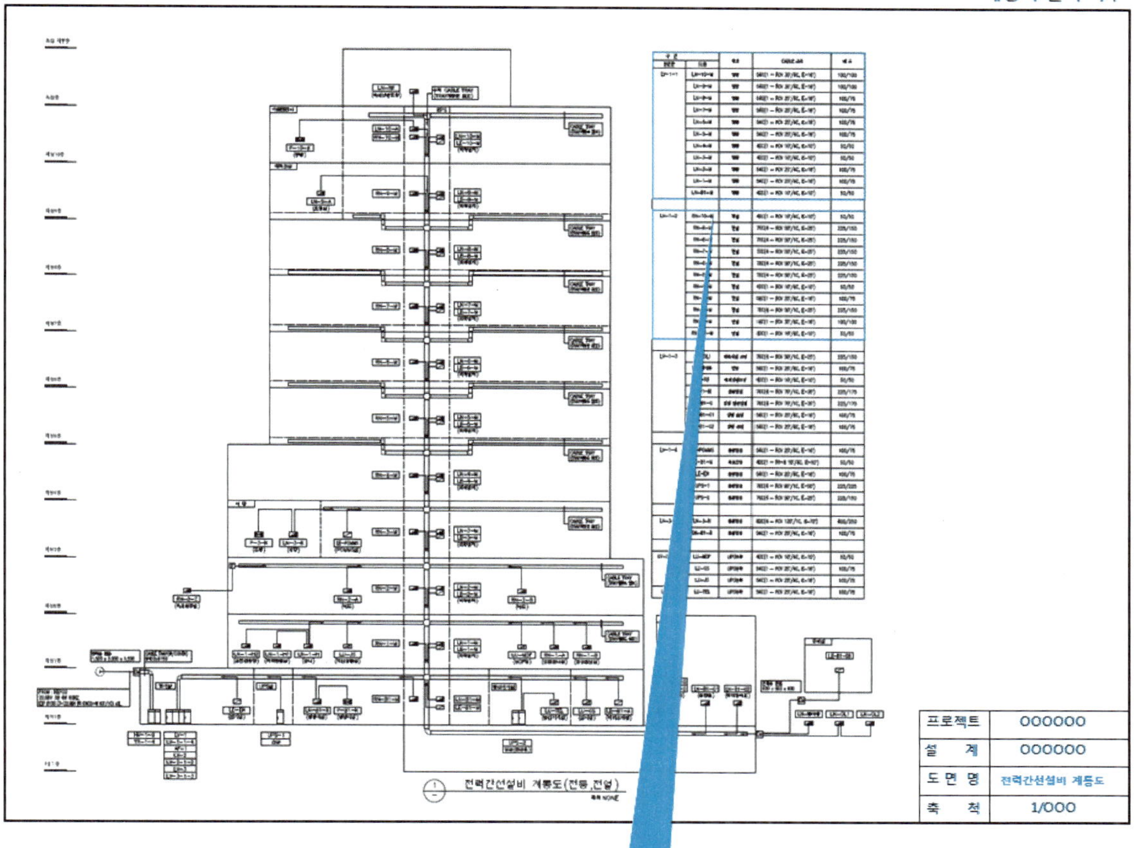

구 간		용도	CABLE 규격	비 고
본전반	SUB			
LV-1-1	LN-10-M	전등	54C(1 - FCV 35˚/4C, E-16˚)	100/100
	LN-9-M	전등	54C(1 - FCV 35˚/4C, E-16˚)	100/100
	LN-8-M	전등	54C(1 - FCV 25˚/4C, E-16˚)	100/75
	LN-7-M	전등	54C(1 - FCV 25˚/4C, E-16˚)	100/75
	LN-6-M	전등	54C(1 - FCV 25˚/4C, E-16˚)	100/75
	LN-5-M	전등	54C(1 - FCV 25˚/4C, E-16˚)	100/75
	LN-4-M	전등	42C(1 - FCV 10˚/4C, E-10˚)	50/50
	LN-3-M	전등	42C(1 - FCV 10˚/4C, E-10˚)	50/50
	LN-2-M	전등	54C(1 - FCV 25˚/4C, E-16˚)	100/75
	LN-1-M	전등	54C(1 - FCV 25˚/4C, E-16˚)	100/75
	LN-B1-M	전등	42C(1 - FCV 10˚/4C, E-10˚)	50/50

[그림 21] 전력간선설비 계통도

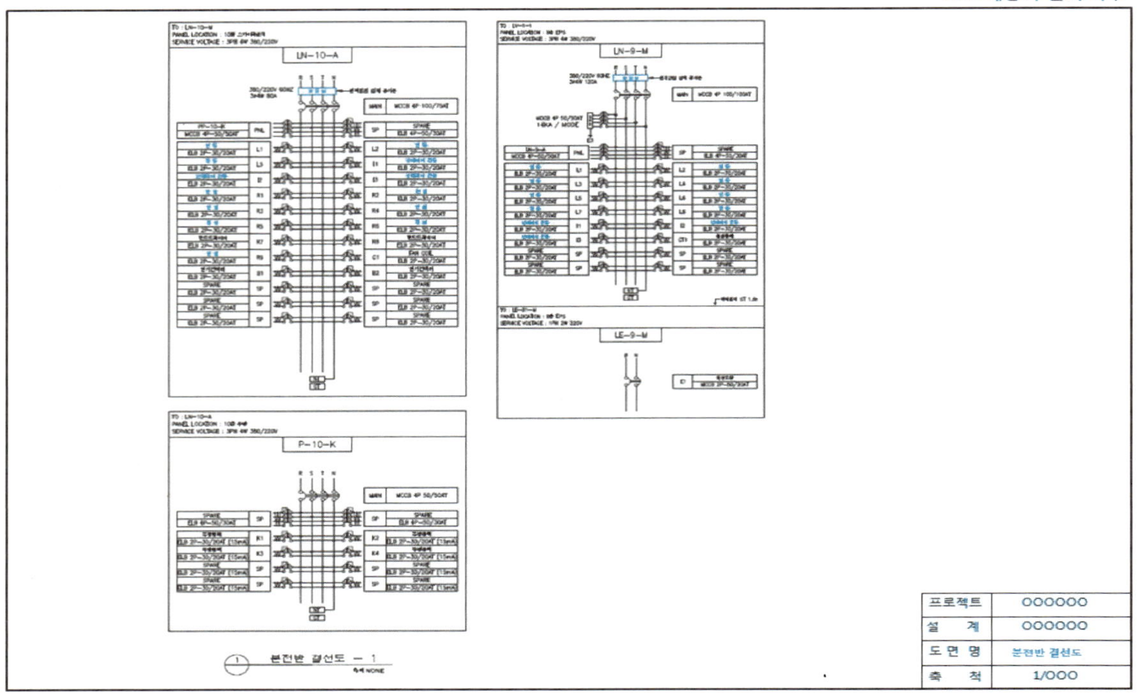

[그림 22] 분전반 결선도

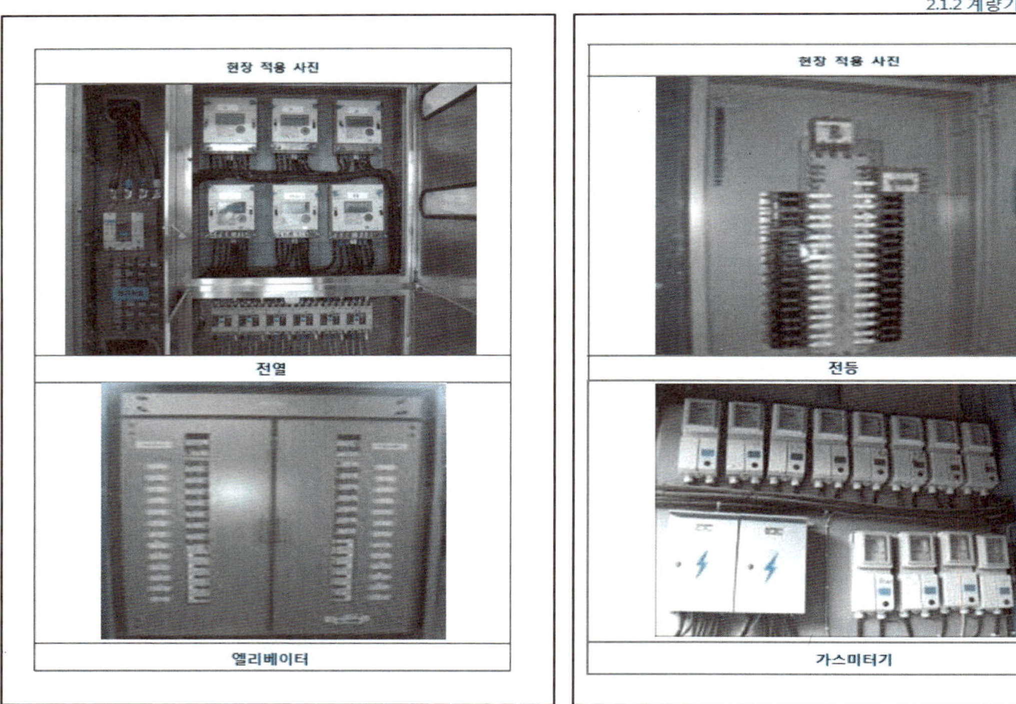

[그림 23] 현장 사진

1-3) 조명에너지 절약

<table>
<tr><td colspan="2">녹색건축인증 2013-2</td><td colspan="2">업무용 건축물</td></tr>
<tr><td>평가부문</td><td colspan="3">2 에너지 및 환경오염</td></tr>
<tr><td>평가범주</td><td colspan="3">2.1 에너지 절약</td></tr>
<tr><td>평가기준</td><td colspan="3">2.1.3 조명에너지 절약</td></tr>
<tr><td>작 성 자</td><td></td><td>심사위원</td><td></td></tr>
<tr><td>배 점</td><td colspan="3">4점 (평가항목)</td></tr>
<tr><td>산출기준</td><td colspan="3">• 평점 =(가중치) × (배점)

| 구분 | 기준 | 가중치 |
| 1급 | 기준층 사무공간이 KS A 3011에 의한 작업면 표준조도를 확보하고 방위별 외주부에 자연채광이용을 위한 조광센서가 설치된 경우, 또는 KS A 3011에 의한 작업면 표준조도를 확보하고 천장면 평균조명밀도가 10W/㎡ 이하로 설계된 경우 | 1.0 |
| 2급 | 기준층 사무공간이 KS A 3011에 의한 작업면 표준조도를 확보하고 천장면 평균조명밀도가 13W/㎡ 이하로 설계된 경우 | 0.7 |
| 3급 | 기준층 사무공간이 KS A 3011에 의한 작업면 표준조도를 확보하고 천장면 평균조명밀도가 16W/㎡ 이하로 설계된 경우 | 0.4 |

※ 직접조명방식인 경우 조명기구에 현휘 방지를 위한 루버를 설치해야 함</td></tr>
<tr><td rowspan="2">부여점수</td><td colspan="2">자체평가</td><td>심사단평가</td></tr>
<tr><td colspan="2">○.○점</td><td>○.○점</td></tr>
<tr><td>산출근거</td><td colspan="2">▶ 기준층 사무공간이 KS A 3011에 의한 작업면 표준조도를 ○ Lux 확보하고 천장 평균조명밀도 ○ W/㎡ 확보하여 ○급 산정
– 적용기준 : 1급(가중치 ○.○)
– 평점(Y) = ○.○×4 = ○.○</td><td></td></tr>
<tr><td>첨부자료</td><td colspan="3">조도 및 조명밀도 산출서, 전등설비 평면도, 조명기구 상세도</td></tr>
</table>

2) 작성시 유의사항(이것만은 꼭 알고 보고서 작성하기)

① 평가목적

- 효율적인 조명설계에 의한 전력에너지를 절약한다.

② 평가방법

- 조명밀도 및 조명방식에 대한 평가

③ 심사시 보완요청 사례

- 평균조명밀도계산서 작성자 날인 필요
- 지열 및 태양열설비 적용 비율을 동시에 확인할 수 있는 비율계산서 첨부 필요

④ 적용 건축물

공동주택, 학교시설, 숙박시설, 기존업무시설

3) 제출서류

① 예비인증

기준층 사무공간의 조도계산 및 조명밀도 산출자료

② 본인증

예비인증시와 동일

③ 일반적 제출서류 리스트

- 조도 및 조명밀도 산출서
- 전등설비 평면도
- 조명기구 상세도

◈ 사무공간 조명기구 밀도 및 조도

◈ **Project :** ○○○○○○ 신축공사

층	실명	면적(㎡)	W	Total Power/Area(w/㎡)	조도	조명회사
지하 ○층	관리실	○	○	○	○	○○○
	용역사무실	○	○	○	○	
	조리사실	○	○	○	○	
	영양사실	○	○	○	○	
소 계		A	B	(=B/A)	○○	
지상 ○층	관리실	○	○	○	○	○○○
	용역사무실	○	○	○	○	
	조리사실	○	○	○	○	
	영양사실	○	○	○	○	
소 계		C	D	(=D/C)	○○	
⋮		⋮	⋮	⋮	⋮	⋮
지상 ○층	관리실	○	○	○	○	○○○
	용역사무실	○	○	○	○	
	조리사실	○	○	○	○	
	영양사실	○	○	○	○	
소 계		E	F	(=F/E)	○○	

전체 층 총합	H(=A+C+ · · · +E)	I(=B+D+ · · · +F)	(=H/I)	

[그림 24] 조도 및 조명밀도 산출서

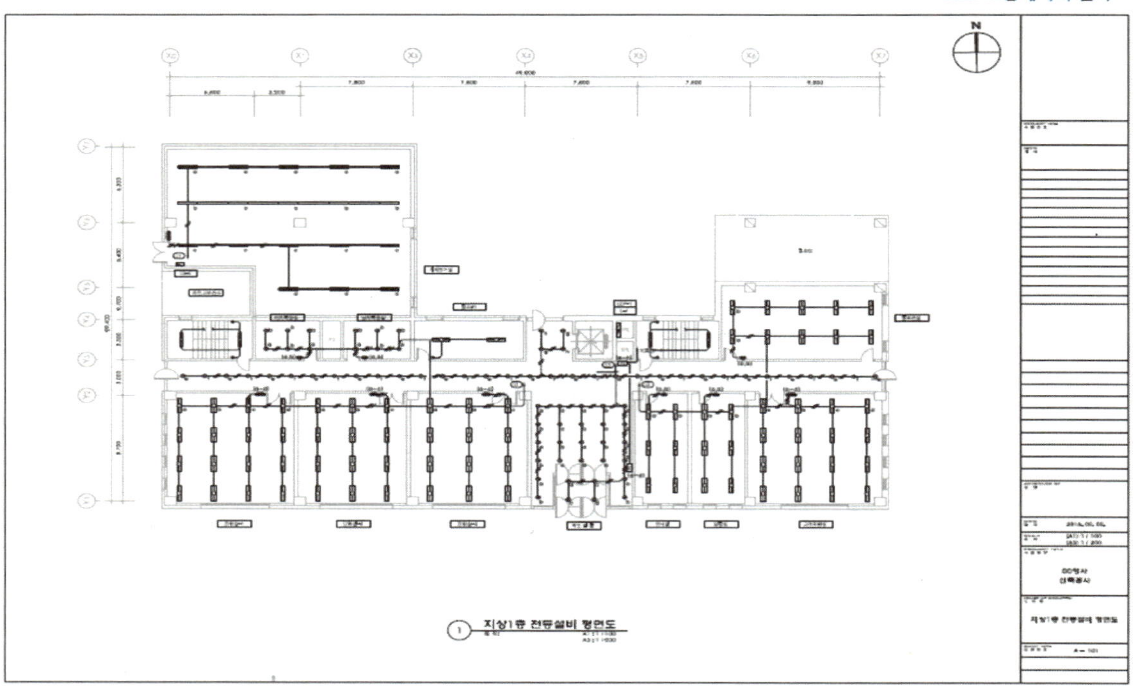

[그림 25] 전등설비 평면도

2.1.3 조명에너지 절약

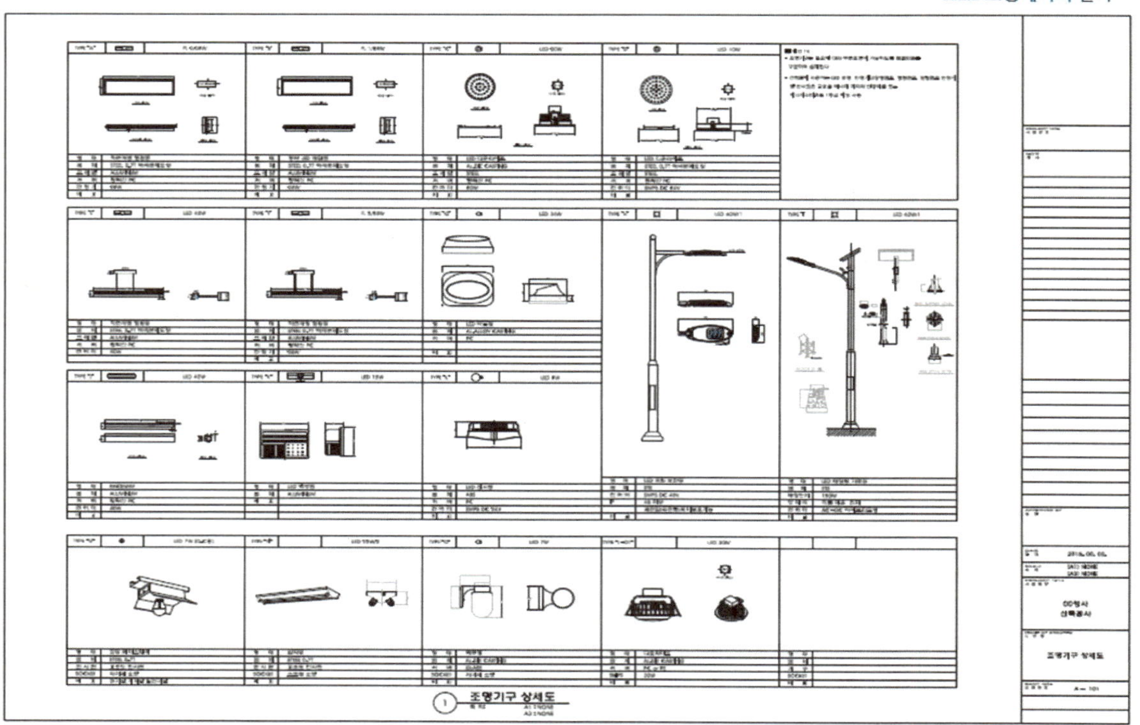

[그림 26] 조명기구 상세도

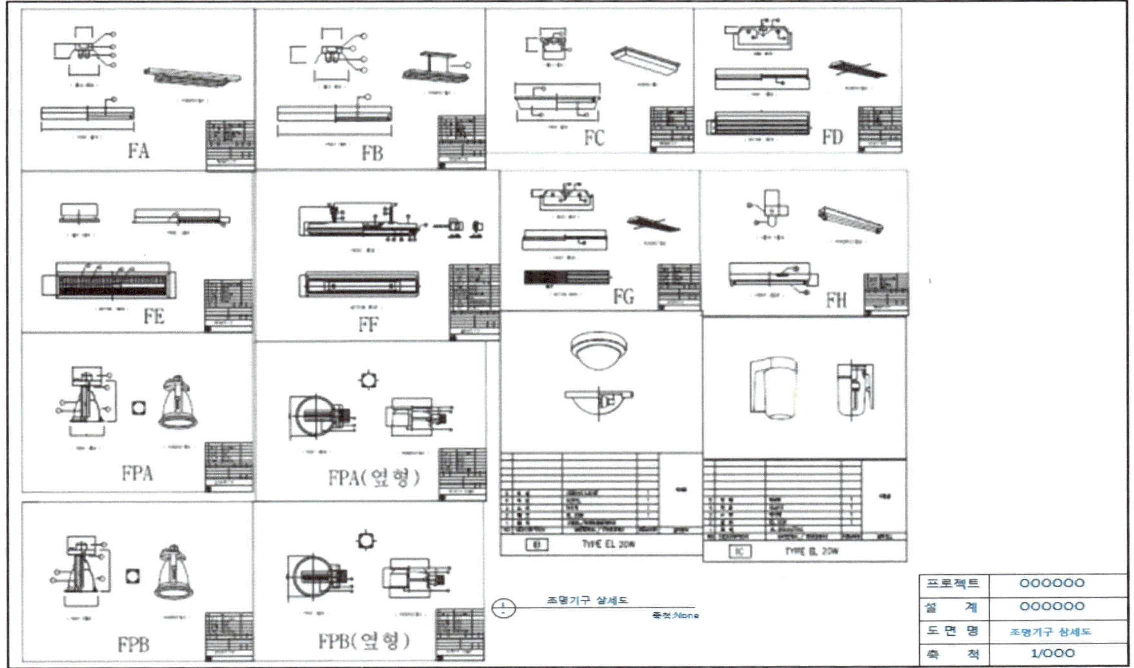

[그림 27] 조명기구 상세도

나. 지속가능한 에너지원 사용

1) 신 · 재생에너지 이용

녹색건축인증 2013-2		업무용 건축물	
평가부문	2 에너지 및 환경오염		
평가범주	2.2 지속가능한 에너지원사용		
평가기준	2.2.1 신 · 재생에너지 이용		
작 성 자		심사위원	
배 점	3점 (평가항목)		
산출기준	• 평점 = (가중치) × (배점) (see table below) ※ 신재생에너지시설의 설치비율(%)=[(신재생에너지 난방용량÷전체 난방설비용량)+(신재생에너지 냉방용량÷전체 냉방설비용량)+(신재생에너지전기용량÷전체 전기설비용량)+{신재생에너지 급탕부하÷(전체 급탕부하×5)} ×100 ※ 단, 의무대상 건축물의 경우, 위 기준에서 +1%를 만족할 경우 배점 부여 ※ 신에너지 및 재생에너지(신 · 재생에너지)란 “신에너지 및 재생에너지 개발 · 이용 · 보급 촉진법” 에서 정의하는 석유, 석탄, 원자력 및 천연가스가 아닌 태양에너지, 바이오에너지, 풍력에너지 등을 말함		
부여점수	자체평가	심사단평가	
	○.○점	○.○점	
산출근거	▶ 본 건축물은 신 · 재생에너지 시설의 설치 비율이 ○% 이상이므로 해당등급 ○급 기준을 만족함. • 난방 적용비율 : ○○.○○ % • 냉방 적용비율 : ○○.○○% – 적용기준 : ○급(가중치:○.○) – 평점(Y)=○.○×3 = ○.○		
첨부자료	신재생 비율 산출서, 장비일람표, 냉 · 온열원흐름도, 지열상세도		

구분	신 · 재생에너지 시설의 설치 비율	가중치
1급	난방, 냉방, 전기설비용량 또는 급탕부하 합의 5% 이상을 담당하는 수준의 신 · 재생에너지시설을 설치한 경우	1.0
2급	난방, 냉방, 전기설비용량 또는 급탕부하 합의 4% 이상을 담당하는 수준의 신 · 재생에너지시설을 설치한 경우	0.8
3급	난방, 냉방, 전기설비용량 또는 급탕부하 합의 3% 이상을 담당하는 수준의 신 · 재생에너지시설을 설치한 경우	0.6
4급	난방, 냉방, 전기설비용량 또는 급탕부하 합의 2% 이상을 담당하는 수준의 신 · 재생에너지시설을 설치한 경우	0.4
5급	난방, 냉방, 전기설비용량 또는 급탕부하 합의 1% 이상을 담당하는 수준의 신 · 재생에너지시설을 설치한 경우	0.2

2) 작성시 유의사항(이것만은 꼭 알고 보고서 작성하기)

① 평가목적

신·재생에너지의 사용은 화석연료의 사용을 줄이면서 이로 인해 발생할 수 있는 온실가스 배출량도 줄일 수 있기 때문에 신·재생에너지 활용을 권장하고 장려하는 차원에서 본 항목을 평가한다.

② 평가방법

신·재생에너지 시설의 설치 비율에 따라 점수를 부여

③ 심사시 보완요청 사례

- 신재생 비율 산출서 및 근거서류 첨부 필요
- 증기보일러는 급탕용이므로 제외해도 됨.

④ 적용 건축물

공동주택, 복합(주거), 업무시설, 학교시설, 판매시설, 숙박시설, 소형주택, 기존공동주택, 기존업무시설, 그밖의 건축물

3) 제출서류

① 예비인증

- 신·재생에너지 활용시설 설치계획서 및 관련 설계도서, 설치비율 계산서

② 본인증

- 신·재생에너지 활용시설 설치도면, 설치비율 계산서
- 현장설치 사진

③ 일반적 제출서류 리스트

- 신재생 비율 산출서
- 장비일람표
- 냉·온열원흐름도
- 지열상세도
- 태양열 시스템 계통도
- 지붕층 평면도

■ 신재생에너지 적용 비율 산출서

PROJECT : OOOO 신축공사

■ 신재생에너지 적용비율(%)

=[(신재생에너지 난방용량 / 전체 난방설비용량) + (신재생에너지 냉방용량 / 전체 냉방설비용량)

= OO.OO%

■ 난방

명칭		수량	난방 용량				비고
			용량		단위 환산 (kcal/h)	대수 × 용량(kcal/h)	
신재생	지열히트펌프 (GHP-01)	6	169.6	KW	137,170.0	823,020.0	
기타	흡수식냉동기 (CH-1)	2	860,000.0	W	731,000.0	1,462,000.0	
	증기보일러(B-1)	2	1,600.0	kg/h	809,460.0	1,618,920.0	
	EHP 실외기(EHP-14.5)	1	16.3	KW	14,018.0	14,018.0	
	EHP 실외기(EHP-23)	1	26.5	KW	22,790.0	22,790.0	
	EHP 실외기(EHP-46)	1	65.0	KW	46,680.0	46,680.0	
	EHP 실외기(EHP-81)	1	-	KW	-	-	
	패키지에어컨(PAC-3.2)	1	3.6	KW	3,096.0	3,096.0	
	패키지에어컨(PAC-6.0)	1	7.2	KW	6,192.0	6,192.0	
	패키지에어컨(PAC-11)	1	13.2	KW	11,352.0	11,352.0	
	패키지에어컨(PAC-13)	3	15.0	KW	12,900.0	38,700.0	
소 계		20	-		-	4,046,868.0	
적용 비율(%)	OO.OO ÷ OO.OO = OO.OO %						

■ 냉방

명칭		수량	냉방 용량				비고
			용량		단위 환산 (kcal/h)	대수 × 용량(kcal/h)	
신재생	지열히트펌프 (GHP-01)	6	168.4	KW	136,224.0	817,344.0	
기타	흡수식냉동기 (CH-1)	2	280.0	USRT	846,720.0	1,693,440.0	
	EHP 실외기(EHP-14.5)	1	14.5	KW	12,470.0	12,470.0	
	EHP 실외기(EHP-23)	1	23.0	KW	19,780.0	19,780.0	
	EHP 실외기(EHP-46)	1	46.0	KW	39,560.0	39,560.0	
	EHP 실외기(EHP-81)	1	81.0	KW	69,660.0	69,660.0	
	항온항습기(CTCH-1)	2	67,600.0	kcal/h	67,600.0	135,200.0	
	항온항습기(CTCH-2)	1	18,400.0	kcal/h	18,400.0	18,400.0	
	패키지에어컨(PAC-3.2)	1	3.2	KW	2,752.0	2,752.0	
	패키지에어컨(PAC-6.0)	1	8.0	KW	6,160.0	6,160.0	
	패키지에어컨(PAC-11)	1	11.0	KW	9,460.0	9,460.0	
	패키지에어컨(PAC-13)	3	13.0	KW	11,180.0	33,540.0	
소 계		21	-		-	2,868,668.0	
적용 비율(%)	OO.OO ÷ OO.OO = OO.OO %						

[그림 28] 신재생 비율 산출서

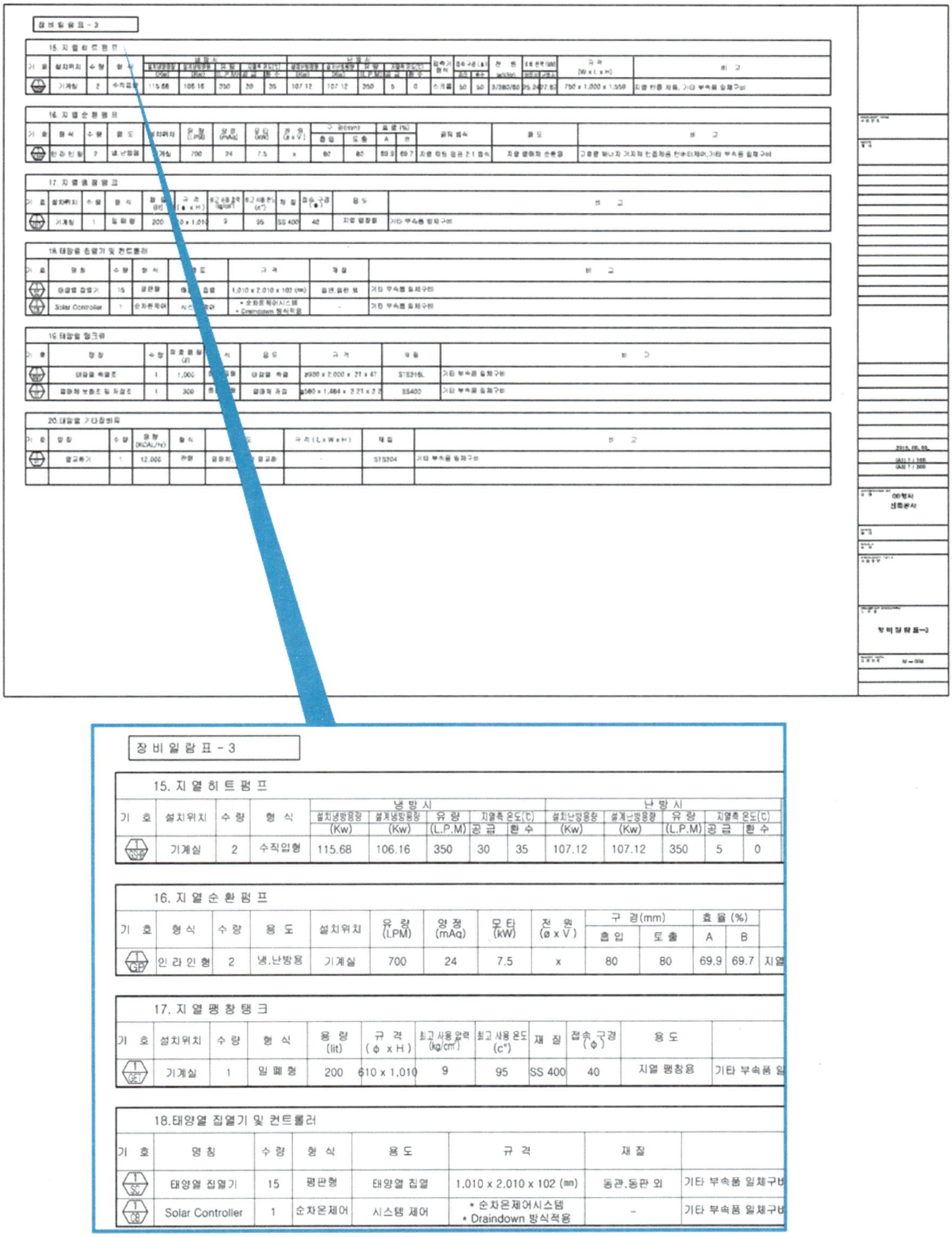

장 비 일 람 표 - 3

15. 지 열 히 트 펌 프

기 호	설치위치	수 량	형 식	냉방시 설치냉방용량 (Kw)	냉방시 설계냉방용량 (Kw)	냉방시 유 량 (L.P.M)	냉방시 지열측 온도(℃) 공 급	냉방시 지열측 온도(℃) 환 수	난방시 설치난방용량 (Kw)	난방시 설계난방용량 (Kw)	난방시 유 량 (L.P.M)	난방시 지열측 온도(℃) 공 급	난방시 지열측 온도(℃) 환 수
T GSHP	기계실	2	수직입형	115.68	106.16	350	30	35	107.12	107.12	350	5	0

16. 지 열 순 환 펌 프

기 호	형 식	수 량	용 도	설치위치	유 량 (LPM)	양 정 (mAq)	모 타 (kW)	전 원 (ø x V)	구 경(mm) 흡 입	구 경(mm) 토 출	효 율 (%) A	효 율 (%) B	
T GP	인 라 인 형	2	냉.난방용	기계실	700	24	7.5	x	80	80	69.9	69.7	지열

17. 지 열 팽 창 탱 크

기 호	설치위치	수 량	형 식	용 량 (lit)	규 격 (φ x H)	최고 사용 압력 (kg/cm²)	최고 사용 온도 (c°)	재 질	접속 구경 (φ)	용 도	
T GET	기계실	1	밀 폐 형	200	610 x 1,010	9	95	SS 400	40	지열 팽창용	기타 부속품 일

18.태양열 집열기 및 컨트롤러

기 호	명 칭	수 량	형 식	용 도	규 격	재 질	
T SC	태양열 집열기	15	평판형	태양열 집열	1,010 x 2,010 x 102 (mm)	동관.동판 외	기타 부속품 일체구비
T CB	Solar Controller	1	순차온제어	시스템 제어	• 순차온제어시스템 • Draindown 방식적용	-	기타 부속품 일체구비

[그림 29] 장비일람표

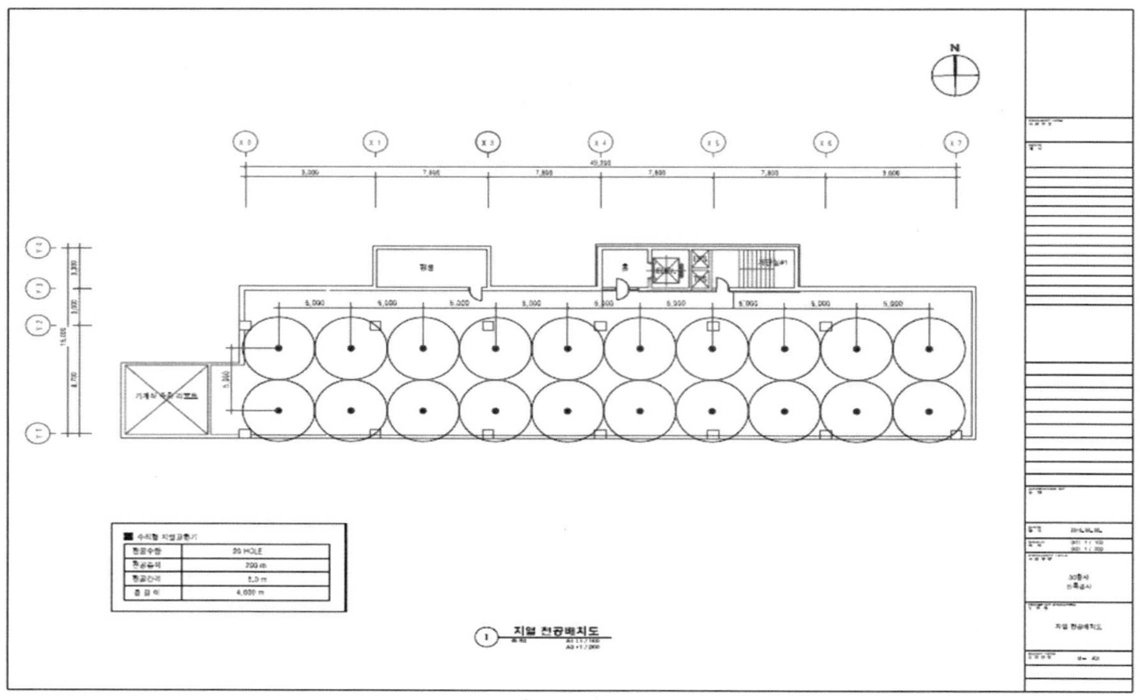

[그림 30] 지열 천공배치도

2.2.1 신·재생에너지 이용

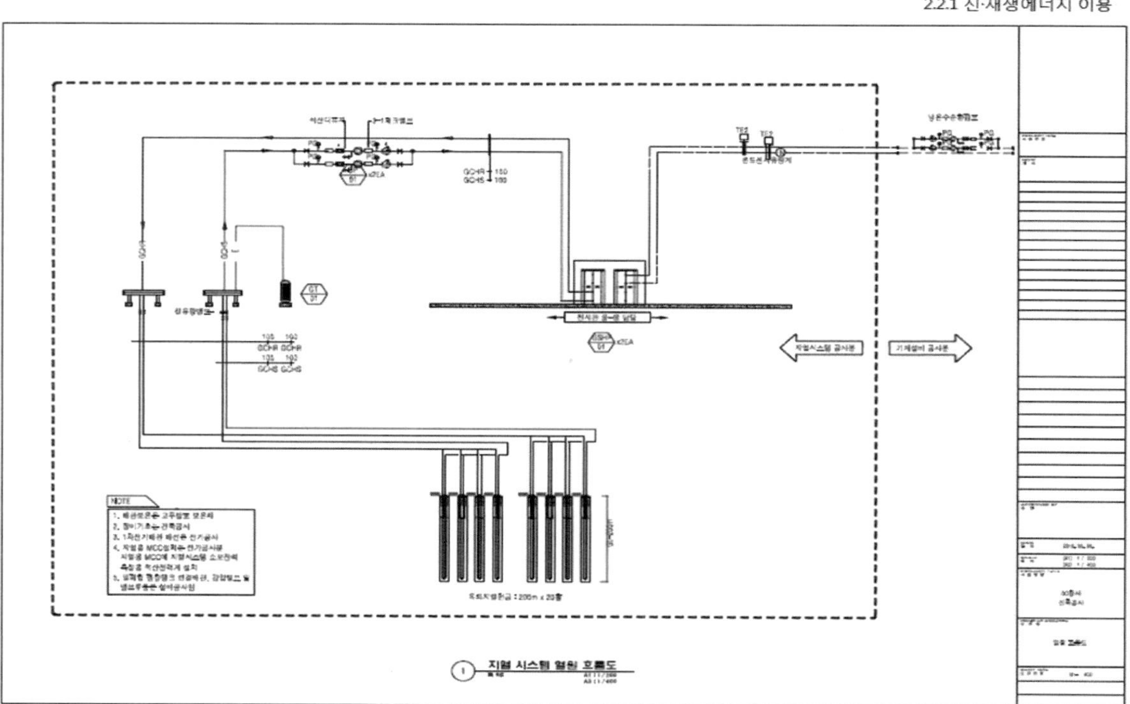

[그림 31] 지열시스템 열원흐름도

2.2.1 신·재생에너지 이용

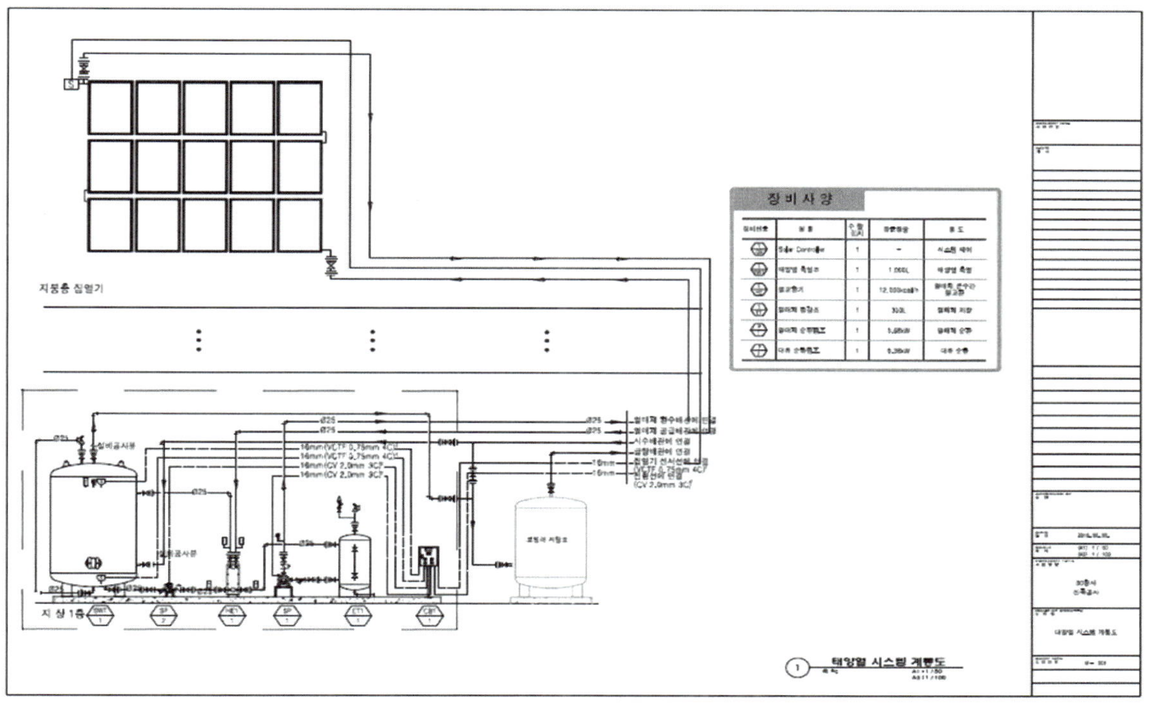

[그림 32] 태양열 시스템 계통도

2.2.1 신·재생에너지 이용

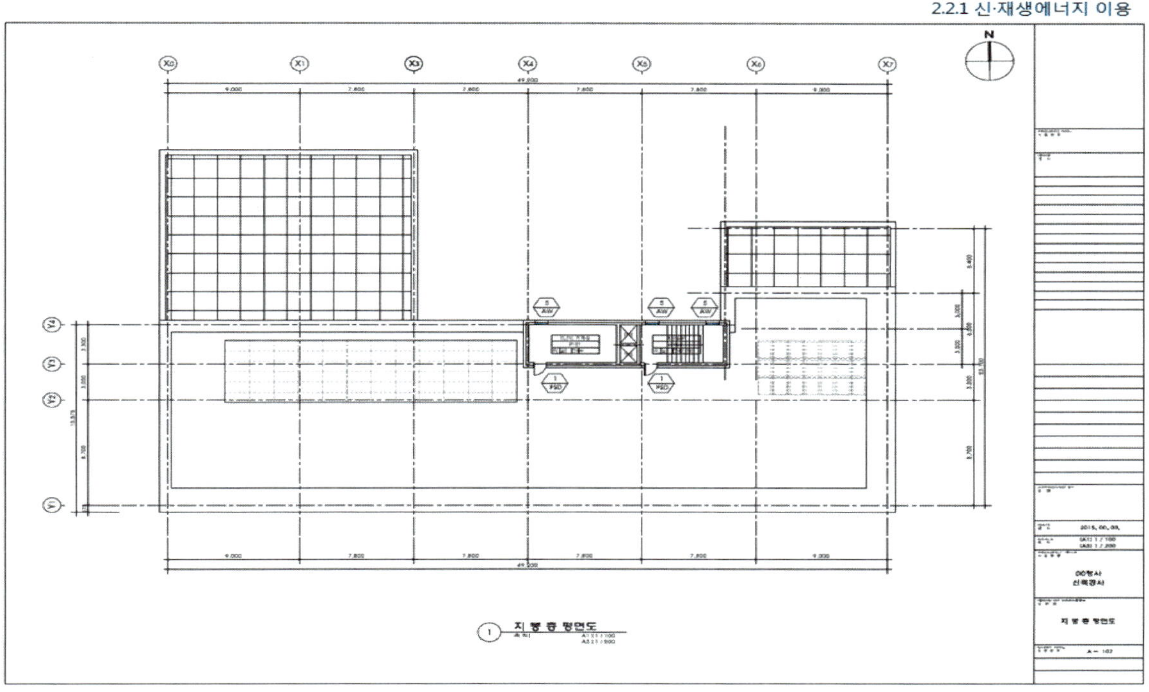

[그림 33] 지붕층 평면도

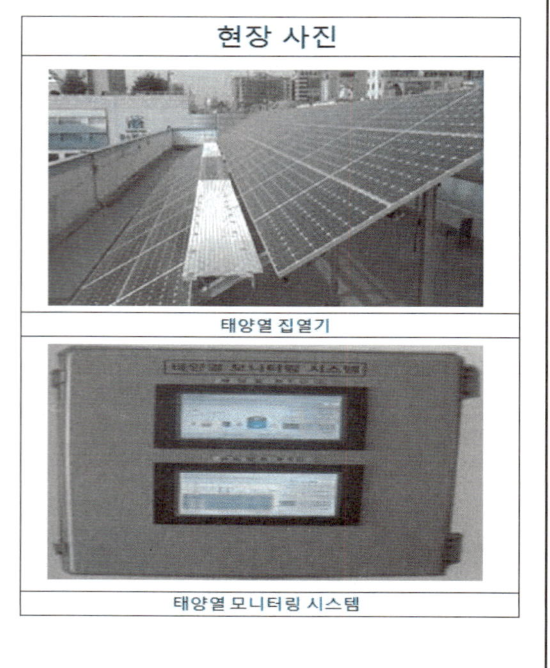

[그림 34] 현장사진

다. 지구온난화방지

1-1) 이산화탄소 배출 저감

녹색건축인증 2013-2		업무용 건축물	
평가부문	2 에너지 및 환경오염		
평가범주	2.3 지구온난화방지		
평가기준	2.3.1 이산화탄소 배출 저감		
작 성 자		심사위원	
배 점	3점 (평가항목)		
산출기준	· 각 평점의 합, 최대 3점 적용		
부여점수	자체평가	심사단평가	
	○.○ 점	○.○ 점	
산출근거	▶ 본 건축물은 신 · 재생에너지 시설의 설치 비율이 ○급 이상이므로 평점 ○점을 만족함. – 평점(Y) = ○.○		
첨부자료	신재생 비율 산출서, 장비일람표, 냉 · 온열원흐름도, 지열상세도		

이산화탄소 배출 저감	평점
난방설비용량 또는 냉방설비용량의 20% 이상을 건축물 내 열병합 발전으로 충당하는 경우	2.0
지역난방방식 건축물	2.0
지역냉방방식 건축물	1.0
2.2.1 항목의 신 · 재생에너지 시설의 설치 비율이 5급 이상인 경우	1.0

2) 작성시 유의사항 (이것만은 꼭 알고 보고서 작성하기)

① 평가목적

이산화탄소는 대표적인 온실가스로 건설부문에서 많은 양이 발생하므로, 이를 건축물의 계획단계에서부터 고려하여 환경부하를 줄이고자 한다. 이를 위해 설계 및 운영단계에서의 이산화탄소 배출량 절감을 위해 적용된 기술 및 사용 에너지원별 이산화탄소 배출량을 평가하고자 한다.

② 평가방법

이산화탄소 배출을 저감시킬 수 있는 시스템의 적용여부 평가

③ 심사시 보완요청 사례

- 2.2.1 신·재생에너지 이용 자료 보완 후 동일자료 첨부 필요
- 지역난방을 확인할 수 있는 장비일람표 및 열원설비계통도 첨부 필요

④ 적용 건축물

공동주택, 복합(주거), 업무시설, 학교시설, 판매시설, 숙박시설, 소형주택, 기존공동주택, 기존업무시설, 그밖의 건축물

3) 제출서류

① 예비인증

- 관련 시스템 도서 및 부하계산서
- 에너지성능검토서 및 관련자료

② 본인증

예비인증시와 동일

③ 일반적 제출서류 리스트

- 신재생 적용비율산출서
- 장비일람표 – 냉·온열원흐름도
- 지열상세도

◈ 신재생에너지 적용 비율 산출서

PROJECT : ○○○○○○○○ 신축공사

▶ 신재생에너지 적용비율(%)

=[(신재생에너지 난방용량 / 전체 난방설비용량) + (신재생에너지 냉방용량 / 전체 냉방설비용량)

= ○○.○○% (=C+G)

▶ 난방

명칭		수량	난방 용량				비고
			용량		단위 환산 (kcal/h)	대수 × 용량(kcal/h)	
신재생	지열히트펌프(GHP-1)	○	○	KW	○	A	
기타	흡수식냉동기(CHP-1)	○	○	W	○	○	
	증기보일러(B-1)	○	○	kg/h	○	○	
	패키지에어컨(PAC-1)	○	○	KW	○	○	
	EHP 실외기(EHP-1)	○	○	KW	○	○	
	EHP 실외기(EHP-2)	○	○	KW	○	○	
	⋮	⋮	⋮	⋮	⋮	⋮	
	⋮	⋮	⋮	⋮	⋮	⋮	
	패키지에어컨(PAC-1)	○	○	KW	○	○	
	패키지에어컨(PAC-2)	○	○	KW	○	○	
	⋮	⋮	⋮	⋮	⋮	⋮	
	⋮	⋮	⋮	⋮	⋮	⋮	
소 계		○○	-		-	B	
적용비율(%)		A ÷ B = C %					

▶ 냉방

명칭		수량	난방 용량				비고
			용량		단위 환산 (kcal/h)	대수 × 용량(kcal/h)	
신재생	지열히트펌프(GHP-1)	○	○	KW	○	D	
기타	흡수식냉동기(CHP-1)	○	○	USRT	○	○	
	EHP 실외기(EHP-1)	○	○	KW	○	○	
	EHP 실외기(EHP-2)	○	○	KW	○	○	
	⋮	⋮	⋮	⋮	⋮	⋮	
	⋮	⋮	⋮	⋮	⋮	⋮	
	항온항습기(CTCH-1)	○	○	kcal/h	○	○	
	항온항습기(CTCH-2)	○	○	kcal/h	○	○	
	⋮	⋮	⋮	⋮	⋮	⋮	
	패키지에어컨(PAC-1)	○	○	KW	○	○	
	패키지에어컨(PAC-2)	○	○	KW	○	○	
	⋮	⋮	⋮	⋮	⋮	⋮	
소 계		○○	-		-	F	
적용비율(%)		D ÷ F = G %					

[그림 35] 신재생에너지 적용비율산출서

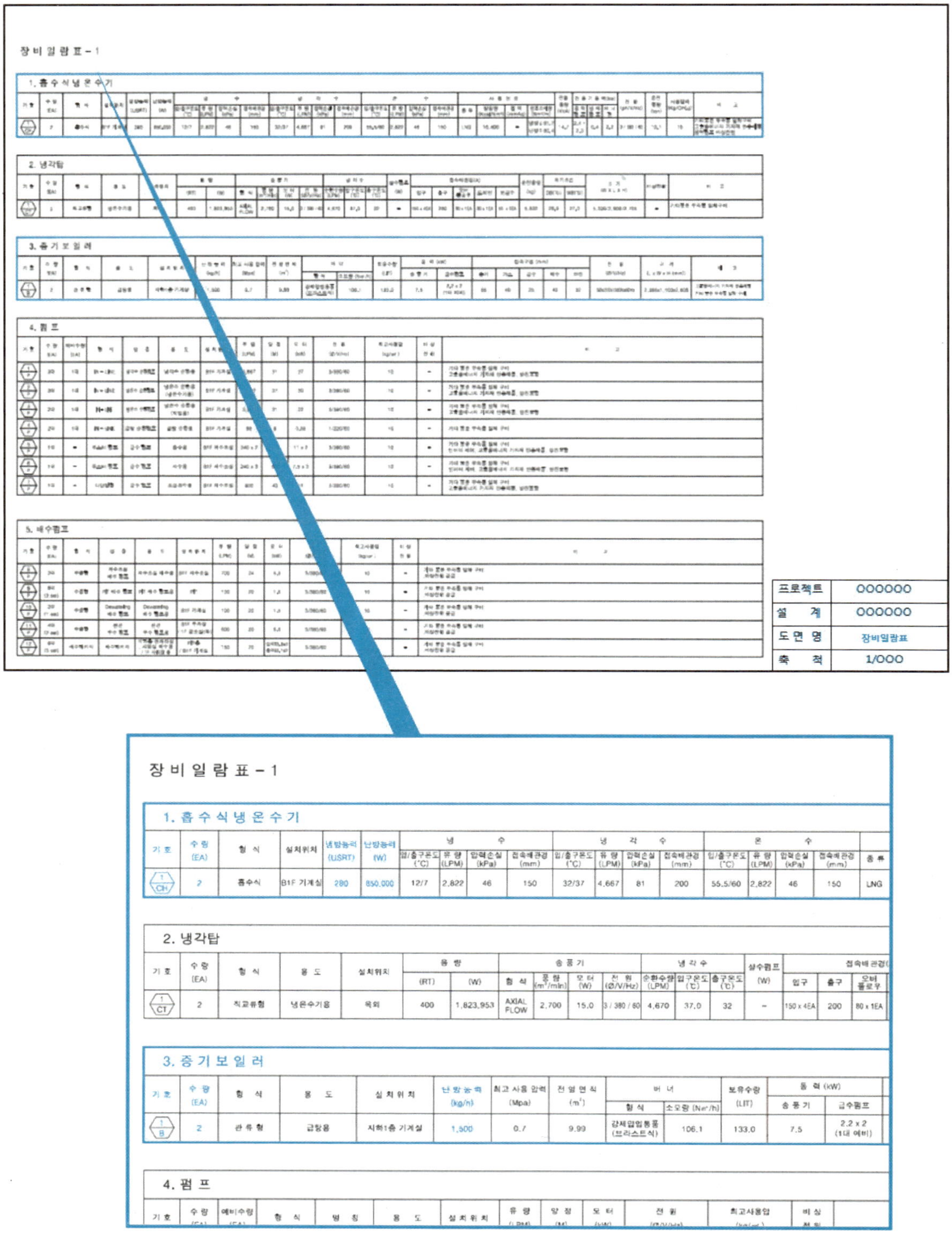

장비일람표 - 1

1. 흡수식냉온수기

2. 냉각탑

3. 증기보일러

4. 펌프

5. 배수펌프

프로젝트	OOOOOO
설 계	OOOOOO
도 면 명	장비일람표
축 척	1/OOO

장비일람표 - 1

1. 흡수식냉온수기

기호	수량 (EA)	형식	설치위치	냉방능력 (USRT)	난방능력 (W)	냉수				냉각수				온수				
						입/출구온도 (°C)	유량 (LPM)	압력손실 (kPa)	접속배관경 (mm)	입/출구온도 (°C)	유량 (LPM)	압력손실 (kPa)	접속배관경 (mm)	입/출구온도 (°C)	유량 (LPM)	압력손실 (kPa)	접속배관경 (mm)	종류
1 CH	2	흡수식	B1F 기계실	280	850,000	12/7	2,822	46	150	32/37	4,667	81	200	55.5/60	2,822	46	150	LNG

2. 냉각탑

기호	수량 (EA)	형식	용도	설치위치	용량		송풍기				냉각수			살수펌프	접속배관경(		
					(RT)	(W)	형식	풍량 (m^3/min)	모터 (W)	전원 (Ø/V/Hz)	순환수량 (LPM)	입구온도 (℃)	출구온도 (℃)	(W)	입구	출구	오버플로우
1 CT	2	직교유형	냉온수기용	옥외	400	1,823,953	AXIAL FLOW	2,700	15.0	3 / 380 / 60	4,670	37.0	32	-	150 x 4EA	200	80 x 1EA

3. 증기보일러

기호	수량 (EA)	형식	용도	설치위치	난방능력 (kg/h)	최고 사용 압력 (Mpa)	전열면적 (m^2)	버너		보유수량 (LIT)	동력 (kW)	
								형식	소모량 (Nm³/h)		송풍기	급수펌프
1 B	2	관류형	급탕용	지하1층 기계실	1,500	0.7	9.99	강제압입통풍 (브라스트식)	106.1	133.0	7.5	2.2 x 2 (1대 예비)

4. 펌프

기호	수량 (EA)	예비수량 (EA)	형식	명칭	용도	설치위치	유량 (LPM)	양정 (M)	모터 (kW)	전원 (Ø/V/Hz)	최고사용압 (kg/cm²)	비상전원

[그림 36] 장비일람표

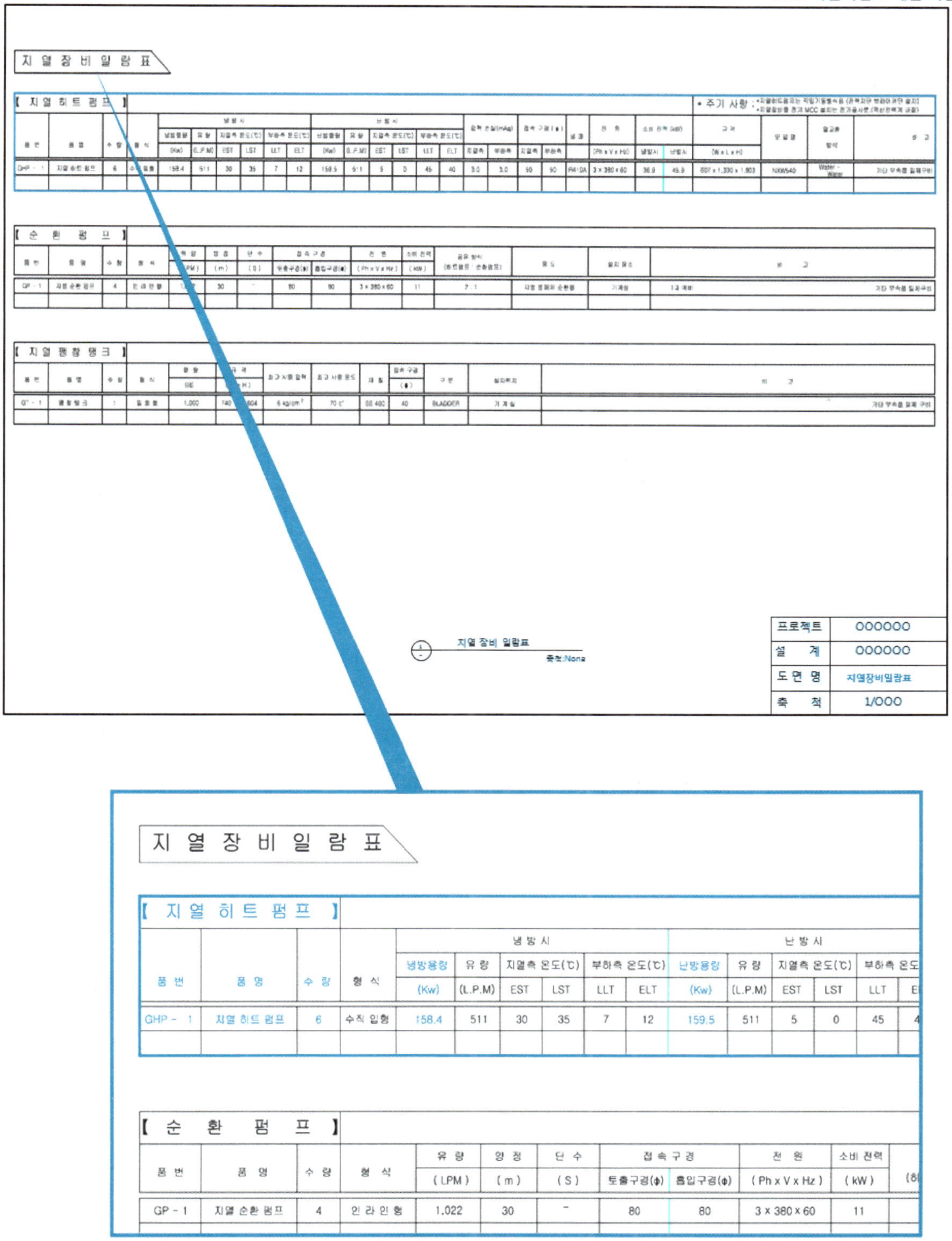

지 열 장 비 일 람 표

【 지 열 히 트 펌 프 】

• 주기 사항 : [illegible]

품번	품명	수량	형식	냉방시 냉방용량 (Kw)	냉방시 유량 (L.P.M)	냉방시 지열측 온도(℃) EST	냉방시 지열측 온도(℃) LST	냉방시 부하측 온도(℃) LLT	냉방시 부하측 온도(℃) ELT	난방시 난방용량 (Kw)	난방시 유량 (L.P.M)	난방시 지열측 온도(℃) EST	난방시 지열측 온도(℃) LST	난방시 부하측 온도(℃) LLT	난방시 부하측 온도(℃) ELT	압축 손실(mAq) 지열측	압축 손실(mAq) 부하측	접속 구경(φ) 지열측	접속 구경(φ) 부하측	냉매	전원 (Ph x V x Hz)	소비 전력(kW) 냉방시	소비 전력(kW) 난방시	규격 (W x L x H)	모델명	열교환 방식	비고
GHP - 1	지열 히트 펌프	6	수직 입형	158.4	511	30	35	7	12	159.5	511	5	0	45	40	3.0	3.0	50	50	R410A	3 x 380 x 60	36.9	45.9	607 x 1,330 x 1,803	NXW540	Water - Water	[illegible]

【 순 환 펌 프 】

품번	품명	수량	형식	유량 (LPM)	양정 (m)	단수 (S)	접속구경 토출구경(φ)	접속구경 흡입구경(φ)	전원 (Ph x V x Hz)	소비 전력 (kW)	[illegible]	용도	설치 장소	비고
GP - 1	지열 순환 펌프	4	인 라 인 형	1,022	30	-	80	80	3 x 380 x 60	11	[illegible]	[illegible]	[illegible]	[illegible]

【 지 열 팽 창 탱 크 】

품번	품명	수량	형식	용량	규격	최고 사용 압력	최고 사용 온도	재질	접속 구경 (φ)	구분	설치위치	비고
[illegible]	[illegible]	1	[illegible]	1,000	740 [illegible] 604	6 kg/cm²	70 ℃	SS 400	40	BLADDER	[illegible]	[illegible]

지열 장비 일람표

축척:None

프로젝트	000000
설 계	000000
도 면 명	지열장비일람표
축 척	1/000

지 열 장 비 일 람 표

【 지 열 히 트 펌 프 】

품 번	품 명	수 량	형 식	냉방시 냉방용량 (Kw)	냉방시 유 량 (L.P.M)	냉방시 지열측 온도(℃) EST	냉방시 지열측 온도(℃) LST	냉방시 부하측 온도(℃) LLT	냉방시 부하측 온도(℃) ELT	난방시 난방용량 (Kw)	난방시 유 량 (L.P.M)	난방시 지열측 온도(℃) EST	난방시 지열측 온도(℃) LST	난방시 부하측 온도 LLT	난방시 부하측 온도 E
GHP - 1	지열 히트 펌프	6	수직 입형	158.4	511	30	35	7	12	159.5	511	5	0	45	4

【 순 환 펌 프 】

품 번	품 명	수 량	형 식	유 량 (LPM)	양 정 (m)	단 수 (S)	접 속 구 경 토출구경(φ)	접 속 구 경 흡입구경(φ)	전 원 (Ph x V x Hz)	소비 전력 (kW)	(8
GP - 1	지열 순환 펌프	4	인 라 인 형	1,022	30	-	80	80	3 x 380 x 60	11	

[그림 37] 지열 장비일람표

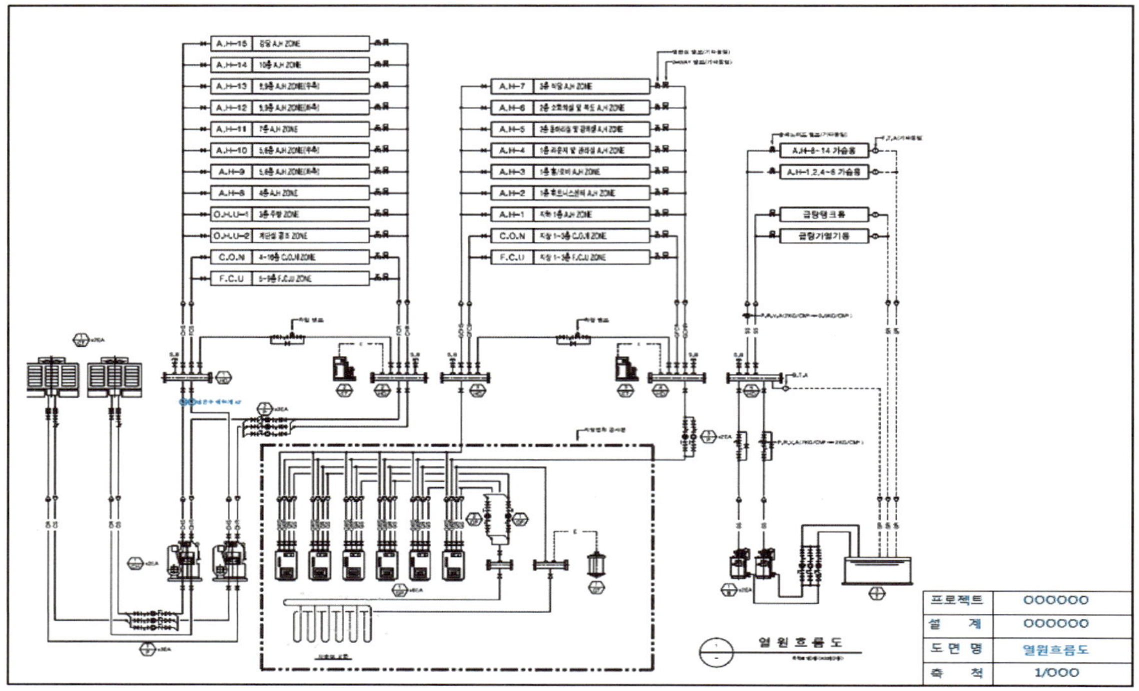

[그림 38] 열원흐름도

2.3.1 이산화탄소 배출 저감

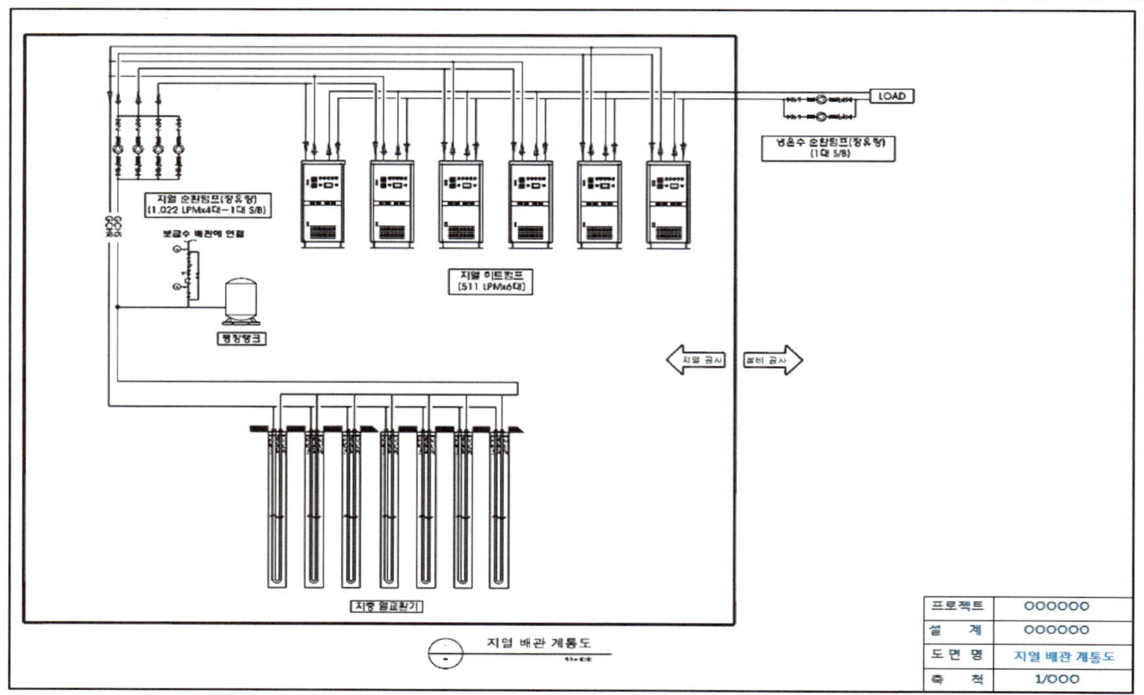

[그림 39] 지열 배관 계통도

1-2) 오존층보호를 위하여 특정물질의 사용 금지

녹색건축인증 2013-2		업무용 건축물	
평가부문	2 에너지 및 환경오염		
평가범주	2.3 지구온난화방지		
평가기준	2.3.2 오존층보호를 위하여 특정물질의 사용 금지		
작 성 자		심사위원	
배 점	3점 (평가항목)		
산출기준	· 각 평점의 합 오존층파괴물질 저감 / 평점 냉방기기 냉매의 오존파괴지수(ODP)가 0.03 이하이거나 또는 지구온난화지수(GWP)가 1600 이하인 경우 / 1 전체 소요 단열재의 80% 이상이 오존파괴지수(ODP)가 0.03 이하이거나 또는 지구온난화지수(GWP)가 1600 이하인 경우 / 1 할론을 포함하지 않는 소화기를 사용하는 경우 / 1		
부여점수	자체평가	심사단평가	
	○.○점	○.○점	
산출근거	▶ 본 건축물은 냉방기기 친환경 냉매를 사용하고 할론을 포함하지 않는 소화기를 적용함에 따라 해당 기준에 의거하여 평점 ○점을 획득함 – 평점(Y) = ○.○+○.○ = ○.○		
첨부자료	장비일람표, 친환경 냉매 카달로그, 소화배관 평면도, 소화기 제품 카달로그		

오존층파괴물질 저감	평점
냉방기기 냉매의 오존파괴지수(ODP)가 0.03 이하이거나 또는 지구온난화지수(GWP)가 1600 이하인 경우	1
전체 소요 단열재의 80% 이상이 오존파괴지수(ODP)가 0.03 이하이거나 또는 지구온난화지수(GWP)가 1600 이하인 경우	1
할론을 포함하지 않는 소화기를 사용하는 경우	1

2) 작성시 유의사항 (이것만은 꼭 알고 보고서 작성하기)

① 평가목적

지구 온난화 방지를 위해 오존층파괴물질의 사용과 배출을 줄인다.

② 평가방법

지구 온난화 방지를 위한 오존층 파괴물질 기준에 따라 평가

③ 심사시 보완요청 사례

- 냉매표시에서 장비일람표-2의 일부기기가 누락되었으므로 수정 첨부 필요
- 적용된 냉매를 확인하기 위한 전체 장비일람표 첨부 필요
- 적용예정 확인서 및 관련서류 첨부하여 보완 적합하나 패키지 에어컨에 대한 적용냉매의 표기가 누락되었으니 시공 단계에서 친환경냉매로 적용 필요
- 단열재 적용비율계산서 첨부 필요
- 단열재 제조사의 인증서 첨부 필요
- 해당 제조사의 단열재가 현장에 적용되었음을 확인할 수 있는 감리확인서 첨부 필요

④ 적용 건축물

공동주택, 복합(주거), 업무시설, 학교시설, 판매시설, 숙박시설, 소형주택, 기존공동주택, 기존업무시설, 그밖의 건축물

3) 제출서류

① 예비인증

- 냉방기기의 사용냉매 명세서
- 단열재의 종류 및 사용된 특정물질의 명세서
- 소화기 제품 성능서
- 시방서로 갈음 가능

② 본인증

- 냉방기기의 사용냉매 명세서
- 단열재의 종류 및 사용된 특정물질의 명세서
- 소화기 제품 성능서

③ 일반적 제출서류 리스트

- 장비일람표
- 소화배관 평면도
- 친환경 냉매 카달로그
- 소화기 제품 카달로그

2.3.2 오존층보호를 위하여 특정물질의 사용 금지

장비일람표

11. CHILLER

12. FAN COIL UNIT

13. CONVECTOR

14. EHP 실내기

15. EHP 실외기

프로젝트	OOOOOO
설 계	OOOOOO
도면명	장비일람표
축 척	1/OOO

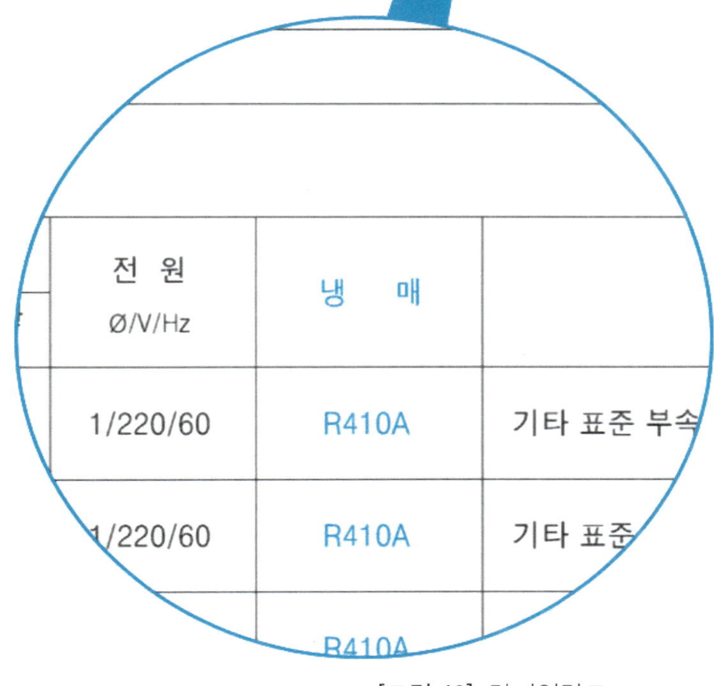

[그림 40] 장비일람표

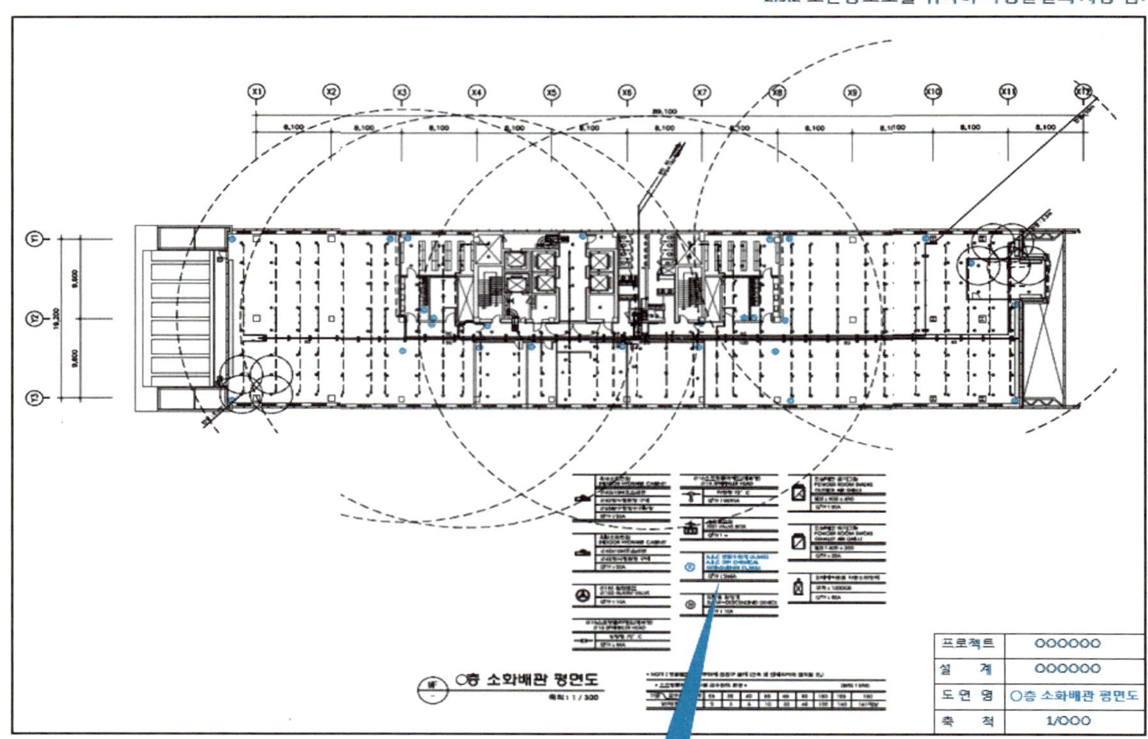

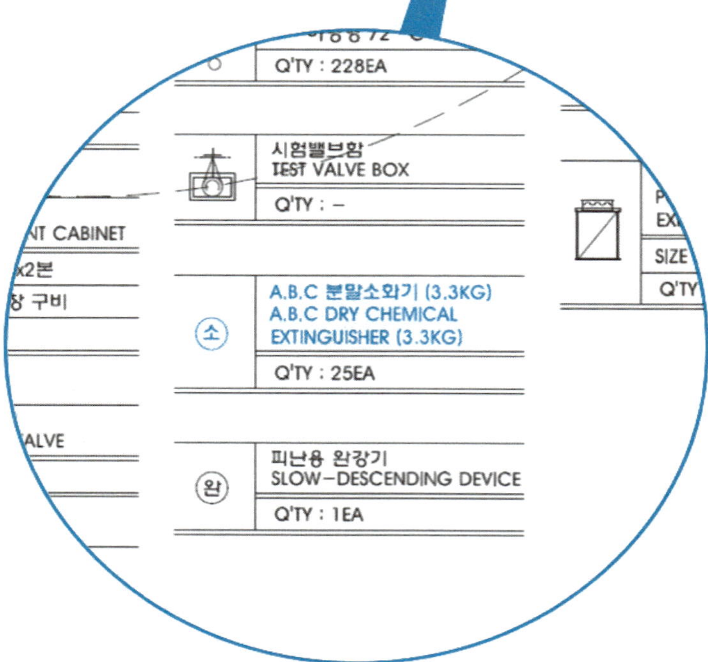

[그림 41] 소화배관 평면도

2.3.2 오존층보호를 위하여 특정물질의 사용 금지

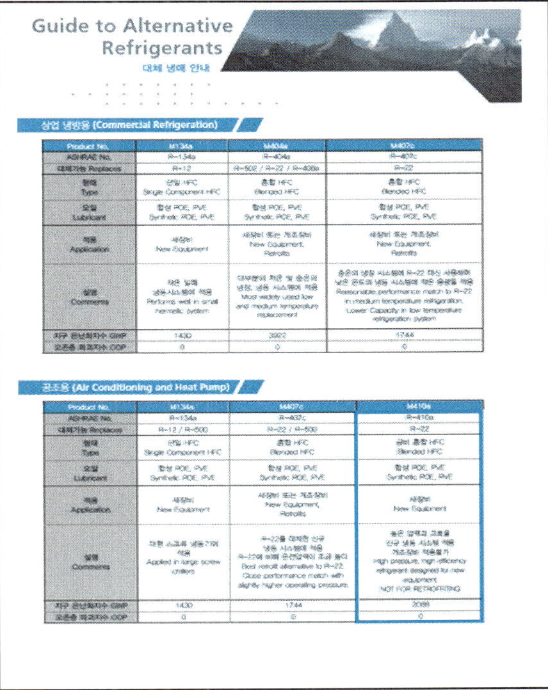

Guide to Alternative Refrigerants
대체 냉매 안내

상업 냉방용 (Commercial Refrigeration)

Product No.	M134a	M404a	M407c
ASHRAE No.	R-134a	R-404a	R-407c
대체가능 Replaces	R-12	R-502 / R-22 / R-408a	R-22
형태 Type	단일 HFC Single Component HFC	혼합 HFC Blended HFC	혼합 HFC Blended HFC
오일 Lubricant	합성 POE, PVE Synthetic POE, PVE	합성 POE, PVE Synthetic POE, PVE	합성 POE, PVE Synthetic POE, PVE
적용 Application	신장비 New Equipment	신장비 또는 개조장비 New Equipment, Retrofits	신장비 또는 개조장비 New Equipment, Retrofits
설명 Comments	작은 밀폐 냉동시스템에 적용 Performs well in small hermetic system	대부분의 저온 및 중온의 냉장, 냉동 시스템에 적용 Most widely used low and medium temperature replacement	중온의 냉동 시스템에 R-22 대신 사용하며 낮은 온도의 냉동 시스템에 작은 용량을 적용 Reasonable performance match to R-22 in medium temperature refrigeration. Lower Capacity in low temperature refrigeration system
지구 온난화지수 GWP	1430	3922	1744
오존층 파괴지수 ODP	0	0	0

공조용 (Air Conditioning and Heat Pump)

Product No.	M134a	M407c	M410a
ASHRAE No.	R-134a	R-407c	R-410a
대체가능 Replaces	R-12 / R-500	R-22 / R-500	R-22
형태 Type	단일 HFC Single Component HFC	혼합 HFC Blended HFC	공비 혼합 HFC Blended HFC
오일 Lubricant	합성 POE, PVE Synthetic POE, PVE	합성 POE, PVE Synthetic POE, PVE	합성 POE, PVE Synthetic POE, PVE
적용 Application	신장비 New Equipment	신장비 또는 개조장비 New Equipment, Retrofits	신장비 New Equipment
설명 Comments	대형 스크류 냉동기에 적용 Applied in large screw chillers	R-22를 대체한 신규 냉동 시스템에 적용 R-22에 비해 운전압력이 조금 높다 Best retrofit alternative to R-22. Close performance match with slightly higher operating pressure.	높은 압력과 고효율 신규 냉동 시스템 적용 개조장비 적용불가 High pressure, high efficiency refrigerant designed for new equipment NOT FOR RETROFITTING
지구 온난화지수 GWP	1430	1744	2088
오존층 파괴지수 ODP	0	0	0

[그림 42] 친환경 냉매 카달로그

2.3.2 오존층보호를 위하여 특정물질의 사용 금지

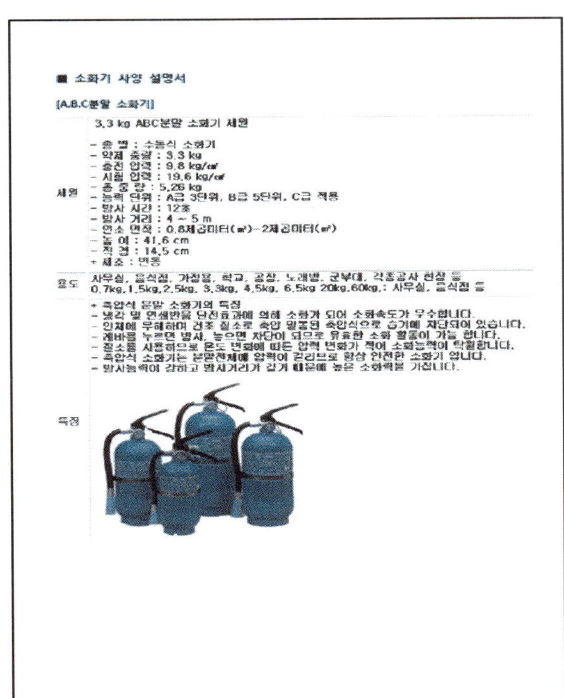

■ 소화기 사양 설명서

[A.B.C분말 소화기]

제원	3.3 kg ABC분말 소화기 제원 - 총 별 : 수동식 소화기 - 약제 중량 : 3.3 kg - 충전 압력 : 9.8 kg/㎠ - 시험 압력 : 19.6 kg/㎠ - 총 중 량 : 5.26 kg - 능력 단위 : A급 3단위, B급 5단위, C급 적용 - 방사 시간 : 12초 - 방사 거리 : 4 ~ 5 m - 연소 면적 : 0.8제곱미터(㎡)~2제곱미터(㎡) - 높 이 : 41.6 cm - 직 경 : 14.5 cm + 재조 : 변동
용도	사무실, 음식점, 가정용, 학교, 공장, 노래방, 군부대, 각종공사 현장 등 0.7kg, 1.5kg, 2.5kg, 3.3kg, 4.5kg, 6.5kg 20kg, 60kg,: 사무실, 음식점 등
특징	+ 축압식 분말 소화기의 특징 - 냉각 및 연쇄반응 단절효과에 의해 소화가 되어 소화속도가 우수합니다. - 인체에 무해하며 건조 질소로 축압 밀폐된 축압식으로 습기에 차단되어 있습니다. - 레바를 누르면 방사, 놓으면 차단이 되므로 유효한 소화 활동이 가능 합니다. - 질소를 사용하므로 온도 변화에 따른 압력 변화가 적어 소화능력이 탁월합니다. - 축압식 소화기는 분말전체에 압력이 걸리므로 항상 안전한 소화기 입니다. - 방사능력이 강하고 방사거리가 길기 때문에 높은 소화력을 가집니다.

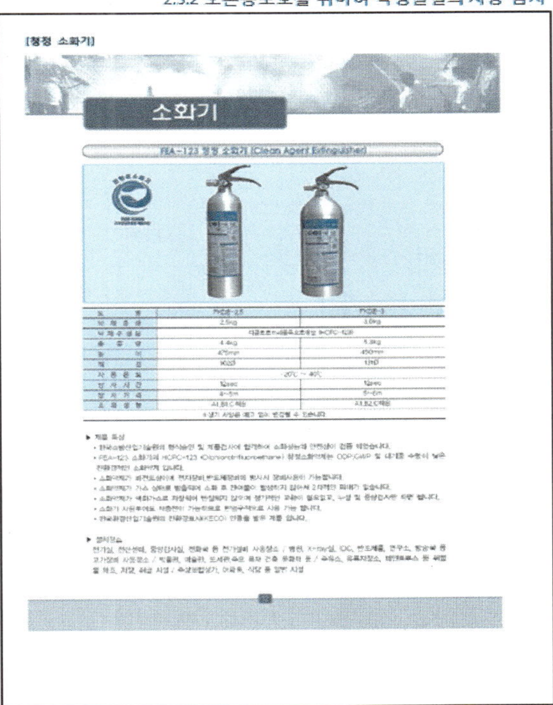

[청정 소화기]

소화기

FEA-123 청정 소화기 (Clean Agent Extinguisher)

[그림 43] 소화기 제품 카달로그

1.2.3 재료 및 자원

가. 자원 절약

1) 화장실에서 사용되는 소비재 절약

<table>
<tr><th colspan="2">녹색건축인증 2013-2</th><th colspan="2">업무용 건축물</th></tr>
<tr><td>평가부문</td><td colspan="3">3 재료 및 자원</td></tr>
<tr><td>평가범주</td><td colspan="3">3.1 자원 절약</td></tr>
<tr><td>평가기준</td><td colspan="3">3.1.1 화장실에서 사용되는 소비재 절약</td></tr>
<tr><td>작 성 자</td><td></td><td>심사위원</td><td></td></tr>
<tr><td>배 점</td><td colspan="3">1점 (평가항목)</td></tr>
<tr><td>산출기준</td><td colspan="3">· 평점=(가중치)×(배점)
<table><tr><th>구 분</th><th>모든 공용 화장실내에서 세수후 건조방법</th><th>가중치</th></tr><tr><td>1급</td><td>자동 감지식 손건조기 방식 설치</td><td>1.0</td></tr><tr><td>2급</td><td>롤링타월(rolling towel) 방식 설치</td><td>0.5</td></tr></table></td></tr>
<tr><td rowspan="2">부여점수</td><td>자체평가</td><td colspan="2">심사단평가</td></tr>
<tr><td>○.○점</td><td colspan="2">○.○점</td></tr>
<tr><td>산출근거</td><td>▶ 본 건축물은 각 층 화장실에
○○○○○○○○○를 설치하여
○급 기준을 만족함
- 적용기준 : ○급(가중치:○.○)
- 평점(Y) = ○.○×1 = ○.○</td><td colspan="2"></td></tr>
<tr><td>첨부자료</td><td colspan="3">화장실 확대배관 평면도</td></tr>
</table>

2) 작성시 유의사항 (이것만은 꼭 알고 보고서 작성하기)

① 평가목적

건축물내 화장실에서 사용되는 소비재에 대한 절감을 유도하고, 청결한 생활환경을 도모한다.

② 평가방법

건축물내 화장실에서 세수 후 건조방법에 대하여 평가

③ 심사시 보완요청 사례

- 현장설치사진, 납품확인서, 장비일람표, 제품 설명서를 첨부 필요
- 현장설치사진을 첨부 필요
- 지하1층의 공용화장실은 2개로 계산 했으나 4개로 판단됨(강당동의 화장실도 공용 화장실로 판단됨.)
- 1층의 공용 화장실은 4개로 계산 했으나 2개로 판단됨.(체력단련실 내의 화장실은 전용 화장실로 구분됨.)
- 2층의 공용 화장실은 6개로 계산 했으나 4개로 판단됨
- 각층의 공용화장실은 35개로 최종 확인하여 적합하게 보완되었음.
- 현장설치 사진을 첨부 필요
- 모든 공용 화장실에 손건조 방식의 설치 유무를 확인할 수 있는 각층 전체 평면도가 첨부이 필요
- 적용예정확인서의 기재내용이 부족합니다.(기준적용개요, 반영예정자료, 예상평점, 적용반영시점, 특기사항)

④ 적용 건축물

업무시설, 학교시설, 판매시설, 기존업무시설, 그밖의 건축물

3) 제출서류

① 예비인증

설계도서(화장실 평면도, 입면도) 및 건조방법확인가능한 도면

※ 적용예정확인서로 갈음 가능

② 본인증

설계도서(화장실 평면도, 입면도) 및 현장사진

③ 일반적 제출서류 리스트

- 자동 감지식 손건조기 혹은 롤링타월(rolling towel) 방식 설치 확인가능한 위생기구 일람표가 명시된 장비일람표
- 각층 화장실 확대배관 평면도
- 제품설명서
- 납품확인서
- 현장 설치사진

장 비 일 람 표

27. VAV UNIT

28. CAV UNIT

29. 위생기구 일람표

30. 주 방 배 기 처 리 장 치

프로젝트	OOOOOO
설 계	OOOOOO
도 면 명	장비일람표
축 척	1/OOO

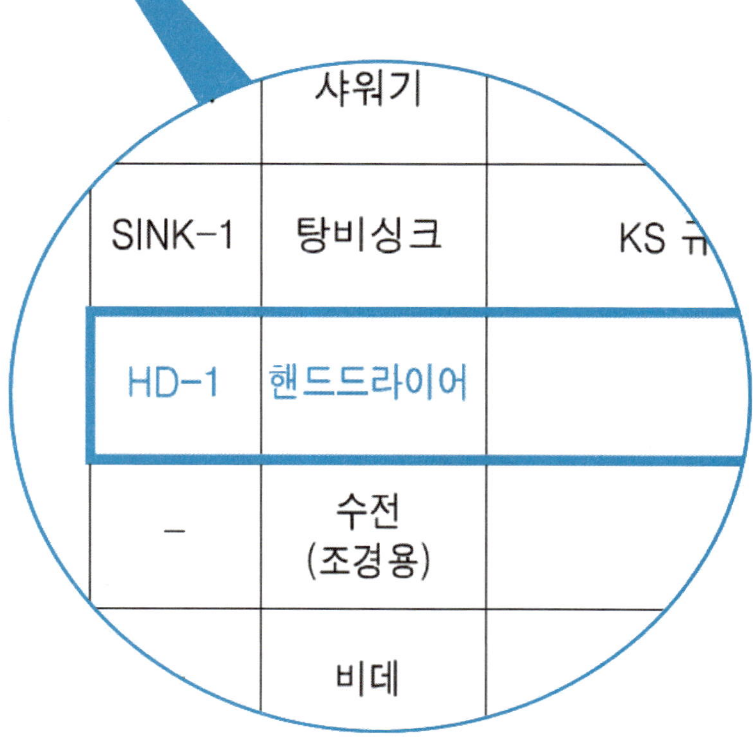

[그림 44] 장비일람표

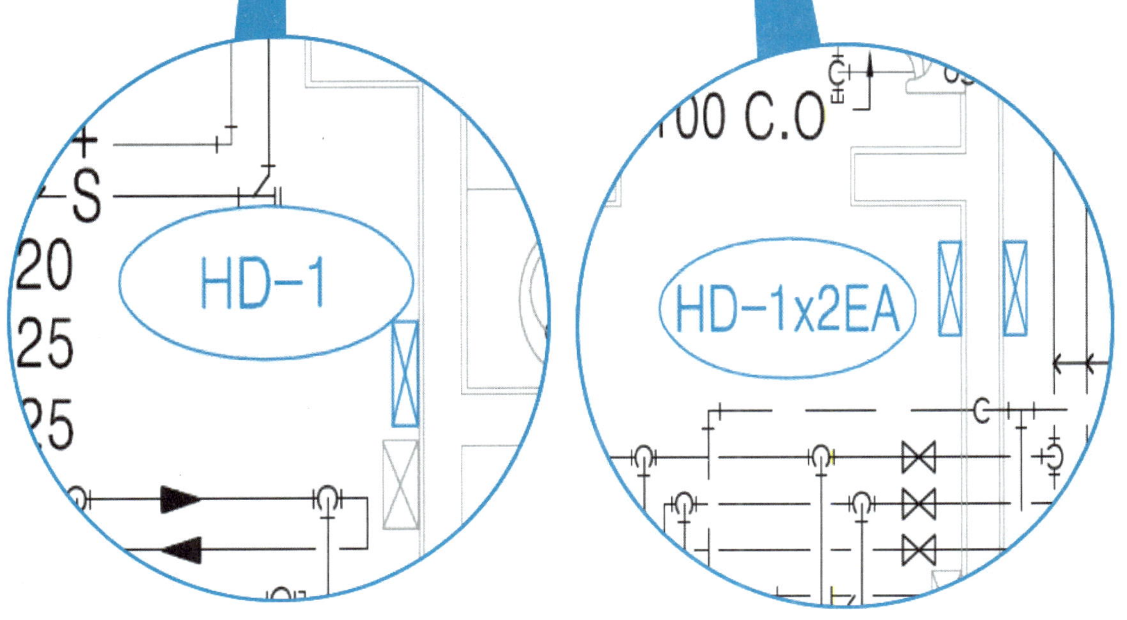

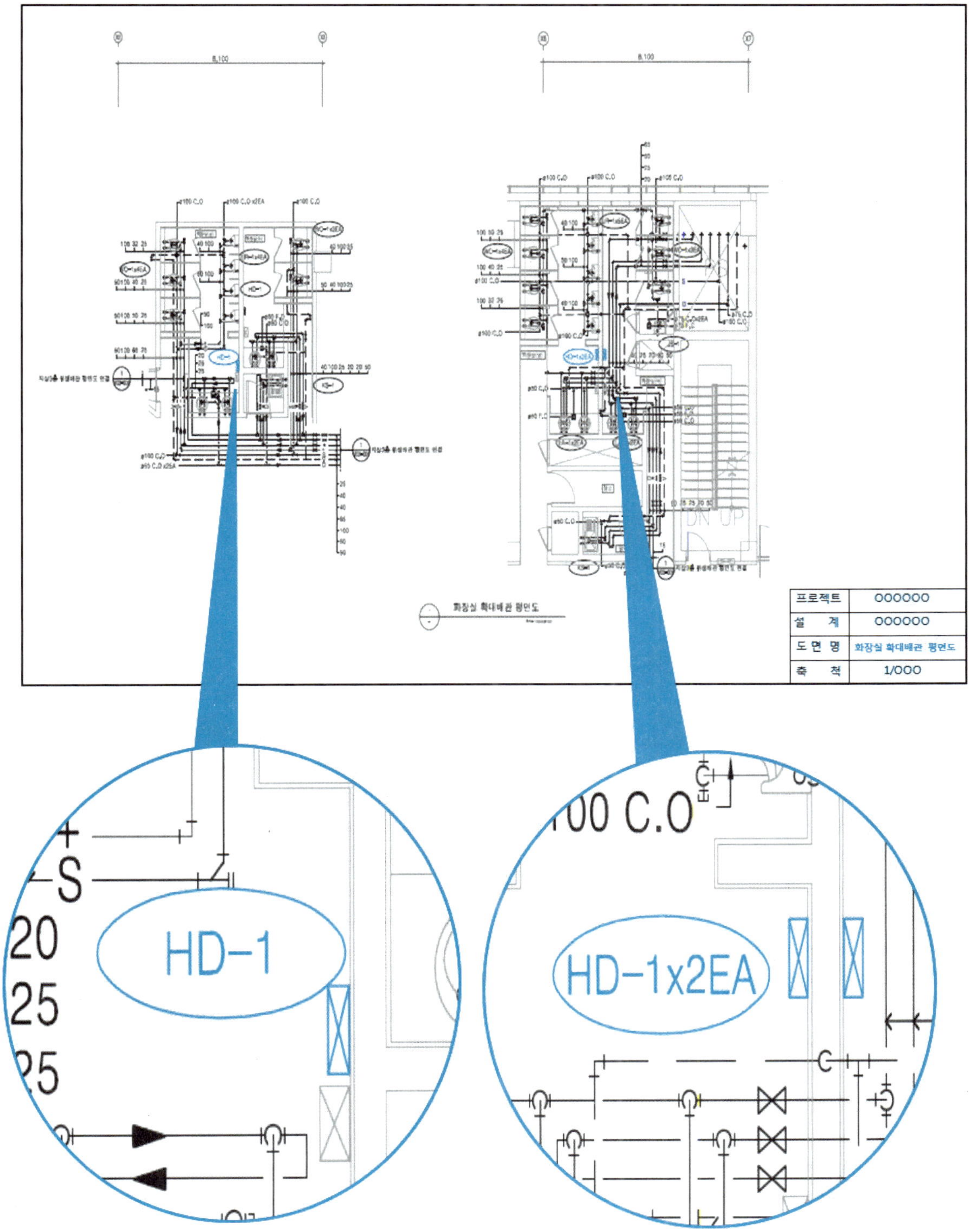

[그림 45] 화장실 확대배관 평면도

3.1.1 화장실에서 사용되는 소비재 절약

설치·사용하기전에 이 설명서를 잘 읽으시고 사용해 주십시오.

DAELIM

설치 · 사용설명서

제트 드라이어

DX-1000

대림통상주식회사

DAELIM TRADING CO., LTD.

제품보증서

서비스에 대하여

제 품 명	제트 드라이어	모 델	DX-1000
구 입 일	년 월 일	Serial No.	
구입대리점		판매금액	

무상서비스

소비자 피해유형		보상내역	
		보증기간 이내	보증기간 이후

유상서비스

① 고장이 아닌 경우

② 소비자 과실로 고장난 경우

③ 그 밖의 경우

대림통상주식회사

DAELIM TRADING CO., LTD.

[그림 46] 제품 설명서

3.1.1 화장실에서 사용되는 소비재 절약

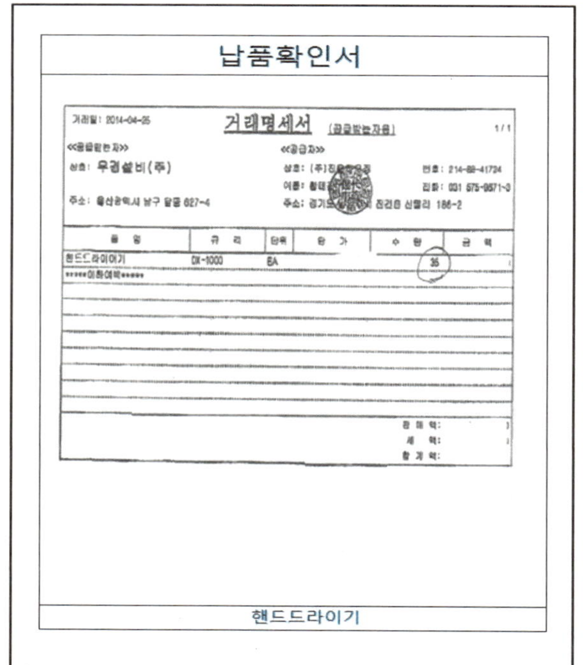

납품확인서

거래일: 2014-04-05

거래명세서 (공급받는자용) 1/1

<<공급받는자>>

상호: 우경설비(주)

주소: 울산광역시 남구 달동 627-4

<<공급자>>

번호: 214-88-41724

전화: 031 675-9671~3

주소: 경기도 [illegible] 진건읍 신월리 186-2

품 명	규 격	단위	단 가	수 량	금 액
핸드드라이어기	DX-1000	EA		35	
*****이하여백*****					

공 급 액:

세 액:

합 계 액:

핸드드라이기

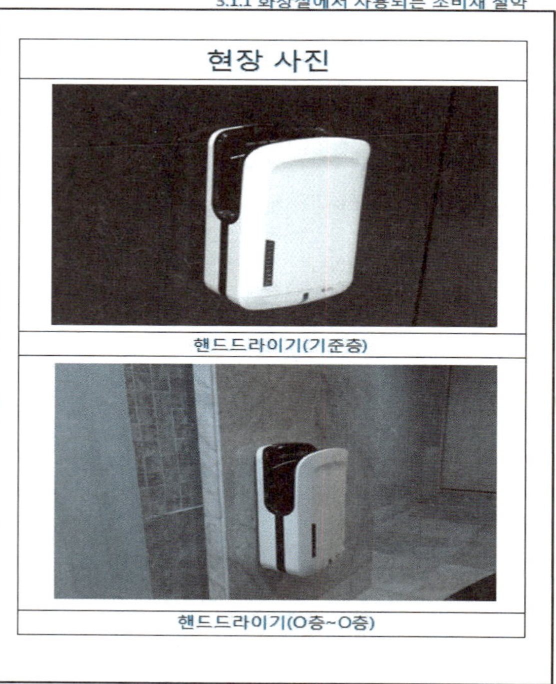

현장 사진

핸드드라이기(기준층)

핸드드라이기(O층~O층)

[그림 47] 납품확인서 및 현장설치 사진

나. 지속가능한 자원 활용

1-1) 유효자원 재활용을 위한 친환경인증제품 사용여부

<table>
<tr><td colspan="2">녹색건축인증 2013-2</td><td colspan="2">업무용 건축물</td></tr>
<tr><td>평가부문</td><td colspan="3">3 재료 및 자원</td></tr>
<tr><td>평가범주</td><td colspan="3">3.2 지속가능한 자원 활용</td></tr>
<tr><td>평가기준</td><td colspan="3">3.2.1 유효자원 재활용을 위한 친환경인증제품 사용여부</td></tr>
<tr><td>작 성 자</td><td></td><td>심사위원</td><td></td></tr>
<tr><td>배 점</td><td colspan="3">3점 (필수항목 : 최소평점 1.2점)</td></tr>
<tr><td>산출기준</td><td colspan="3">• 평점={(주된 건축물의 가중치)×3×(배점)+(외부공간의 가중치)×1×(배점)} ÷4
<table><tr><th>구분</th><th>주된 건축물 및 외부공간에 사용된
친환경인증제품의 사용수</th><th>가중치</th></tr><tr><td>1급</td><td>9종 이상 사용한 경우</td><td>1.0</td></tr><tr><td>2급</td><td>7종 이상 사용한 경우</td><td>0.8</td></tr><tr><td>3급</td><td>5종 이상 사용한 경우</td><td>0.6</td></tr><tr><td>4급</td><td>3종 이상 사용한 경우</td><td>0.4</td></tr></table>※ 유효자원 재활용을 위한 친환경 인증제품 : 환경표지인증 또는 GR마크를 획득하거나 제품의 환경성능에 대하여 인증을 받은 제품으로 해당 공종 및 공사에 모두 적용하였을 때 인정된다. 단, 인증의 사유가 유효자원재활용이어야 한다.
※ 지하주차장은 외부공간으로 본다.
※ 건축법 시행령 제2조에 의한 부속건축물은 해당공종 및 공사에서 제외한다.</td></tr>
<tr><td rowspan="2">부여점수</td><td colspan="2">자체평가</td><td>심사단평가</td></tr>
<tr><td colspan="2">○.○점</td><td>○.○점</td></tr>
<tr><td>산출근거</td><td colspan="2">▶ 본 건축물은 주된 건축물과 외부공간에 각각 ○종의 유효자원 재활용 인증제품을 사용함.
– 평점(Y)
=(1.0×3×3+1.0×1×3)/4 = ○.○</td><td></td></tr>
<tr><td>첨부자료</td><td colspan="3">유효자원자재인증 제품 리스트, 인증서 및 납품확인서, 실내재료마감표, 실내재료마감 상세도</td></tr>
</table>

2) 작성시 유의사항 (이것만은 꼭 알고 보고서 작성하기)

① 평가목적

유효자원 재활용을 위한 친환경인증제품의 사용을 평가함으로서 자원 재활용, 내재에너지 저감, 환경오염 저감 등의 효과를 얻는데 목적이 있다.

② 평가방법

환경표지인증제품 또는 GR마크 인증제품의 사용 여부를 평가

③ 심사시 보완요청 사례

- 외부공간 리스트 3# 콘크리트 고로슬래그 시멘트, 7# 데크는 외부공간에(지하주차장) 외부공간에 적용되었음을 확인할 수 있는 상세도면과 사진을 재 첨부 제출 필요
- 외부공간 리스트 2# 점자블럭 현장사진이 미첨부되었음
- 외부공간 리스트 8# 코너보호대, 9# 인조잔디는 인증서 및 현장사진이 미첨부되었음
- 주된건축물 O종 외부공간 O종만 적용되었음.
- 제출된 "고로슬래그 시멘트"에 대한 구매확인서(레디믹스트 콘크리트 납품서)의 시멘트 종류는 "보통 포틀랜드 시멘트1종"이므로 해당 제품의 구매증서로 적용할 수 없음(주된건축물 O번과 외부 O번)
- 외부 "가열아스팔트 혼합물"의 납품확인서는 기록된 내용의 식별이 불가능함
- 석고본드 및 플라스틱 수목보호지주대의 제품 인증유효기간이 경과하였으니 교체하여 주시기 필요
- OO 석고보드의 인증서를 첨부 필요
- OO 글라스울의 인증유효기간이 만료되었음
- 적용된 제품의 위치를 알 수 있는 도서를 제출필요 (ex: 실내재료마감표 등)
- 실내재료마감표상 석고보드는 천장에만 사용하도록 되어있는 바, 석고본드(○○○)는 벽체에 사용되는 자재이므로, 적용이 불가함
- OOO(보온 단열재)의 인쇄상태가 불량(환경표지인증 마크 미인쇄)하니, 인증서 교체 출력하여 보완필요
- OOO(보온 단열재), 영우산업(부직포)의 인쇄상태가 불량(환경표인증 마크 미인쇄)하니, 인증서 교체 출력하여 보완 필요
- 주된 건축물의 경우 실내재료마감표 상에 해당 인증자재 적용실 및 부위에 컬러 마킹하여, 해당 공종 및 공사에 모두 적용 여부를 확인할 수 있도록 자료 보완 필요
- OO화학(단열재_경질우레탄보온판)의 환경표지 인증서 인쇄상태가 불량하니 (인증서 바탕에 환경 표지 마크가 없음) 교체하여 자료 제출 필요

· 외부공간에 설치한 카스토퍼 제품의 적용여부를 도면에 표현이 필요
· 누락된 해당 재료의 인증서, 납품확인서, 설치도면 및 사진을 보완제출 필요

*주된건축물
: 일반, 방수석고보드 납품확인서
: 아스텍스 현장 설치사진
*외부공간
: 코너보호대, 배수판 현장 설치사진
: 배수판 ; 인증서, 납품확인서
: 설치도면 ; 카스토퍼, 코너보호대, 배수판

④ 적용 건축물

공동주택, 복합(주거), 업무시설, 학교시설, 판매시설, 숙박시설, 소형주택, 기존 공동주택, 기존업무시설, 그밖의 건축물

3) 제출서류

① 예비인증

자재별 인증서 및 사용계획서

※ 적용예정확인서로 갈음 가능

② 본인증

· 자재별 인증서 및 사용실적서, 공사비 내역서
· 제품이 적용된 현장사진

③ 일반적 제출서류 리스트

· 유효자원재활용 자재현황리스트
· 설치된 각종 제품의 환경표지인증서 또는 우수재활용제품 인증서
· 자재 납품확인서
· 실내재료 마감도
· 표준마감 상세도
· 시설물 및 포장계획도
· 현장설치 사진

◈ 유효자원재활용 자재 현황 리스트

구분		제품명	인증번호	회사명	인증 유효기간	적용 부위	비고
주된 건축물 (내부)	1	석고보드	제 ○○○○호	○○	20○○. ○○. ○○-20○○. ○○. ○○	○○	
	2	단열재	제 ○○○○호	○○	20○○. ○○. ○○-20○○. ○○. ○○	○○	
	3	글라스울	제 ○○○○호	○○	20○○. ○○. ○○-20○○. ○○. ○○	○○	
	4	전도성타일	제 ○○○○호	○○	20○○. ○○. ○○-20○○. ○○. ○○	○○	
	5	흡음텍스	제 ○○○○호	○○	20○○. ○○. ○○-20○○. ○○. ○○	○○	
	6						
	7						
	8						
	9						
외부	1	잔디블럭	제 ○○○○호	○○	20○○. ○○. ○○-20○○. ○○. ○○	○○	
	2	점자블럭	제 ○○○○호	○○	20○○. ○○. ○○-20○○. ○○. ○○	○○	
	3	주차블럭	제 ○○○○호	○○	20○○. ○○. ○○-20○○. ○○. ○○	○○	
	4	데크	제 ○○○○호	○○	20○○. ○○. ○○-20○○. ○○. ○○	○○	
	5	콘크리트 고로슬래그 시멘트	제 ○○○○호	○○	20○○. ○○. ○○-20○○. ○○. ○○	○○	
	6						
	7						
	8						
	9						

[그림 48] 유효자원재활용 자재현황리스트

제 6924 호

환경표지인증서

1. 상 호 : 대원산업(주)
2. 사업자등록번호 : 515-81-36824
3. 소 재 지 : 경상북도 경산시 와촌면 소월리353-1
4. 공장 · 사업장 소재지 : 경상북도 경산시 와촌면 소월리353-1
5. 대 표 자 성 명 : [illegible]
6. 대 상 제 품 : EL745 블록 · 타일 · 판재류
7. 상표/용도 · 제공 서비스 : [illegible]
8. 인 증 기 간 : 2013. 08. 21. 부터 2015. 08. 20. 까지
9. 인 증 사 유 : "유효 자원 재활용"

「환경기술 및 환경산업 지원법」 제17조제3항, 같은 법 시행령 제23조 제2항 및 같은 법 시행규칙 제34조제2항에 따라 환경표지대상제품의 인증기준에 적합하므로 환경표지의 사용을 인증합니다.

※ 최초교부 : 2009. 08. 21

2013 년 08 월 21 일

한국환경산업기술원장

인 증 서

우수재활용제품

제 2011-015(제) 호

제 품 : 재활용 콘크리트 고로슬래그 시멘트 (GR F 4003-2008)
회 사 : 한국씨엔티㈜ (대표자 : 김훈석)
소 재 지 : 경북 포항시 남구 괴동로 93
유효기간 : 2011. 03. 08 ~ 2014. 03. 07

위 제품은 「자원의절약과 재활용촉진에 관한 법률」 제33조 및 동법 시행규칙 제2조, 「산업기술혁신 촉진법」 제15조 제2항 제5호 및 동법 시행령 제17조 제1항 제3호 및 제2항의 규정에 의하여 우수한 재활용제품임을 인증함.

2012년 04월 27일

지식경제부 기술표준원장

[그림 49] 환경표지인증서 및 우수재활용제품 인증서

3.2.1 유효자원 재활용을 위한 친환경인증제품 사용여부

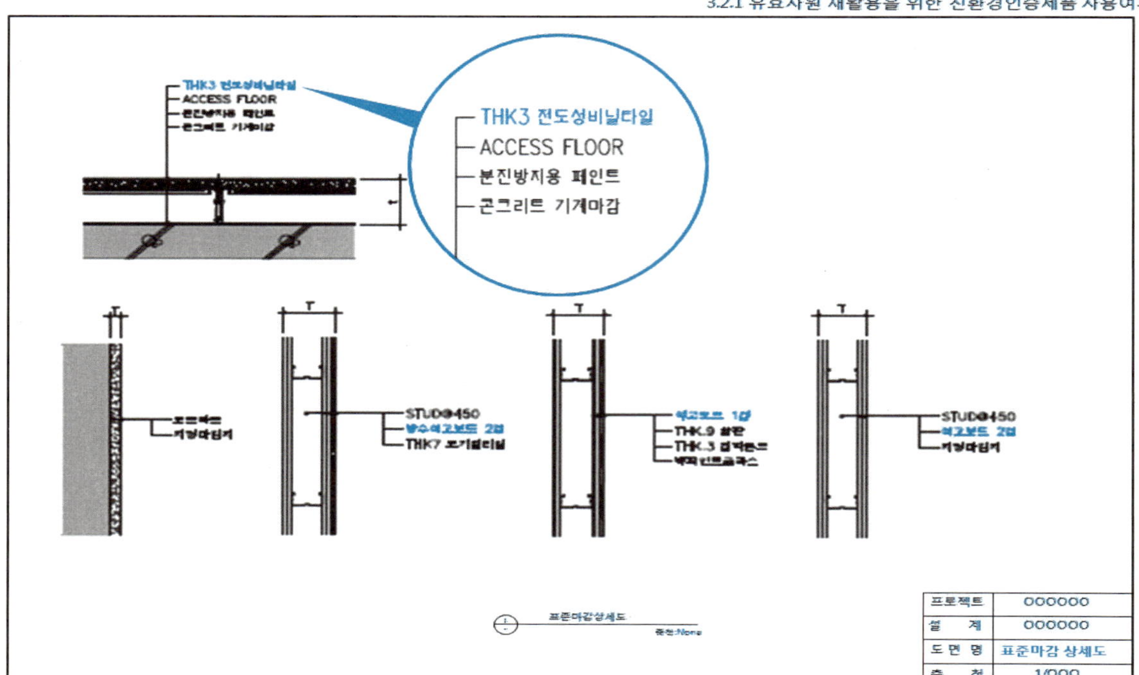

[그림 50] 표준마감 상세도

3.2.1 유효자원 재활용을 위한 친환경인증제품 사용여부

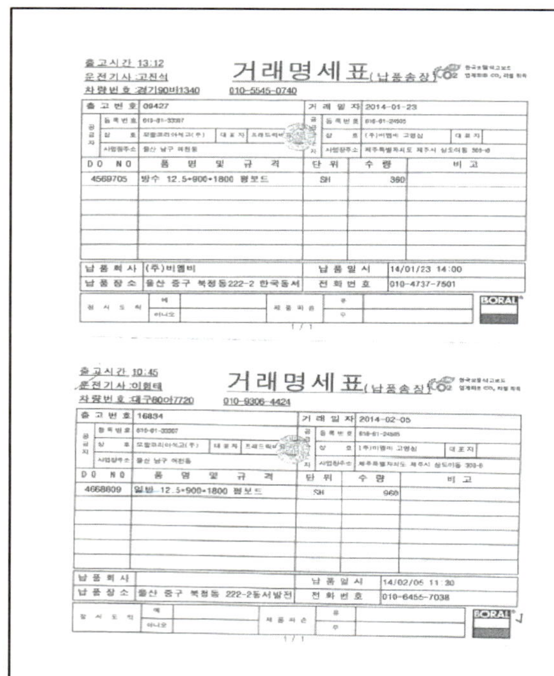

출고시간 13:12
운전기사 :고진석
차량번호 경기90바1340

거래명세표(납품송장)

010-5545-0740

출고번호	09427	거래일자	2014-01-23
상호	모들코리아석고(주)	상호	(주)비엠비
사업장주소	울산 남구 여천동	사업장주소	제주특별자치도 제주시 삼도이동

DO NO	품명 및 규격	단위	수량	비고
4569705	방수 12.5*900*1800 평보드	SH	360	

납품회사	(주)비엠비	납품일시	14/01/23 14:00
납품장소	울산 중구 북정동222-2 한국동서	전화번호	010-4737-7501

BORAL

1 / 1

출고시간 10:45
운전기사 :이원태
차량번호 대구80아7720

거래명세표(납품송장)

010-9306-4424

출고번호	16834	거래일자	2014-02-05
상호	모들코리아석고(주)	상호	(주)비엠비
사업장주소	울산 남구 여천동	사업장주소	제주특별자치도 제주시 삼도이동

DO NO	품명 및 규격	단위	수량	비고
4668809	일반 12.5*900*1800 평보드	SH	960	

납품회사		납품일시	14/02/05 11:30
납품장소	울산 중구 북정동 222-2동서발전	전화번호	010-6456-7038

BORAL

1 / 1

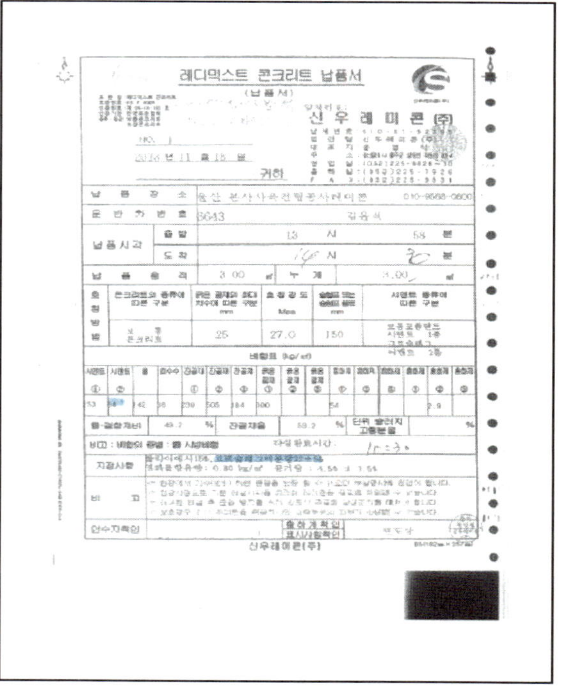

레디믹스트 콘크리트 납품서

(납품서)

신우레미콘(주)

NO. 1

귀하

납품장소	울산 본사 사옥 전면 공사 레미콘 010-9568-0800			
운반차번호	3643		김용석	
납품시각 출발	13 시		58 분	
납품시각 도착	14 시		20 분	
납품용적	3.00 ㎥	누계	3.00 ㎥	

콘크리트의 종류에 따른 구분	굵은 골재의 최대 치수에 따른 구분 mm	호칭강도 MPa	슬럼프 또는 슬럼프 플로 mm	시멘트 종류에 따른 구분
보통 콘크리트	25	27.0	150	보통포틀랜드 시멘트 1종

배합표 (kg/㎥)

53		142	56	239	505	184	300			54				2.9	

물-결합재비	49.2 %	잔골재율	59.2 %

신우레미콘(주)

[그림 51] 자재 납품확인서

3.2.1 유효자원 재활용을 위한 친환경인증제품 사용여부

프로젝트	000000
설 계	000000
도 면 명	실내재료 마감도
축 척	1/000

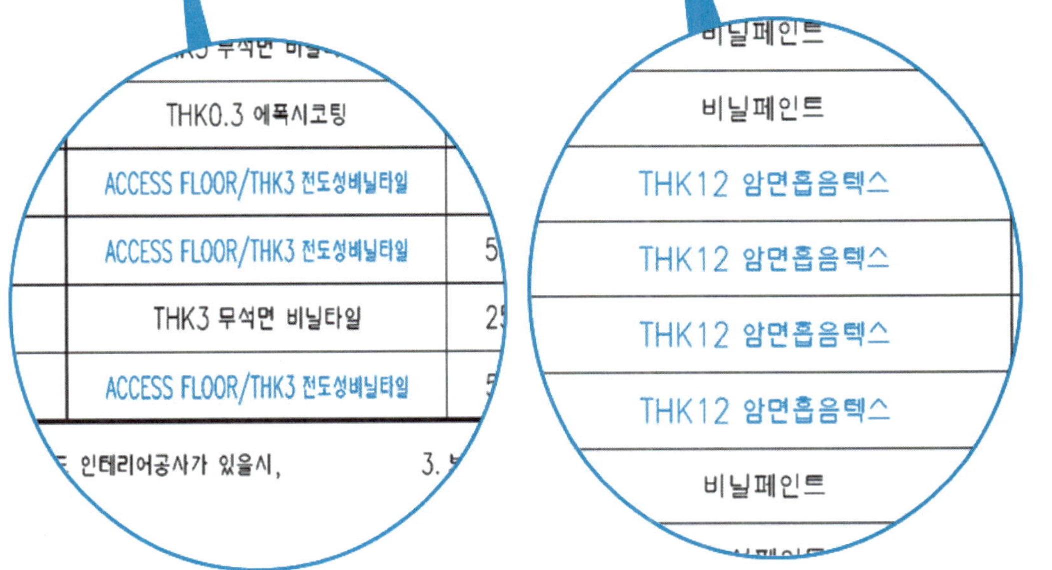

[그림 52] 실내재료 마감도

3.2.1 유효자원 재활용을 위한 친환경인증제품 사용여부

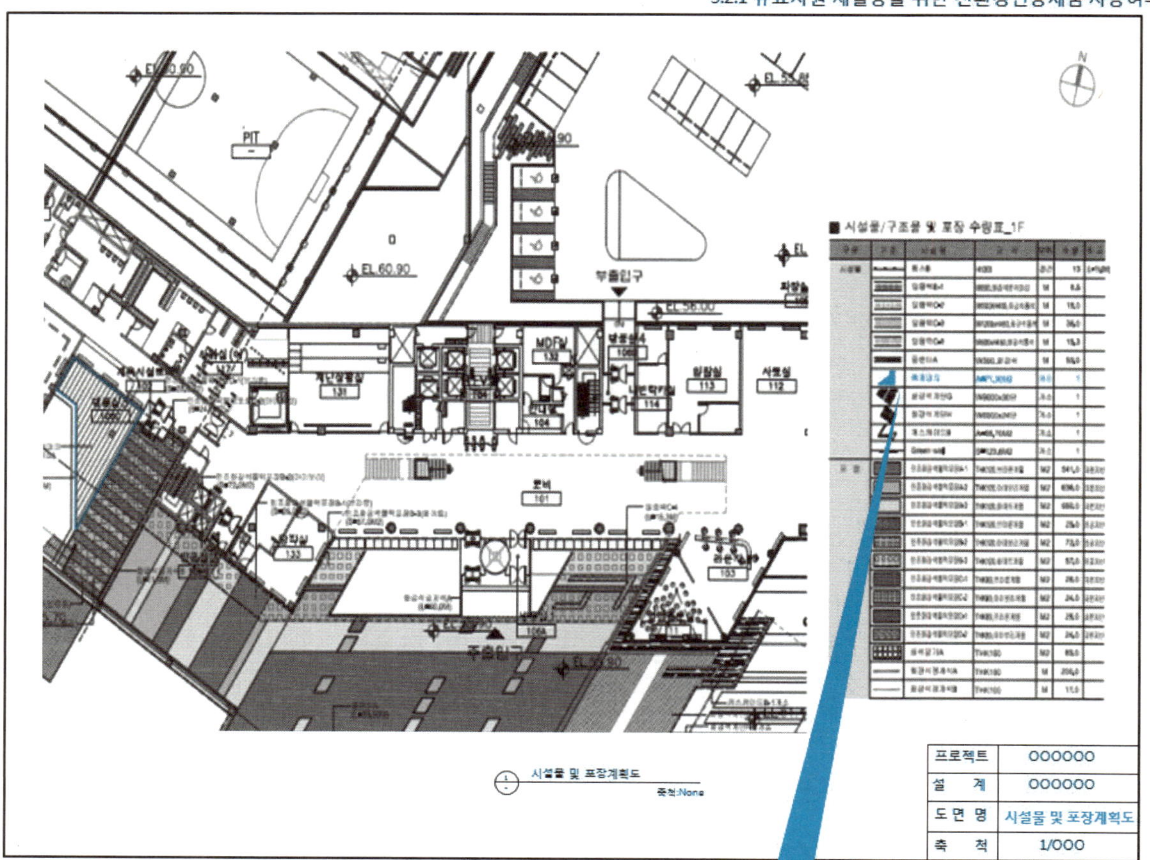

■ 시설물/구조물 및 포장 수량표_1F

구분	기호	시설명	규격	단위
시설물		휀스B	H1200	경간
		앉음벽B-1	W500,화강석판석마감	M
		앉음벽C-2	W500XH450,화강석통석	M
		앉음벽C-3	W1200xH450,화강석통석	M
		앉음벽C-4	W500xH450,화강석통석	M
		플랜터A	W300,화강석	M
		휴게데크	A=71.30M2	
		화강석계단G	W9000x30단	
		화강석계단H	W6000x24단	
		캐스케이드B		
		Green wall		

[그림 53] 시설물 및 포장계획도

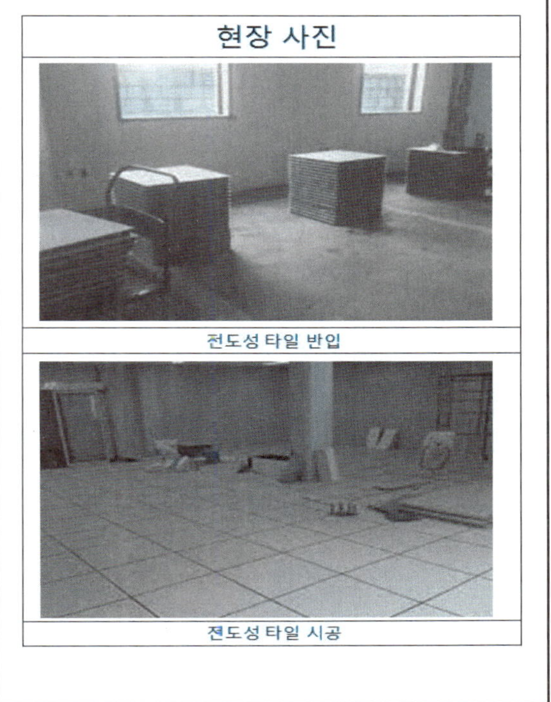

[그림 54] 현장설치 사진

1-2) 재활용 가능자원의 분리수거

<table>
<tr><th colspan="2">녹색건축인증 2013-2</th><th colspan="2">업무용 건축물</th></tr>
<tr><td>평가부문</td><td colspan="3">3 재료 및 자원</td></tr>
<tr><td>평가범주</td><td colspan="3">3.2 지속가능한 자원 활용</td></tr>
<tr><td>평가기준</td><td colspan="3">3.2.2 재활용 가능자원의 분리수거</td></tr>
<tr><td>작 성 자</td><td></td><td>심사위원</td><td></td></tr>
<tr><td>배 점</td><td colspan="3">2점 (필수항목 : 최소평점 0.8점)</td></tr>
<tr><td>산출기준</td><td colspan="3">
• 평점 = (가중치) × (배점)
<table>
<tr><th>구분</th><th>재활용 생활폐기물 분리수거</th><th>가중치</th></tr>
<tr><td>1급</td><td>재활용 생활폐기물 보관시설을 설치하고, 6종 이상의 분리수거가 가능한 용기를 설치</td><td>1.0</td></tr>
<tr><td>2급</td><td>재활용 생활폐기물 보관시설을 설치하고, 5종 이상의 분리수거가 가능한 용기를 설치</td><td>0.7</td></tr>
<tr><td>3급</td><td>5종 이상의 분리수거가 가능한 용기를 설치</td><td>0.4</td></tr>
</table>
※ 재활용 폐기물 보관시설 : 연면적 1,000m² 당 2m² 이상으로 계획(최소 10m²), 밀폐된 공간으로 문이 달려 있을 것
※ 분리수거가 가능한 용기는 눈·비 등을 가릴 수 있도록 지붕이 있는 공간에 설치하여야 함
※ 재활용 폐기물의 분리수거 용기 예시 : 병류, 금속캔류, 합성수지류, 종이류 고철류, 형광등, 폐전지, 의류 등
</td></tr>
<tr><td rowspan="2">부여점수</td><td colspan="2">자체평가</td><td>심사단평가</td></tr>
<tr><td colspan="2">○.○점</td><td>○.○점</td></tr>
<tr><td>산출근거</td><td colspan="2">
▶ 본 건축물은 지하○층과 지상○층 외부에 폐기물보관실을 계획하고, 기준층마다 ○종 이상 분리수거 용기를 설치함으로써 해당등급 ○급 기준을 만족함
• 폐기물보관창고 :
〈기준〉 ○○.○○×2÷1,000
= ○○.○○m² (최소 10m²)
〈계획〉
○층 쓰레기처리장 : ○○.○○m²
– 적용기준 : 1급(가중치 : ○.○)
– 평점(Y) = ○.○×2 = ○.○
</td><td></td></tr>
<tr><td>첨부자료</td><td colspan="3">적용비율 산출서, 설계개요, 전체층 평면도 재활용분리수거함 상세도</td></tr>
</table>

2) 작성시 유의사항 (이것만은 꼭 알고 보고서 작성하기)

① 평가목적

건축물 내에서 발생하는 폐기물 중 고형폐기물의 분리수거를 통하여 발생폐기물의 재활용을 촉진하고자 한다.

② 평가방법

재활용 폐기물 보관시설 설치 및 분리품목 종류에 의해 평가

③ 심사시 보완요청 사례

- 재활용 생활폐기물 보관시설을 기준이상(○○.○○㎡)설치하고, 각층에 ○종의 분리수거가 가능한 용기를 설치하였으나 현장사진이 미첨부 되었음.
- 재활용폐기물 보관시설과 ○종 분리수거 용기의 설치 사진을 제출 필요
- 분리수거용기의 설치를 확인할 수 있는 도서를 제출 필요
- 6종 분리수거용기의 상세도가 미제출 되었음.
- 폐기물 보관소의 면적(25.36㎡)을 확인할 수 있는 Auto-CAD 구적표(가로 세로 치수 표기)를 첨부 보완 필요
- 분리수거용기(240L, 1,100L)의 구체적인 분리품목 종류를 알 수 있는 도면 및 설치사진을 보완 제출 필요
- 1100L(일반쓰레기)용기는 재활용 생활폐기물의 분리용기로 볼 수 없으므로 분리용기 5개(2급) 설치함.

④ 적용 건축물

공동주택, 복합(주거), 업무시설, 학교시설, 판매시설, 숙박시설, 소형주택, 기존공동주택, 기존업무시설, 그밖의 건축물

3) 제출서류

① 예비인증

- 폐기물 보관시설을 확인할 수 있는 설계도서
- 폐기물 분리용기 설치를 확인할 수 있는 설계도서

※ 시방서로 갈음 가능

② 본인증

- 폐기물 보관시설 및 분리용기 설치를 확인할 수 있는 설계도서
- 설치를 확인할 수 있는 사진

③ 일반적 제출서류 리스트

- 적용비용 산출서
- 현장설치 사진
- 설계개요
- 전체층 평면도
- 재활용분리수거함 상세도

3.2.2 재활용 가능자원의 분리수거

■ 적용비율 산출서

PROJECT : OOOOOO

1. 재활용 폐기물 보관시설 설치 면적 기준

폐기물 보관소 면적 산출 근거 : 연면적 / 1000x2

= OO.OO/1000*2

= m²

2. 재활용 폐기물 보관시설 적용 면적

위치	실명	번호	계획면적(m²)
지하 O층	쓰레기처리장	OOO	OO.OO
합계(m²)			

[그림 55] 적용비율 산출서

3.2.2 재활용 가능자원의 분리수거

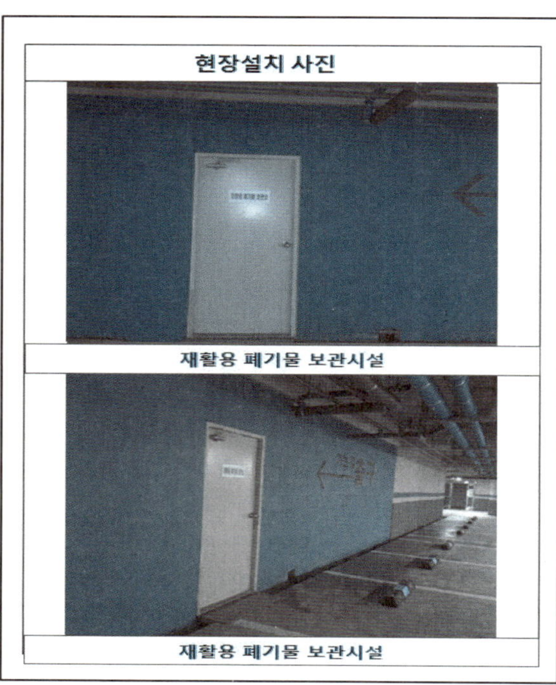

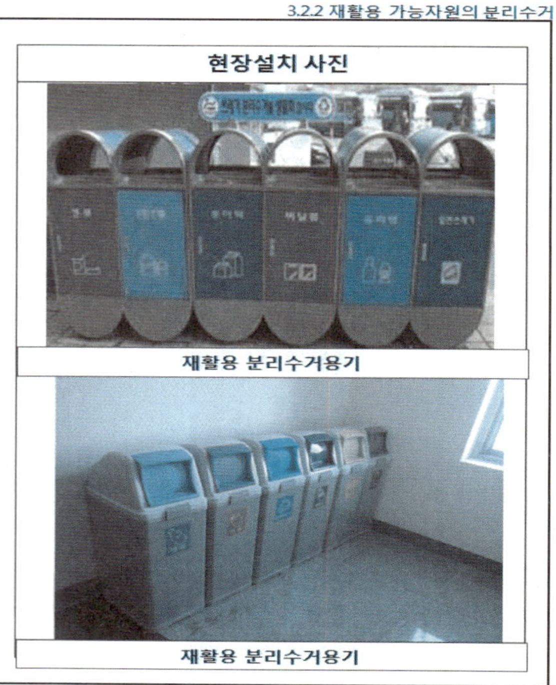

[그림 56] 현장설치 사진

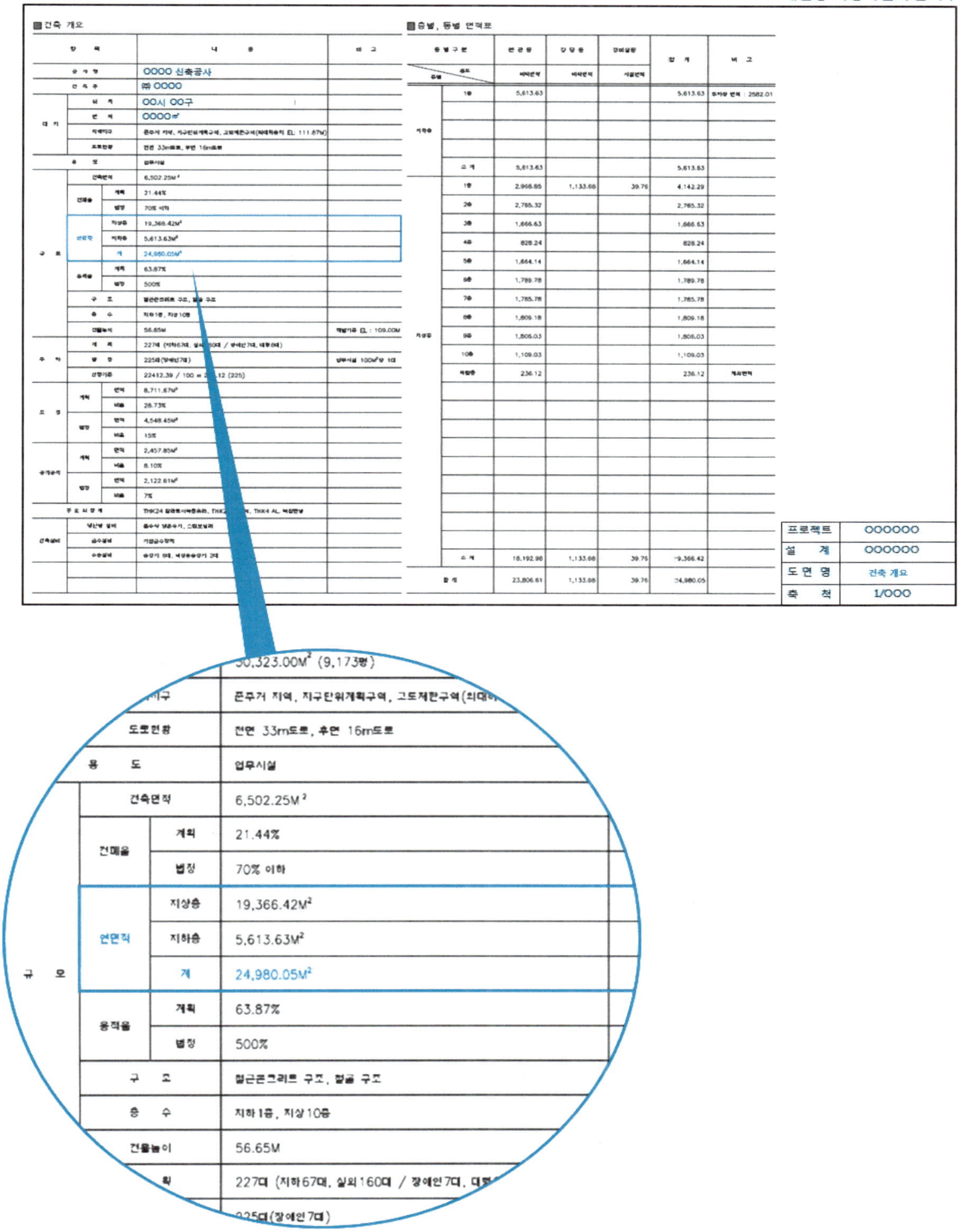

■ 건축 개요

항목			내용	비고
공사명			OOOO 신축공사	
건축주			㈜ OOOO	
대지	위치		OO시 OO구	
	면적		OOOO㎡	
	지역지구		준주거 지역, 지구단위계획구역, 고도제한구역(최대허용치 EL: 111.67M)	
	도로현황		전면 33m도로, 후면 16m도로	
용도			업무시설	
규모	건축면적		6,502.25M²	
	건폐율	계획	21.44%	
		법정	70% 이하	
	연면적	지상층	19,366.42M²	
		지하층	5,613.63M²	
		계	24,980.05M²	
	용적율	계획	63.87%	
		법정	500%	
	구조		철근콘크리트 구조, 철골 구조	
	층수		지하1층, 지상10층	
	건물높이		56.65M	[illegible] EL : 109.00M
주차	계획		227대 (지하67대, 실외160대 / 장애인7대, 대형6대)	
	법정		225대(장애인7대)	업무시설 100M²당 1대
	산정기준		22412.39 / 100 = 2[illegible].12 (225)	
조경	계획	면적	8,711.67M²	
		비율	28.73%	
	법정	면적	4,548.45M²	
		비율	15%	
공개공지	계획	면적	2,457.85M²	
		비율	8.10%	
	법정	면적	2,122.61M²	
		비율	7%	
주요외장재			THK24 [illegible], THK2[illegible], THK4 AL. [illegible]	
건축설비	냉난방 설비		[illegible]	
	급수설비		[illegible]	
	승강설비		[illegible]	

■ 층별, 동별 면적표

동별구분		[illegible]	[illegible]	[illegible]	합계	비고
층별	용도	바닥면적	바닥면적	시설면적		
지하층	1층	5,613.63			5,613.63	주차장 면적 : 2582.01
	소계	5,613.63			5,613.63	
지상층	1층	2,968.85	1,133.68	39.76	4,142.29	
	2층	2,765.32			2,765.32	
	3층	1,666.63			1,666.63	
	4층	828.24			828.24	
	5층	1,664.14			1,664.14	
	6층	1,789.78			1,789.78	
	7층	1,785.78			1,785.78	
	8층	1,809.18			1,809.18	
	9층	1,806.03			1,806.03	
	10층	1,109.03			1,109.03	
	[illegible]	236.12			236.12	[illegible]
	소계	18,192.98	1,133.68	39.76	19,366.42	
합계		23,806.61	1,133.68	39.76	24,980.05	

프로젝트	OOOOOO
설계	OOOOOO
도면명	건축 개요
축척	1/OOO

			30,323.00M² (9,173평)
	지역지구		준주거 지역, 지구단위계획구역, 고도제한구역(최대허
	도로현황		전면 33m도로, 후면 16m도로
용도			업무시설
규모	건축면적		6,502.25M²
	건폐율	계획	21.44%
		법정	70% 이하
	연면적	지상층	19,366.42M²
		지하층	5,613.63M²
		계	24,980.05M²
	용적율	계획	63.87%
		법정	500%
	구조		철근콘크리트 구조, 철골 구조
	층수		지하1층, 지상10층
	건물높이		56.65M
	계획		227대 (지하67대, 실외160대 / 장애인7대, 대형
			225대(장애인7대)

[그림 57] 건축 개요

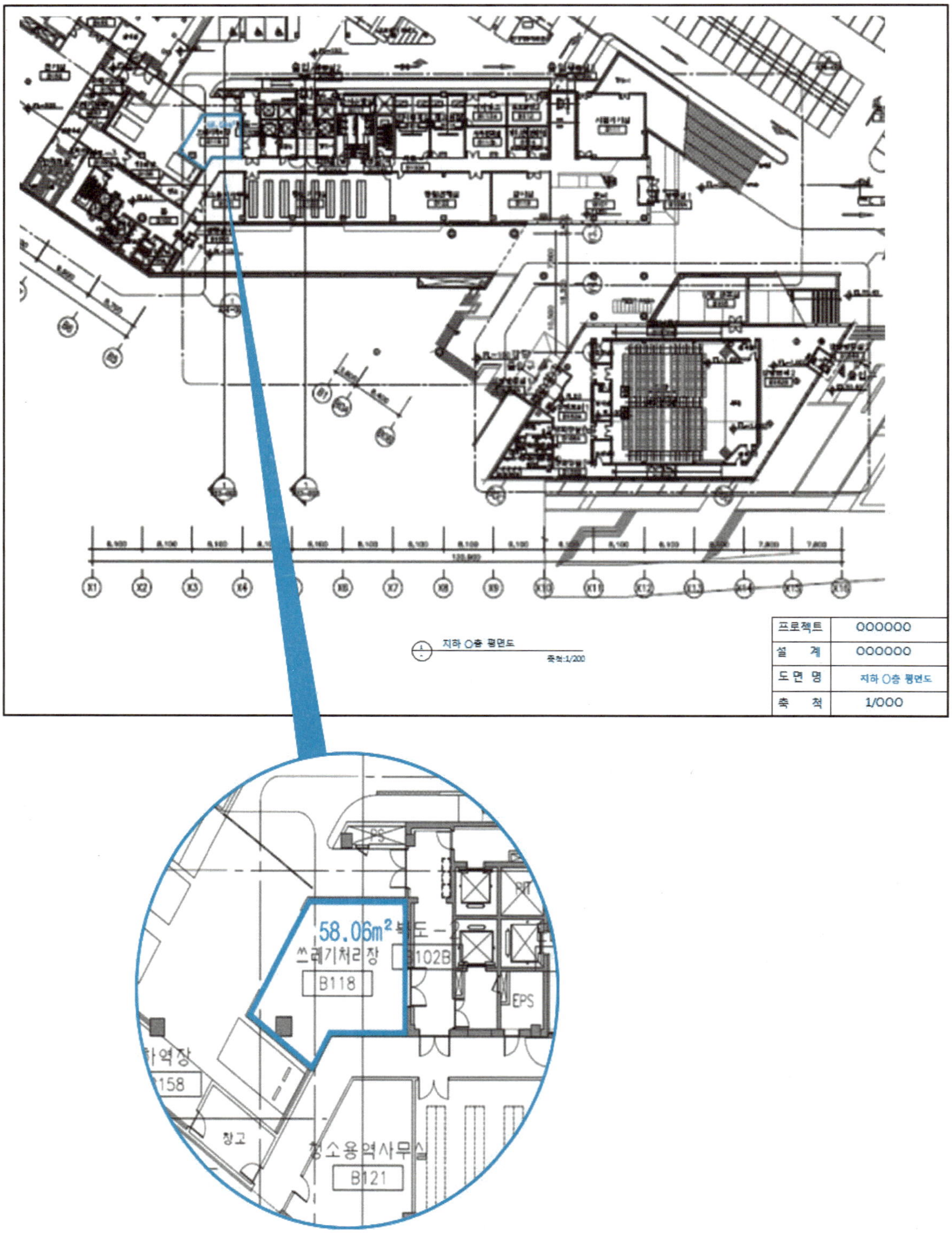

지하 O층 평면도
축척:1/200

프로젝트	OOOOOO
설 계	OOOOOO
도 면 명	지하 O층 평면도
축 척	1/OOO

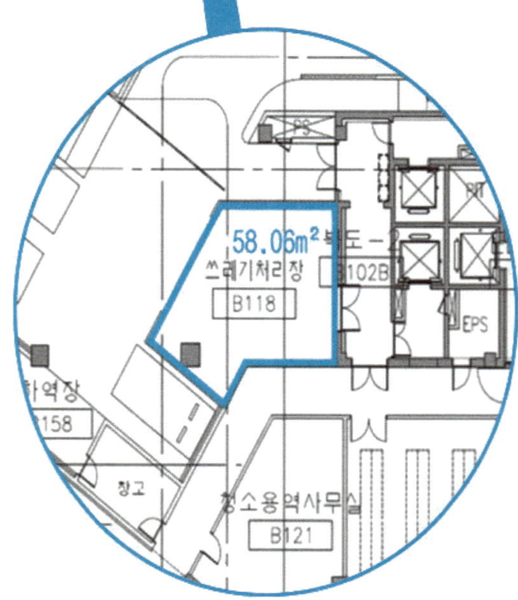

[그림 58] 쓰레기처리장이 명시된 평면도

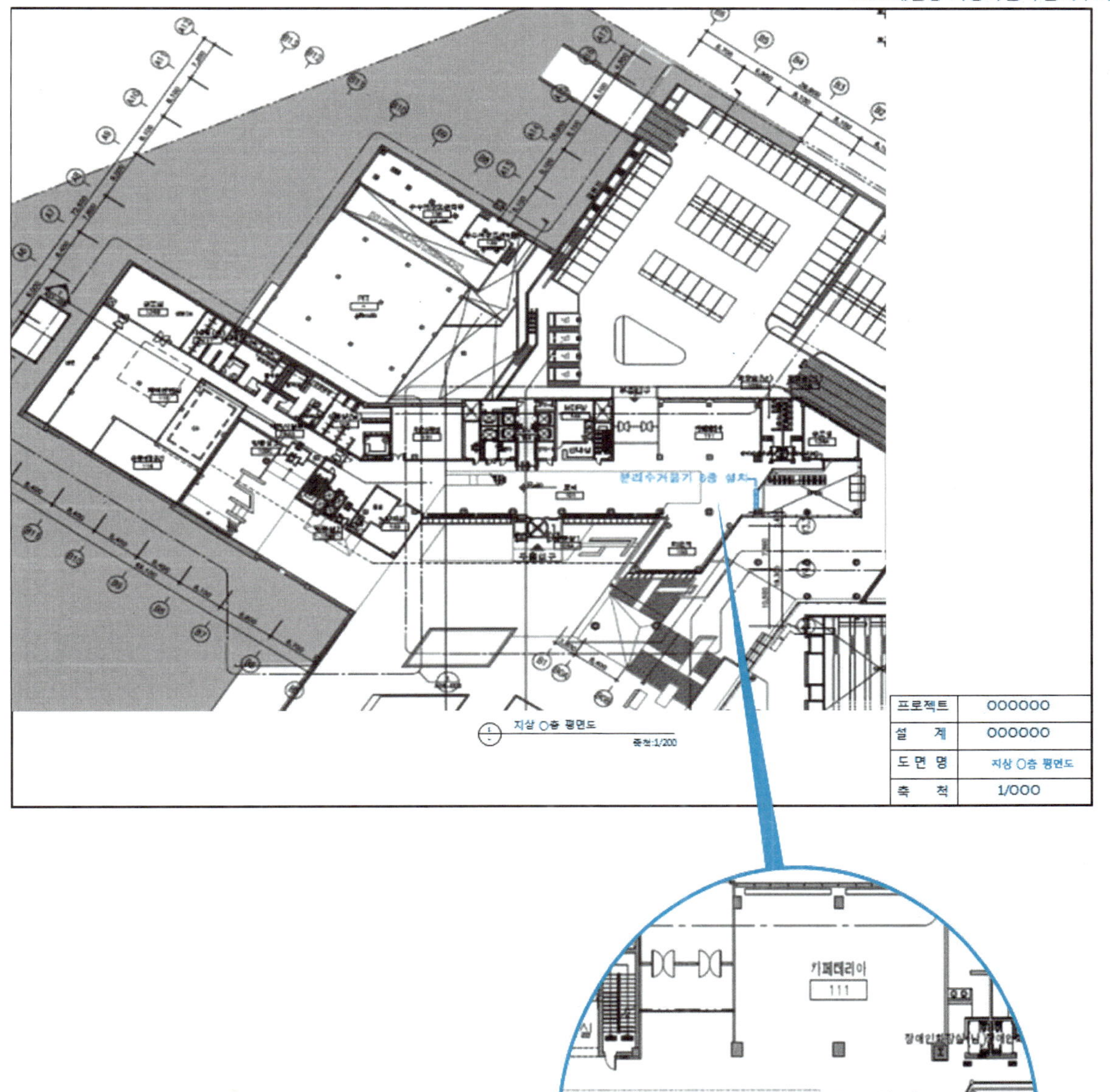

[그림 59] 분리수거함이 명시된 평면도

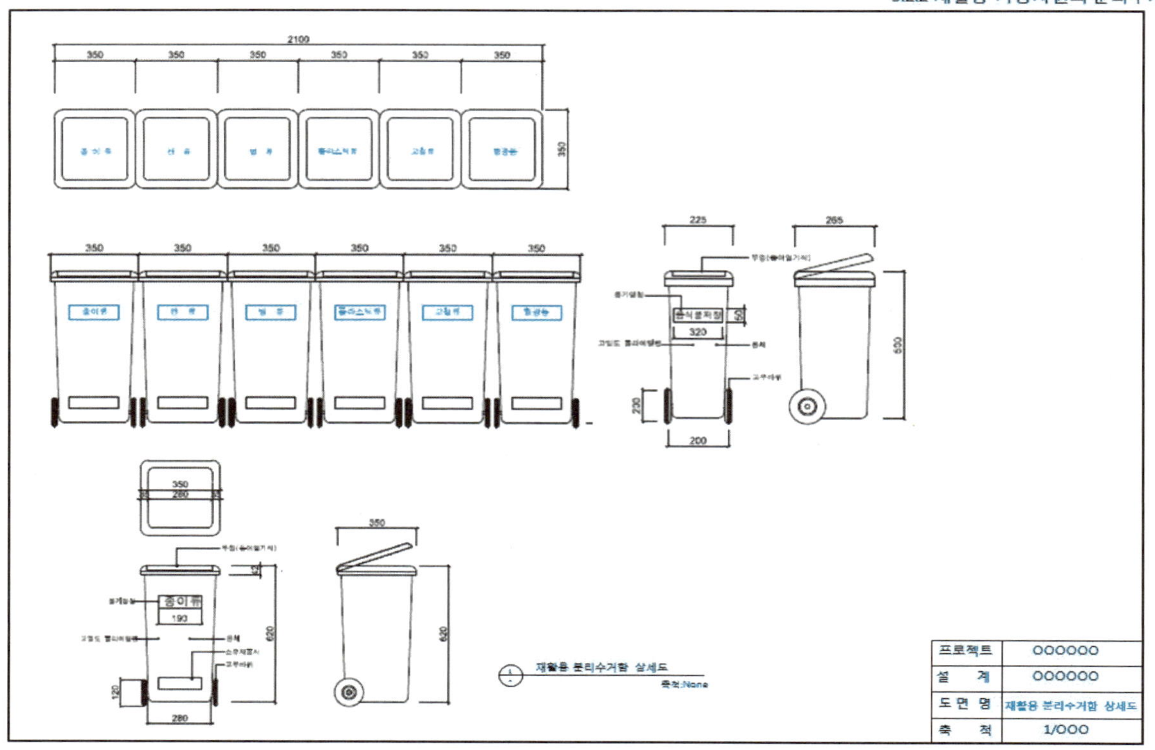

[그림 60] 재활용 분리수거함 상세도

1-3) 재료의 탄소배출량 정보 표시

<table>
<tr><th colspan="2">녹색건축인증 2013-2</th><th colspan="2">업무용 건축물</th></tr>
<tr><td>평가부문</td><td colspan="3">3 재료 및 자원</td></tr>
<tr><td>평가범주</td><td colspan="3">3.2 지속가능한 자원 활용</td></tr>
<tr><td>평가기준</td><td colspan="3">3.2.3 재료의 탄소배출량 정보 표시</td></tr>
<tr><td>작 성 자</td><td></td><td>심사위원</td><td></td></tr>
<tr><td>배 점</td><td colspan="3">2점 (평가항목)</td></tr>
<tr><td>산출기준</td><td colspan="3">• 평점 = (가중치)×(배점)
<table>
<tr><th>구분</th><th>평가내용</th><th>가중치</th></tr>
<tr><td>1급</td><td>공인된 절차를 통해 ‘제품의 탄소성적’을 인증 받은 자재를 5종 이상 사용한 경우</td><td>1.0</td></tr>
<tr><td>2급</td><td>공인된 절차를 통해 ‘제품의 탄소성적’을 인증 받은 자재를 3종 이상 사용한 경우</td><td>0.7</td></tr>
<tr><td>3급</td><td>공인된 절차를 통해 ‘제품의 탄소성적’을 인증 받은 자재를 1종 이상 사용한 경우</td><td>0.5</td></tr>
</table>
※ 제품의 탄소성적 : 국내에서 운영되는 제품의 탄소성적 표시제도 (국내 : 환경부 탄소성적표시제도)를 통해 탄소성적 인증을 받은 자재 및 재료로서 동일용도에 소요되는 해당 공종 및 공사에 모두 적용했을 경우 인정함</td></tr>
<tr><td rowspan="2">부여점수</td><td colspan="2">자체평가</td><td>심사단평가</td></tr>
<tr><td colspan="2">○.○점</td><td>○.○점</td></tr>
<tr><td>산출근거</td><td colspan="2">▶ 본 건축물은 탄소성적 인증을 받은 자재 ○종 이상 설치함에 따라 ○급 기준을 만족함.
- 적용기준 : ○급(가중치 : ○.○)
- 평점(Y) = ○.○×2 = ○.○</td><td></td></tr>
<tr><td>첨부자료</td><td colspan="3">탄소성적제품 제품 리스트, 인증서 및 납품확인서, 실내재료마감표, 실내재료마감 상세도</td></tr>
</table>

2) 작성시 유의사항(이것만은 꼭 알고 보고서 작성하기)

① 평가목적

사용된 재료의 이산화탄소 배출 관련 정보의 표시나 내재탄소량 평가 수행 여부를 평가함으로서 사용되는 자재의 이산화탄소 배출 저감, 저탄소 자재 개발 촉진 등의 효과를 얻는데 목적이 있다.

② 평가방법

사용된 재료 및 자재의 탄소성적표시 인증 여부를 평가

③ 심사시 보완요청 사례

- 탄소성적 리스트 ○# 갤런트타일에 대한 현장사진이 미첨부 되었음.(○급에 해당됨)
- 갤런트 타일을 배제시키고 베이스패널로 대체함.(○급에 해당됨)
- 적용된 제품의 위치를 알 수 있는 도서를 제출 필요 (ex: 실내재료마감표 등)
- (주)KCC(일반석고보드)의 탄소성적표지 인증서의 인증기간(2014.02.22)이 경과되었으니 자료 보완필요
- 첨부 서류 중 “탄소성적인증 제품 내역서” ○번 항목 “○○○○○ 1.0”의 탄소성적 인증서가 누락되어 있어 1급 적용이 불가능하니 인증서 보완 필요
- 누락된 해당 재료의 현장 설치사진을 보완 제출 필요

④ 적용 건축물

공동주택, 복합(주거), 업무시설, 학교시설, 판매시설, 숙박시설, 소형주택, 기존공동주택, 기존업무시설, 그밖의 건축물

3) 제출서류

① 예비인증

- 자재별 인증서 및 사용계획서
- 자재투입계획서 및 탄소배출 계산서

※ 시방서로 갈음 가능

② 본인증

- 자재별 인증서 및 사용실적서
- 제품이 적용된 현장사진

③ 일반적 제출서류 리스트

- 탄소성적 인증제품 현황 리스트
- 현장설치 사진
- 실내재료 마감표
- 탄소배출량 인증서
- 자재 납품확인서
- 표준마감 상세도

3.2.3 재료의 탄소배출량 정보 표시

■ 탄소성적 인증제품 현황 리스트

PROJECT :

구분	제품명	인증번호	회사명	인증 유효기간	적용 부위	비고
1	실란트	제 C-2011-033 호		2011.10.31~2014.10.30	구조체	
2	일반석고보드	제 C-2010-018 호		2013.12.21~2016.12.20	벽,천장	
3	가열 아스팔트 혼합물	제 C-2011-011 호		2014.03.30~2017.03.29	건물 외부	
4	OA 타일	제 C-2012-018 호		2012.07.27~2015.07.26	바닥	
5	베이스 패널	제 C-2014-I-002 호		2014.02.26~2017.02.25	바닥	

[그림 61] 탄소성적 인증제품현황 리스트

3.2.3 재료의 탄소배출량 정보 표시

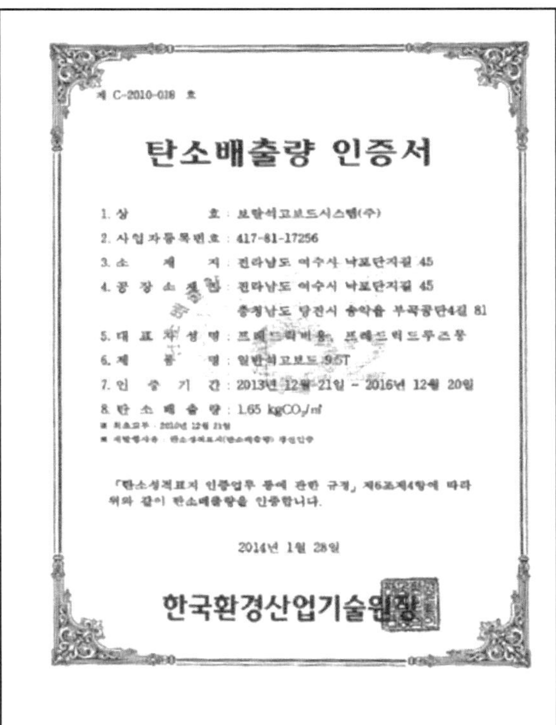

제 C-2010-018 호

탄소배출량 인증서

1. 상 호 : 보랄석고보드시스템(주)
2. 사업자등록번호 : 417-81-17256
3. 소 재 지 : 전라남도 여수시 낙포단지길 45
4. 공 장 소 재 지 : 전라남도 여수시 낙포단지길 45
   충청남도 당진시 송악읍 부곡공단4길 81
5. 대 표 자 성 명 : 프레드릭비올, 프레드릭드루즈동
6. 제 품 명 : 일반석고보드 9.5T
7. 인 증 기 간 : 2013년 12월 21일 ~ 2016년 12월 20일
8. 탄 소 배 출 량 : 1.65 $kgCO_2/m^2$

「탄소성적표지 인증업무 등에 관한 규정」 제6조제4항에 따라 위와 같이 탄소배출량을 인증합니다.

2014년 1월 28일

한국환경산업기술원장

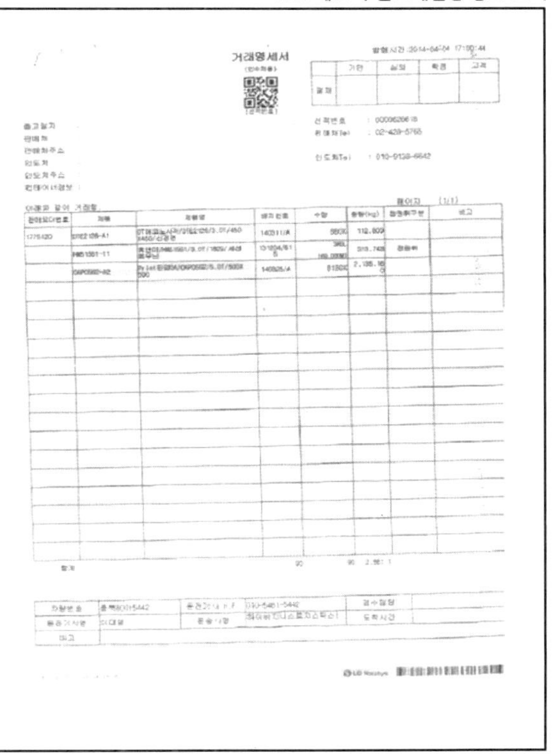

거래명세서

[그림 62] 탄소배출량 인증서 및 자재 납품확인서

프로젝트	000000
설 계	000000
도 면 명	실내재료 마감도
축 척	1/000

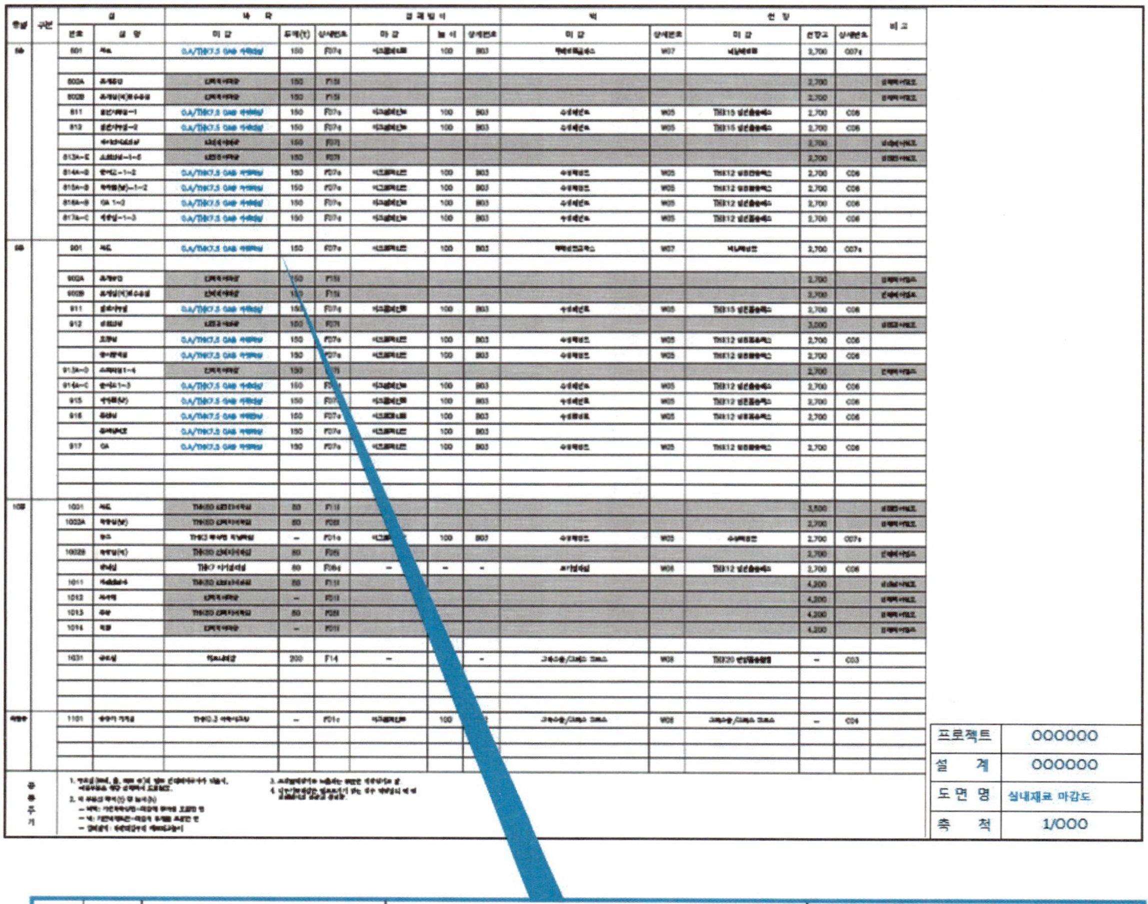

층별	구분	실		바 닥			걸 레 받 이		
		번호	실 명	마 감	두께(t)	상세번호	마 감	높 이	상세번호
8층		801	복도	0.A/THK7.5 OA용 카펫타일	150	F07a	아크릴페인트	100	B03
		802A	휴게공간	인테리어마감	150	F15i			
		802B	휴게실(여)및수유실	인테리어마감	150	F15i			
		811	일반사무실-1	0.A/THK7.5 OA용 카펫타일	150	F07a	아크릴페인트	100	B03
		812	일반사무실-2	0.A/THK7.5 OA용 카펫타일	150	F07a	아크릴페인트	100	B03
			아이디어회의실	인테리어마감	150	F07i			
		813A~E	소회의실-1~5	인테리어마감	150	F07i			
		814A~B	문서고-1~2	0.A/THK7.5 OA용 카펫타일	150	F07a	아크릴페인트	100	B03
		815A~B	락카룸(남)-1~2	0.A/THK7.5 OA용 카펫타일	150	F07a	아크릴페인트	100	B03
		816A~B	OA 1~2	0.A/THK7.5 OA용 카펫타일	150	F07a	아크릴페인트	100	B03
		817A~C	창고실-1~3	0.A/THK7.5 OA용 카펫타일	150	F07a	아크릴페인트	100	B03
9층		901	복도	0.A/THK7.5 OA용 카펫타일	150	F07a	아크릴페인트	100	B03

[그림 63] 실내재료 마감표

3.2.3 재료의 탄소배출량 정보 표시

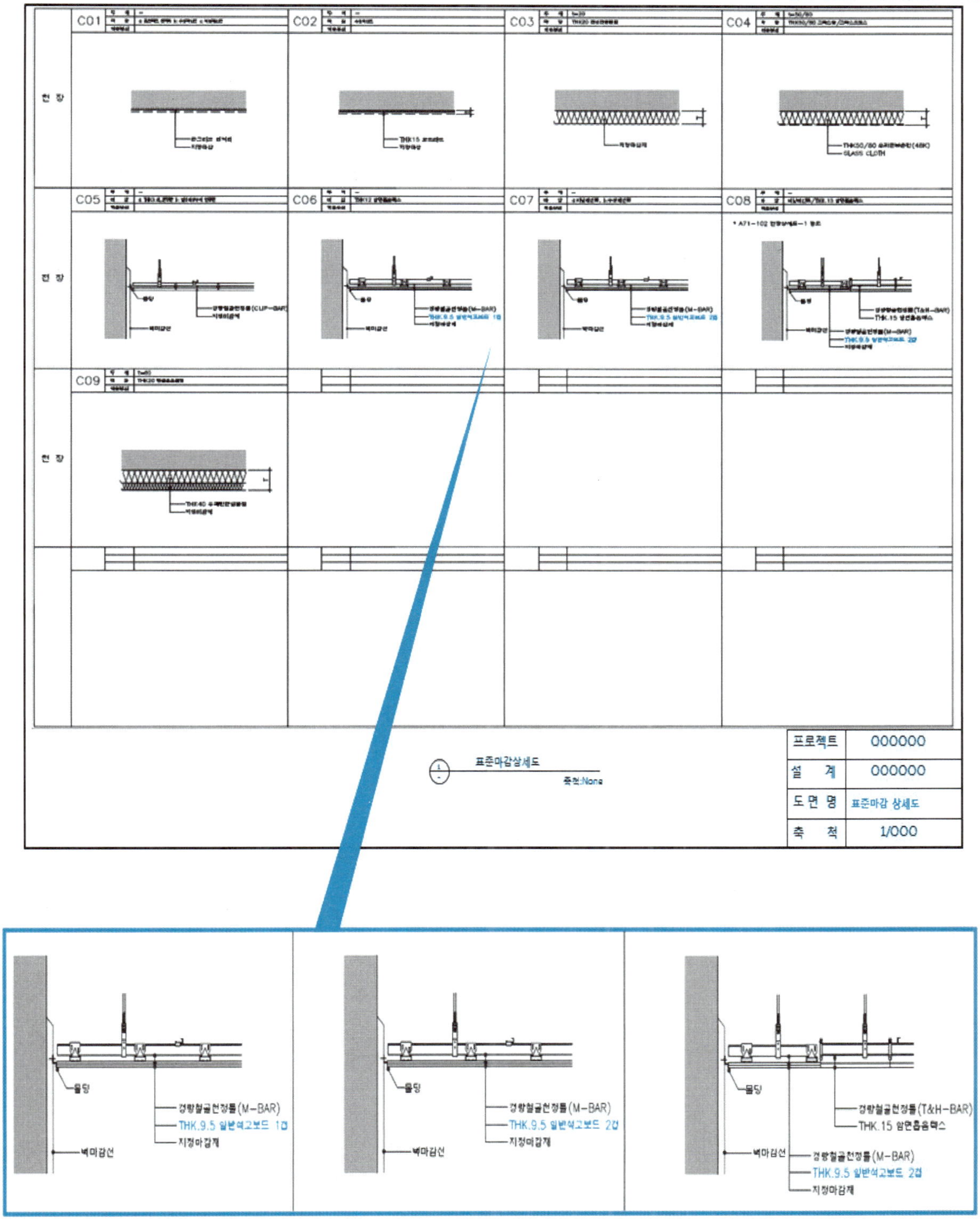

C01 C02 C03 C04

현 장

C05 C06 C07 C08

현 장

C09

현 장

표준마감상세도

축척:None

프로젝트	000000
설 계	000000
도 면 명	표준마감 상세도
축 척	1/000

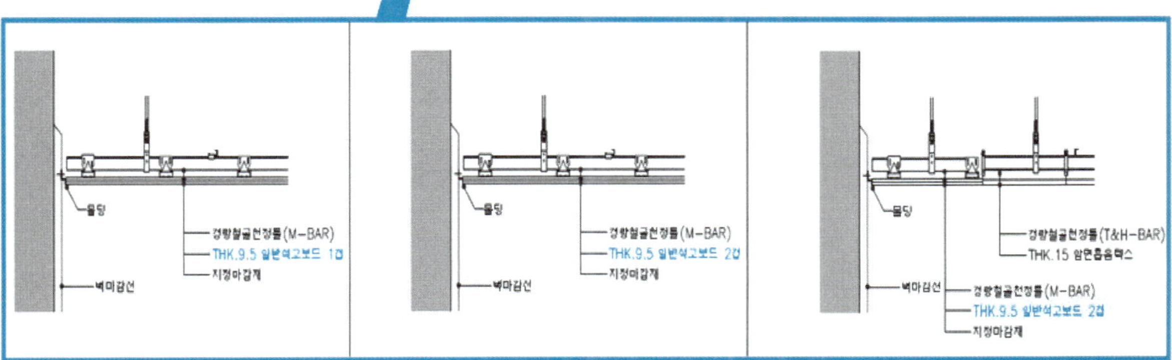

[그림 64] 표준마감 상세도

[그림 65] 현장 사진

1-4) 기존 건축물의 주요구조부 재사용으로 재료 및 자원의 절약

<table>
<tr><th colspan="2">녹색건축인증 2013-2</th><th colspan="2">업무용 건축물</th></tr>
<tr><td>평가부문</td><td colspan="3">3　　　　재료 및 자원</td></tr>
<tr><td>평가범주</td><td colspan="3">3.2　　　지속가능한 자원 활용</td></tr>
<tr><td>평가기준</td><td colspan="3">3.2.4　　기존 건축물의 주요구조부 재사용으로 재료 및 자원의 절약</td></tr>
<tr><td>작 성 자</td><td></td><td>심사위원</td><td></td></tr>
<tr><td>배　　점</td><td colspan="3">7점 (가산항목)</td></tr>
<tr><td>산출기준</td><td colspan="3">• 평점 = (가중치) × (배점)
<table><tr><th>구분</th><th>주요구조부의 재사용율</th><th>가중치</th></tr><tr><td>1급</td><td>기존 대지에 건축된 건축물을 전면 리모델링하는 경우 주요구조부중 70% 이상(체적비율기준)을 재사용하는 경우</td><td>1.0</td></tr><tr><td>2급</td><td>기존 대지에 건축된 건축물을 전면 리모델링하는 경우 주요구조부중 50% 이상(체적비율기준)을 재사용하는 경우</td><td>0.8</td></tr><tr><td>3급</td><td>기존 대지에 건축된 건축물을 전면 리모델링하는 경우 주요구조부중 30% 이상(체적비율기준)을 재사용하는 경우</td><td>0.6</td></tr></table>※ 리모델링 : 건축물의 노후화 억제 또는 기능향상 등을 위하여 증축·개축 또는 대수선을 하는 행위를 말한다.</td></tr>
<tr><td rowspan="2">부여점수</td><td colspan="2">자체평가</td><td>심사단평가</td></tr>
<tr><td colspan="2">0점</td><td>0점</td></tr>
<tr><td>산출근거</td><td colspan="2">해당 사항 없음</td><td></td></tr>
<tr><td>첨부자료</td><td colspan="3"></td></tr>
</table>

2) 작성시 유의사항 (이것만은 꼭 알고 보고서 작성하기)

① 평가목적

기존 건축물의 주요구조부 재사용률을 높여 재료 및 자원의 낭비를 줄이고 폐자원에 의한 환경오염을 줄인다.

② 평가방법

전면 리모델링 건축물에 대하여 주요구조부의 재사용률에 따라 평가

③ 심사시 보완요청 사례

④ 적용 건축물

공동주택, 복합(주거), 업무시설, 학교시설, 판매시설, 숙박시설, 소형주택, 그밖의 건축물

3) 제출서류

① 예비인증

- 기존 건축물의 설계도서 및 현황 사진
- 재사용을 위한 주요구조부(기존, 리모델링후) 설계도서 및 재사용률 산출자료

② 본인증

예비인증시와 동일

③ 일반적 제출서류 리스트

1-5) 기존 건축물을 비내력벽 재사용으로 재료 및 자원의 절약

<table>
<tr><th colspan="3">녹색건축인증 2013-2</th><th colspan="2">업무용 건축물</th></tr>
<tr><td>평가부문</td><td colspan="4">3 재료 및 자원</td></tr>
<tr><td>평가범주</td><td colspan="4">3.2 지속가능한 자원 활용</td></tr>
<tr><td>평가기준</td><td colspan="4">3.2.5 기존 건축물을 비내력벽 재사용으로 재료 및 자원의 절약</td></tr>
<tr><td>작 성 자</td><td colspan="2"></td><td>심사위원</td><td></td></tr>
<tr><td>배 점</td><td colspan="4">2점 (가산항목)</td></tr>
<tr><td>산출기준</td><td colspan="4">• 평점 = (가중치) × (배점)
<table><tr><th>구분</th><th>비내력벽의 재사용율</th><th>가중치</th></tr><tr><td>1급</td><td>기존 대지에 건축된 건축물을 전면 리모델링하는 경우 비내력벽중 70% 이상(체적비율기준)을 재사용하는 경우</td><td>1.0</td></tr><tr><td>2급</td><td>기존 대지에 건축된 건축물을 전면 리모델링하는 경우 비내력벽중 50% 이상(체적비율기준)을 재사용하는 경우</td><td>0.8</td></tr><tr><td>3급</td><td>기존 대지위에 건축된 건축물을 전면 리모델링하는 경우 비내력벽중 30% 이상(체적비율기준)을 재사용하는 경우</td><td>0.6</td></tr></table></td></tr>
<tr><td rowspan="2">부여점수</td><td colspan="2">자체평가</td><td colspan="2">심사단평가</td></tr>
<tr><td colspan="2">0 점</td><td colspan="2">0 점</td></tr>
<tr><td>산출근거</td><td colspan="2">해당 사항 없음</td><td colspan="2"></td></tr>
<tr><td>첨부자료</td><td colspan="4"></td></tr>
</table>

2) 작성시 유의사항 (이것만은 꼭 알고 보고서 작성하기)

① 평가목적

기존 건축물의 비내력벽 재사용률을 높여 재료 및 자원의 낭비를 줄이고 폐자원에 의한 환경오염을 줄인다.

② 평가방법

전면 리모델링 건축물에 대하여 비내력벽의 재사용률에 따라 평가

③ 심사시 보완요청 사례

④ 적용 건축물

공동주택, 복합(주거), 업무시설, 학교시설, 판매시설, 숙박시설, 소형주택, 그밖의 건축물

3) 제출서류

① 예비인증

- 「건축법」 시행령 제6조(적용의 완화)
- 재사용을 위한 비내력벽이 포함(기존, 리모델링 후)된 설계도서 및 재사용률 산출자료

② 본인증

예비인증시와 동일

③ 일반적 제출서류 리스트

1.2.4 물순환관리

가. 수순환체계 구축

1) 우수부하 절감대책의 타당성

<table>
<tr><th colspan="2">녹색건축인증 2013-2</th><th colspan="2">업무용 건축물</th></tr>
<tr><td>평가부문</td><td colspan="3">4 물순환관리</td></tr>
<tr><td>평가범주</td><td colspan="3">4.1 수순환체계 구축</td></tr>
<tr><td>평가기준</td><td colspan="3">4.1.1 우수부하 절감대책의 타당성</td></tr>
<tr><td>작 성 자</td><td></td><td>심사위원</td><td></td></tr>
<tr><td>배 점</td><td colspan="3">3점 (평가항목)</td></tr>
<tr><td>산출기준</td><td colspan="3">

• 평점 = (가중치) × (배점)

<table>
<tr><th>구분</th><th>우수유출 저감시설 연계면적 비율</th><th>가중치</th></tr>
<tr><td>1급</td><td>우수유출 저감시설을 설치하고 그 시설로 우수가 유입될 수 있는 면적(집수면)이 대지 전체면적의 30% 이상인 경우</td><td>1.0</td></tr>
<tr><td>2급</td><td>우수유출 저감시설을 설치하고 그 시설로 우수가 유입될 수 있는 면적(집수면)이 대지 전체면적의 15% 이상인 경우</td><td>0.5</td></tr>
</table>

• 우수유출 저감 시설 : 우수저류시설(중수도의 활용이나 첨두유출부하 저감을 위한 우수의 일시적 또는 장기적 저류를 위한 시설)과 우수침투시설(첨두유출부하 저감 및 지하수 함양을 위한 우수를 자연지반으로의 침투를 유도하는 시설, 자연지반에 설치된 시설에 한하며, 투수성포장은 제외) 등을 포괄하는 시설로서 하류하천 등에 홍수부담을 감소시키며 합류식 하수처리구역에서의 오염부하량 감소와 하수처리장의 유입부하량 감소 및 도시 물순환 환경의 개선을 목적으로 하는 시설 등을 말한다.
• 우수유출 저감시설은 시설유형에 따라 집수장소(집수면), 우수연결관, 사용재질, 침투면 하부구조 등 설명서를 첨부하여야 한다.

</td></tr>
<tr><td rowspan="2">부여점수</td><td colspan="2">자체평가</td><td>심사단평가</td></tr>
<tr><td colspan="2">0 점</td><td>0 점</td></tr>
<tr><td>산출근거</td><td colspan="2">해당 사항 없음</td><td></td></tr>
<tr><td>첨부자료</td><td colspan="3"></td></tr>
</table>

2) 작성시 유의사항(이것만은 꼭 알고 보고서 작성하기)

① 평가목적

우수 부하의 절감은 집중호우시 도시 홍수 발생가능성을 저감하고 하수도, 처리장 및 우수 체수지와 같은 우수 배제시설 등의 건설, 관리비를 절감할 뿐만 아니라 토양 생태계 유지 및 하천수량, 지하수 수량 확보 등의 효과를 얻을 수 있으므로 이러한 효과를 얻고자 하는데 그 목적이 있다.

② 평가방법

대지내 설치된 우수유출저감시설로의 연계면적의 비율로 평가

③ 심사시 보완요청 사례

- "우수저장조" 용량을 파악할 수 있도록 도면을 보완 필요
- 우수유출 저감시설을 설치하는 경우, 집수면의 1% 이상의 우수저류조를 설치 필요. 이에 따라 저류조의 용량을 확인할 수 있는 도서를 제출 필요(저류조는 우수이용의 우수조와 함께 사용될 수 있으나 중복 적용될 수 없음. 함께 사용하는 경우, 우수조 또는 저류조의 기준용량에 추가적인 용량이 확보되어야 두 항목 모두 점수를 인정받을 수 있음.)

  ex) 총 우수조의 용량 : → 집수면적×0.01+대지면적×0.02이 확보되어야함.

④ 적용 건축물

공동주택, 복합(주거), 업무시설, 학교시설, 판매시설, 숙박시설, 기존공동주택, 기존업무시설, 그밖의 건축물

3) 제출서류

① 예비인증

우수처리계획도 및 우수유출 저감시설 설계 내역서 · 설명서

② 본인증

- 예비인증시 제출서류
- 단계별 시공과정 사진

③ 일반적 제출서류 리스트

나. 수자원 절약

1-1) 생활용 상수 절감 대책의 타당성

<table>
<tr><th colspan="2">녹색건축인증 2013-2</th><th colspan="2">업무용 건축물</th></tr>
<tr><td>평가부문</td><td colspan="3">4 물순환관리</td></tr>
<tr><td>평가범주</td><td colspan="3">4.2 수자원절약</td></tr>
<tr><td>평가기준</td><td colspan="3">4.2.1 생활용 상수 절감 대책의 타당성</td></tr>
<tr><td>작 성 자</td><td></td><td>심사위원</td><td></td></tr>
<tr><td>배 점</td><td colspan="3">4점 (필수항목 : 최소평점 3.0점)</td></tr>
<tr><td>산출기준</td><td colspan="3">아래 예시된 환경표지인증 대상제품을 전 층의 80% 이상 적용했을 경우 각각 1점씩 부여
<table>
<tr><th>환경표지
대상제품군</th><th>적용용도 또는 절수방법</th><th>환경표지
대상제품군</th><th>적용용도 또는 절수방법</th></tr>
<tr><td rowspan="6">절수형
수도꼭지</td><td rowspan="2">즉시지수형(전자감응식,
패달 및 풋밸브 방식)</td><td rowspan="4">샤워헤드</td><td>밸브부착 샤워헤드</td></tr>
<tr><td>개폐방식 샤워헤드</td></tr>
<tr><td>자폐식</td><td>즉시지수방식 샤워헤드</td></tr>
<tr><td>정량지수형</td><td>기 타 절수용 사워헤드</td></tr>
<tr><td rowspan="2">수도꼭지 절수부속
(세면용에 한함)</td><td rowspan="2">절수형
양변기</td><td>절수용 양변기</td></tr>
<tr><td>양변기용 부속</td></tr>
</table>
※ - 세대별 감압밸브를 사용하거나, 급수압력이 2.5kgf/㎠ 이하인 경우 1점 부여
- 전자감응식 소변기 사용시 1점 부여
- 최대 4점까지 부여</td></tr>
<tr><td rowspan="2">부여점수</td><td colspan="2">자체평가</td><td>심사단평가</td></tr>
<tr><td colspan="2">○.○점</td><td>○.○점</td></tr>
<tr><td>산출근거</td><td colspan="2">▶ 본 건축물은 생활용 상수 절감대책 방안으로 환경표지 대상제품군에 해당하는 제품 사용 설치함에 따라 전체 4점 획득이 가능함.
· 적용기준
1) 절수형 수도꼭지 : 1점
2) 절수형 샤워헤드 : 1점
3) 감압밸브 : 1점
4) 전자감응식 소변기 : 1점
· 평점(Y) = ○.○</td><td></td></tr>
<tr><td>첨부자료</td><td colspan="3">위생기구일람표, 인증서, 납품확인서, 제품카달로그</td></tr>
</table>

2) 작성시 유의사항 (이것만은 꼭 알고 보고서 작성하기)

① 평가목적

도심 인구 증가로 인한 물수요의 증가는 수질 악화와 도시하수처리비용 증가 등의 문제를 발생시킨다. 생활용 상수소비 절감률을 평가함으로써 에너지와 상수 공급, 하수처리를 위한 설비 및 비용을 줄일 수 있다.

② 평가방법

환경표지인증을 받은 제품의 적용 여부에 따라 평가

③ 심사시 보완요청 사례

- 감압밸브설치를 확인할 수 있는 도서 보완 필요
- 현장사진 보완 필요
- 급수, 급탕배관 계통도(5.2.2첨부)에는 감압밸브에 대한 내용이 없으니 현장 적용 여부 다시 확인필요
- 거래명세표의 샤워기 FB2060 환경표지인증서 첨부 필요
- 감압밸브 제외하고 양변기를 적용함.
- 전 층의 80% 이상 적용했음을 확인하기 위한 자료와 해당 제품의 환경표지인증서, 해당제품이 설치된 평면도 등을 제출 필요
- 환경표지인증 대상제품 절수형 수도꼭지, 절수형 양변기의 2종을 모든 단위세대의 80% 이상과 세대별 감압밸브를 사용하여 2급 및 1점을 추가 부여 가능하였으나, 설비계통도를 제출 필요
- 환경표지인증서(OOOOO(주), OOOO)의 유효기간이 만료되었음.

④ 적용 건축물

공동주택, 복합(주거), 업무시설, 학교시설, 판매시설, 숙박시설, 소형주택, 기존업무시설, 그밖의 건축물

3) 제출서류

① 예비인증

대상제품의 환경표지인증을 입증할 수 있는 표시 또는 서류

※ 적용예정확인서로 갈음 가능

② 본인증

- 관련 설계도서
- 대상제품의 환경표지인증을 입증할 수 있는 표시 또는 서류

③ 일반적 제출서류 리스트

- 환경표지인증서
- 제품 사진
- 제품 카달로그
- 위생기구 일람표
- 자재 납품확인서
- 현장 설치사진

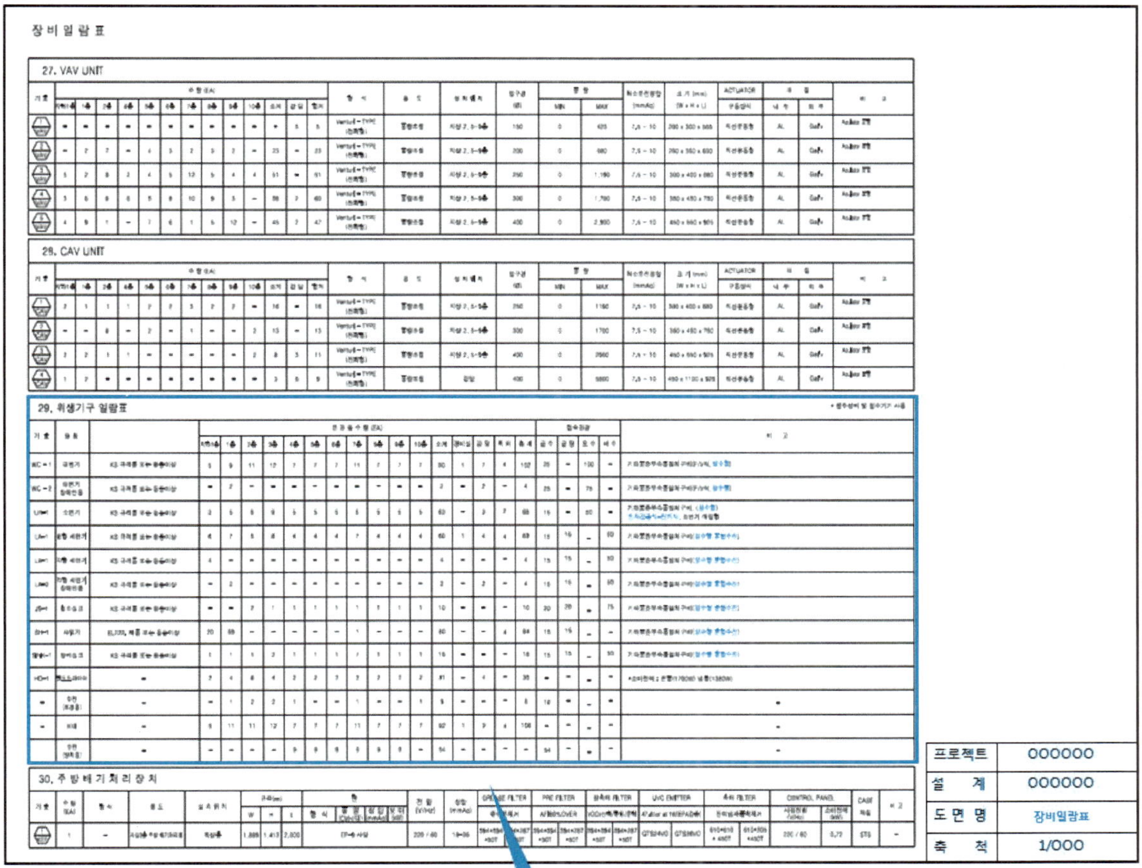

장비일람표

27. VAV UNIT

기호	지하1층	1층	2층	[illegible]	[illegible]	[illegible]	[illegible]	[illegible]	[illegible]	10층	소계	[illegible]	합계	형식	용도	설치위치	접구경(Φ)	풍량 MIN	풍량 MAX	최소정압(mmAq)	크기(mm)(W×H×L)	ACTUATOR 구동방식	재질 내부	재질 외부	비고
1	-	-	-	-	-	-	-	-	-	-	-	5	5	Venturi-TYPE (전폐형)	[illegible]	지상2, 5~9층	150	0	425	7.5~10	200×300×500	직선운동형	AL	Galv	[illegible]
2	-	2	2	-	4	3	2	3	2	-	23	-	23	Venturi-TYPE (전폐형)	[illegible]	지상2, 5~9층	200	0	680	7.5~10	250×350×600	직선운동형	AL	Galv	[illegible]
3	5	2	8	2	4	5	12	5	4	4	51	-	51	Venturi-TYPE (전폐형)	[illegible]	지상2, 5~9층	250	0	1,190	7.5~10	300×400×680	직선운동형	AL	Galv	[illegible]
4	3	6	8	6	5	8	10	9	3	-	58	2	60	Venturi-TYPE (전폐형)	[illegible]	지상2, 5~9층	300	0	1,700	7.5~10	350×450×750	직선운동형	AL	Galv	[illegible]
5	4	9	1	-	7	6	1	5	12	-	45	2	47	Venturi-TYPE (전폐형)	[illegible]	지상2, 5~9층	400	0	2,900	7.5~10	450×560×905	직선운동형	AL	Galv	[illegible]

28. CAV UNIT

기호	지하1층	1층	2층	[illegible]	[illegible]	[illegible]	[illegible]	[illegible]	[illegible]	10층	소계	[illegible]	합계	형식	용도	설치위치	접구경(Φ)	풍량 MIN	풍량 MAX	최소정압(mmAq)	크기(mm)(W×H×L)	ACTUATOR 구동방식	재질 내부	재질 외부	비고
1	2	1	1	1	2	2	3	2	2	-	16	-	16	Venturi-TYPE (전폐형)	[illegible]	지상2, 5~9층	250	0	1190	7.5~10	[illegible]	직선운동형	AL	Galv	[illegible]
2	-	-	8	-	2	-	1	-	-	2	13	-	13	Venturi-TYPE (전폐형)	[illegible]	지상2, 5~9층	300	0	1700	7.5~10	350×450×750	직선운동형	AL	Galv	[illegible]
3	2	2	1	1	-	-	-	-	-	2	8	3	11	Venturi-TYPE (전폐형)	[illegible]	지상2, 5~9층	400	0	2900	7.5~10	450×560×905	직선운동형	AL	Galv	[illegible]
4	1	2	-	-	-	-	-	-	-	-	3	6	9	Venturi-TYPE (전폐형)	[illegible]	[illegible]	400	0	5800	7.5~10	450×1100×905	직선운동형	AL	Galv	[illegible]

29. 위생기구 일람표

기호	명칭		지하1층	1층	2층	3층	4층	5층	6층	7층	8층	9층	10층	소계	경비실	강당	옥외	총계	급수	급탕	오수	배수	비고
SH-1	샤워기	[illegible], 제품 또는 동등이상	20	60	-	-	-	-	-	1	-	-	-	80	-	-	4	84	15	15	-	-	기타표준부속품일체구비(절수형 혼합수전)
[illegible]	[illegible]	KS 규격품 또는 동등이상	1	1	1	2	1	1	1	1	1	1	1	16	-	-	-	16	15	15	-	50	기타표준부속품일체구비(절수형 혼합수전)
HD-1	핸드드라이어	-	2	4	6	4	2	2	2	2	2	1	2	31	-	4	-	35	-	-	-	-	*소비전력 : 온풍(1700W) 냉풍(1380W)
-	수전 ([illegible])	-	-	1	2	2	1	-	-	1	-	-	1	[illegible]	-	-	-	[illegible]	12	-	-	-	-
-	비데	-	5	11	11	12	7	7	7	11	7	7	7	92	1	9	4	106	-	-	-	-	-
	수전 ([illegible])	-	-	-	-	-	9	9	9	9	9	9	-	54	-	-	-	-	54	-	-	-	-

30. 주방배기처리장치

기호	수량(EA)	형식	용도	설치위치	크기(mm) W	H	L	팬 형식	전원(V/Hz)	정압(mmAq)	GREASE FILTER		PRE FILTER		[illegible] FILTER		UVC EMITTER		[illegible] FILTER		CONTROL PANEL 사용전원	소비전력(kW)	CASE 재질	비고
1	1	-	[illegible]	[illegible]	1,889	1,413	2,300	[illegible]	220 / 60	10~36	594×594 ×50T	594×287 ×50T	594×594 ×50T	594×287 ×50T	594×594 ×50T	594×287 ×50T	GTS24VO	GTS8VO	610×610 ×450T	610×305 ×450T	220 / 60	3.72	STS	-

프로젝트	OOOOOO
설계	OOOOOO
도면명	장비일람표
축척	1/OOO

29. 위생기구 일람표

기호	명칭		본관동수량(EA) 지하1층	1층	2층	3층	4층	5층	6층	7층	8층	9층	10층	소계	경비실	강당	옥외	총계	접속관경 급수	급탕	오수	배수	
WC-1	대변기	KS 규격품 또는 동등이상	5	9	11	12	7	7	7	11	7	7	7	90	1	7	4	102	25	-	100	-	기타표준부속품일체구비(F/V식,절수형)
WC-2	대변기 장애인용	KS 규격품 또는 동등이상	-	2	-	-	-	-	-	-	-	-	-	2	-	2	-	4	25	-	75	-	기타표준부속품일체구비(F/V식,절수형)
UR-1	소변기	KS 규격품 또는 동등이상	3	5	8	9	5	5	5	8	5	5	5	63	-	3	2	68	15	-	50	-	기타표준부속품일체구비, (절수형) 전자감응식-전기식, 소변기 매립형
LA-1	원형 세면기	KS 규격품 또는 동등이상	6	7	8	8	4	4	4	7	4	4	4	60	1	4	4	69	15	15	_	50	기타표준부속품일체구비(절수형 혼합수전)
LA-1	각형 세면기	KS 규격품 또는 동등이상	4	-	-	-	-	-	-	-	-	-	-	4	-	-	-	4	15	15	_	50	기타표준부속품일체구비(절수형 혼합수전)
LA-2	각형 세면기 장애인용	KS 규격품 또는 동등이상	-	2	-	-	-	-	-	-	-	-	-	2	-	2	-	4	15	15	_	50	기타표준부속품일체구비(절수형 혼합수전)
JS-1	청소싱크	KS 규격품 또는 동등이상	-	-	2	1	1	1	1	1	1	1	1	10	-	-	-	10	20	20	_	75	기타표준부속품일체구비(절수형 혼합수전)

[그림 66] 장비일람표

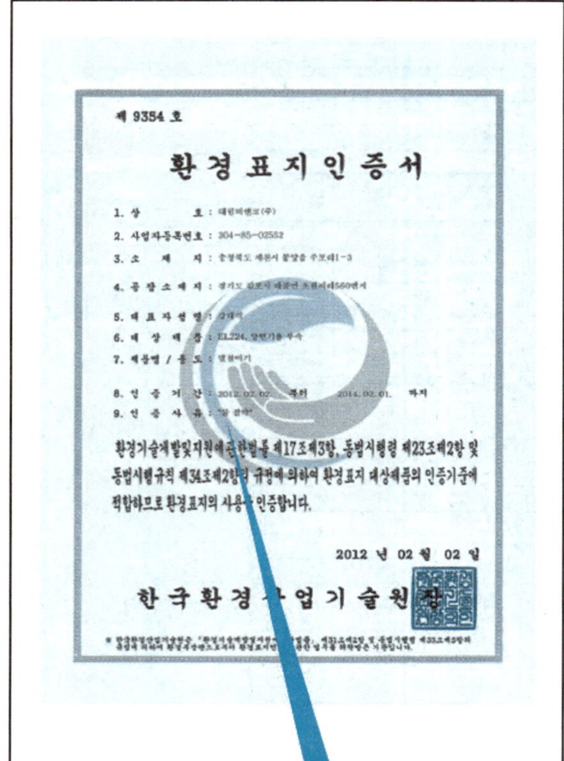

제 9354 호

환 경 표 지 인 증 서

1. 상 호 : [illegible]
2. 사업자등록번호 : 304-85-02552
3. 소 재 지 : [illegible]
4. 공 장 소 재 지 : [illegible]
5. 대 표 자 성 명 : [illegible]
6. 대 상 제 품 : EL224. 양변기용 부속
7. 제품명 / 용 도 : 별첨이기
8. 인 증 기 간 : 2012. 02. 02. 부터 2014. 02. 01. 까지
9. 인 증 사 유 : "물 절약"

환경기술개발및지원에관한법률 제17조제3항, 동법시행령 제23조제2항 및 동법시행규칙 제34조제2항의 규정에 의하여 환경표지 대상제품의 인증기준에 적합하므로 환경표지의 사용을 인증합니다.

2012 년 02 월 02 일

한 국 환 경 산 업 기 술 원 장

* [illegible]

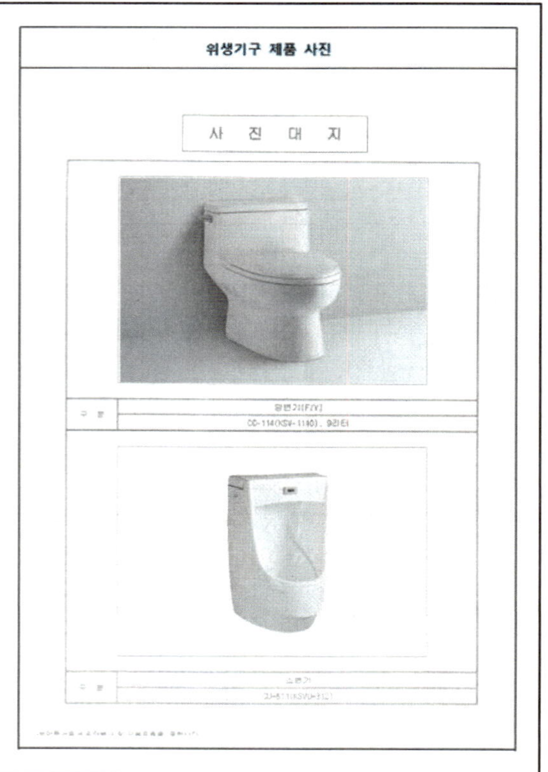

[그림 67] 환경표지인증서 및 위생기구 제품사진

4.2.1 생활용 상수 절감 대책의 타당성

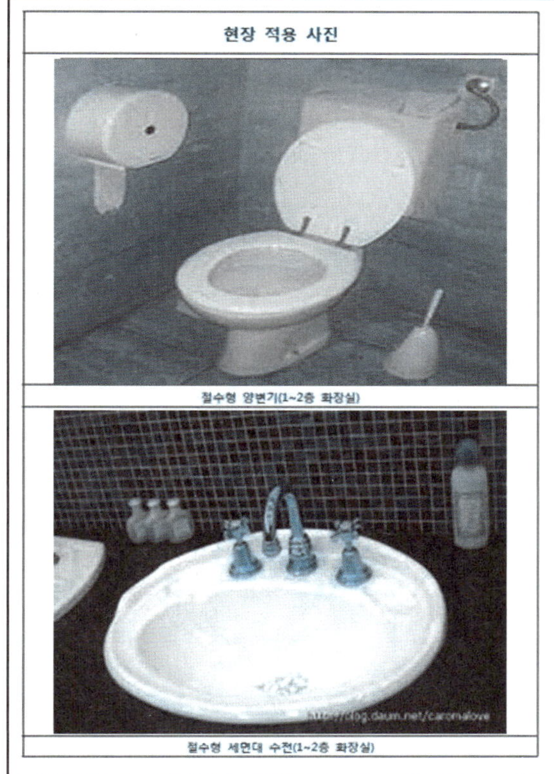

현장 적용 사진

절수형 양변기(1~2층 화장실)

절수형 세면대 수전(1~2층 화장실)

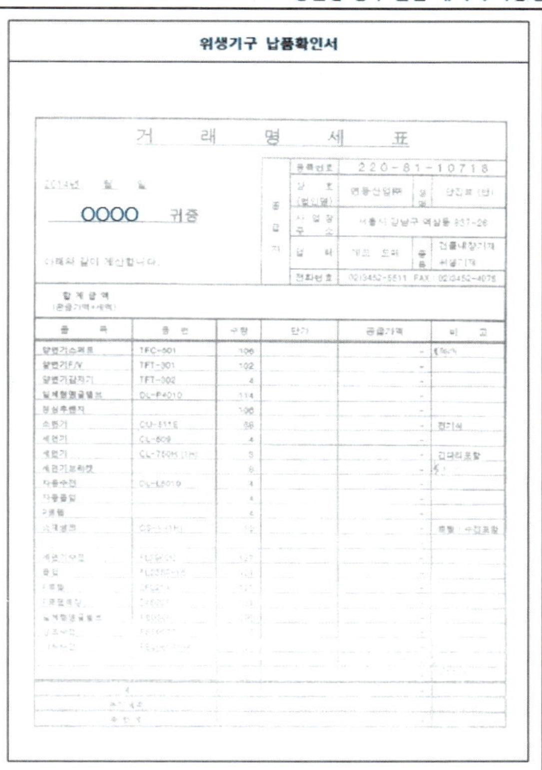

위생기구 납품확인서

거 래 명 세 표

2014년 월 일

OOOO 귀중

아래와 같이 계산합니다.

공급자		
등록번호	220-81-10718	
상호(법인명)	[illegible]	성명 [illegible]
사업장 주소	서울시 강남구 역삼동 [illegible]	
업태	[illegible]	종목 건축내장기재 위생기재
전화번호	02)3452-5611 FAX : 02)3452-4075	

합계금액 (공급가액+세액)

품목	품번	수량	단가	공급가액	비고
양변기[illegible]	TFC-601	106		-	[illegible]
양변기F/V	TFT-301	102		-	
양변기[illegible]	TFT-302	4		-	
[illegible]	DL-P4010	114		-	
[illegible]		106		-	
소변기	CU-511E	58		-	[illegible]
세면기	CL-609	4		-	
세면기	CL-750H (1H)	5		-	[illegible]
세면기브라켓		6		-	[illegible]
자동수전	DL-L6019	4		-	
[illegible]		4		-	
P트랩		4		-	
[illegible]	CS-[illegible]	12		-	[illegible]
[illegible]	[illegible]	[illegible]		-	
[illegible]	[illegible]	[illegible]		-	
[illegible]	[illegible]	[illegible]		-	
[illegible]	[illegible]	[illegible]		-	
[illegible]	[illegible]	[illegible]		-	
[illegible]	[illegible]	[illegible]		-	
[illegible]	[illegible]			-	

[그림 68] 현장사진 및 납품확인서

1-2) 우수이용

<table>
<tr><th colspan="2">녹색건축인증 2013-2</th><th colspan="2">업무용 건축물</th></tr>
<tr><td>평가부문</td><td colspan="3">4 물순환관리</td></tr>
<tr><td>평가범주</td><td colspan="3">4.2 수자원절약</td></tr>
<tr><td>평가기준</td><td colspan="3">4.2.2 우수이용</td></tr>
<tr><td>작 성 자</td><td></td><td>심사위원</td><td></td></tr>
<tr><td>배 점</td><td colspan="3">3점 (평가항목)</td></tr>
<tr><td>산출기준</td><td colspan="3">• 평점 = (등급별 가중치) × (배점)
<table><tr><th>구분</th><th>우수 저수조 용량(㎥)</th><th>가중치</th></tr><tr><td>1급</td><td>건축면적(㎡) × 0.05 또는 대지면적(㎡) × 0.02 이상의 우수 저수조 또는 저류지를 설치</td><td>1.0</td></tr><tr><td>2급</td><td>건축면적(㎡) × 0.03 또는 대지면적(㎡) × 0.01 이상의 우수 저수조 또는 저류지를 설치</td><td>0.7</td></tr><tr><td>3급</td><td>건축면적(㎡) × 0.01 또는 대지면적(㎡) × 0.005 이상의 우수 저수조 또는 저류지를 설치</td><td>0.4</td></tr></table>
• 우수를 저류하기 위한 저수조 또는 저류지를 대지 또는 건축물에 설치하여, 우수를 중수도 수질 기준에 의한 살수용수, 조경용수, 수세식 변소용수, 청소용수 등으로 사용하는 경우 점수 산출</td></tr>
<tr><td rowspan="2">부여점수</td><td colspan="2">자체평가</td><td>심사단평가</td></tr>
<tr><td colspan="2">○.○ 점</td><td>○.○ 점</td></tr>
<tr><td>산출근거</td><td colspan="2">▶건축면적(㎡) × ○.○○ 이상
우수 저수조 조성으로 ○급 기준 만족함.
• 우수 저수조 용량
(기준) 6,502.25㎡ × 0.05 = 325.11ton
(계획) 유효용량 455.33ton
- 적용기준 : ○급(가중치 ○.○)
- 평점(Y) = ○.○ × 3 = ○.○</td><td></td></tr>
<tr><td>첨부자료</td><td colspan="3">적용비율산출서, 설계개요, 평면도, 우수처리상세도, 위생배관계통도</td></tr>
</table>

2) 작성시 유의사항 (이것만은 꼭 알고 보고서 작성하기)

① 평가목적

우수의 이용은 강우 시 우수 유출을 억제하고, 이를 수자원으로 전환하여 재활용함으로써 상수 소비 절감 및 우수 유출 억제 등의 효과를 기대할 수 있으며, 에너지 절감 및 공공시설 규모의 축소로 이어질 수 있으므로 수자원을 효율적으로 활용하고자 한다.

② 평가방법

환경표지인증을 받은 제품의 적용 여부에 따라 평가

③ 심사시 보완요청 사례

- 현장설치사진 제출필요
- 우수저수조 용량의 적합성을 파악하기 위해 저수조의 높이를 알 수 있는 저수조 상세도를 제출 필요
- 우수를 중수도 수질 기준에 의한 살수용수, 조경용수, 수세식 변소용수, 청소용수 등으로 사용함을 입증할 수 있는 도면을 제출 필요(위생배관계통도(P5)에는 옥외 토목 배관에 연결하도록 되어있어 적합지 않음.)
- 우수처리 동력배선도와 지하2층 평면도의 우수조 사이즈가 상이함. 저수조 사이즈를 통일하여 우수저류조와 우수저수조의 용량을 각각 표기 필요(4.1.1 보완요청 사례 참조)
- 우수의 용도가 우수처리시설 흐름도와 위생배관계통도가 상이함.(우수처리시설 흐름도 : 조경용수, 위생배관계통도 : 불분명) 이점 보완 필요

④ 적용 건축물

공동주택, 복합(주거), 업무시설, 학교시설, 판매시설, 숙박시설, 소형주택, 기존공동주택, 기존업무시설, 그밖의 건축물

3) 제출서류

① 예비인증

대상제품의 환경표지인증을 입증할 수 있는 표시 또는 서류

※ 적용예정확인서로 갈음 가능

② 본인증

- 관련 설계도서
- 대상제품의 환경표지인증을 입증할 수 있는 표시 또는 서류

③ 일반적 제출서류 리스트

- 적용비율산출서
- 설계개요
- 평면도
- 우수처리상세도
- 위생배관계통도
- 현장사진

4.2.2 우수이용

■ 적용비율 산출서

PROJECT :

1. 우수조 용량 설치 기준

구분	건축면적(m²)	x	가중치	우수 저수조 용량(m³)	해당 여부
1급	6,502.25	x	0.05		O
2급	6,502.25	x	0.03	195.07	
3급	6,502.25	x	0.01	65.02	

※ 건축면적 6,502.25 m²

2. 우수조 용량 설치 계획

시설	크기	용량(m³)
우수조	15.5m x 7.2m x 4.8m	535.68
합계(유효용량=85%)		

[그림 69] 우수 적용비율 산출서

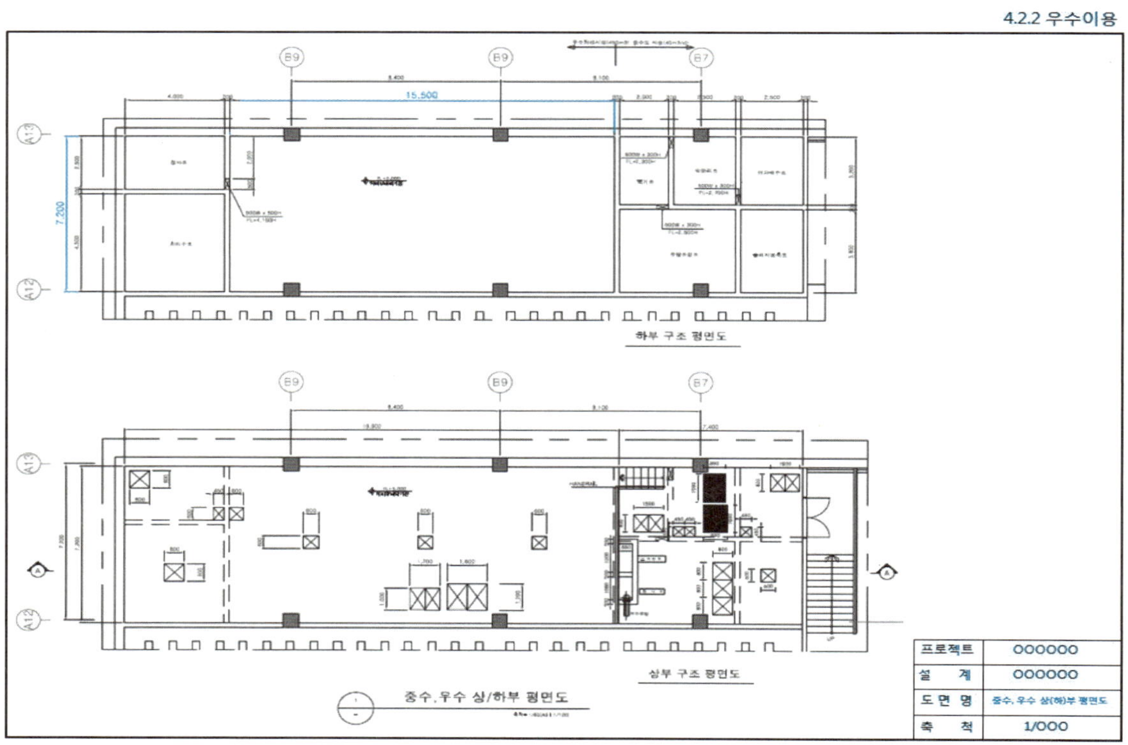

[그림 70] 우수 상/하부 평면도

■건축 개요

항목			내용	비고
공사명				
건축주				
대지	위치			
	면적			
	지역지구		[illegible] (EL: 111.87M)	
	도로현황		전면 33m도로, 후면 16m도로	
용도			업무시설	
구조	건축면적			
	건폐율	계획	21.44%	
		법정	70% 이하	
	연면적	지상층	19,366.42M²	
		지하층	5,613.63M²	
		계	24,980.05M²	
	용적률	계획	63.87%	
		법정	[illegible]00%	
	구조		[illegible] 구조, [illegible] 구조	
	층수		지[illegible], 지상10층	
	건물높이		56.[illegible]	[illegible] EL : 109.00M
주차	계획		227[illegible] / [illegible])	
	법정		225대([illegible])	업무시설 100M²당 1대
	산정기준		22412.[illegible]100 = 224.12 (225)	
조경	계획	면적	8,711.67[illegible]	
		비율	28.73%	
	법정	면적	4,548.45M²	
		비율	15%	
공개공지	계획	면적	2,457.85M²	
		비율	8.10%	
	법정	면적	2,122.61M²	
		비율	7%	
주요외장재			THK24 [illegible], THK4 AL. [illegible]	
건축설비	냉난방 설비		[illegible]	
	급수설비		[illegible]	
	승강설비		승강기 6대, [illegible] 2대	

■층별, 동별 면적표

동별구분		업무동	강당동	경비실동	합계	비고
층별	용도	바닥면적	바닥면적	시설면적		
지하층	1층	5,613.63			5,613.63	주차장 면적 : 2582.01
	소계	5,613.63			5,613.63	
지상층	1층	2,968.85	1,133.68	39.76	4,142.29	
	2층	2,765.32			2,765.32	
	3층	1,666.63			1,666.63	
	4층	828.24			828.24	
	5층	1,664.14			1,664.14	
	6층	1,789.78			1,789.78	
	7층	1,785.78			1,785.78	
	8층	1,809.18			1,809.18	
	9층	1,806.03			1,806.03	
	10층	1,109.03			1,109.03	
	옥탑층	236.12			236.12	[illegible]
	소계	18,192.98	1,133.68	39.76	19,366.42	
합계		23,806.61	1,133.68	39.76	24,980.05	

프로젝트	OOOOOO
설계	OOOOOO
도면명	건축 개요
축척	1/OOO

도로현황		전면 33m도로, 후면 16m도로
용도		업무시설
건축면적		6,502.25M²
건폐율	계획	21.44%
	법정	70% 이하
연면적	지상층	19,366.42M²
	지하층	5,613.63M²

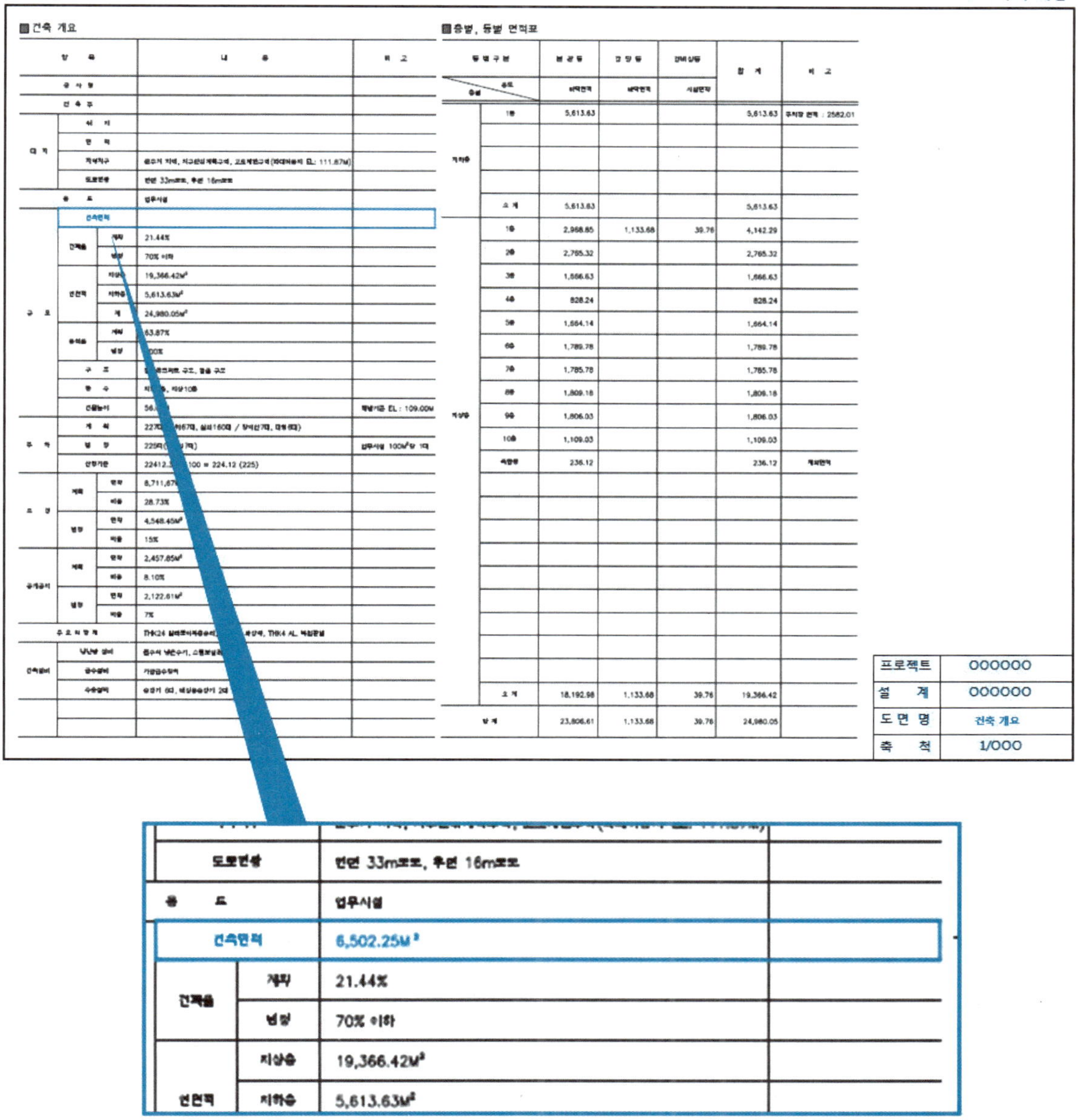

[그림 71] 건축 개요

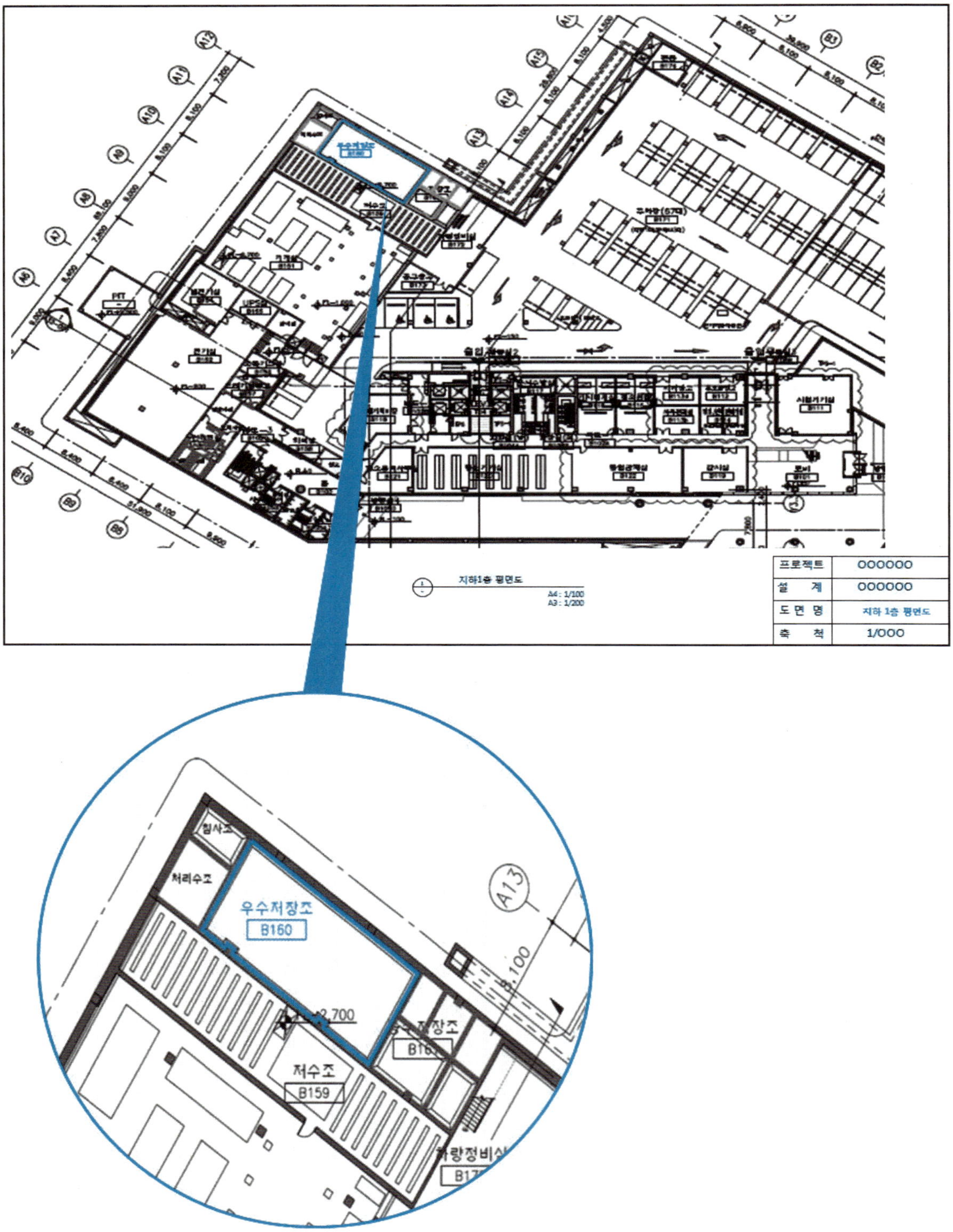

지하1층 평면도

A4 : 1/100
A3 : 1/200

프로젝트	OOOOOO
설　계	OOOOOO
도 면 명	지하 1층 평면도
축　척	1/OOO

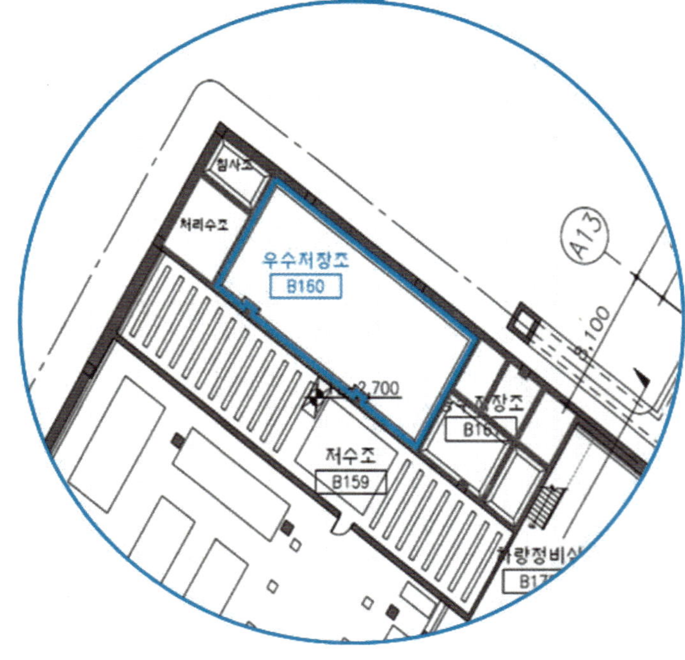

[그림 72] 평면도

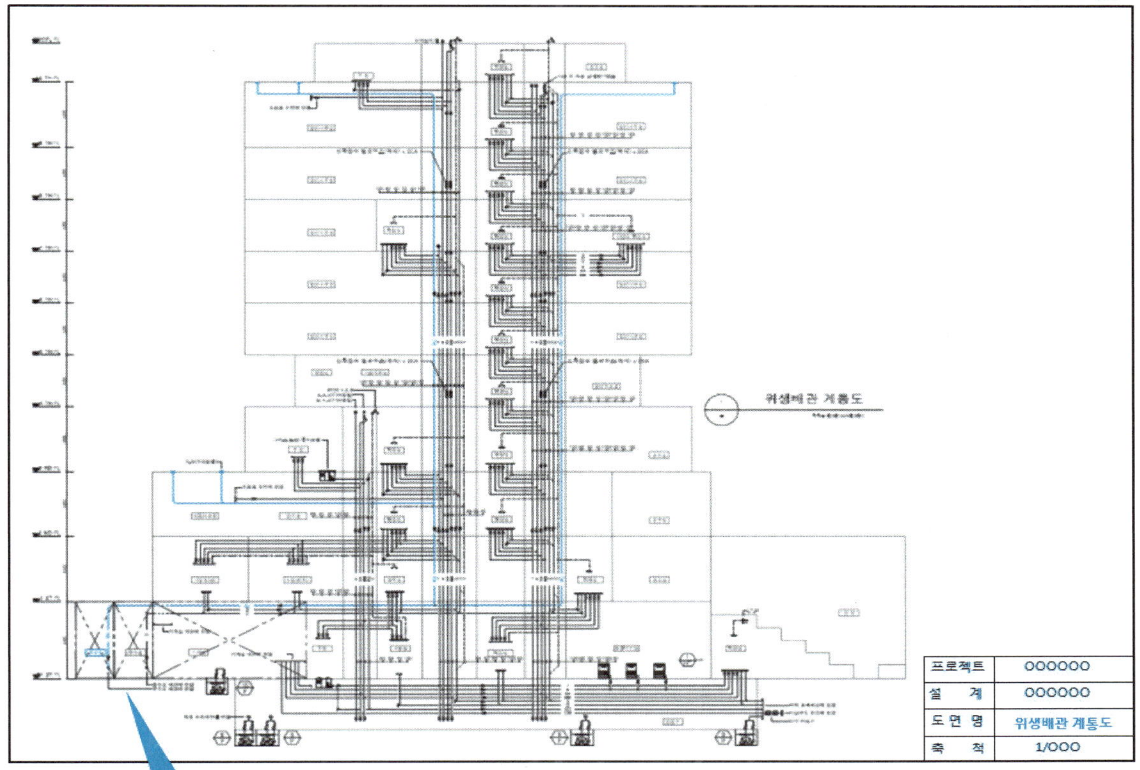

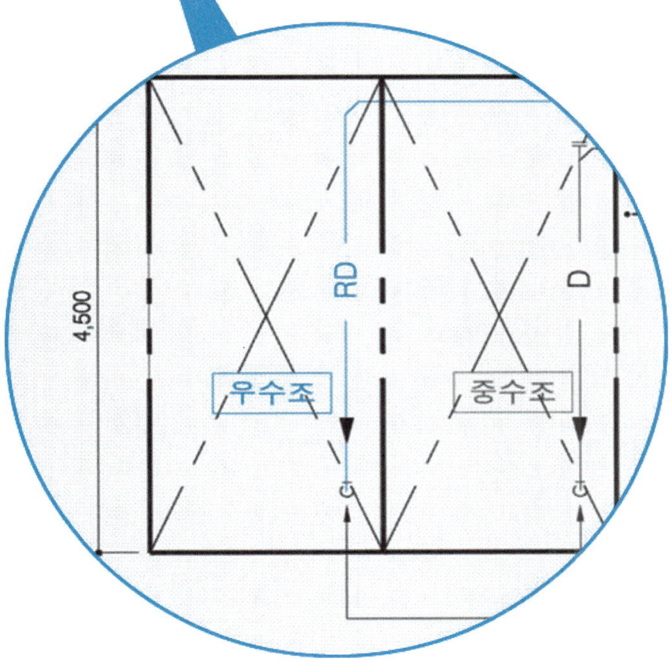

[그림 73] 위생배관 계통도

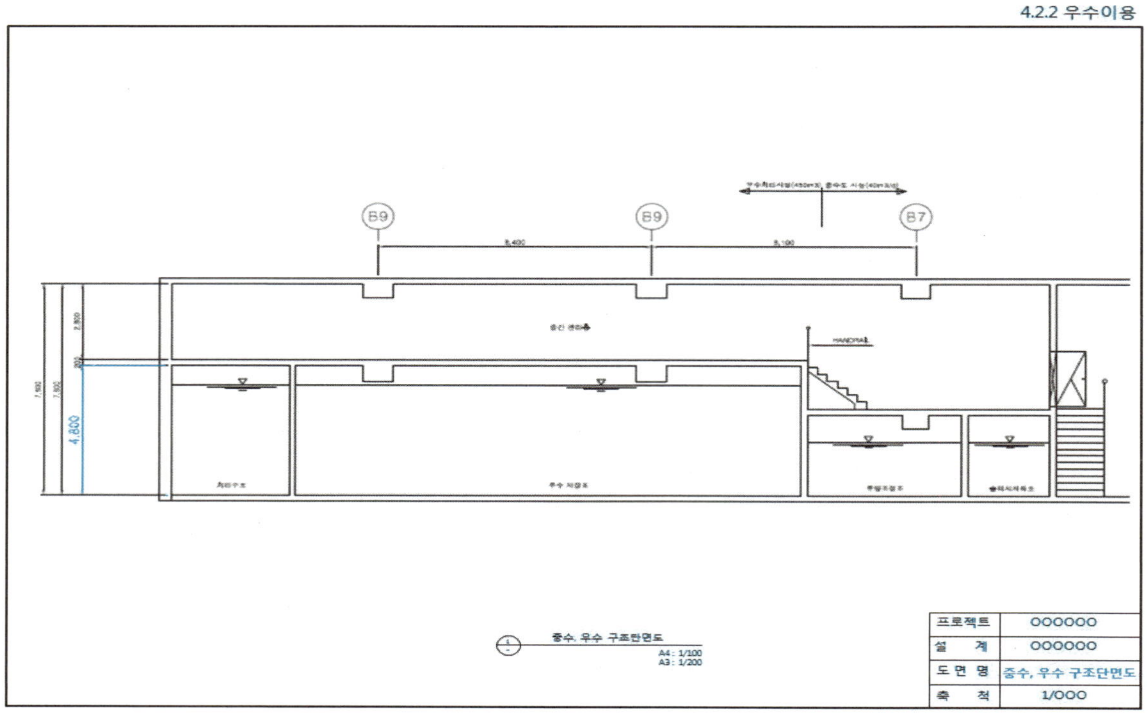

[그림 74] 우수조 구조단면도

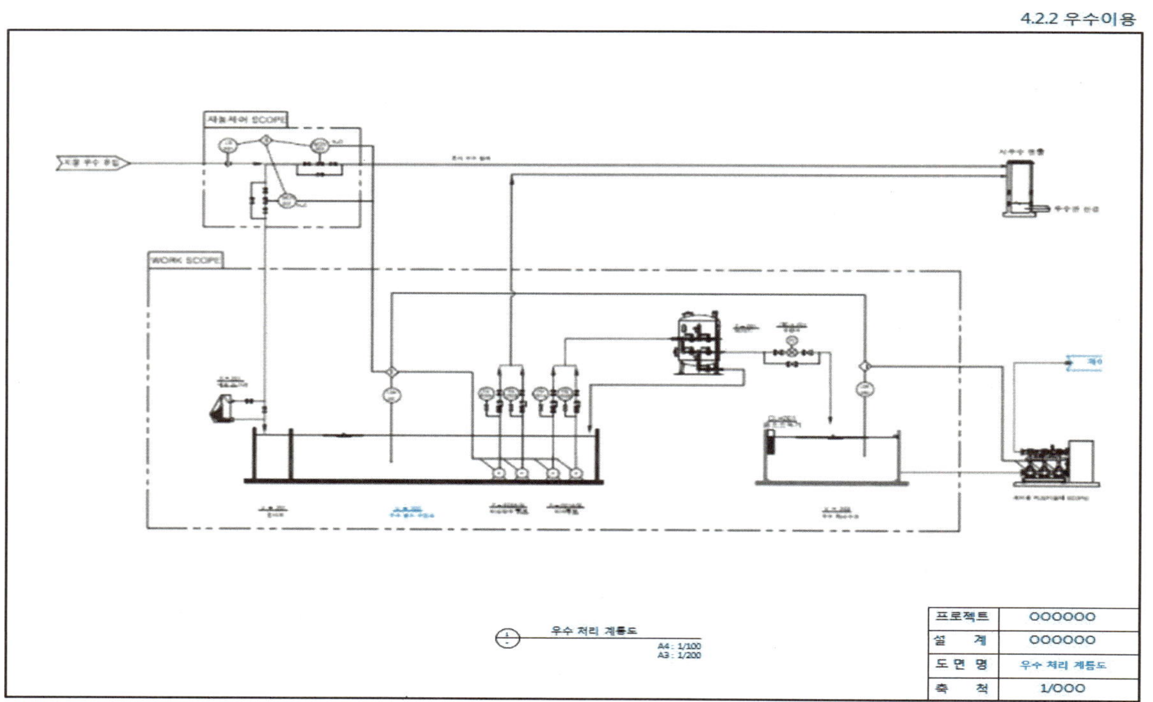

[그림 75] 우수처리 계통도

4.2.2 우수이용

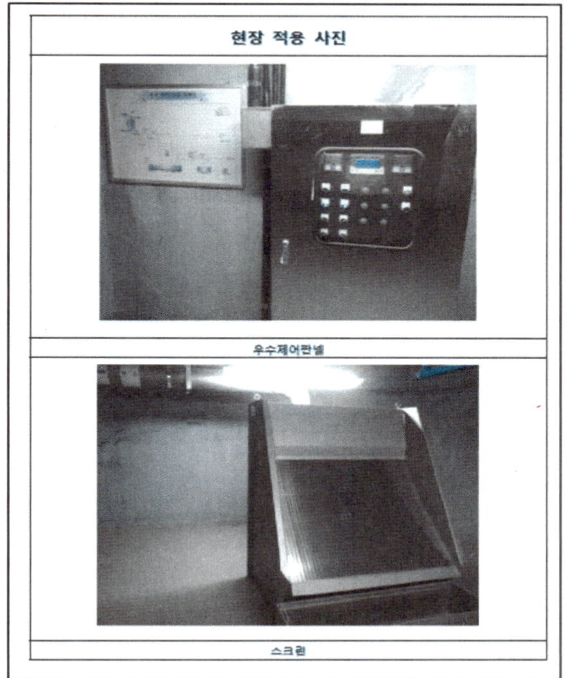

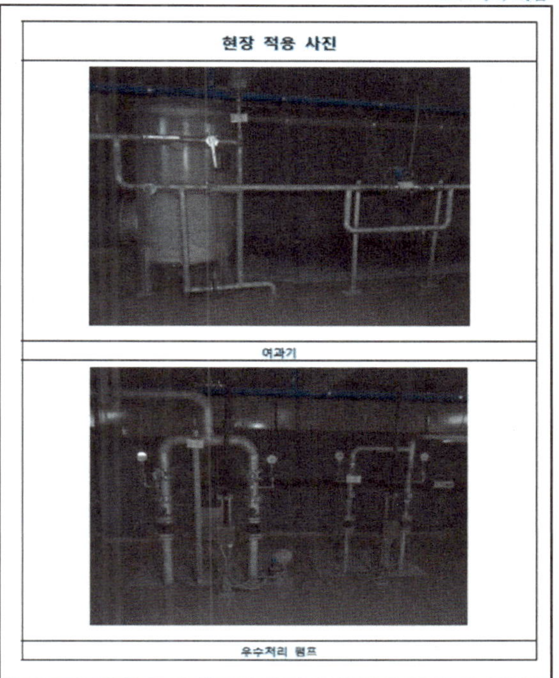

[그림 76] 현장 사진

1-3) 중수도 설치

<table>
<tr><th colspan="2">녹색건축인증 2013-2</th><th colspan="2">업무용 건축물</th></tr>
<tr><td>평가부문</td><td colspan="3">4 물순환관리</td></tr>
<tr><td>평가범주</td><td colspan="3">4.2 수자원절약</td></tr>
<tr><td>평가기준</td><td colspan="3">4.2.3 중수도 설치</td></tr>
<tr><td>작 성 자</td><td></td><td>심사위원</td><td></td></tr>
<tr><td>배 점</td><td colspan="3">3점 (평가항목)</td></tr>
<tr><td>산출기준</td><td colspan="3">· 평점 = (등급별 가중치) × (배점)
※ 대상건축물 중수 사용율(V) = X ÷ Y × 100
X : 대상건축물의 중수도 시설에 의한 (중수도 수질 기준에 적합한) 중수 사용량
Y : 대상건축물의 발생 배수 총량
(대상건축물 상수 사용량 기준으로 그 밖의 사용량이 있으면 추가)
<table><tr><th>구분</th><th>중수 사용율(V)</th><th>가중치</th></tr><tr><td>1급</td><td>V ≥ 10%</td><td>1.0</td></tr><tr><td>2급</td><td>8% ≤ V 〈 10%</td><td>0.75</td></tr><tr><td>3급</td><td>6% ≤ V 〈 8%</td><td>0.5</td></tr><tr><td>4급</td><td>4% ≤ V 〈 6%</td><td>0.25</td></tr></table>※ 단, 수도법 시행규칙 제5조(중수도 사용수량산정기준 등) 등에서 규정하는 의무시설의 경우 +2%를 만족할 경우 배점 부여
※ 사용 유무의 기준 : 옥외에 중수도 시설 기준에 의해 청소용수, 살수용수, 조경용수 등으로 사용하거나 복지관 등 단지내 공용시설 내의 수세식 변소용수, 청소용수, 조경용수 등으로 사용하는 경우에 해당</td></tr>
<tr><td rowspan="2">부여점수</td><td colspan="2">자체평가</td><td>심사단평가</td></tr>
<tr><td colspan="2">○.○ 점</td><td>○.○ 점</td></tr>
<tr><td>산출근거</td><td colspan="2">▶ 본 건축물은 중수 사용율 ○○ 이상으로 ○급 기준을 만족함
• 중수사용율 : 62.46%
– 적용기준 : ○급(가중치 ○.○)
– 평점(Y) = ○.○ × 3 = ○.○</td><td></td></tr>
<tr><td>첨부자료</td><td colspan="3">중수 사용율 산출서, 급수설비 계산서, 장비일람표, 중수 관련 도면</td></tr>
</table>

2) 작성시 유의사항(이것만은 꼭 알고 보고서 작성하기)

① 평가목적

사용한 수돗물을 처리하여 생활용수 등으로 재활용함으로써 수자원을 절감하고, 공공수역에의 오염부하 저감 및 오수 처리시설 비용의 감소를 기대할 수 있으므로 이러한 기대효과를 향상시키고자 한다.

② 평가방법

사용한 수돗물을 처리하는 중수도 시설로 생산한 중수의 살수용수, 조경용수 등으로의 사용률을 평가

③ 심사시 보완요청 사례

- 중수처리 계통도 보완 필요
- 현장설치사진 보완 필요
- 1일 지역중수공급량을 확인할 수 있는 도서를 제출 필요
- 위생배관 계통도상 냉각탑 보급용수를 중수 공급으로 명기되어 있으나, 저수조 용량 산정 시 냉각탑 보급수량이 미반영 되어 있음. 중수 저수조 용량 재검토 필요

④ 적용 건축물

공동주택, 복합(주거), 업무시설, 학교시설, 판매시설, 숙박시설, 기존공동주택, 기존업무시설, 그밖의 건축물

3) 제출서류

① 예비인증

- 중수도 시설 도면
- 중수도 시방서

② 본인증

예비인증시와 동일

③ 일반적 제출서류 리스트

- 중수 사용율 산출서
- 급수설비 계산서
- 장비일람표
- 중수 우수일람표
- 중수 상·하부 평면도
- 중수 처리 계통도
- 현장사진

■ 중수 사용율 산출서

= 중수사용량 / 발생 배수 총량 x 100
= ○○,○○○/ ○○,○○○ x 100
= ○○.○○%

4-1. 급수설비

1) 저수조 선정

1-1. 수원의 구분

구 분	공 급 처	비 고
시 수	세면기, 샤워, 공조용수(냉각탑,보일러)	
중 수	대변기, 소변기, 청소싱크	
우 수	조경용수	

1-2. 급수 공급 압력

구 분	공 급 압 력	비 고
대·소변기,샤워	MAX. 5.0 kg/㎠ − MIN. 0.7 kg/㎠	
세면기,청소싱크	MAX. 5.0 kg/㎠ − MIN. 0.5 kg/㎠	
조 경 용 수	MAX. − MIN. 4.0 kg/㎠	

1-3. 급수 공급 ZONING 및 공급방식

구 분	공급 층	급수 방식	공급 방식	비 고
업무시설	B1F−10F	BOOSTER PUMP	상향 공급	

1-4. 건물의 유효면적에 의한 급수량

공급 대상	연면적 ㎡	유효 비율	인원 인/㎡	1인급수량 L/인.일	사용비율		1일급수량(L/일)		비고
					중수	시수	중수	시수	
B1F−10F	24,984.97	50%	0.15	110	55%	45%	113,370	92,760	
소 계							113,370	92,760	

1-5. 기구수에 의한 1일 급수량

구분	위생기구	수량	1회사용량 (Lit/회)	사용횟수 (회/h)	시간당급수량 (Lit/h)	1일사용 시간(h/일)	1일급수량 (Lit/일)
중수	양변기	106	15	9	14,310	8	114,480
	소변기	68	5	16	5,440	8	43,520
	청소수전	−	3	9		8	
	청소싱크	10	5	9	450	8	3,600
	소계	184					161,600
	선 정(중수)		161600 Lit/일 × 30%(동시 사용율) =			48,480 Lit/일	
시수	세면기	66	10	9	5,940	8	47,520
	샤워기	80	50	3	12,000	2	24,000
	주방수전	18	15	9	2,430	2	4,860
	수세기	54	3	16	2,592	8	20,736
	소 계	218			22,962		97,116
	선 정(시수)		97116 Lit/일 × 30%(동시 사용율) =			29,135 Lit/일	

[그림 77] 중수 사용율 산출서

중수처리시설

기기번호	기 기 명 칭	형 식	사 양	수량	단위	비 고
C-100, 침사 & 스크린조						
M-101	조목스크린	바 스크린, 수동식	30mm	1	SET	
M-102	세목스크린	바 스크린, 수동식	10mm	1	SET	
C-200, 유량조정조						
M-201A(B)	수중믹서	횡형식	1.5kW	1	EA	
M-202A(B)	유량조정펌프	수중 펌프 (vortex)	50A x 0.2m3/min x 8mH x 0.75kW	2(1)	SET	탈착장치포함
M-203	드럼 스크린	메쉬형	#30 x 0.2KW x 40㎥/day)	1	SET	
M-204A(B)	비상방류펌프	수중 펌프 (vortex)	50A x 0.25m3/min x 15mH x 1.5kW	2(1)	SET	탈착장치포함
LS-101	LEVEL SWITCH		3P	1	SET	
	산기관	디스크형	150L/min	4	EA	
C-300, 폭기조						
	산기관	멤브레인형	150L/min	2	EA	
C-400, 막분리조						
M-401A(B)	흡인 펌프	자흡식	40A x 0.047m3/min x 8mH x 0.6kW	2(1)	SET	
M-402A(B)	브로와	RING BLOWER	65A x 3.5m3/min x 2500mmAq x 3.7kW	2(1)	SET	
M-403	침지형 분리막	중공사, PE, 0.4㎛	1190W x 784L x 1120H (KMS – 402CF)	1	SET	
M-404	막세정 탱크	침지 세정형	1300W x 900L x 1300H	1	SET	
M-405	차압계	오일충전식	0~760mmHg	1	EA	
M-406	인양장치	전동호이스트	0.5TON	1	SET	
M-407	유량계		32A, 순간	1	EA	
M-408A(B)	반송펌프	수중 펌프 (vortex)	50A x 0.2m3/min x 9mH x 0.75kW	2(1)	SET	탈착장치포함
LS-102	LEVEL SWITCH			1	SET	
C-500, 여과 배수조						
M-501A(B)	중수이송펌프	수중 펌프 (vortex)	50A x 0.25㎥/min x 15mH x 1.5kw	2(1)	SET	탈착장치포함
M-502	여과기	[illegible]력식	770A x 1500H	1	SET	STS 304
M-503	유량계	[illegible]	50A, 적산	1	SET	
LS-103	LEVEL SWITCH		3P	1	SET	
C-600, 슬러지 농축조						
	산기관	디스크형	150L/min	2	EA	
M-601A	청소용펌프	SP[illegible]	50A x 0.5m3/min x 20mH x 7.5kW	1	SET	
*, 기타시설						
	제어반			1	LOT	

우수처리시설

기기번호	기 기 명 칭	형 식	사 양	수량	단위	비 고
S-201	SIEVE SCREEN	HYDRASIEVE	SLIT 1.0m/m x 84㎥/hr	1	SET	STS-304
P-201A/B	이송펌프	SUBMERSIBLE	50A x 0.2㎥/min x 15MH x 1.5Kw x 380V	2(1)	SET	
P-202A/B	비상 방류 펌프	SUBMERSIBLE	100A x 1.53㎥/min x 20MH x 11Kw x 380V	2(1)	SET	
F-201	여과기		970A x 1800H	1	SET	STS 304
CL-101	염소 주입기	고체형	PVC150A x 1000L	1	SET	PVC
FIQ-101	유량계	마그네틱	50A	1	EA	

중수, 우수 장비일람표

프로젝트	OOOOOO
설 계	OOOOOO
도 면 명	중수.우수 장비일람표
축 척	1/OOO

중수처리시설

기기번호	기 기 명 칭	형 식	사 양	수량	단위	비 고
C-100, 침사 & 스크린조						
M-101	조목스크린	바 스크린, 수동식	30mm	1	SET	
M-102	세목스크린	바 스크린, 수동식	10mm	1	SET	
C-200, 유량조정조						
M-201A(B)	수중믹서	횡형식	1.5kW	1	EA	
M-202A(B)	유량조정펌프	수중 펌프 (vortex)	50A x 0.2m3/min x 8mH x 0.75kW	2(1)	SET	탈착장치포함
M-203	드럼 스크린	메쉬형	#30 x 0.2KW x 40㎥/day)	1	SET	
M-204A(B)	비상방류펌프	수중 펌프 (vortex)	50A x 0.25m3/min x 15mH x 1.5kW	2(1)	SET	탈착장치포함
LS-101	LEVEL SWITCH		3P	1	SET	
	산기관	디스크형	150L/min	4	EA	
C-300, 폭기조						
	산기관	멤브레인형	150L/min	2	EA	
C-400, 막분리조						
M-401A(B)	흡인 펌프	자흡식	40A x 0.047m3/min x 8mH x 0.6kW	2(1)	SET	
M-402A(B)	브로와	RING BLOWER	65A x 3.5m3/min x 2500mmAq x 3.7kW	2(1)	SET	

[그림 78] 중수 장비일람표

4.2.3 중수도 설치

장 비 일 람 표

27. VAV UNIT

기호	지하1층	1층	2층	4층	5층	6층	7층	8층	9층	10층	소계	옥탑	합계	형식	용도	설치장소	입구경	풍량 MIN	풍량 MAX	최소운전정압 (mmAq)	크기 (mm) (W x H x L)	ACTUATOR	재질 내부	재질 외부	비고
1	-	-	-	-	-	-	-	-	-	-	-	5	5	[illegible]	[illegible]	[illegible]	150	0	425	7.5 ~ 10	250 x 300 x 555	[illegible]	AL	Galv	[illegible]
2	-	2	7	-	4	3	2	3	2	-	25	-	25	[illegible]	[illegible]	[illegible]	200	0	680	7.5 ~ 10	250 x 350 x 630	[illegible]	AL	Galv	[illegible]
3	5	2	8	2	4	5	12	5	4	4	51	-	51	[illegible]	[illegible]	[illegible]	250	0	1,190	7.5 ~ 10	300 x 400 x 680	[illegible]	AL	Galv	[illegible]
4	3	6	8	4	5	8	10	9	3	-	56	2	60	[illegible]	[illegible]	[illegible]	300	0	1,760	7.5 ~ 10	350 x 450 x 750	[illegible]	AL	Galv	[illegible]
5	4	9	1	-	7	6	1	5	12	-	45	2	47	[illegible]	[illegible]	[illegible]	400	0	2,500	7.5 ~ 10	450 x 550 x 905	[illegible]	AL	Galv	[illegible]

28. CAV UNIT

기호	지하1층	1층	2층	4층	5층	6층	7층	8층	9층	10층	소계	옥탑	합계	형식	용도	설치장소	입구경	풍량 MIN	풍량 MAX	최소운전정압 (mmAq)	크기 (mm) (W x H x L)	ACTUATOR	재질 내부	재질 외부	비고
1	2	1	1	1	2	2	3	2	2	-	16	-	16	[illegible]	[illegible]	[illegible]	250	0	1190	7.5 ~ 10	300 x 400 x 680	[illegible]	AL	Galv	[illegible]
2	-	-	8	-	2	-	1	-	-	2	13	-	13	[illegible]	[illegible]	[illegible]	300	0	1750	7.5 ~ 10	350 x 450 x 750	[illegible]	AL	Galv	[illegible]
3	2	2	1	1	-	-	-	-	-	2	8	3	11	[illegible]	[illegible]	[illegible]	400	0	2500	7.5 ~ 10	450 x 550 x 905	[illegible]	AL	Galv	[illegible]
4	1	2	-	-	-	-	-	-	-	-	3	6	9	[illegible]	[illegible]	[illegible]	400	0	[illegible]	7.5 ~ 10	[illegible]	[illegible]	AL	Galv	[illegible]

29. 위생기구 일람표

30. 주 방 배 기 처 리 장 치

프로젝트	OOOOOO
설 계	OOOOOO
도 면 명	장비일람표
축 척	1/OOO

[그림 79] 장비일람표

4.2.3 중수도 설치

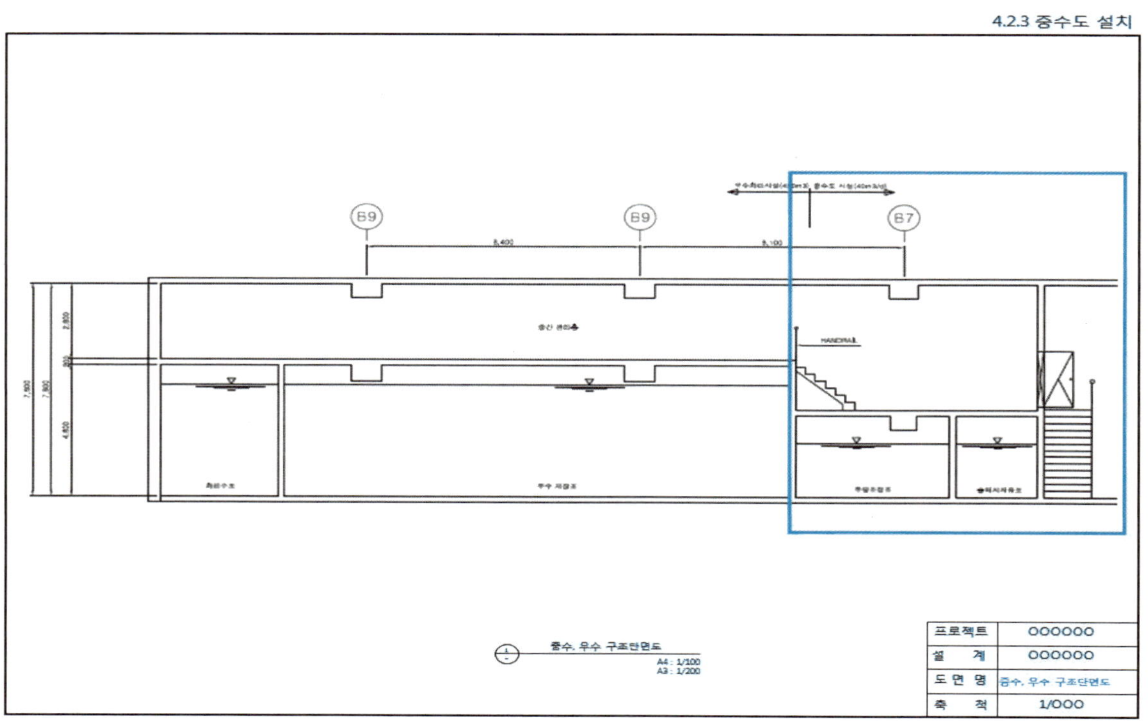

[그림 80] 중수 구조단면도

4.2.3 중수도 설치

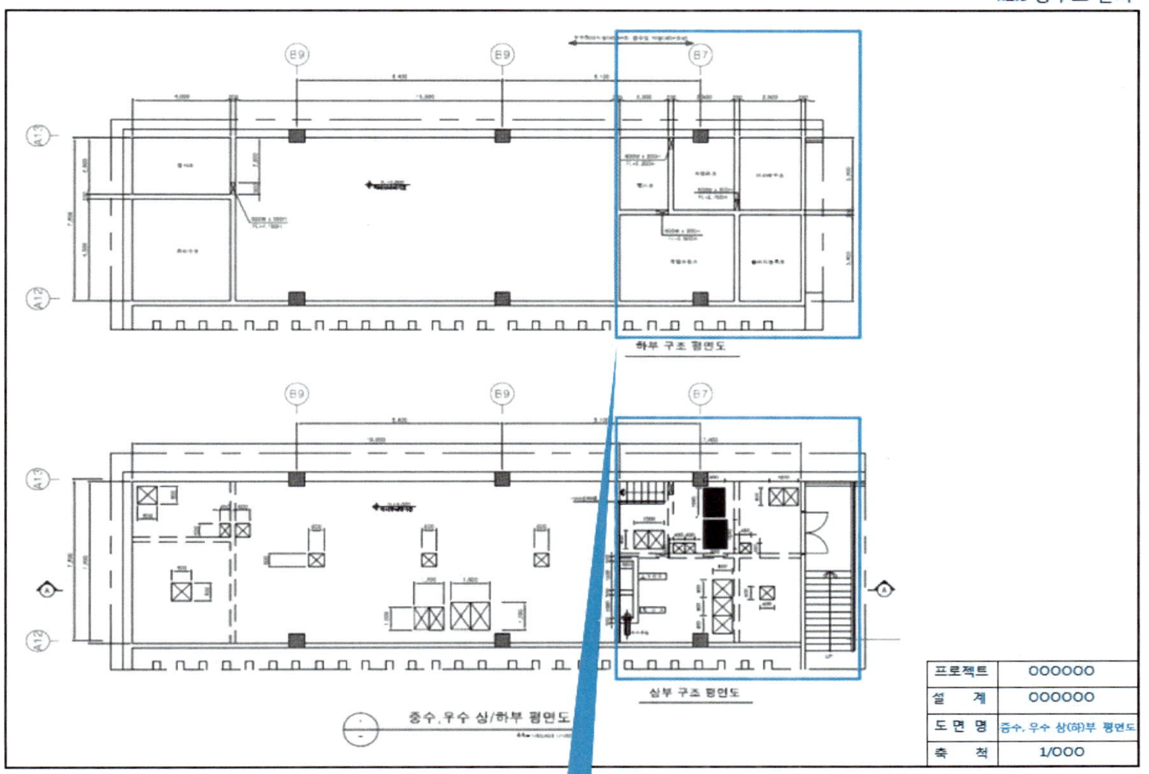

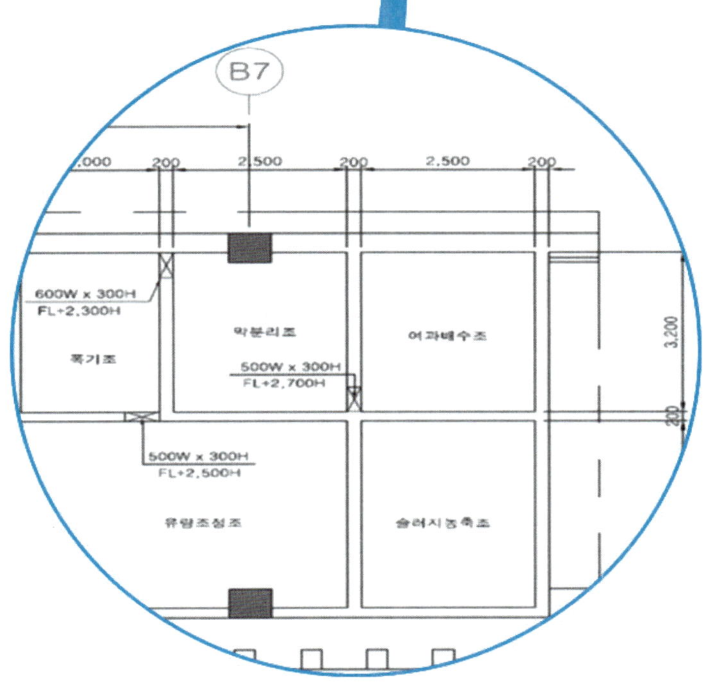

[그림 81] 중수 상/하부 평면도

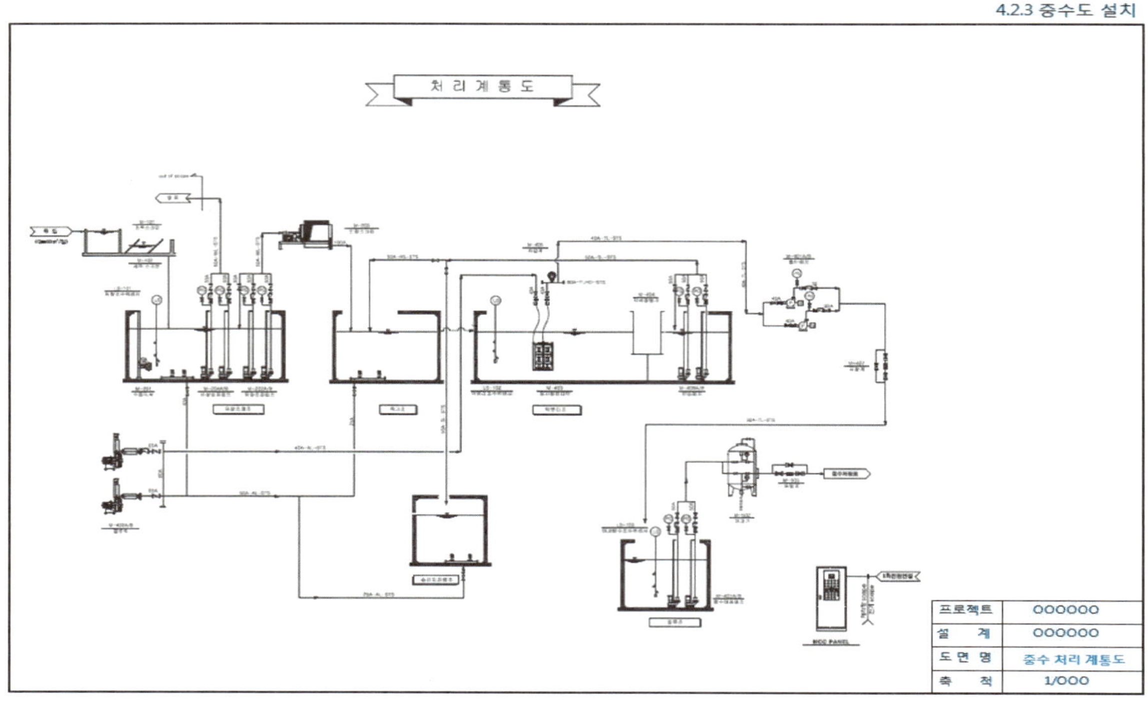

[그림 82] 중수처리 계통도

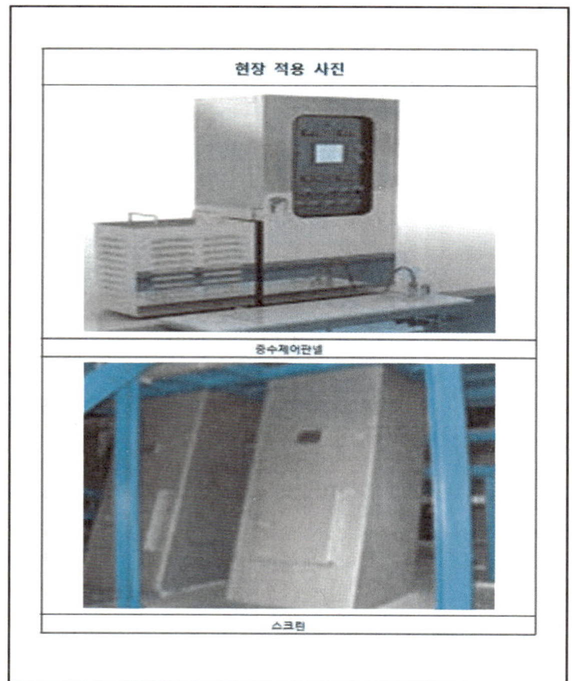

4.2.3 중수도 설치

현장 적용 사진

브로워

여과기

[그림 83] 현장 사진

1.2.5 유지관리

가. 체계적인 현장관리

1-1) 환경을 고려한 현장관리계획의 합리성

<table>
<tr><th colspan="2">녹색건축인증 2013-2</th><th colspan="2">업무용 건축물</th></tr>
<tr><td>평가부문</td><td colspan="3">5 유지관리</td></tr>
<tr><td>평가범주</td><td colspan="3">5.1 체계적인 현장관리</td></tr>
<tr><td>평가기준</td><td colspan="3">5.1.1 환경을 고려한 현장관리계획의 합리성</td></tr>
<tr><td>작 성 자</td><td></td><td>심사위원</td><td></td></tr>
<tr><td>배 점</td><td colspan="3">1점 (평가항목)</td></tr>
<tr><td>산출기준</td><td colspan="3">· 평점 = (가중치) × (배점)
<table><tr><th>구분</th><th>환경을 중점으로 한 현장관리계획의 타당성</th><th>가중치</th></tr><tr><td>1급</td><td>시공회사가 ISO 14001을 획득하였고, 현장에도 ISO 14001에 근거한 환경관리조직이 있으며 환경관리계획을 수립하여 시행하는 경우</td><td>1.0</td></tr><tr><td>2급</td><td>시공회사가 환경을 우선으로 하는 사내운영지침을 가지고 있고, 현장에도 환경을 담당하는 조직이 있으며 환경관리계획을 수립하여 시행하는 경우</td><td>0.7</td></tr><tr><td>3급</td><td>시공현장 자체적으로 환경관리계획서를 문서로 보유하고 이를 수행하기 위한 담당조직이 있으며 환경관리계획을 수립하여 시행하는 경우</td><td>0.4</td></tr></table></td></tr>
<tr><td rowspan="2">부여점수</td><td>자체평가</td><td colspan="2">심사단평가</td></tr>
<tr><td>○.○ 점</td><td colspan="2">○.○ 점</td></tr>
<tr><td>산출근거</td><td>▶ 시공회사가 ISO 14001을 획득하였고, 현장에도 환경을 담당하는 조직이 있으며, 환경관리 계획을 수립하여 시행하므로 ○급의 기준을 만족함.
– 적용기준 : ○급(가중치 ○.○)
– 평점(Y) = ○.○×1 = ○.○</td><td colspan="2">시공현장 자체적으로 환경관리계획서를 문서로 보유하고 이를 수행하기 위한 담당조직이 있으며 환경관리계획을 수립하여 시행하는 경우</td></tr>
<tr><td>첨부자료</td><td colspan="3">ISO 14001, 환경관리계획서</td></tr>
</table>

2) 작성시 유의사항(이것만은 꼭 알고 보고서 작성하기)

① 평가목적

시공시 환경관리 계획의 타당성 및 시행여부를 확인하기 위하여 시공회사의 조직과 현장조직이 환경을 고려한 체제로 정비되어 있는지의 여부를 평가한다.

② 평가방법

시공회사의 ISO14001 획득여부와 현장운영지침에서의 환경우선정책 채택 정도

③ 심사시 보완요청 사례

- 본사의 환경관리 운영 지침, 절차에 대한 내용과 그것을 바탕으로 운영된 현장 환경관리 실적(사진, 대관신고서류 등)을 첨부 필요
- 환경관리계획은 우수한 내용으로 첨부가 되었으나, 계획에 따른 "실행기록"을 제출 필요
  "시공회사(본사)가 환경을 우선으로 하는 사내운영지침을 가지고 있는지"를 확인할 수 있는 자료를 제출 필요(적용예정확인서로 갈음 가능 - 미첨부 되었음).
- 시공사의 환경관련 사내운영지침(매뉴얼)을 보완 제출 필요
- 현장 환경관리보고서를 근거로 하여 사전 작성된 현장 환경관리계획서를 보완 제출 필요
- 환경과 관련된 대관 신고-수질오염, 비산먼지발생신고, 특정공사 사전신고 등 관계서류를 추가 보완 제출 필요

④ 적용 건축물

공동주택, 복합(주거), 업무시설, 학교시설, 판매시설, 숙박시설, 기존공동주택, 기존업무시설, 그밖의 건축물

3) 제출서류

① 예비인증

- ISO14001 인증서 및 관련 서류
- 현장 환경경영체제 구축을 파악할 수 있는 서류
- 현장 환경관리계획서
- 회사 및 현장운영지침서

※ 적용예정확인서로 갈음 가능

② 본인증

- 예비인증시와 동일
- 현장 환경관리 보고서

③ 일반적 제출서류 리스트

- ISO 14001 인증서
- 환경보전비 사용내역
- 환경관리계획서
- 현장사진

5.1.1 환경을 고려한 현장관리계획의 합리성

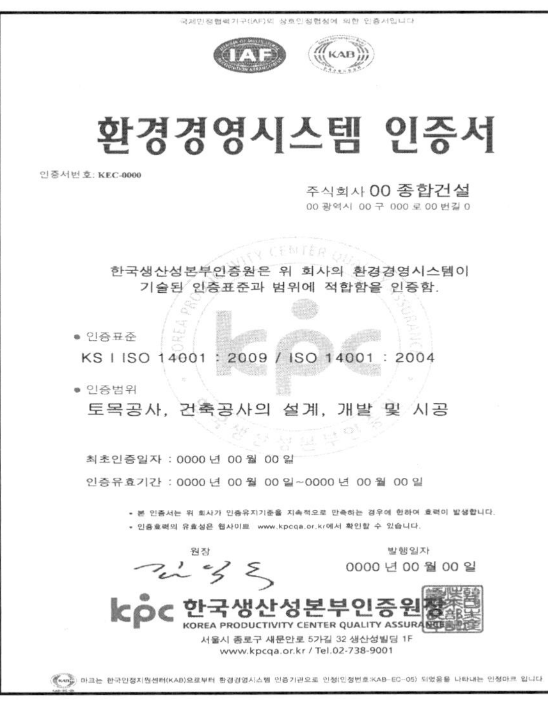

환경경영시스템 인증서

인증서번호: KEC-0000

주식회사 00 종합건설
00 광역시 00 구 000 로 00 번길 0

한국생산성본부인증원은 위 회사의 환경경영시스템이 기술된 인증표준과 범위에 적합함을 인증함.

● 인증표준
KS I ISO 14001 : 2009 / ISO 14001 : 2004

● 인증범위
토목공사, 건축공사의 설계, 개발 및 시공

최초인증일자 : 0000 년 00 월 00 일
인증유효기간 : 0000 년 00 월 00 일~0000 년 00 월 00 일

원장 / 발행일자 0000 년 00 월 00 일

한국생산성본부인증원
KOREA PRODUCTIVITY CENTER QUALITY ASSURANCE
www.kpcqa.or.kr / Tel.02-738-9001

환경보전비 사용내역

● 기간 : 20○○년 ○월 ○일~ 20○○년 ○월 ○일
● 금액 : 일금 ○○○○○○○천원

결재	담당	현장소장	관리책임자

○○○○○(주)
○○○○○○○ 신축공사

[그림 84] ISO 14001 인증서 및 환경보전비 사용내역서

5.1.1 환경을 고려한 현장관리계획의 합리성

○○○○○○○ 신축공사

환경관리계획서

○○○○○(주)

- 목차 -

[그림 85] 환경관리계획서

[그림 86] 현장 사진

나. 효율적인 건물관리

1-1) 운영/유지관리 문서 및 지침 제공의 타당성

<table>
<tr><th colspan="2">녹색건축인증 2013-2</th><th colspan="2">업무용 건축물</th></tr>
<tr><td>평가부문</td><td colspan="3">5 유지관리</td></tr>
<tr><td>평가범주</td><td colspan="3">5.2 효율적인 건물관리</td></tr>
<tr><td>평가기준</td><td colspan="3">5.2.1 운영/유지관리 문서 및 지침 제공의 타당성</td></tr>
<tr><td>작 성 자</td><td></td><td>심사위원</td><td></td></tr>
<tr><td>배 점</td><td colspan="3">2점(필수항목 : 최소평점 1.0점)</td></tr>
<tr><td>산출기준</td><td colspan="3">• 평점 = (가중치)×(배점)
<table><tr><th>구 분</th><th>운영/관리 문서 및 지침 제공</th><th>가중치</th></tr><tr><td>1급</td><td>아래 항목 중 7항목 이상을 채택하였을 경우</td><td>1.0</td></tr><tr><td>2급</td><td>아래 항목 중 5항목 이상을 채택하였을 경우</td><td>0.5</td></tr></table>
1) 최종시공도면 및 시방서의 제공(CD포함)
2) 옥상방수의 점검 및 보수방법 제공
3) 건축물의 구조체/비내력벽체의 점검방법 제공
4) 냉난방열원 및 급탕설비의 운영/유지관리 매뉴얼 제공
5) 조명설비 및 조명기기에 관한 유지관리 매뉴얼 제공
6) 각종 공용설비(승강기, 조명기기, CCTV, 주차시설 등)의 운영/유지관리매뉴얼 제공
7) 조경관련 유지관리 매뉴얼 제공
8) 급수시설 유지관리 매뉴얼 제공
단, 위에 1), 3), 4) 항목은 필수 제공문서로서 반드시 포함토록 한다.
※ 건축물 운영/유지관리를 위한 매뉴얼 및 지침에는 아래와 같은 사항을 포함하고 있어야 한다.
• 시동, 정지, 비상 및 정상 작동과 함께 모든 주요 장비 및 설비의 조정 순서를 위한 상세하고 단계적인 지침과 점검표
• 주요 유지, 보수작업을 위한 상세하고 단계적인 절차 및 점검표
• 주요 장비 및 시스템을 위한 제조업체로부터 권고사항
• 필터링, 청소를 위한 유지관리, 보수 점검 주기에 기초한 정기적인 예방보전 활동 계획 및 양식
• 제조업체의 성능제원 데이타 및 고장 발견 절차
• 표준 예비부품의 규격 목록
• 장비 및 설비 설치업체, 유지관리 담당자의 연락처</td></tr>
<tr><td rowspan="2">부여점수</td><td colspan="2">자체평가</td><td>심사단평가</td></tr>
<tr><td colspan="2">○.○점</td><td>○.○점</td></tr>
<tr><td>산출근거</td><td colspan="2">▶ 본 건축물의 효율적인 건물관리를 위하여 최종시공도면 및 시방서의 제공 외 기준 ○항목을 채택하여 총 ○항목의 운영/유지관리 문서 및 지침을 제공함에 따라 ○급의 기준을 만족함.
– 적용기준 : ○급(가중치 : ○.○)
– 평점(Y) = ○.○×2 = ○.○</td><td></td></tr>
<tr><td>첨부자료</td><td colspan="3">최종시공도면, 시방서, 운영/유지매뉴얼</td></tr>
</table>

2) 작성시 유의사항 (이것만은 꼭 알고 보고서 작성하기)

① 평가목적

건축물의 제반설비 및 장비의 운영방법에 대한 정보를 사전에 마련함으로써 당초 의도했던 계획에 의거하여 건축물이 최대의 효율을 발휘함과 동시에 지속적인 유지관리가 이루어지도록 한다.

② 평가방법

건축물 관리자를 위해 관련 장비/설비의 효과적인 운영/유지관리를 위한 매뉴얼 및 지침이 제공되는지의 여부를 평가

③ 심사시 보완요청 사례

- 제출된 소화설비, 송풍기, 펌프는 운영/관리 문서 및 지침 2번~8번에 내용에 적합하지 않으므로 실제 설치 및 시공된 내용으로 작성되었으면 함.
- 장비 및 설치업체, 유지관리 담당자의 연락처도 첨부 필요
- 최종 시공도면 및 시방서를 제출 필요(필수항목임)
- 매뉴얼 또는 적용예정확인서를 제출 필요(예비인증)
- 매뉴얼 및 현장비치사진을 제출 필요
- 자체평가한 항목 중 누락 및 미비한 항목을 보완 제출 필요(점검주기, 점검항목, 담당자연락처 등)

*옥상방수의 점검 및 보수방법 관련 내용
*조명설비 및 조명기기에 관한 유지관리 매뉴얼
*각종 공용설비(승강기, CCTV, 주차시설)의 운영/ 유지관리매뉴얼

④ 적용 건축물

공동주택, 복합(주거), 업무시설, 학교시설, 판매시설, 숙박시설, 기존공동주택, 기존업무시설, 그밖의 건축물

3) 제출서류

① 예비인증

- 항목별 운영유지관리 매뉴얼(지침서)

※ 적용예정확인서로 갈음 가능

② 본인증

- 항목별 운영유지관리 매뉴얼(지침서)

③ 일반적 제출서류 리스트

- 최종 시공도면
- 운영/유지 메뉴얼
- 시방서

5.2.1 운영/유지관리 문서 및 지침 제공의 타당성

OOOOOOO 신축공사

건축물 유지관리 메뉴얼

20OO.O

OOOOO㈜

- 목차 -

1. 개 요
1.1. 유지관리업무의 개요
1.2. 유지관리업무의 종류
1.3. 유지관리 일정계획의 수립

2. 건축물의 이해
2.1. 건축물의 구성과 역할
2.2. 건축물의 노후화 및 열화현상

3. 구조체/비내력벽 유지관리
3.1 구조체/비내력벽 균열보수 방법
3.2. 구조체/비내력벽 유지관리 일정
3.3. 구조체/비내력벽 보수·교체 매뉴얼

4. 지붕 및 옥상구조물
4.1. 지붕 및 옥상구조물 방수
4.2. 지붕 및 옥상구조물 난간대
4.3. 기타

5. 부록
4.1. 시설물 월별 점검대장
4.2. 건물 보수이력 카드

[그림 87] 운영/유지 메뉴얼

5.2.1 운영/유지관리 문서 및 지침 제공의 타당성

흡수식 냉온수기/FCU
유지관리 지침서

20OO.O

OOOOO㈜

냉온수기 유지관리지침서

장비명	흡수식 냉온수기
사 양	SAU-BGN-280T
용 도	냉난방
제조/납품사	삼중테크㈜
A/S 연락처	남부 A/S 055-276-8511

1. 핵심점검사항

NO.	주요 점검사항	점검방법	점검주기	조치방법
1	진공 및 기밀	본체 진공도 확인 (추기용 수동밸브를 열고 마노메터의 압력을 확인합니다)	매일	진공도 불량시 추기작업 실시
2	추기장치	진공펌프 오일상태확인 추기라인 밸브 누설여부 확인	매월	오일교환 밸브 교체
3	펌프류	이상음, 이상진동 여부확인	매일	운전전류 확인 본체 진공도 확인 밸브 파손여부
4	연소장치	[illegible] 막힘점검 구동부 점검 연료 누설점검 퍼지 및 점화시간 점검	매일 매월	가스밸브 확인 삼중테크 A/S로 연락하여 조치
5	액면 점검	운전 중 정상 냉매액면을 유지하는지 확인	매일	본체진공도 확인 냉각수온도 확인 펌프 구동 확인 밸브 파손 여부

[그림 88] 운영/유지 메뉴얼

승객용 엘리베이터
사용설명서
ELEVATOR USER'S MANUAL

▲현대엘리베이터

[그림 89] 운영/유지 메뉴얼

5.2.1 운영/유지관리 문서 및 지침 제공의 타당성

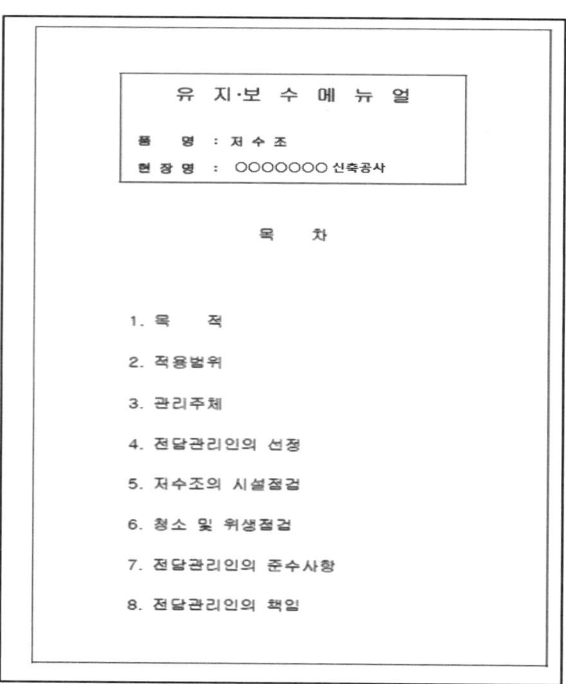

유 지·보 수 메 뉴 얼

품 명 : 저 수 조

현 장 명 : ○○○○○○○ 신축공사

목 차

1. 목 적
2. 적용범위
3. 관리주체
4. 전담관리인의 선정
5. 저수조의 시설점검
6. 청소 및 위생점검
7. 전담관리인의 준수사항
8. 전담관리인의 책임

기계설비 시설물 인계 인수서

HANDOVER

7. 자재공급업체 LIST

자재명	납품수량	제조사	A/S 연락처(제조사 또는 대리점)			
			업체명	담당자	전화	담당자 휴대전화
PES TANK([illegible])	2SET	[illegible]	[illegible]	[illegible]	032-811-2244	010-2321-9679
[illegible]	2SET	[illegible]	[illegible]	[illegible]	02-3464-2826	010-9983-1039
[illegible]	3SET	[illegible]	[illegible]	[illegible]	02-2266-7043	[illegible]
[illegible]	11SET	[illegible]	[illegible]	[illegible]	02-2278-0100	[illegible]
VAV, CAV	1식	[illegible]	[illegible]	[illegible]	[illegible]	[illegible]
EHP, [illegible]	1식	LG전자	[illegible]	[illegible]	[illegible]	010-4817-0070
[illegible]	1식	[illegible]	[illegible]	[illegible]	02-3489-9616	[illegible]
[illegible]	1식	대원B&CO	[illegible]	[illegible]	[illegible]	[illegible]
[illegible]	1식	[illegible]	[illegible]	[illegible]	[illegible]	[illegible]
[illegible]	106SET	[illegible]	[illegible]	[illegible]	[illegible]	[illegible]
[illegible]	1식	[illegible]	[illegible]	[illegible]	[illegible]	[illegible]
[illegible]	1식	[illegible]	[illegible]	[illegible]	031-494-7131	[illegible]
[illegible]	1SET	[illegible]	[illegible]	[illegible]	[illegible]	[illegible]
[illegible]	1식	서한F&C	서한F&C	[illegible]	02-3482-2709	[illegible]
F.C.U	169SET	[illegible]	LG전자	[illegible]	[illegible]	[illegible]
CONVECTOR	188SET	[illegible]	[illegible]	[illegible]	02-713-6010	010-2430-6011
[illegible], HEADER류, [illegible]	6SET	[illegible]	[illegible]	[illegible]	[illegible]	010-8896-2263

[그림 90] 운영/유지 메뉴얼

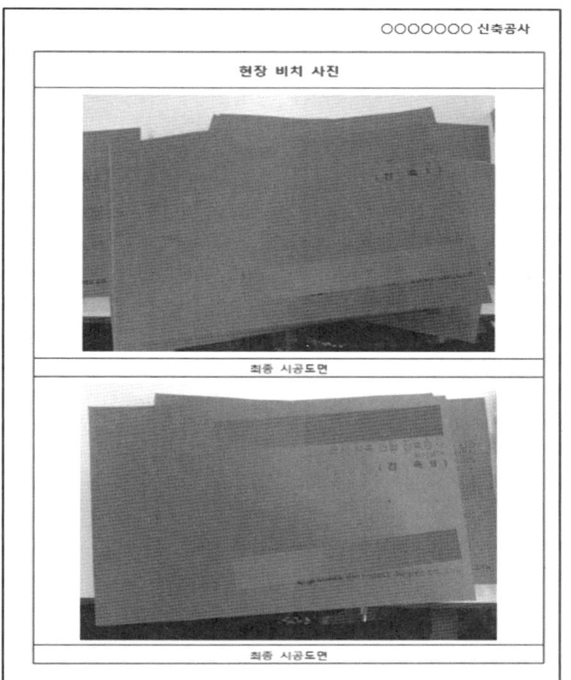
○○○○○○○ 신축공사
현장 비치 사진
최종 시공도면
최종 시공도면

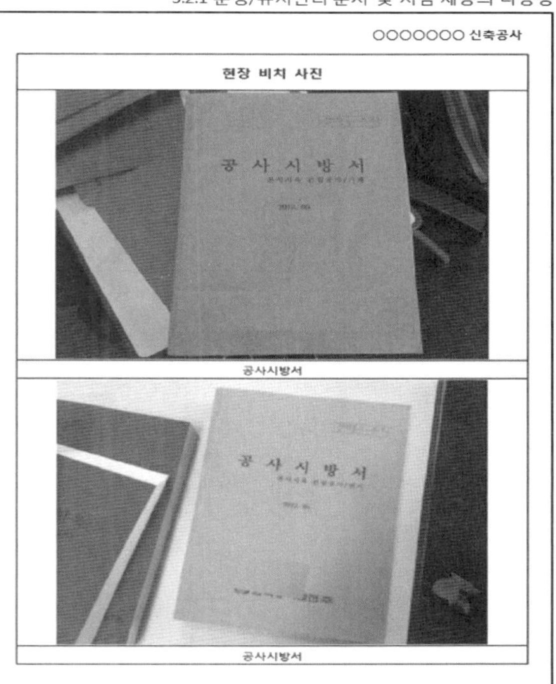
○○○○○○○ 신축공사
현장 비치 사진
공 사 시 방 서
공사시방서
공 사 시 방 서
공사시방서

[그림 91] 시방서

1-2) TAB 및 커미셔닝 실시

<table>
<tr><th colspan="2">녹색건축인증 2013-2</th><th colspan="2">업무용 건축물</th></tr>
<tr><td>평가부문</td><td colspan="3">5 유지관리</td></tr>
<tr><td>평가범주</td><td colspan="3">5.2 효율적인 건물관리</td></tr>
<tr><td>평가기준</td><td colspan="3">5.2.2 TAB 및 커미셔닝 실시</td></tr>
<tr><td>작 성 자</td><td></td><td>심사위원</td><td></td></tr>
<tr><td>배 점</td><td colspan="3">2점 (평가항목)</td></tr>
<tr><td>산출기준</td><td colspan="3">· 평점 = (가중치) × (배점)
<table><tr><th>구분</th><th>TAB 및 커미셔닝 실시여부</th><th>가중치</th></tr><tr><td>1급</td><td>커미셔닝을 실시한 경우</td><td>1.0</td></tr><tr><td>2급</td><td>TAB를 실시한 경우</td><td>0.5</td></tr></table></td></tr>
<tr><td rowspan="2">부여점수</td><td colspan="2">자체평가</td><td>심사단평가</td></tr>
<tr><td colspan="2">○.○점</td><td>○.○점</td></tr>
<tr><td>산출근거</td><td colspan="2">▶ 본 건축물은 TAB를 실시할 계획이므로 해당등급 ○급을 만족함.
- 적용기준 : ○급(가중치 ○.○)
- 평점(Y) = ○.○×2 = ○.○</td><td></td></tr>
<tr><td>첨부자료</td><td colspan="3">TAB 시방서</td></tr>
</table>

2) 작성시 유의사항 (이것만은 꼭 알고 보고서 작성하기)

① 평가목적

건축물의 TAB 및 커미셔닝은 건축물 인도 및 매각단계에서 여러가지 시스템의 시험과, 법규 및 설계의도와 대조하여 정확하고 효과적으로 시공되었는지 여부를 검증 확인하는 작업을 포함한다. 건축물의 시스템이 정상적으로 작동하는지 여부, 또한 필요시 건설단계에서 생긴 공기오염 물질이 입주사용 전에 정화되었는지 여부를 점검한다.

② 평가방법

TAB 및 커미셔닝 실시 여부

③ 심사시 보완요청 사례

- 적용예정확인서를 제출 필요
- TAB 및 커미셔닝 실시계약서, 보고서를 제출 필요

④ 적용 건축물

업무시설, 학교시설, 판매시설, 숙박시설, 그밖의 건축물

3) 제출서류

① 예비인증

- 커미셔닝/TAB 계획서
- 커미셔닝/TAB 계약서

※ 적용예정확인서로 갈음 가능

② 본인증

- 커미셔닝/TAB 확인서 및/또는 결과보고서
- 그 밖의 동 업무 증빙서류

③ 일반적 제출서류 리스트

- TAB 시방서
- 건설공사 하도급 계약서

2014 -
TAB 기술용역종합보고서

○○○○○○○ 신축공사
空 調 設 備

2014 .

○○○○○○○ 주식회사

목 차

제출문
머릿말 ———— I
약어 및 용어설명 ———— II
참고문헌 ———— V
제 1 장
1-1 사업목적 ———— 1
1-2 사업범위 및 내용 ———— 1
1-3 건물의 개요 ———— 1
1-4 용역기간 및 일정 ———— 2
1-5 용역수행 조직표 ———— 2
1-6 시행기준 ———— 3
1-7 T.A.B 시행절차 ———— 3
1-8 최종검사 및 보고서 작성 ———— 8
1-9 측정장비 사진 ———— 10
제 2 장
2-1 설비설계 개요 ————
2-2 측정장비 목록 ————
2-3 결과요약 및 분석 ————
2-4 장비별 TEST SUMMARY SHEET ————
2-5 문제점 및 해결방안 ————
제 3 장
3-1 공기분배 계통도 T.A.B REPORT ————
3-2 물 분배 계통도 T.A.B REPORT ————
3-3 소음측정 T.A.B REPORT ————
3-4 T.A.B 작업사진 ————

[그림 92] TAB 시방서

5.2.2 TAB 및 커미셔닝 실시

건설공사 하도급계약서

1. 발주자 : ○○○○○○
   원 도 급 공 사 명 : ○○○○○○
2. 하 도 급 공 사 명 : ○○○○○○
3. 공 사 장 소 : ○○○○○○
4. 공 사 기 간 : ○○○○○○
5. 계 약 금 액 : ○○○○○○
6. 대금의 지급 : ○○○○○○
7. 지급자재의 품목 및 수량 : ○○○○○○
8. 계약보증금 : ○○○○○○
9. 계약보증기간 : ○○○○○○
10. 하자보수보증금률 : ○○○○○○
11. 지체상금률 : ○○○○○○

당사자는 위 내용과 별첨 공사하도급 계약조건, 설계도, 시방서에 의하여 이 공사하도급계약을 문서로 체결한다.

20 ○○년 ○○월 ○○일

원사업자
상호 : ○○○○○○
주소 : ○○○○○○
대표자 : ○○○○○○

수급사업자
상호 : ○○○○○○
주소 : ○○○○○○
대표자 : ○○○○○○

[그림 93] 건설공사 하도급 계약서

다. 시스템 변경의 용이성

1-1) 거주자의 요구에 대응하여 공간 배치 및 시스템 변경 용이성

녹색건축인증 2015			업무용 건축물
평가부문	5 유지관리		
평가범주	5.3 시스템 변경의 용이성		
평가기준	5.3.1 거주자의 요구에 대응하여 공간 배치 및 시스템 변경 용이성		
작 성 자		심사위원	
배 점	4점 (평가항목)		
산출기준	· 평점 = 평점의 합계치 × 기준층 업무공간의 적용면적비율		

시스템의 구성	평점
기준층 업무공간에서 거주자의 요구에 대응하여 공조순환시스템의 변경이 용이한 방식 채용(예시 : 바닥공조시스템)	2점
기준층 업무공간내의 전력/음성/통신배선의 설치 및 변경이 용이한 바닥구성(예시 : OA플로어, 억세스플로어)	2점

부여점수	자체평가	심사단평가
	○.○점	○.○점
산출근거	▶ 본 건축물은 기준층 업무공간내 OA / ACCESS FLOOR 시스템을 사용함 – 평점(Y) : 2.0×○○%)=○.○점	
첨부자료	적용비율 산출서, 실내재료마감표, 평면도	

2) 작성시 유의사항 (이것만은 꼭 알고 보고서 작성하기)

① 평가목적

거주자의 요구에 대응하여 공간 배치의 융통성과 미래의 변화에 대응하는 업무 공간의 가변성을 확보한다.

② 평가방법

실내공간에 설치된 시스템의 기술적 측면에서 변경 용이성에 대하여 평가

③ 심사시 보완요청 사례

- OA플로어, 억세스 플로어로 ○○% 설치 및 적합하게 산출 적용됨.(각층을 기준층 업무공간으로 적용함)
- OA플로어, 억세스 플로어로 ○○% 설치 및 적합하게 산출 적용됨.(○층~○층을 기준층업무공간으로 적용함)
- 자체평가한 입주자들에게 제공하는 사용자 유지관리 매뉴얼 항목 중 누락된 항목, 내용을 보완 제출 필요

*건물 구조체의 위치 등이 포함된 단위세대평면도
*정보통신설비에 관한 사항

④ 적용 건축물

업무시설, 기존업무시설

3) 제출서류

① 예비인증

- 기준층 공조시스템 구성도
- 기준층의 평면도 및 단면도

② 본인증

예비인증시와 동일

③ 일반적 제출서류 리스트

- 적용비율 산출서
- 실내재료마감표
- 평면도

■ **OA Floor 또는 Access Floor 적용 산출표**

■ **평점**

= 평점의 합계치 × 기준층 업무공간의 적용면적비율

= 2 x 100%

= **2.00**

적용부	실구분		면적(㎡)	OA/ACCESS FLOOR 사용여부	적용 면적합계(㎡)	전체 업무공간 면적(㎡)	적용비율(%)
	실번호	실명					
지상5층	511	일반사무실-1	287.66	O	744.32	744.32	100.00%
	512	일반사무실-2	243.71	O			
	513A	소회의실1	15.48	O			
	513B	소회의실2	16.24	O			
	513C	소회의실3	14.04	O			
	513D	소회의실4	18.41	O			
	513E	소회의실5	21.48	O			
	513F	소회의실6	17.12	O			
	514A	제장실1	18.66	O			
	514B	제장실2	21.88	O			
	514C	제장실3	20.58	O			
	516A	OA1	17.98	O			
	516B	OA2	17.91	O			
	516C	OA3	13.82	O			
지상6층	611	일반사무실-1	432.89	O	1182.29	1182.29	100.00%
	612-1	일반사무실-2	508.88	O			
	612-2	아이디어회의실	40.22	O			
	613A	소회의실1	14.81	O			
	613B	소회의실2	14.22	O			
	613C	소회의실3	13.70	O			
	613D	소회의실4	15.69	O			
	613E	소회의실5	16.10	O			
	613F	소회의실6	12.74	O			
	613G	소회의실7	13.18	O			
	613H	소회의실8	20.80	O			
	616A	OA1	17.82	O			
	616B	OA2	17.71	O			
	617A	제장실1	20.98	O			
	617B	제장실2	21.10	O			
지상7층	711	일반사무실	87.28	O	900.59	900.59	100.00%
	712-1	사장실	65.87	O			
	712-2	비서실	33.18	O			
	712-3	접견실	31.90	O			
	713A	본부장실1	45.32	O			
	713A-2	접견실	21.35	O			
	713B	본부장실2	45.80	O			
	713B-2	접견실	21.35	O			
	713C	본부장실3	45.35	O			
	713C-2	접견실	21.56	O			
	714A	경영회의실1	69.41	O			
	714B	경영회의실2	102.29	O			
	715-1	상임감사위원실	65.23	O			
	715-2	접견실	30.60	O			
	716	고객접견실	106.84	O			
	717	이사회의장실	25.06	O			
	718	이사회회의실	70.28	O			
	721	OA	13.51	O			
소 계			2237.81				
합 계					5065.01	5065.01	100.00%

[그림 94] 적용비율 산출서

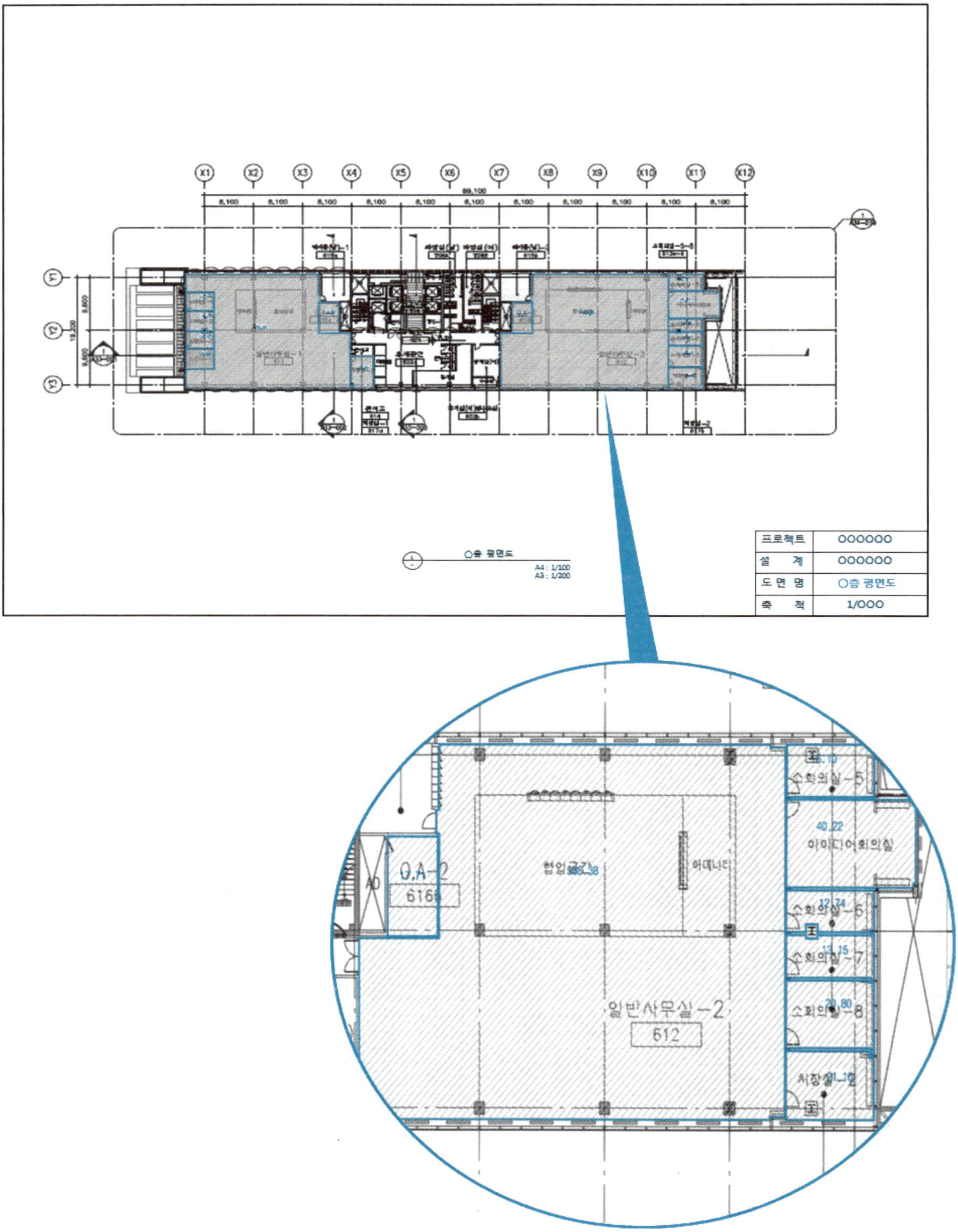

프로젝트	OOOOOO
설 계	OOOOOO
도 면 명	O층 평면도
축 척	1/OOO

[그림 95] 평면도

5.3.1 거주자의 요구에 대응하여 공간 배치 및 시스템 변경 용이성

층별	구분	실 번호	실명	바닥 마감	두께(t)	상세번호	걸레받이 마감	높이	상세번호	벽 마감	상세번호	천장 마감	천장고	상세번호	비고
3층		301	[illegible]	THK80 인테리어마감	80	F03							2,700		인테리어참조
		302	복도	THK80 인테리어마감	80	F03							2,700		인테리어참조
		303A	화장실(남)	THK80 인테리어마감	80	F08							2,700		인테리어참조
			창고	THK3 무석면 비닐타일	–	F01a	[illegible]	100	B03	수성페인트	W05	THK12 암면흡음텍스	2,700	C06	
		303B	화장실(여)	THK80 인테리어마감	80	F08							2,700		인테리어참조
			[illegible]	THK7 자기질타일	80	F08a	–	–	–	도기질타일	W06	THK12 암면흡음텍스	2,700	C06	
		304A	화장실(남)	THK80 인테리어마감	80	F08							2,700		인테리어참조
		304B	화장실(여)	THK80 인테리어마감	80	F08							2,700		인테리어참조
			[illegible]	THK7 자기질타일	80	F08a	–	–	–	도기질타일	W06	THK12 암면흡음텍스	2,700	C06	
		304	[illegible]	THK80 인테리어마감	80	F08							2,700		인테리어참조
		311	[illegible]	THK80 인테리어마감	80	F11i									인테리어참조
			[illegible]	THK80 인테리어마감	80	F11j									인테리어참조
		312	[illegible]	인테리어마감	–	F01i									인테리어참조
		313	주방	THK7 논슬립자기질타일	200	F13a	–	–	–	THK7 자기질타일	W06	[illegible]	2,700	C05b	
			[illegible]	THK7 논슬립자기질타일	200	F13a	–	–	–	THK7 자기질타일	W06	[illegible]	2,700	C05b	
			[illegible]2	THK7 논슬립자기질타일	80	F08a	–	–	–	THK7 자기질타일	W06	[illegible]	2,700	C05b	
		314	[illegible]	0.A/THK7.5 OA용 카펫타일	150	F07a	[illegible]	100	B03	수성페인트	W05	THK15 암면흡음텍스	2,700	C08	
		315	창고	THK3 무석면 비닐타일	–	F01a	[illegible]	100	B03	수성페인트	W05	수성페인트	2,700	C07a	
		331	[illegible]	[illegible]	200	F12	–	–	–	[illegible]	W08	THK20 [illegible]	–	C09	
4층		401	복도	THK3 무석면 비닐타일	–	F01a	[illegible]	100	B03	[illegible]	W07	[illegible]	2,900	C7	
		411	[illegible]	인테리어마감	–	F01i							2,900	C06	인테리어참조
5층		501	복도	0.A/THK7.5 OA용 카펫타일	150	F07a	[illegible]	100	B03	[illegible]	W07	[illegible]	2,700	C07a	
		502A	[illegible]	인테리어마감	150	F15i							2,700		인테리어참조
		502B	[illegible]	인테리어마감	150	F15j							2,700		인테리어참조
		511	[illegible]-1	0.A/THK7.5 OA용 카펫타일	150	F07a	[illegible]	100	B03	수성페인트	W05	THK15 암면흡음텍스	2,700	C08	
		512	[illegible]-2	0.A/THK7.5 OA용 카펫타일	150	F07a	[illegible]	100	B03	수성페인트	W05	THK15 암면흡음텍스	2,700	C08	
		513A~F	[illegible]-1~6	인테리어마감	150	F07i							2,700		인테리어참조
		514A~C	[illegible]-1~3	인테리어마감	150	F07i							2,700		인테리어참조
		515A~C	[illegible]1~3	0.A/THK7.5 OA용 카펫타일	150	F07a	[illegible]	100	B03	수성페인트	W05	THK12 암면흡음텍스	2,700	C06	
		516A~C	OA 1~3	0.A/THK7.5 OA용 카펫타일	150	F07a	[illegible]	100	B03	수성페인트	W05	THK12 암면흡음텍스	2,700	C06	
		517	[illegible]	THK22 [illegible]	150	F11a	–	–	–	–	–	THK3 AL쉬트	–	–	

공통주기: [illegible]

(회색)	업무공간
(점선)	OA Floor 또는 Access Floor 적용 공간

프로젝트	OOOOOO
설계	OOOOOO
도면명	실내재료 마감표
축척	1/OOO

수성페인트	W05	THK15 암면흡음텍스	2,700	C08	
수성페인트	W05	THK15 암면흡음텍스	2,700	C08	
			2,700		인테리어참조
			2,700		인테리어참조
수성페인트	W05	THK12 암면흡음텍스	2,700	C06	
수성페인트	W05	THK12 암면흡음텍스	2,700	C06	
–	–	THK3 AL쉬트	–	–	

(회색)	업무공간
(점선)	OA Floor 또는 Access Floor 적용 공간

[그림 96] 실내재료 마감표

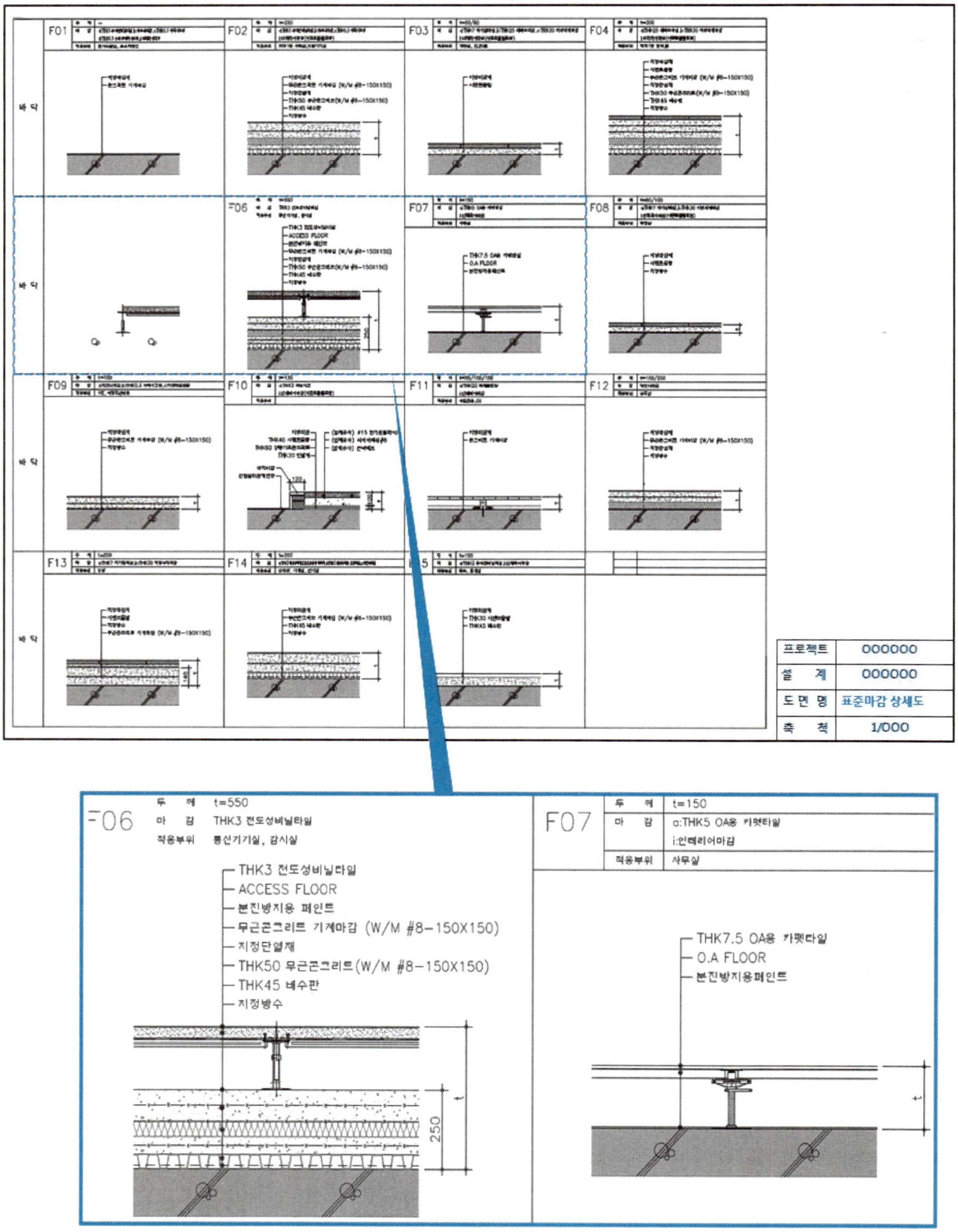

5.3.1 거주자의 요구에 대응하여 공간 배치 및 시스템 변경 용이성

프로젝트	000000
설 계	000000
도 면 명	표준마감 상세도
축 척	1/000

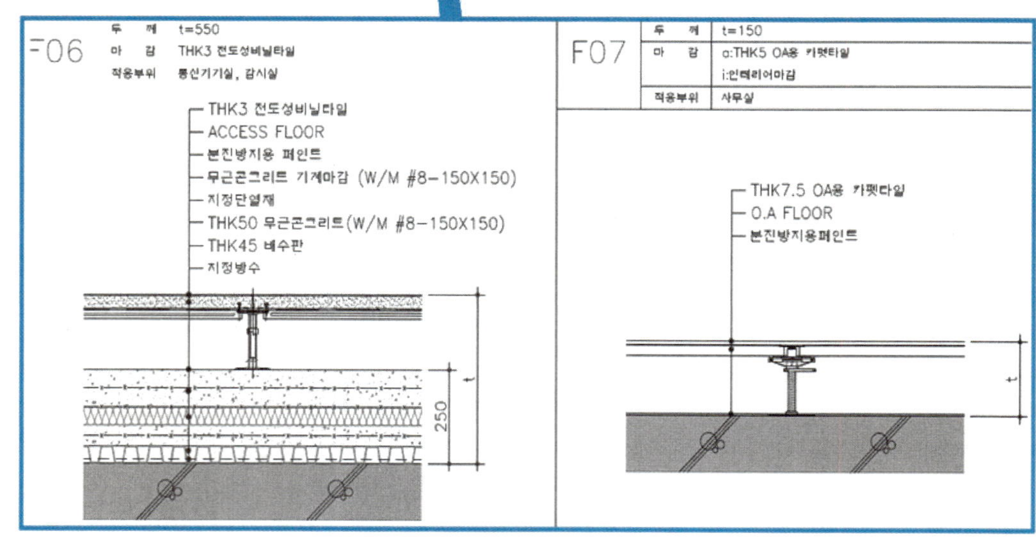

[그림 97] 표준마감 상세도

1.2.6 생태환경

가. 대지 내 녹지 공간 조성

1) 자연지반 녹지율

<table>
<tr><th colspan="2">녹색건축인증 2015</th><th colspan="2">업무용 건축물</th></tr>
<tr><td>평가부문</td><td colspan="3">6 생태환경</td></tr>
<tr><td>평가범주</td><td colspan="3">6.1 대지 내 녹지 공간 조성</td></tr>
<tr><td>평가기준</td><td colspan="3">6.1.1 자연지반 녹지율</td></tr>
<tr><td>작 성 자</td><td></td><td>심사위원</td><td></td></tr>
<tr><td>배 점</td><td colspan="3">2점 (평가항목)</td></tr>
<tr><td>산출기준</td><td colspan="3">· 평점 = (가중치) × (배점)
$$자연지반녹지율(\%) = \frac{자연지반녹지면적(m^2)}{전체대지면적(m^2)}$$
<table><tr><th>구분</th><th>자연지반 녹지율</th><th>가중치</th></tr><tr><td>1급</td><td>자연지반 녹지율 25% 이상</td><td>1.0</td></tr><tr><td>2급</td><td>자연지반 녹지율 20% 이상 ~ 25% 미만</td><td>0.75</td></tr><tr><td>3급</td><td>자연지반 녹지율 15% 이상 ~ 20% 미만</td><td>0.5</td></tr><tr><td>4급</td><td>자연지반 녹지율 10% 이상 ~ 15% 미만</td><td>0.25</td></tr></table>
※ 암반층을 제외한 지구 상층부의 토층(土層)으로 구성된 자연지반(원집잔)에 자연 상태로 형성된 녹지 또는 조성된 녹지를 말한다. 좁게는 자연지반 위에 생태계의 작용으로 자생한 녹지를 말하나, 넓게는 자연지반 또는 자연지반과 연속성을 가지는 절성토 지반에 인공적으로 조성된 녹지를 포함한다.</td></tr>
<tr><td rowspan="2">부여점수</td><td colspan="2">자체평가</td><td>심사단평가</td></tr>
<tr><td colspan="2">○.○점</td><td>○.○점</td></tr>
<tr><td>산출근거</td><td colspan="2">▶ 자연지반녹지율 ○○% 이상으로 ○급 조건을 만족함
· 자연지반녹지율 :
= ○○.○○ / ○○.○○×100
= ○○.○○%
– 적용기준 : ○급(가중치 ○.○)
– 평점(Y) = ○.○×2 = ○.○</td><td></td></tr>
<tr><td>첨부자료</td><td colspan="3">자연지반녹지율 산출서, 조경구적도, 설계개요</td></tr>
</table>

2) 작성시 유의사항 (이것만은 꼭 알고 보고서 작성하기)

① 평가목적

무분별한 지하공간 개발로 인한 생태적 기반 파괴를 지양하고 토양생태계 및 구조물의 안정성 확보에 필수적인 지하수 함양 공간을 확보토록 한다.

② 평가방법

전체 대지 내에 분포하는 자연지반녹지(인공지반 및 건축물 상부의 녹지 제외)의 비율로 평가

③ 심사시 보완요청 사례

- 조경구적도, 식재계획도, 산출서를 근거로 자연지반 녹지율을 파악한 후 가중치를 부여하여 평점이 계산됨.
- 제출도서 변경에 따른 재검토를 실시하여 가중치가 조정되면 배점에 곱하여 평점이 계산됨.
- 자연지반임을 확인하기 위해 도면에 지하구조물 선 표기 및 지하층 평면도 첨부 필요
- 원활한 평가 및 심의를 위해서 식재계획도 등 관련 자료를 첨부 필요
- 지하구조물을 확인하기 위한 지하층 도면을 전체 첨부 필요
- 녹지축조성 최소폭(4m)을 알 수 있도록 도면에 표기 필요

④ 적용 건축물

공동주택, 복합(주거), 업무시설, 학교시설, 판매시설, 숙박시설, 기존공동주택, 기존업무시설, 그밖의 건축물

3) 제출서류

① 예비인증

자연지반녹지 구적도 (지하시설물 위치 포함)

② 본인증

예비인증시와 동일

③ 일반적 제출서류 리스트

- 자연지반녹지율 산출서
- 조경구적도
- 설계개요

■ 자연지반녹지율 산출서

PROJECT :

공간 유형	면적(m²)			비고
자연지반녹지	조경구적도-1	1	265.80	
		2	19.40	
		3	73.46	
		4	67.41	
		5	145.30	
		6	619.17	
		7	25.65	
		8	89.43	
		9	651.91	
		10	50.27	
		11	283.09	
	소계		2,290.89	
	조경구적도-2	1	120.45	
		2	237.71	
		3	167.14	
		4	91.33	
		5	105.03	
		6	74.13	
		7	89.87	
	소계		885.66	
	조경구적도-3	1	378.78	
		2	247.37	
		3	106.63	
		4	112.38	
	소계		845.16	
	조경구적도-4	1	306.77	
		2	2,151.40	
		3	149.00	
		4	838.32	
		5	322.33	
		6	201.50	
		7	12.55	
	소계		3,981.87	
자연지반녹지 면적(m²)				
대지면적(m²)				
자연지반녹지율(%)				

[그림 98] 자연지반녹지율 산출서

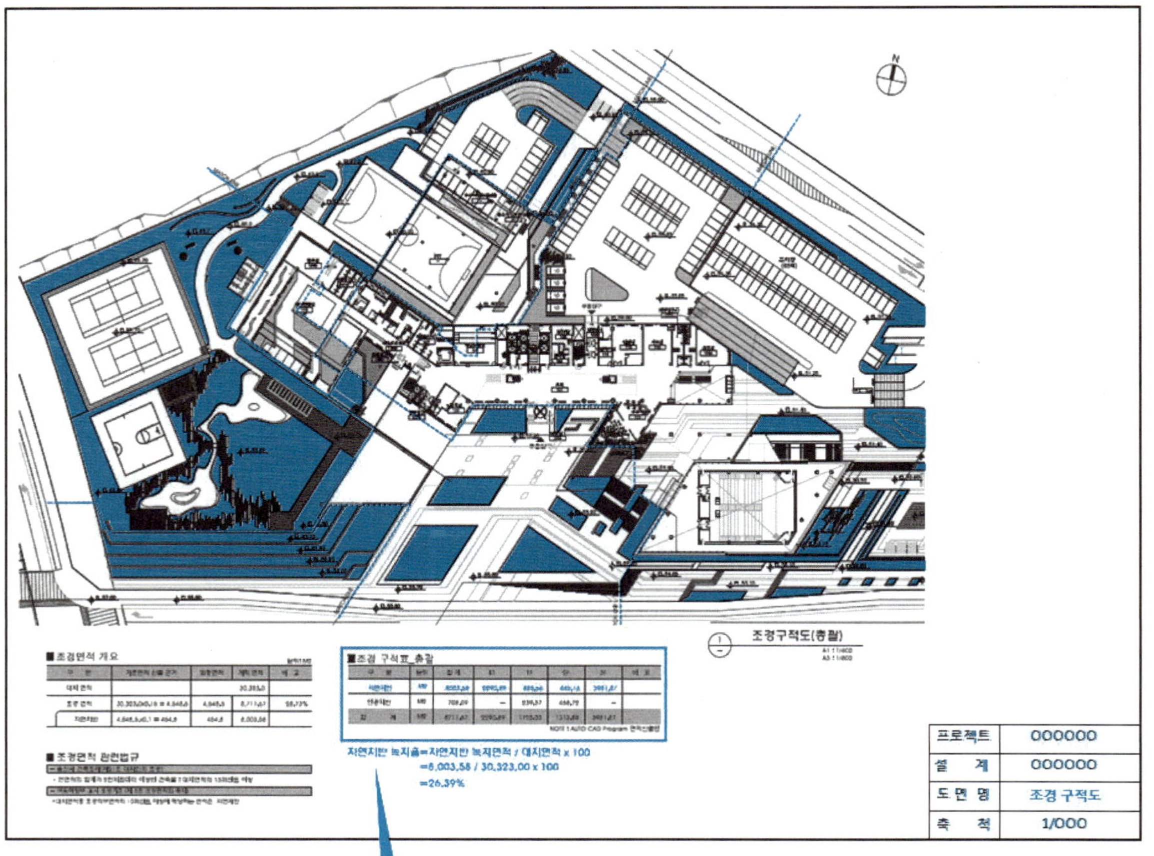

■조경면적 개요

단위: M2

구 분	기준면적 산출 근거	법정면적	계획면적	비 고
대지 면적			30,323.0	
조경 면적	30,323.0x0.15 = 4,548.5	4,548.5	8,711.67	28.73%
자연지반	4,548.5.x0.1 = 454.8	454.8	8,003.58	

■조경면적 관련법규

- 울산시 건축조례(제21조 대지안의 조경)

• 연면적의 합계가 2천제곱미터 이상인 건축물 : 대지면적의 15퍼센트 이상

- 국토해양부 고시 조경기준 (제 5조 조경면적의 배치)

• 대지면적중 조경의무면적의 10퍼센트 이상에 해당하는 면적은 자연지반

■조경 구적표_총괄

구 분	단위	합 계	B1	1F	2F	3F	비 고
자연지반	M2	8003.58	2290.89	885.66	845.16	3981.87	
인공지반	M2	708.09	-	239.37	468.72	-	
합 계	M2	8711.67	2290.89	1125.03	1313.88	3981.87	

NOTE : AUTO CAD Program 면적산출임

자연지반 녹지율=자연지반 녹지면적 / 대지면적 x 100

=8,003.58 / 30,323.00 x 100

=26.39%

[그림 99] 조경구적도

나. 외부공간 및 건물외피의 생태적 기능 확보

1) 생태면적률

<table>
<tr><td colspan="2">녹색건축인증 2013-2</td><td colspan="2">업무용 건축물</td></tr>
<tr><td>평가부문</td><td colspan="3">6 생태환경</td></tr>
<tr><td>평가범주</td><td colspan="3">6.2 외부공간 및 건물외피의 생태적 기능 확보</td></tr>
<tr><td>평가기준</td><td colspan="3">6.2.1 생태면적률</td></tr>
<tr><td>작 성 자</td><td></td><td>심사위원</td><td></td></tr>
<tr><td>배 점</td><td colspan="3">6점 (평가항목)</td></tr>
<tr><td>산출기준</td><td colspan="3">

$$생태면적률 = \frac{자연순환기능면적}{전체대지면적} = \sum \frac{(공간유형별면적 \times 가중치)}{전체대지면적} \times 100(\%)$$

• 평점 = (가중치) × (배점)

구분	생태면적률	가중치
1급	생태면적률 50% 이상	1.0
2급	생태면적률 40% 이상 ~ 50% 미만	0.75
3급	생태면적률 30% 이상 ~ 40% 미만	0.5
4급	생태면적률 25% 이상 ~ 30% 미만	0.25

	공간유형	가중치	공간유형 설명 및 시공사례
1	자연지반녹지	1.0	자연지반에 자생하거나 조성된 녹지
2	수공간 (투수기능)	1.0	지하수 함양 기능을 가지는 수공간
3	수공간 (차수)	0.7	지하수 함양 기능이 없는 수공간
4	인공지반녹지 ≥ 90㎝	0.7	토심이 90㎝ 이상인 인공지반 상부 녹지
5	옥상녹화 ≥ 20㎝	0.6	토심이 20㎝ 이상인 녹화옥상시스템이 적용된 공간
6	인공지반녹지 < 90㎝	0.5	토심이 90㎝ 미만인 인공지반 상부 녹지
7	옥상녹화 〈 20㎝	0.5	토심이 20㎝ 미만인 녹화옥상시스템이 적용된 공간
8	부분포장	0.5	50% 이상의 식재면적을 가지는 포장면,
9	벽면녹화	0.4	벽면이나 옹벽(담장)의 녹화
10	전면투수포장	0.3	공기와 물이 투과되는 식물생장이 불가능한 포장면
11	틈새 투수포장	0.2	포장재의 틈새를 통해 공기와 물이 투과되는 포장면
12	저류·침투 시설 연계면	0.2	지하수 함양을 위한 시설과 연계된 포장면
13	포장면	0.0	공기와 물이 투과되지 않는 식물생장이 불가능한 포장면

※ 투수성포장의 경우 인공지반 상부 설치시 인공지반녹지의 가중치(0.7 또는 0.5)를 곱해 재산정
</td></tr>
<tr><td rowspan="2">부여점수</td><td>자체평가</td><td colspan="2">심사단평가</td></tr>
<tr><td>○.○점</td><td colspan="2">○.○점</td></tr>
<tr><td>산출근거</td><td>▶ 본 건축물의 생태면적률은 ○○% 이상으로 ○급 기준을 만족함.
• 생태면적률 = ○○.○○ ÷ ○○.○○ × 100
= ○○.○○%

– 적용기준 : ○급(가중치 ○.○)
– 평점(Y) = ○.○ × 6 = ○.○</td><td colspan="2"></td></tr>
<tr><td>첨부자료</td><td colspan="3">생태면적 구적도, 조경구적도, 설계개요, 포장상세도</td></tr>
</table>

2) 작성시 유의사항 (이것만은 꼭 알고 보고서 작성하기)

① 평가목적

생태적 기능(자연순환 기능)의 정량적 평가를 통한 토양 기능 개선, 미기후 조절 및 대기의 질 개선, 물순환 기능 개선, 동식물 서식처 기능 개선과 같은 대상지 환경의 질적 수준 개선 및 도시생태문제의 근원적 해결을 유도한다.

② 평가방법

생태적 가치를 달리하는 공간유형을 구분하고, 각 공간유형에 해당하는 가중치를 곱하여 구한 환산면적의 합과 전체 대지 면적의 비율로 평가

③ 심사시 보완요청 사례

- 구적도, 산출서, 포장상세도 검토 시 옥상녹화, 인공지반 단면 상세도 보완제출 필요
- 투수성능 시험성적서 제출 필요
- 투수성포장재(인조잔디)의 투수계수는 1.0×10^{-2}cm/s 이상이어야 하나 제출된 시험성적서의 수직투수량은 단위가 1/hr/㎡로 되어있어 기준값과의 대비가 어려움
- 옥상녹화(20cm 이상)의 단면도는 보완 제출 필요
- 인공지반녹지(90cm 이상)의 단면 상세도 보완 제출 필요
  - 인조잔디부분 삭제
  - 인공지반녹지 변경(90cm 이상→90cm 이하)
- 공간유형별 면적

> *인공지반녹지 < 90cm : OO.OO㎡ 면적이 불분명함. 각각 부분별 면적에 대한 합계면적으로 표시 필요
> *옥상녹화면적(OO.OO㎡)면적이 불분명하고 생태면적도에서 OO.OO㎡ + OO.OO㎡ + OO.OO㎡ + OO.OO㎡ = OO.OO㎡으로 계산됨.
> 각각 면적에 대한 합계면적으로 표시 필요

- 부분포장(자연지반, 인공지반)은 50% 이상 식재면을 가지는 포장으로 단면상세도에서 어느 것 인지를 알 수 있도록 생태면적도 평면도에 표기 필요(면적은 확인됨)
- 생태면적도에서 부분포장(인공지반)은 현장석 깔기 마감으로 되어 있습니다, 50% 이상 식재면을 가지는 포장인지를 알수 있도록 평면상세도를 제출 필요
- 생태면적률표(1p)과 지상1층 녹지구적도(2p)의 자연지반녹지 면적이 상이하므로 재검토 필요

- 자연지반녹지를 확인하기 위한 지하구조경계부 표시도면 첨부 필요
- 옥상녹화의 토심을 확인할 수 있는 단면상세도 첨부 필요
- 녹지구적도(3p)에서 옥상녹화부분이 인공지반으로 표시되어 있으므로 수정 필요
- 부분포장의 평면도 혹은 단면도상에 식재면 비율을 표기 필요
- 인공지반 ≥ 90㎝을 확인할 수 있는 단면도를 제출바랍니다.
- 전면투수포장(인공)의 가중치를 0.7로 적용 하였으므로 토심이 90㎝ 이상임을 입증할 수 있는 단면상세도를 제출 필요
- 포장단면상세도 상에서 "지상층 아케이드 상부"의 토심은 0이며, 하부에 무근콘크리트를 타설하여 배수가 되지 않는 구조이므로 면적산정에서 제외되어야 함.
- 권고사항) 전면투수포장재는 본인증 때에 투수계수를 입증할 수 있는 시험성적서를 제출해야 함으로 자재선정에 유의하시기 필요바랍니다.

④ 적용 건축물

공동주택, 복합(주거), 업무시설, 학교시설, 판매시설, 숙박시설, 소형주택, 기존공동주택, 기존업무시설, 그밖의 건축물

3) 제출서류

① 예비인증
- 생태면적률 산정도면 (공간유형 구분 명기 및 산정계산식 포함)
- 설계도면 (배치도, 조경식재도, 포장상세단면, 지하구조물 배치도 등)

② 본인증
- 예비인증 신청서류
- 투수성 포장공법의 투수성능 시험성적서

③ 일반적 제출서류 리스트
- 조경구적도
- 생태면적 구적도
- 설계 개요
- 포장 상세도

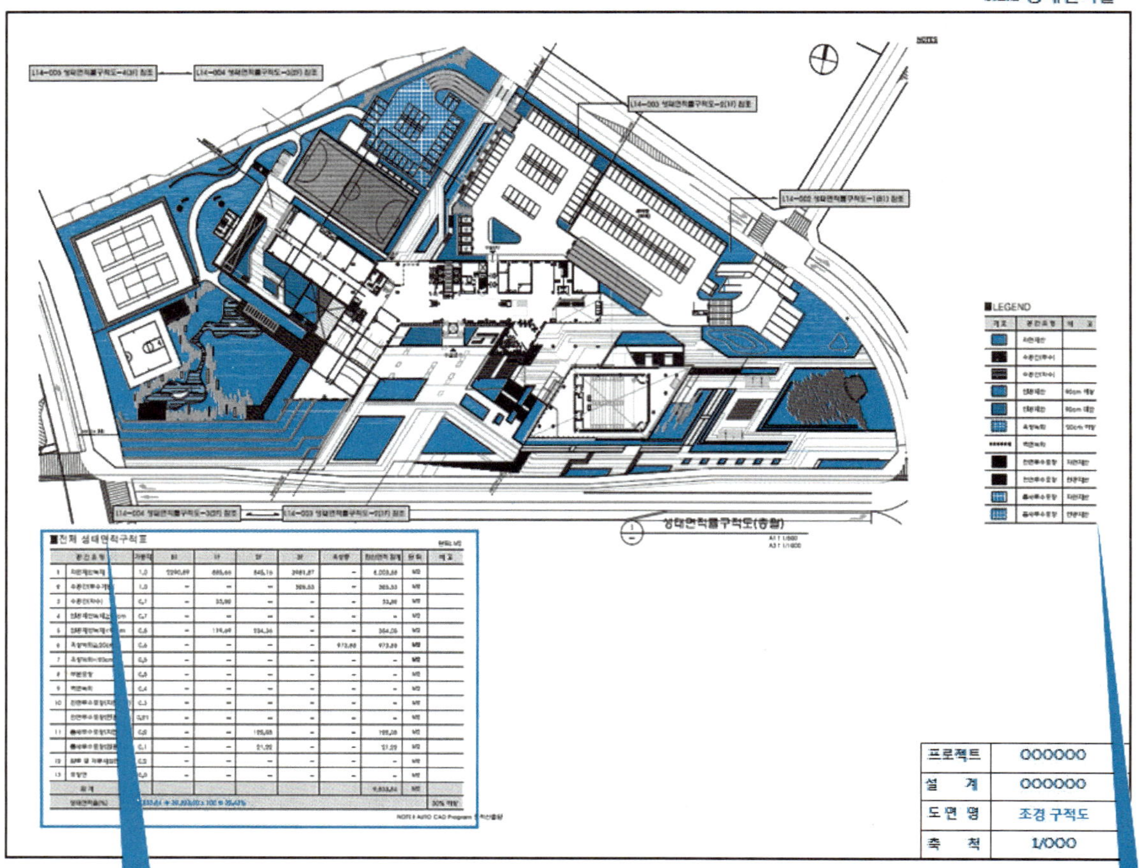

■전체 생태면적구적표

단위: M2

공간유형		가중치	B1	1F	2F	3F	옥상층	환산면적 합계	단위	비고
1	자연지반녹지	1.0	2290.89	885.66	845.16	3981.87	–	8,003.58	M2	
2	수공간(투수기능)	1.0	–	–	–	325.53	–	325.53	M2	
3	수공간(차수)	0.7	–	33.52	–	–	–	33.52	M2	
4	인공지반녹지≥90cm	0.7	–	–	–	–	–	–	M2	
5	인공지반녹지<90cm	0.5	–	119.69	234.36	–	–	354.05	M2	
6	옥상녹화≥20cm	0.6	–	–	–	–	973.88	973.88	M2	
7	옥상녹화<20cm	0.5	–	–	–	–	–	–	M2	
8	부분포장	0.5	–	–	–	–	–	–	M2	
9	벽면녹화	0.4	–	–	–	–	–	–	M2	
10	전면투수포장(자연지반)	0.3	–	–	–	–	–	–	M2	
	전면투수포장(인공지반)	0.21	–	–	–	–	–	–	M2	
11	틈새투수포장(자연지반)	0.2	–	–	122.05	–	–	122.05	M2	
	틈새투수포장(인공지반)	0.1	–	–	21.22	–	–	21.22	M2	
12	침투 및 저류시설연계면	0.2	–	–	–	–	–	–	M2	
13	포장면	0.0	–	–	–	–	–	–	M2	
합계								9,833.84	M2	
생태면적률(%)		9,833.84 ÷ 30,323.00 x 100 = 32.43%								30% 이상

■LEGEND

기호	공간유형	비고
	자연지반	
	수공간(투수)	
	수공간(차수)	
	인공지반	90cm 이상
	인공지반	90cm 미만
	옥상녹화	20cm 이상
	벽면녹화	
	전면투수포장	자연지반
	전면투수포장	인공지반
	틈새투수포장	자연지반
	틈새투수포장	인공지반

[그림 100] 조경구적도

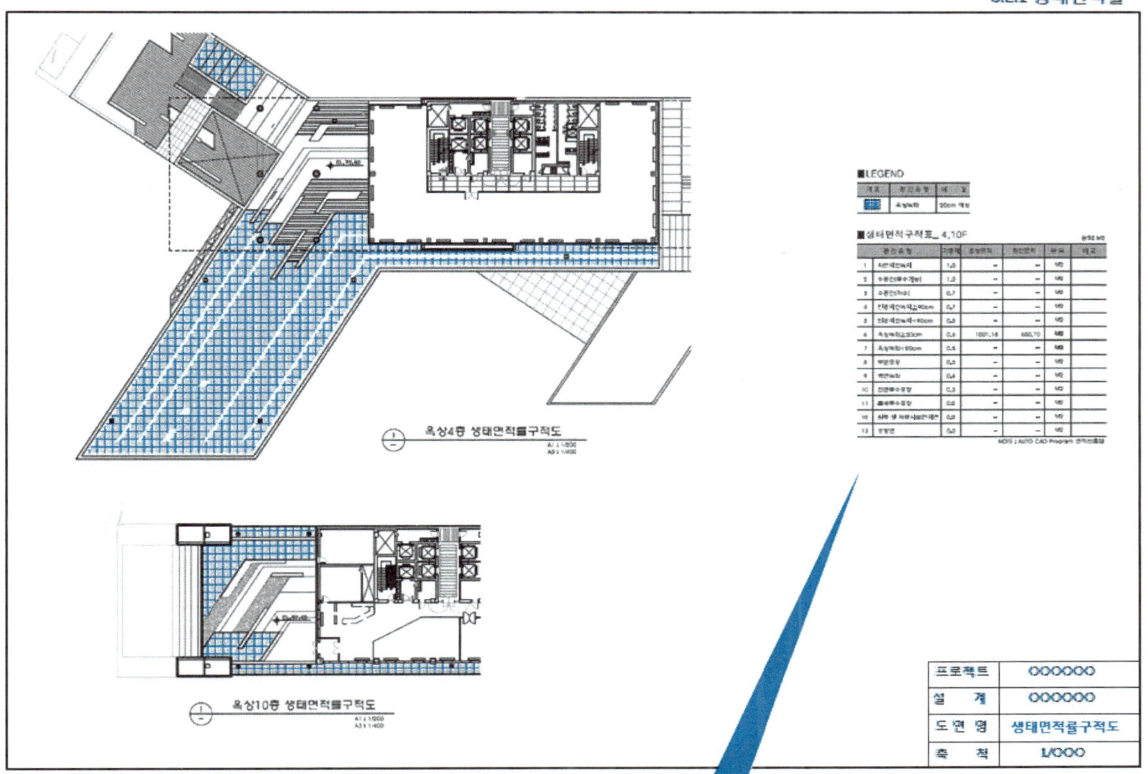

■LEGEND

기 호	공 간 유 형	비 고
(옥상녹화 표시)	옥상녹화	20cm 이상

■생태면적구적표_ 2,3F

단위: M2

	공 간 유 형	가중치	조성면적	환산면적	단 위	비 고
1	자연지반녹지	1.0	–	–	M2	
2	수공간(투수기능)	1.0	–	–	M2	
3	수공간(차수)	0.7	–	–	M2	
4	인공지반녹지≥90cm	0.7	–	–	M2	
5	인공지반녹지<90cm	0.5	–	–	M2	
6	옥상녹화≥20cm	0.6	621.96	373.18	M2	
7	옥상녹화<20cm	0.5	–	–	M2	
8	부분포장	0.5	–	–	M2	
9	벽면녹화	0.4	–	–	M2	
10	전면투수포장	0.3	–	–	M2	
11	틈새투수포장	0.2	–	–	M2	
12	침투 및 저류시설연계면	0.2	–	–	M2	
13	포장면	0.0	–	–	M2	

[그림 101] 생태면적률 구적도

다. 생물서식공간 조성

1) 비오톱 조성

녹색건축인증 2013-2		업무용 건축물	
평가부문	6 생태환경		
평가범주	6.3 생물서식공간 조성		
평가기준	6.3.1 비오톱 조성		
작 성 자		심사위원	
배 점	4점 (평가항목)		

산출기준

• 평점 = (가중치) × (배점)

구분	조성기법 중 채용 항목수	가중치
1급	총 18개 이상	1.0
2급	총 15개 이상	0.75
3급	총 12개 이상	0.5
4급	총 9개 이상	0.25

적 용 항 목			
비오톱 일반사항			
생물종	인공새집, 먹이통 등 동물서식처 제공	유지관리	비오톱내 핵심지역 주변 별도 관찰로 제공
생물종	다공질공간조성을 통한 동물은식처 제공	유지관리	목재 및 그 밖의 친환경재를 사용한 관찰로
생물종	조류 및 곤충이 앉을 수 있는 횃대 제공	유지관리	고정식 안내 해설판 제공
연계	육지-습지-수변-물의 전이단계 조성		
수생비오톱 (최소면적 90㎡)		육생비오톱 (최소면적 180㎡)	
물의 공급	유입수의 우수 또는 중수 사용	식재기반	생육 최소심도 이상의 토심 확보
물의 공급	비오톱 주변 식생여과대 또는 쇄석여과층 조성	식재기반	인공지반녹지 하부 배수층 확보
물의 공급	수위 조절을 위한 배수경로 설치		
바닥처리	중앙수심 0.6m이상 유지	식재계획	교목/아교목/관목/초본층 등으로 다층구조 조성
바닥처리	생태기능 유지를 위한 차수재 사용	식재계획	전체 면적중 단일군락지 비율 60% 미만 조성
바닥처리	웅덩이/돌무더기 등 다양한 굴곡 조성	식재계획	해당 지차체 조례 식재밀도의 1.5배 조성
호안환경	호안 경계부의 부정형 굴곡처리		
호안환경	호안 경사각 10° 이하 및 1/2 초지대 형성		
식재계획	수면적 60% 이상 개방수면 확보방안 도입	조성면적	조성면적이 대지면적 대비 3% 이상 조성
식재계획	침수 및 정수 식물 도입		

※ 육생 비오톱 : 곤충류, 조류 등을 비롯한 동물과 그 밖의 식물이 생육할 수 있는 환경을 제공하는 조경영역
※ 수생 비오톱 : 어류, 잠자리, 수초, 조류 등 수생 동식물이 생태적으로 순환체계를 이룰 수 있도록 조성한 물이 있는 공간

부여점수	자체평가	심사단평가
	○.○점	○.○점

산출근거

▶ 육생·수생 비오톱 기준 이상 계획 및 조성기법 ○○개 이상 조성하여 ○급 기준을 만족함.
- 적용기준 : ○급(가중치 ○.○)
- 평점(Y) = ○.○×4 = ○.○

첨부자료

육생, 수생 비오톱 상세도, 생태연못 상세도, 관찰데크 상세도, 생태연못 설비상세도, 비오톱 시설물 상세도

2) 작성시 유의사항 (이것만은 꼭 알고 보고서 작성하기)

① 평가목적

비오톱의 조성기법을 평가함으로써 주거 단지 내 생태 환경의 질적 수준향상을 유도한다.

② 평가방법

비오톱 조성을 위해 채용된 기법을 대상으로 정성적, 정량적으로 평가

③ 심사시 보완요청 사례

- 지자체 조례 식재밀도 기준 제출 필요
- 현장사진 보완 제출 필요
- 1차보완 시 건축사 날인된 PDF도면(글씨오류 여부확인)으로 제출 필요
- 적용항목 확인 가능한 리스트첨부 또는 자체평가서에 표기 필요
- 육생비오톱 조성면적 표기 필요
- 횃대는 수생비오톱에 적용시 인정 가능함.
- 비오톱내 핵심지역 주변 별도 관찰로 제공도면(관찰로의 재질 포함)을 제출 필요

④ 적용 건축물

공동주택, 복합(주거), 업무시설, 학교시설, 판매시설, 숙박시설, 기존공동주택, 기존업무시설, 그밖의 건축물

3) 제출서류

① 예비인증

- 단지계획도 / 비오톱 면적 산출근거
- 급, 배수 처리 계획도(우수 활용 계획도)
- 비오톱 상세도면(단면도) / 비오톱 면적 산출 근거
- 설계 설명서(지자체 식재조례 및 대상 비오톱 식재밀도(식재수량/㎡) 표기)
- 식재 상세도 (규격 및 수량 표시) / 상세 계획도(단면 및 스케치)

② 본인증

- 예비인증시 제출 서류
- 비오톱내 동식물 생육상태 확인 자료(시공완료 시점 및 인증신청 시점의 변화 사진)

③ 일반적 제출서류 리스트

- 육생, 수생 비오톱 상세도
- 생태연못 상세도

- 관찰데크 상세도
- 생태연못 설비상세도
- 비오톱 시설물 상세도
- 조경기준
- 현장사진

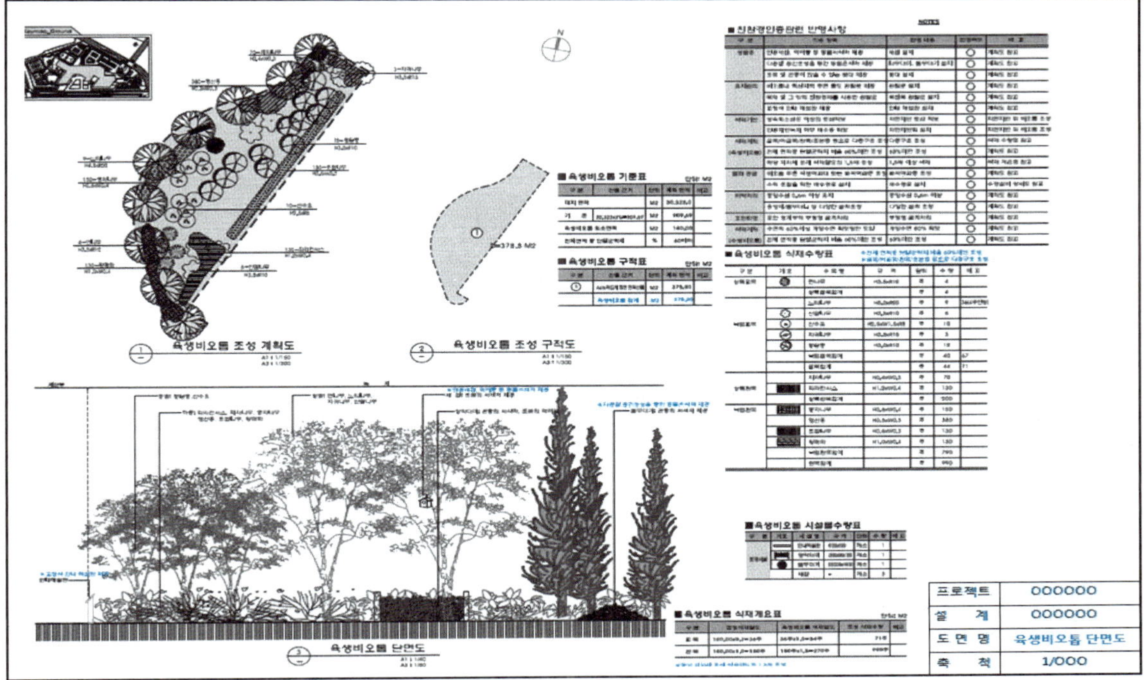

[그림 102] 육생비오톱 상세도

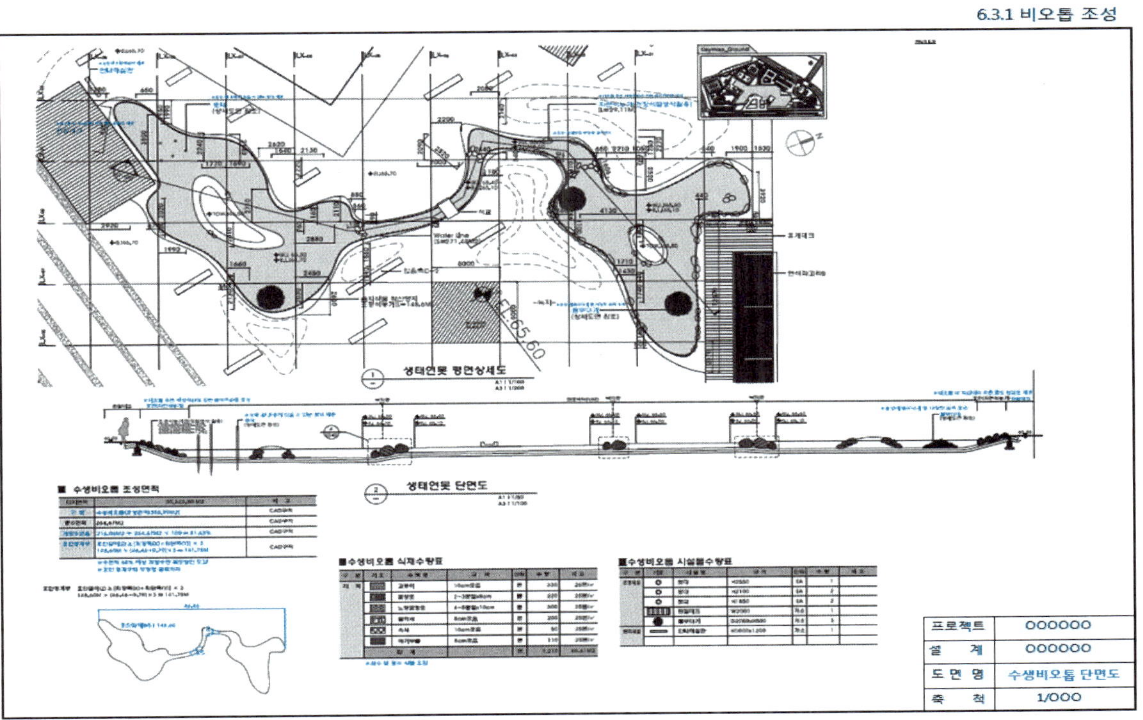

[그림 103] 수생비오톱상세도

6.3.1 비오톱 조성

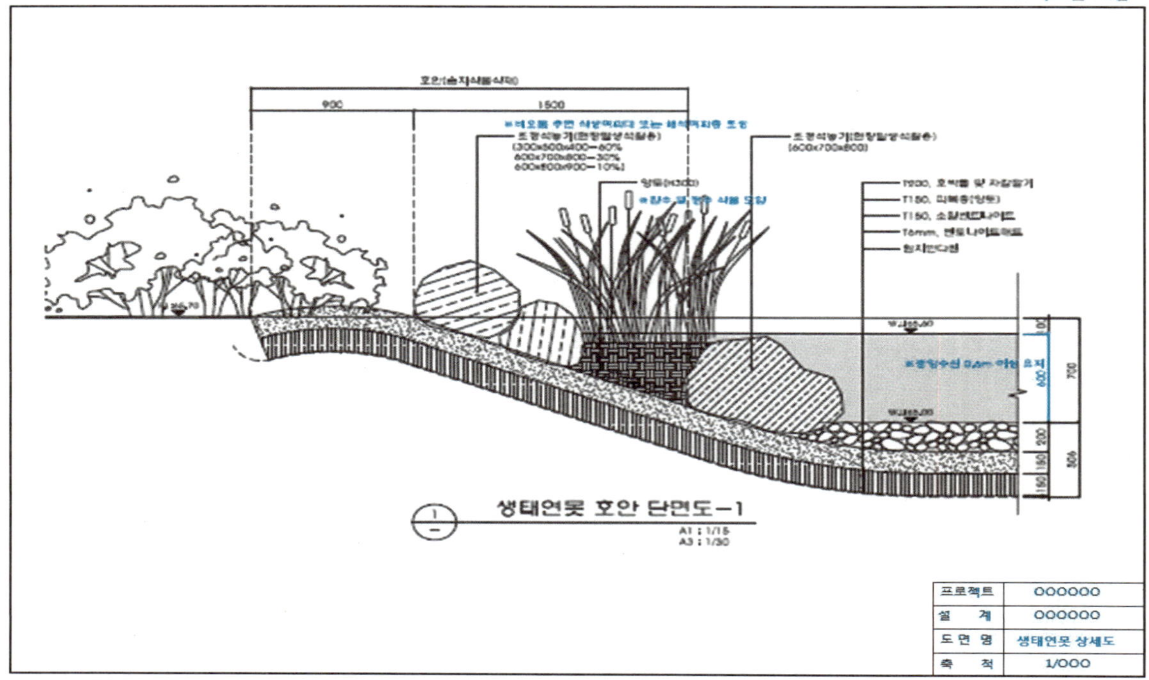

[그림 104] 생태연못 상세도

6.3.1 비오톱 조성

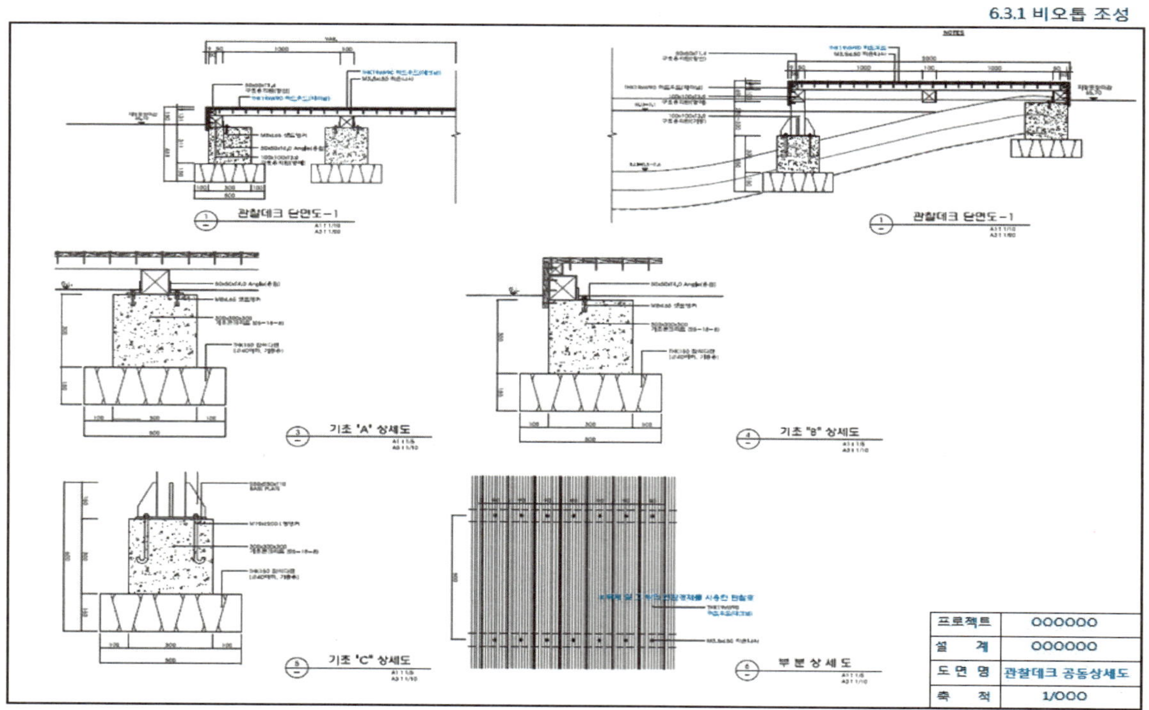

[그림 105] 관찰테크 상세도

6.3.1 비오톱 조성

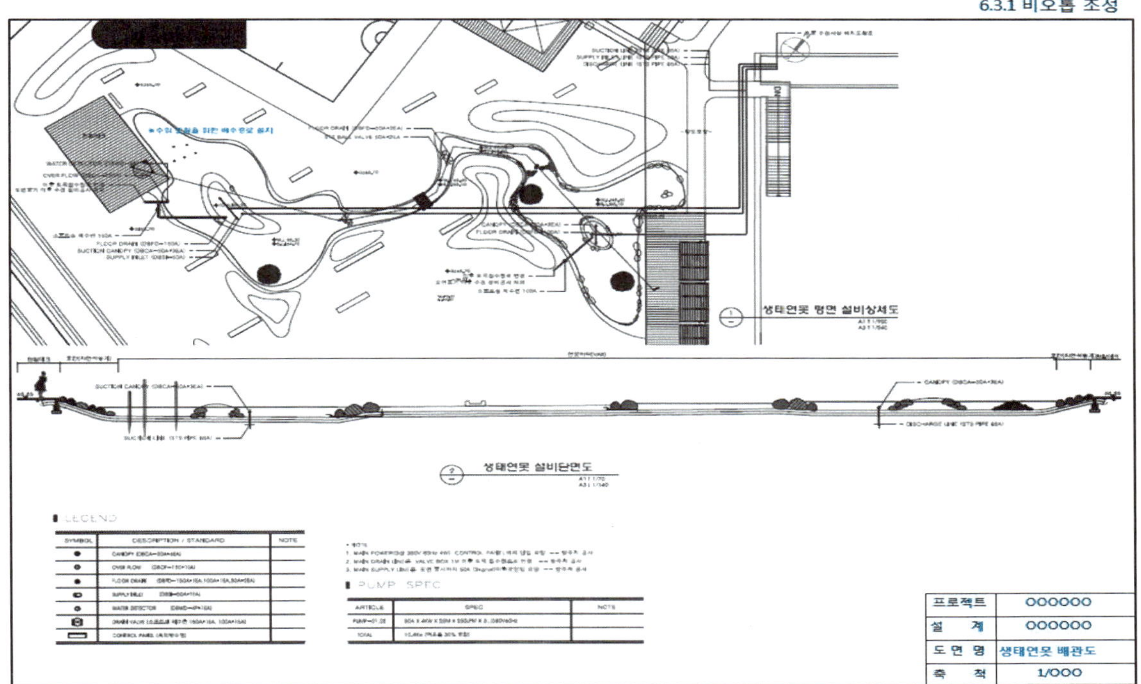

[그림 106] 생태연못 배관도

6.3.1 비오톱 조성

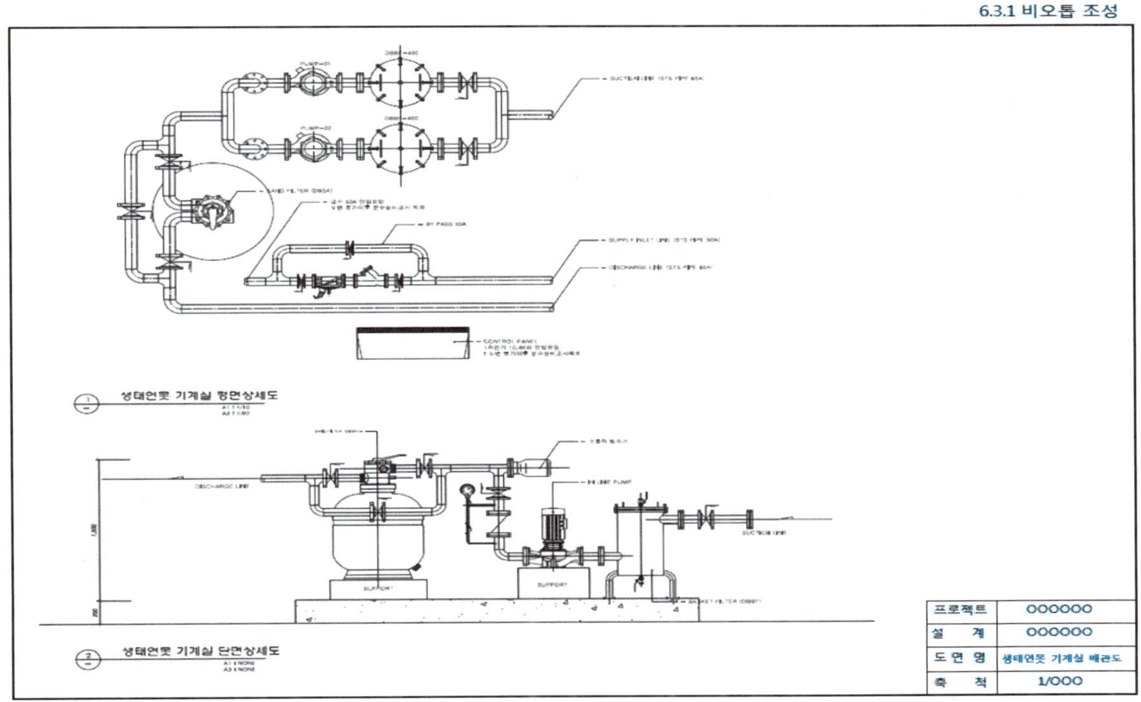

[그림 107] 생태연못 기계실 배관도

6.3.1 비오톱 조성

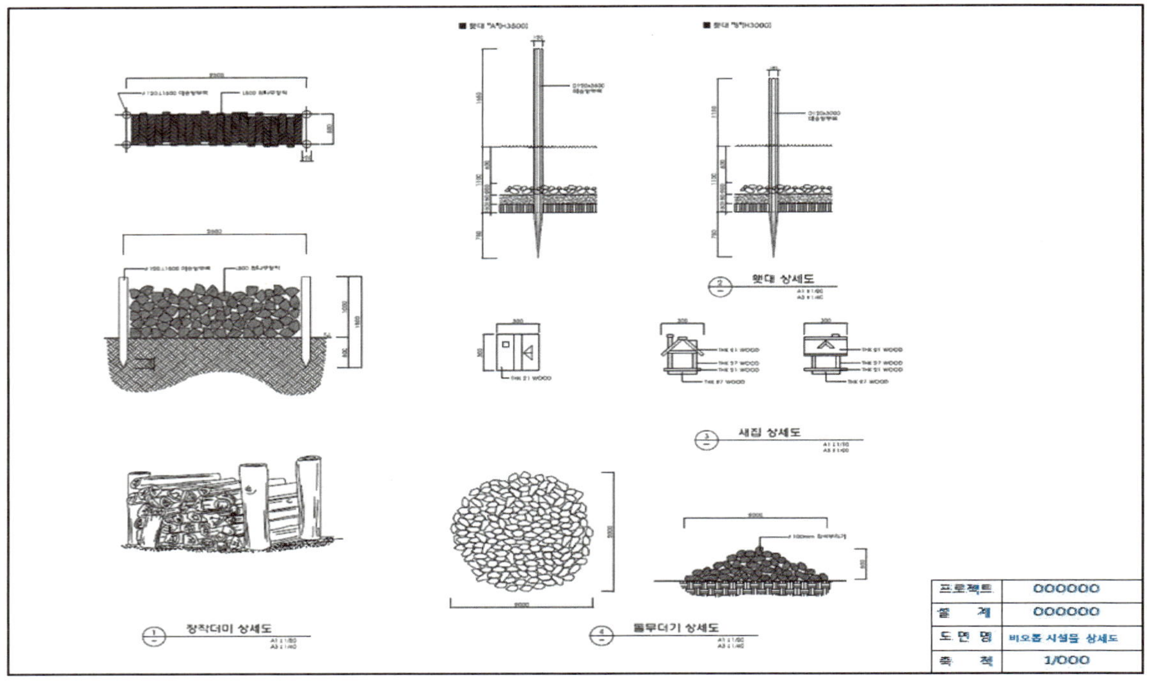

[그림 108] 비오톱 시설물 상세도

6.3.1 비오톱 조성

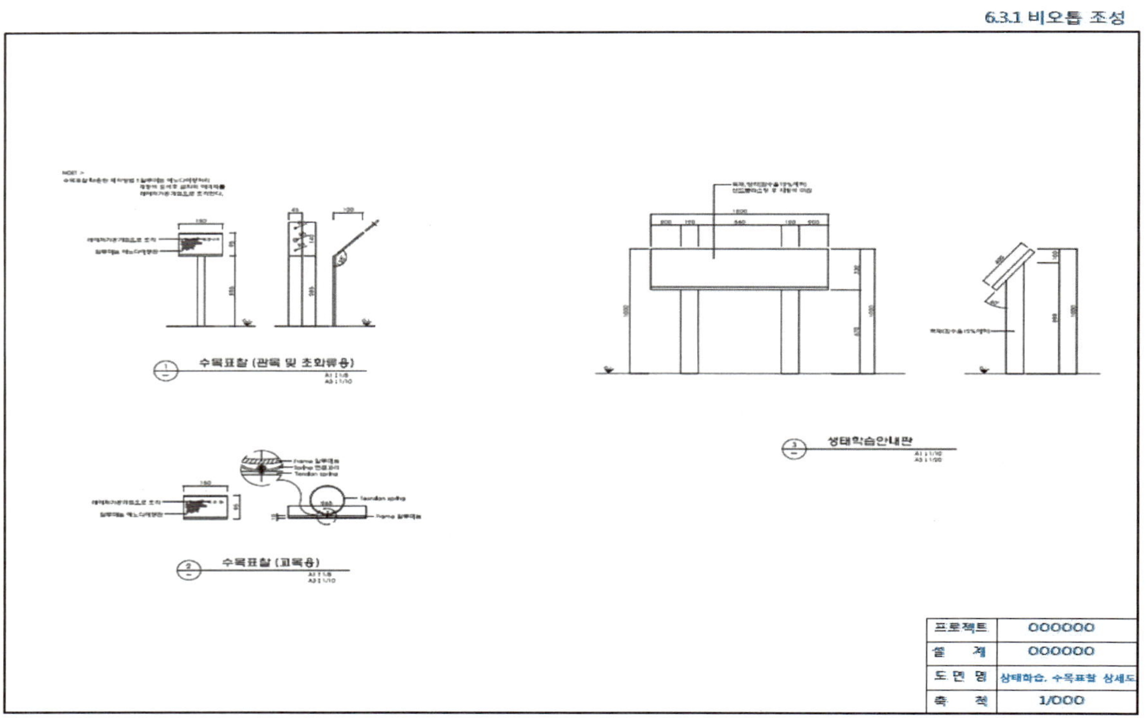

[그림 109] 생태학습 수목표찰 상세도

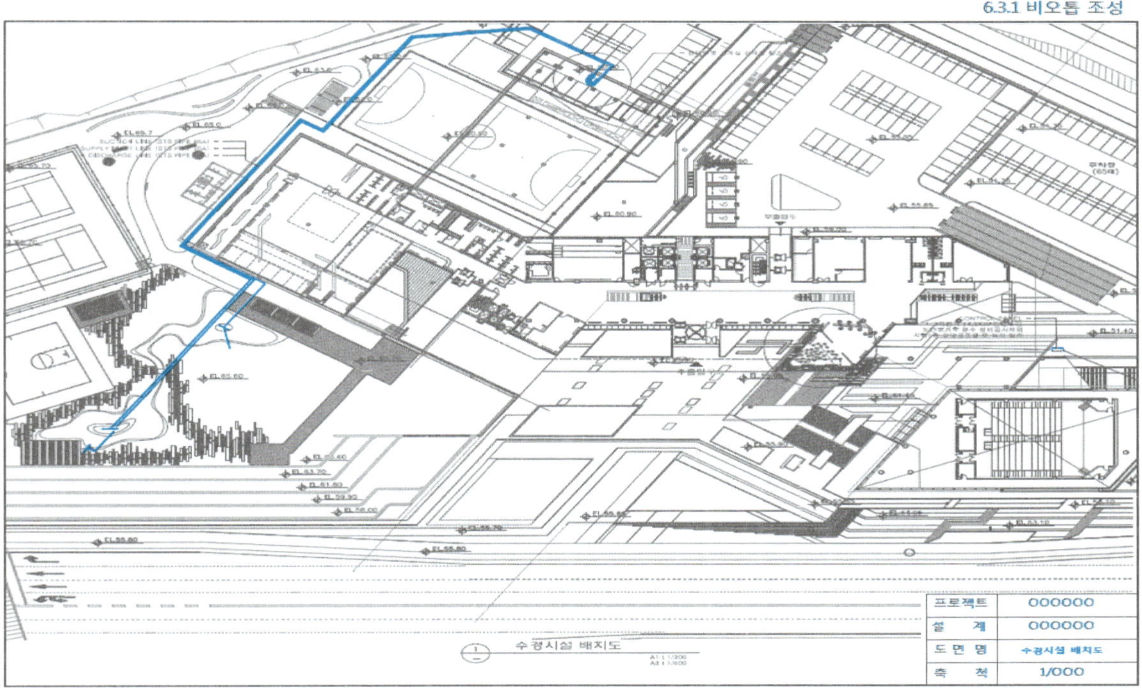

[그림 110] 수경시설 배치도

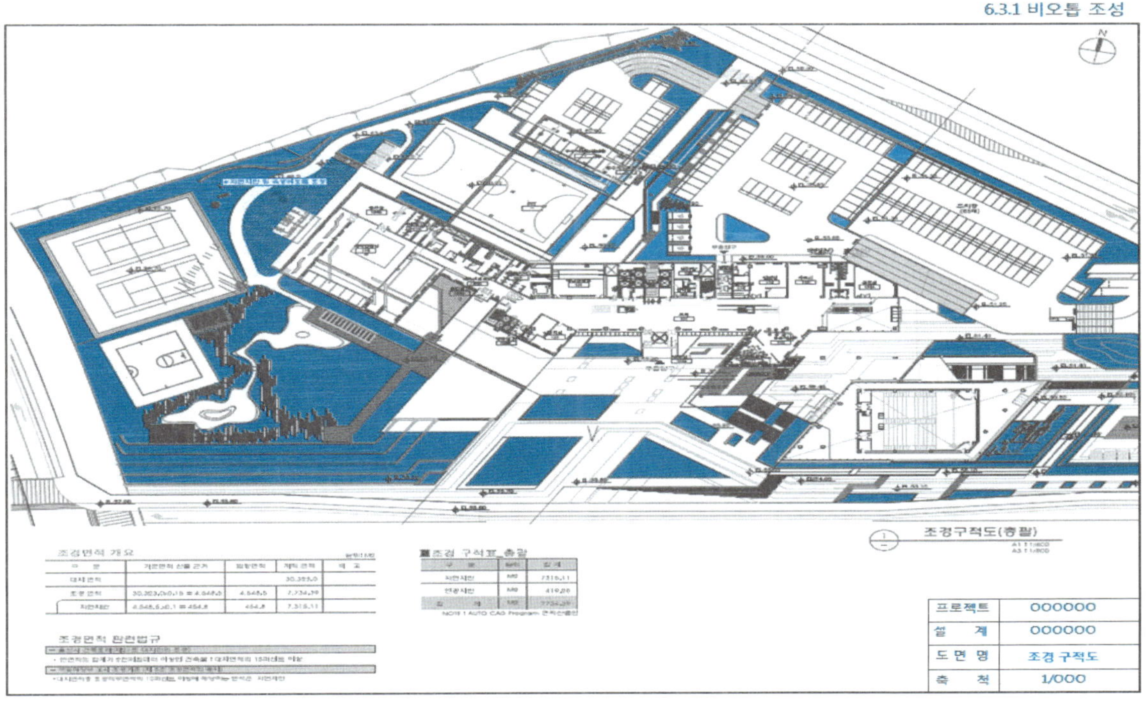

[그림 111] 조경구적도

국토교통부고시 제2014-　호
건축법 제42조제2항의 규정에 의하여 조경기준을 다음과 같이 개정.고시합니다.

2014년 3월 5일
국토교통부장관

조 경 기 준

제1장 총칙

제1조(목적) 이 기준은 건축법(이하 "법"이라 한다) 제42조제2항의 규정에서 위임된 사항과 그 시행에 필요한 사항을 규정함을 목적으로 한다.

제2조(적용범위) 〈 삭 제 〉

제3조(정의) 이 기준에서 사용하는 용어의 뜻은 다음 각 호와 같다.

1. "조경"이라 함은 경관을 생태적, 기능적, 심미적으로 조성하기 위하여 식물을 이용한 식생공간을 만들거나 조경시설을 설치하는 것을 말한다.
2. "조경면적"이라 함은 이 고시에서 정하고 있는 조경의 조치를 한 부분의 면적을 말한다.
3. "조경시설"이라 함은 조경과 관련된 파고라·벤치·환경조형물·정원석·휴게·여가·수경·관리 및 기타 이와 유사한 것으로 설치되는 시설, 생태연못 및 하천, 동물 이동통로 및 먹이공급시설 등 생물의 서식처 조성과 관련된 생태적 시설을 말한다.

[그림 111] 조경기준

6.3.1 비오톱 조성

[그림 112] 현장 사진

1.2.7 실내환경

가. 공기환경

1) 실내공기오염물질 저방출 자재의 사용

<table>
<tr><td colspan="2">녹색건축인증 2013-2</td><td colspan="2">업무용 건축물</td></tr>
<tr><td>평가부문</td><td colspan="3">7 실내환경</td></tr>
<tr><td>평가범주</td><td colspan="3">7.1 공기환경</td></tr>
<tr><td>평가기준</td><td colspan="3">7.1.1 실내공기오염물질 저방출 자재의 사용</td></tr>
<tr><td>작 성 자</td><td></td><td>심사위원</td><td></td></tr>
<tr><td>배 점</td><td colspan="3">3점 (필수항목 : 최소평점 2.0점)</td></tr>
<tr><td>산출기준</td><td colspan="3">· 평점 = 각 적용층의 평점의 합/(층수×4)
<table>
<tr><th colspan="2">구분</th><th>각종 유해물질 저방출자재의 적용부위</th><th>평점</th></tr>
<tr><td rowspan="3">최종 마감재</td><td>벽체</td><td>실내벽면(기둥, 간막이벽 포함)에 적용된 최종마감재의 유해화학물질 방출량이 환경표지인증 획득기준 또는 그에 준하는 기준에 적합한 경우</td><td>2</td></tr>
<tr><td>천장</td><td>천장면에 적용된 최종마감재의 유해화학물질 방출량이 환경표지인증 획득기준 또는 그에 준하는 기준에 적합한 경우</td><td>1</td></tr>
<tr><td>바닥</td><td>바닥면에 적용된 최종마감재의 유해화학물질 방출량이 환경표지인증 획득기준 또는 그에 준하는 기준에 적합한 경우</td><td>2</td></tr>
<tr><td rowspan="3">접착제</td><td>벽체</td><td>실내벽면(기둥, 간막이벽 포함)의 최종마감재에 적용된 접착제의 유해화학물질 방출량이 환경표지인증 획득기준 또는 그에 준하는 기준에 적합한 경우</td><td>1</td></tr>
<tr><td>천장</td><td>천장면의 최종마감재에 적용된 접착제의 유해화학물질 방출량이 환경표지인증 획득기준 또는 그에 준하는 기준에 적합한 경우</td><td>1</td></tr>
<tr><td>바닥</td><td>바닥면의 최종마감재에 적용된 접착제의 유해화학물질 방출량이 환경표지인증 획득기준 또는 그에 준하는 기준에 적합한 경우</td><td>2</td></tr>
<tr><td rowspan="3">최종 마감재 이외의 그 밖의 내장재</td><td>벽체</td><td>실내벽면(기둥, 간막이벽 포함)에 적용된 내장재의 유해화학물질 방출량이 환경표지인증 획득기준 또는 그에 준하는 기준에 적합한 경우</td><td>1</td></tr>
<tr><td>천장</td><td>천장에 적용된 내장재의 유해화학물질 방출량이 환경표지인증 획득기준 또는 그에 준하는 기준에 적합한 경우</td><td>1</td></tr>
<tr><td>바닥</td><td>바닥에 적용된 내장재의 유해화학물질 방출량이 환경표지인증 획득기준 또는 그에 준하는 기준에 적합한 경우</td><td>1</td></tr>
</table>
※ 유해물질 저방출자재(마감재, 접착제, 내장재)는 해당부위 표면적의 최소 70%이 상 적용되어야 함
※ 유리, 자연석재와 대리석, 세라믹타일, 금속성 표면의 재료, 천연목재, 천연블록 등과 같은 휘발성 유기화합물을 방출하지 않는 재료의 경우는 환경표지인증 획득기준에 적합한 것으로 봄.
※ 마감재가 접착제를 사용하지 않는 시공법을 적용하는 경우는 환경표지인증 획득기준에 적합한 것으로 봄
※ 냉방 또는 난방을 하는 공간에 한하여 층수 산정 및 평가
※ 바닥면적의 70% 이상이 지하주차장, 기계실 등으로 사용되는 층은 층수 산정에서 제외</td></tr>
<tr><td rowspan="2">부여점수</td><td colspan="2">자체평가</td><td>심사단평가</td></tr>
<tr><td colspan="2">○.○점</td><td>○.○점</td></tr>
<tr><td>산출근거</td><td colspan="2">▶ 본 건축물의 휘발성 유기화합물 저방출 자재를 기준에 적합하게 사용예정임에 따라 총점 ○.○점 획득함
- 평점(Y) : (○○+○○+○○)/(○○*4) = ○.○

▶ 본 건축물의 휘발성 유기화합물 저방출 자재를 기준에 적합하게 사용예정임에 따라 총점 ○.○점 획득함
- 평점(Y) : (○○+○○+○○)/(○○*4)= ○.○</td><td></td></tr>
<tr><td>첨부자료</td><td colspan="3">적용면적비율산출서, 인증서 및 납품확인서, 실내외재료마감표, 실내재료마감상세도, 전체평면도</td></tr>
</table>

2) 작성시 유의사항 (이것만은 꼭 알고 보고서 작성하기)

① 평가목적

실내에 사용되는 건축자재로부터 실내공기 중으로 방출되어 거주자의 건강에 직접적인 영향을 미치는 유해화학물질(폼알데히드 및 휘발성유기화합물)의 저방출 제품의 적용을 유도한다.

② 평가방법

유해화학물질 저방출자재의 적용정도에 대해 평가

③ 심사시 보완요청 사례

- 산출서, 인증서, 납품확인서, 관계도서 중 인증서 보완 제출 필요
- HB마크 인증서를 환경표지인증서로 교체하였기에 적합하게 보완됨.
- 천정의 최종마감재를 처음에는 압면흡음텍스만 적용했으나 수성페인트를 추가하여 상향득점을 취득함.
- 자체평가서의 "※ 유해물질 저방출 자재(마감재, 접착제, 내장재)는 해당부위 표면적의 최소 70% 이상 적용되야 함"은 "50% 이상"으로 수정 필요. (득점에는 무관)
- 적용비율산출서에서 각층의 홀/복도/ELEV홀/로비등의 적용여부도 표시하여 주시고 적용비율을 산정 필요
- 적용예정확인서 와 각각 사용자재의 환경표지인증서를 제출 필요
- 부위별 적용제품의 리스트를 제출 필요
- 홀 및 복도, 화장실, 샤워실 등 거주자가 출입할 수 있는 공간을 포함하여 비율계산서를 재작성 필요
- 창고C동 중앙감시실의 기타내장재로 악세스플로어가 제외되어 있습니다. 악세스플로어를 포함하여 비율계산서 수정 및 인증서를 제출 필요
- 열경화성수지 천정판의 인증서를 제출 필요
- 재료마감표상 환경표지인증 획득기준에 적합한 자재로 판단하기 위한 해당자재의 인증서, 유해화학물질 저 방출 자재의 해당부위 표면적 최소 50% 이상 적용을 확인하기 위한 적용비율 산출서, 자체평가서에서는 "각 적용층의 평점의 합"을 10점으로 적용했으나 적용예정서를 기준으로 한다면 12점을 적용해야 함.(선택이 필요)
- 첨부된 서류(대상건축물에 사용된 친환경 인증 제품의 사용수)에 반영된 자재와 마감표 상의 자재가 서로 상이함.
- 최종바닥마감재 (바닥) – 화강석인지? 액상하드너? 인지 불문명함.
- 바닥, 벽, 천정의 접착제가 실내재료 마감표에는 없으나 집계표에는 반영되어 있음.

- 실내재료마감표 상에서 지하 2층의 주차장이 지하2층 평면도 상에서 확인할 수 없음.
- 적용예정서, 인증서 등이 적합하나, 층별로 해당부위 표면적의 50% 이상이 적용되었음을 입증할 수 있는 면적 대비표를 제출 필요
- 지하3층과 지하1층은 바닥면적의 70% 이상이 주차장, 기계실 등으로 사용되므로 적용층 대상에서 제외 필요
- 기타내장재 가중치가 2점으로(점수오류) 합계 가중치 12점으로 수정 필요(평점 변동없음)
- 적용자재의 환경표지인증서 와 거래명세서, 시험성적서가 없습니다. 보완 제출필요

④ 적용 건축물

공동주택, 복합(주거), 업무시설, 학교시설, 판매시설, 숙박시설, 소형주택, 기존업무시설, 그밖의 건축물

3) 제출서류

① 예비인증

- 실내 건축자재의 적용이 확인가능한 도면 및 서류
- 오염물질방출량 획득기준에 적합한 적용대상제품의 인증서, 시험성적서 또는 대상제품의 적용예정 확인서

② 본인증

- 실내 건축자재의 적용이 확인가능한 도면 및 서류
- 오염물질방출량 획득기준에 적합한 대상제품의 인증서, 시험성적서, 거래명세서

③ 일반적 제출서류 리스트

- 적용면적비율 산출서
- 인증서 및 납품확인서
- 실내외 재료마감표
- 실내재료마감 상세도
- 전체평면도

◈ 7.1.1 실내공기오염물질 저방출 자재 현황 리스트

PROJECT : ○○○○○○ 건립 공사

적용부위		자재	제품명	인증번호	회사명	인증유효기간	비고
최종마감재	벽체	○○○○○○	○○○○○○	제○○○○호	○○○○	20○○.○○.○○ -20○○.○○.○○	
		:	:	:	:	:	
	천장	○○○○○○	○○○○○○	제○○○○호	○○○○	20○○.○○.○○ -20○○.○○.○○	
		:	:	:	:	:	
	바닥	○○○○○○	○○○○○○	제○○○○호	○○○○	20○○.○○.○○ -20○○.○○.○○	
		:	:	:	:	:	
접착제	벽체	○○○○○○	○○○○○○	제○○○○호	○○○○	20○○.○○.○○ -20○○.○○.○○	
		:	:	:	:	:	
	천장	○○○○○○	○○○○○○	제○○○○호	○○○○	20○○.○○.○○ -20○○.○○.○○	
		:	:	:	:	:	
	바닥	○○○○○○	○○○○○○	제○○○○호	○○○○	20○○.○○.○○ -20○○.○○.○○	
		:	:	:	:	:	
기타 내장재	벽체	○○○○○○	○○○○○○	제○○○○호	○○○○	20○○.○○.○○ -20○○.○○.○○	
		:	:	:	:	:	
	천장	○○○○○○	○○○○○○	제○○○○호	○○○○	20○○.○○.○○ -20○○.○○.○○	
		:	:	:	:	:	
	바닥	○○○○○○	○○○○○○	제○○○○호	○○○○	20○○.○○.○○ -20○○.○○.○○	
		:	:	:	:	:	

적용부위		평점(A)	해당 개수(B)	평점 합(A x B)	평점
최종마감재	벽체	2	○○	2 x ○○	평점 = 각 적용층의 평점의 합/(층수(F) x 4) = (C+D+E)/(F x 4) = ○○.○○
	천장	1	○○	1 x ○○	
	바닥	2	○○	2 x ○○	
	합계	5	-	○○ (C)	
접착제	벽체	1	○○	1 x ○○	
	천장	1	○○	1 x ○○	
	바닥	2	○○	2 x ○○	
	합계	4	-	○○ (D)	
기타 내장재	벽체	1	○○	1 x ○○	
	천장	1	○○	1 x ○○	
	바닥	1	○○	1 x ○○	
	합계	3	-	○○ (E)	

[그림 113] 실내공기오염물질 저방출 자재현황 리스트

◈ 적용비율 산출서

적용부	실구분	면적(㎡)		바닥			천장			벽		
				최종마감재	접착제	기타내장재	최종마감재	접착제	기타내장재	최종마감재	접착제	기타내장재
	실명	바닥/천정면적	벽면적	자재	자재	자재	자재	자재	자재	자재	자재	자재
지하 ○층	로비	○○.○○	○○.○○	화강석	단일마감	-	페인트	단일마감	-	대리석	단일마감	-
			○○.○○							페인트	단일마감	-
	홀	○○.○○	○○.○○	화강석	단일마감	-	페인트	단일마감	-	화강석	단일마감	-
			○○.○○							페인트	단일마감	-
	복도-3	○○.○○	○○.○○	THK3 무석면비닐타일	타일접착제	-	비닐페인트	단일마감	-	수성페인트	단일마감	-
	복도-2	○○.○○	○○.○○	THK3 무석면비닐타일	타일접착제	-	비닐페인트	단일마감	-	수성페인트	단일마감	-
	복도-1	○○.○○	○○.○○	THK3 무석면비닐타일	타일접착제	-	비닐페인트	단일마감	-	수성페인트	단일마감	-
	탈의실(여)	○○.○○	○○.○○	화강석	단일마감	-	페인트	단일마감	-	방염벽지	벽지접착제	-
		○○.○○		민속장판	단일마감	-						
	탈의실(남)	○○.○○	○○.○○	화강석	단일마감	-	페인트	단일마감	-	방염벽지	벽지접착제	-
		○○.○○		민속장판	단일마감	-						
	사옥관리실	○○.○○	○○.○○	THK3 무석면비닐타일	타일접착제	-	THK12 암면흡음텍스	단일마감	경량철골천정틀(M-BAR)	수성페인트	단일마감	-
	청경대기실	○○.○○	○○.○○	THK3 무석면비닐타일	타일접착제	-	THK12 암면흡음텍스	단일마감	경량철골천정틀(M-BAR)	수성페인트	단일마감	-
	안내원대기실	○○.○○	○○.○○	THK3 무석면비닐타일	타일접착제	-	THK12 암면흡음텍스	단일마감	경량철골천정틀(M-BAR)	수성페인트	단일마감	-
	청소원실	○○.○○	○○.○○	THK3 무석면비닐타일	타일접착제	-	THK12 암면흡음텍스	단일마감	경량철골천정틀(M-BAR)	수성페인트	단일마감	-
	기사대기실	○○.○○	○○.○○	THK3 무석면비닐타일	타일접착제	-	THK12 암면흡음텍스	단일마감	경량철골천정틀(M-BAR)	수성페인트	단일마감	-
	문서수발실	○○.○○	○○.○○	THK3 무석면비닐타일	타일접착제	-	비닐페인트	단일마감	-	수성페인트	단일마감	-
	감시실	○○.○○	○○.○○	THK3 전도성 비닐타일	타일접착제	ACCESS FLOOR	THK12 암면흡음텍스	단일마감	경량철골천정틀(M-BAR)	수성페인트	단일마감	-
	통합관제실	○○.○○	○○.○○	THK3 전도성 비닐타일	타일접착제	ACCESS FLOOR	THK12 암면흡음텍스	단일마감	경량철골천정틀(M-BAR)	수성페인트	단일마감	-
	청소용역사무실	○○.○○	○○.○○	THK3 무석면비닐타일	타일접착제	-	THK12 암면흡음텍스	단일마감	경량철골천정틀(M-BAR)	수성페인트	단일마감	-
	시험기기실	○○.○○	○○.○○	하드너마감	접착제	-	비닐페인트	단일마감	-	수성페인트	단일마감	-
	강당로비-1	○○.○○	○○.○○	화강석	단일마감	-	페인트	단일마감	-	대리석/화강석	단일마감	-
			○○.○○							페인트	단일마감	-
			○○.○○							원목마루	-	-
			○○.○○							아크릴	-	-
	강당로비-2	○○.○○	○○.○○	화강석	단일마감	-	페인트	단일마감	-	대리석/화강석	단일마감	-
			○○.○○							페인트	단일마감	-
			○○.○○							원목마루	-	-
			○○.○○							아크릴	-	-
	강당	○○.○○	○○.○○	카펫타일	카펫타일 접착제	-	인테리어	인테리어	인테리어	인테리어	필름	-
			○○.○○							페인트	단일마감	-
		○○.○○	○○.○○	경보행용 원목마루	-	-	페인트	단일마감	-	인조가죽	-	-
	준비실-1	○○.○○	○○.○○	데코타일	타일접착제	-	페인트	단일마감	-	페인트	단일마감	-
	준비실-2	○○.○○	○○.○○	데코타일	타일접착제	-	페인트	단일마감	-	페인트	단일마감	-
	영사실	○○.○○	○○.○○	데코타일	타일접착제	-	페인트	단일마감	-	페인트	단일마감	-
			○○.○○							인테리어	필름	-
	조정실-1	○○.○○	○○.○○	데코타일	타일접착제	-	페인트	단일마감	-	페인트	단일마감	-
	조정실-2	○○.○○	○○.○○	데코타일	타일접착제	-	페인트	단일마감	-	페인트	단일마감	-
	강당복도-1	○○.○○	○○.○○	페인트	단일마감	-	페인트	단일마감	-	페인트	단일마감	-
			○○.○○	대리석/화강석	단일마감	-				대리석/화강석	단일마감	-
	강당복도-2	○○.○○	○○.○○	화강석	단일마감	-	페인트	단일마감	-	페인트	단일마감	-
	감시실	○○.○○	○○.○○	THK3 전도성 비닐타일	타일접착제	ACCESS FLOOR	THK12 암면흡음텍스	단일마감	경량철골천정틀(M-BAR)	수성페인트	단일마감	-
	영양사실	○○.○○	○○.○○	THK3 무석면비닐타일	타일접착제	-	비닐페인트	단일마감	-	수성페인트	단일마감	-
	조리사실	○○.○○	○○.○○	THK3 무석면비닐타일	타일접착제	-	비닐페인트	단일마감	-	수성페인트	단일마감	-
소계		00.00	00.00	00.00	00.00	00.00	00.00	00.00	00.00	00.00	00.00	00.00
적용비율		-	-	00.00%	00.00%	00.00%	00.00%	00.00%	00.00%	00.00%	00.00%	00.00%
배점				2	2	1	1	1	1	2	1	1

[그림 114] 적용비율 산출서

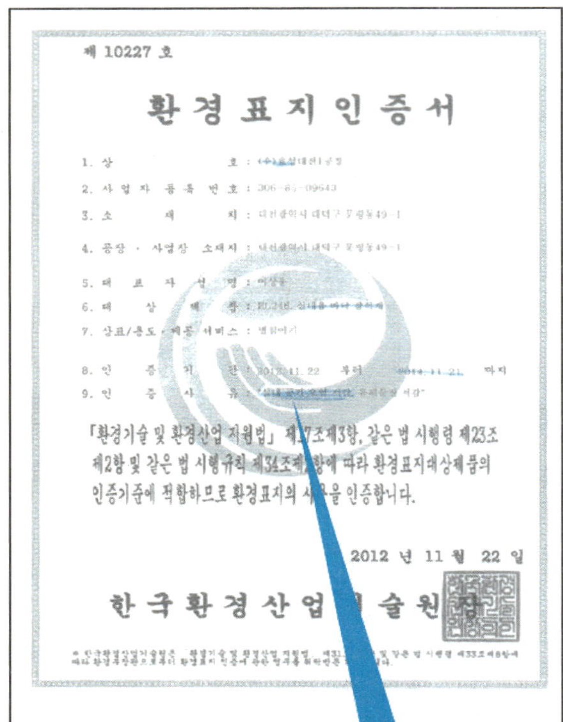

제 10227 호

환 경 표 지 인 증 서

1. 상 호 : [illegible]
2. 사 업 자 등 록 번 호 : 306-85-09643
3. 소 재 지 : 대전광역시 대덕구 문평동49-1
4. 공장 · 사업장 소재지 : 대전광역시 대덕구 문평동49-1
5. 대 표 자 성 명 : [illegible]
6. 대 상 제 품 : [illegible]
7. 상표/용도 · 제공 서비스 : [illegible]
8. 인 증 기 간 : 2012.11.22 부터 2014.11.21. 까지
9. 인 증 사 유 : "실내 공기 오염 저감, 유해물질 저감"

「환경기술 및 환경산업 지원법」 제17조제3항, 같은 법 시행령 제23조 제2항 및 같은 법 시행규칙 제34조제2항에 따라 환경표지대상제품의 인증기준에 적합하므로 환경표지의 사용을 인증합니다.

2012 년 11 월 22 일

한 국 환 경 산 업 기 술 원 장

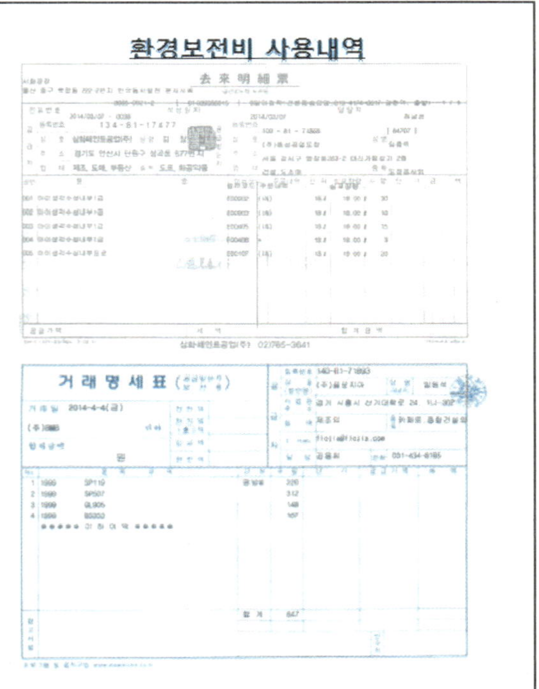

환경보전비 사용내역

去來明細票

거래명세표

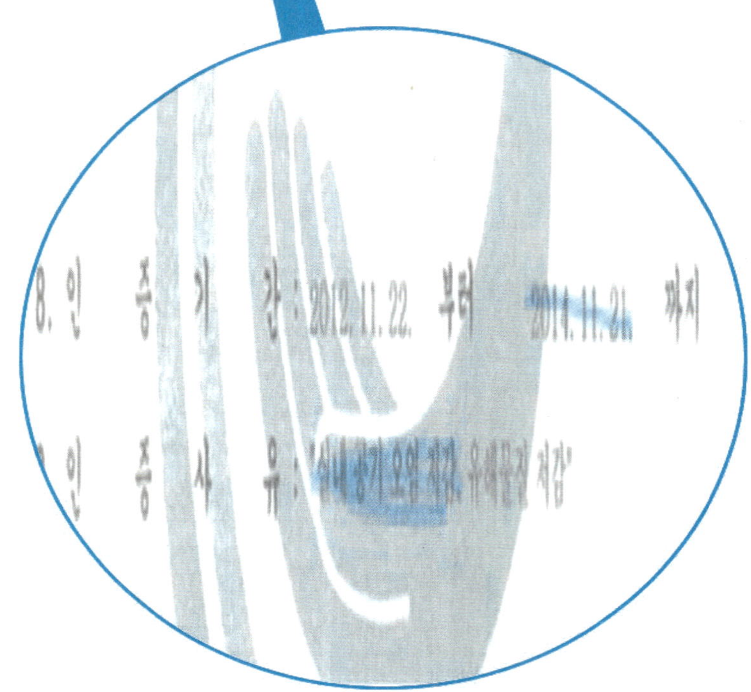

[그림 115] 환경표지인증서 및 환경보전비 사용내역

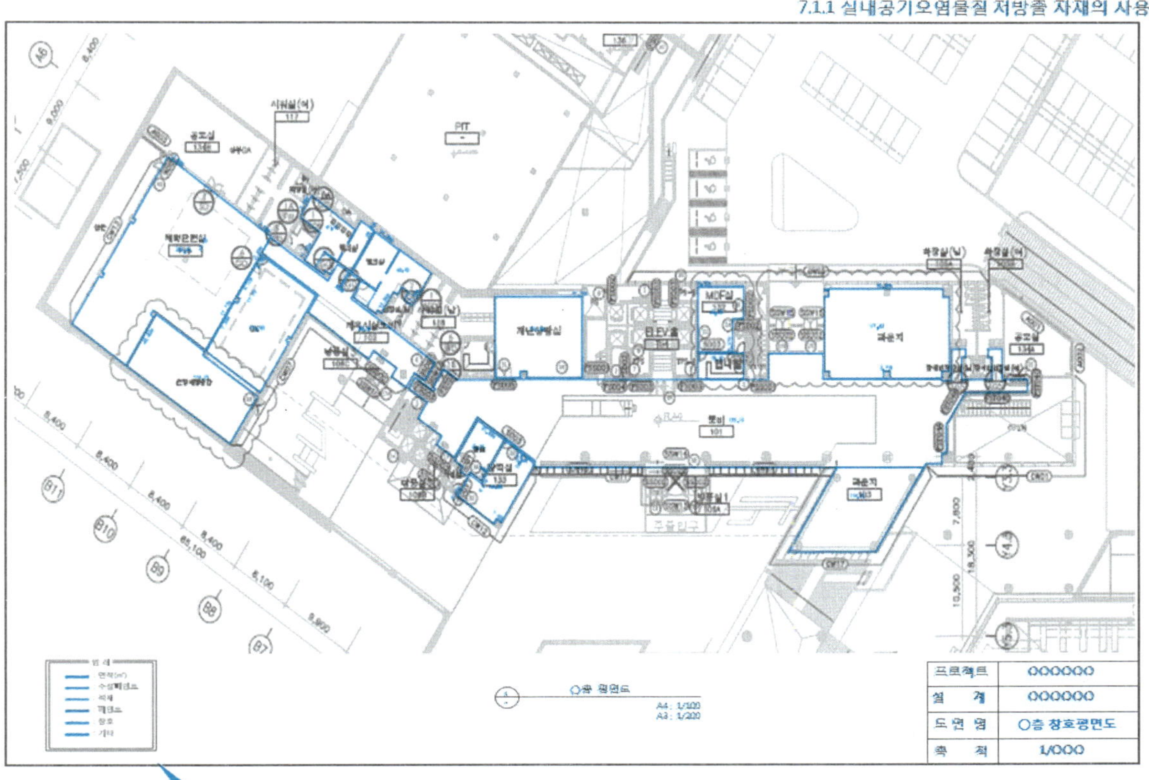

프로젝트 OOOOOO
설 계 OOOOOO
도 면 명 O층 창호평면도
축 척 1/OOO

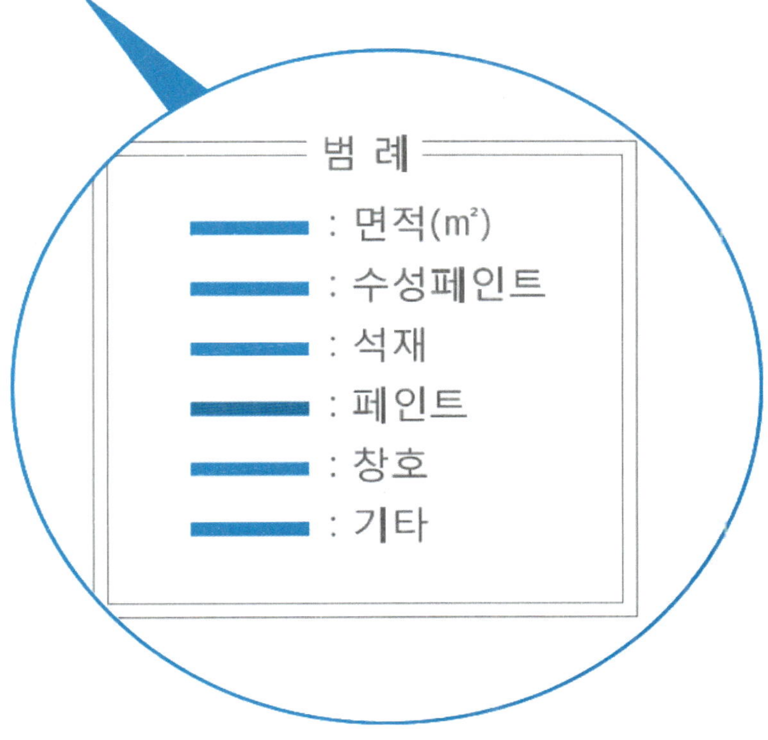

범 례
: 면적(m²)
: 수성페인트
: 석재
: 페인트
: 창호
: 기타

[그림 116] 평면도

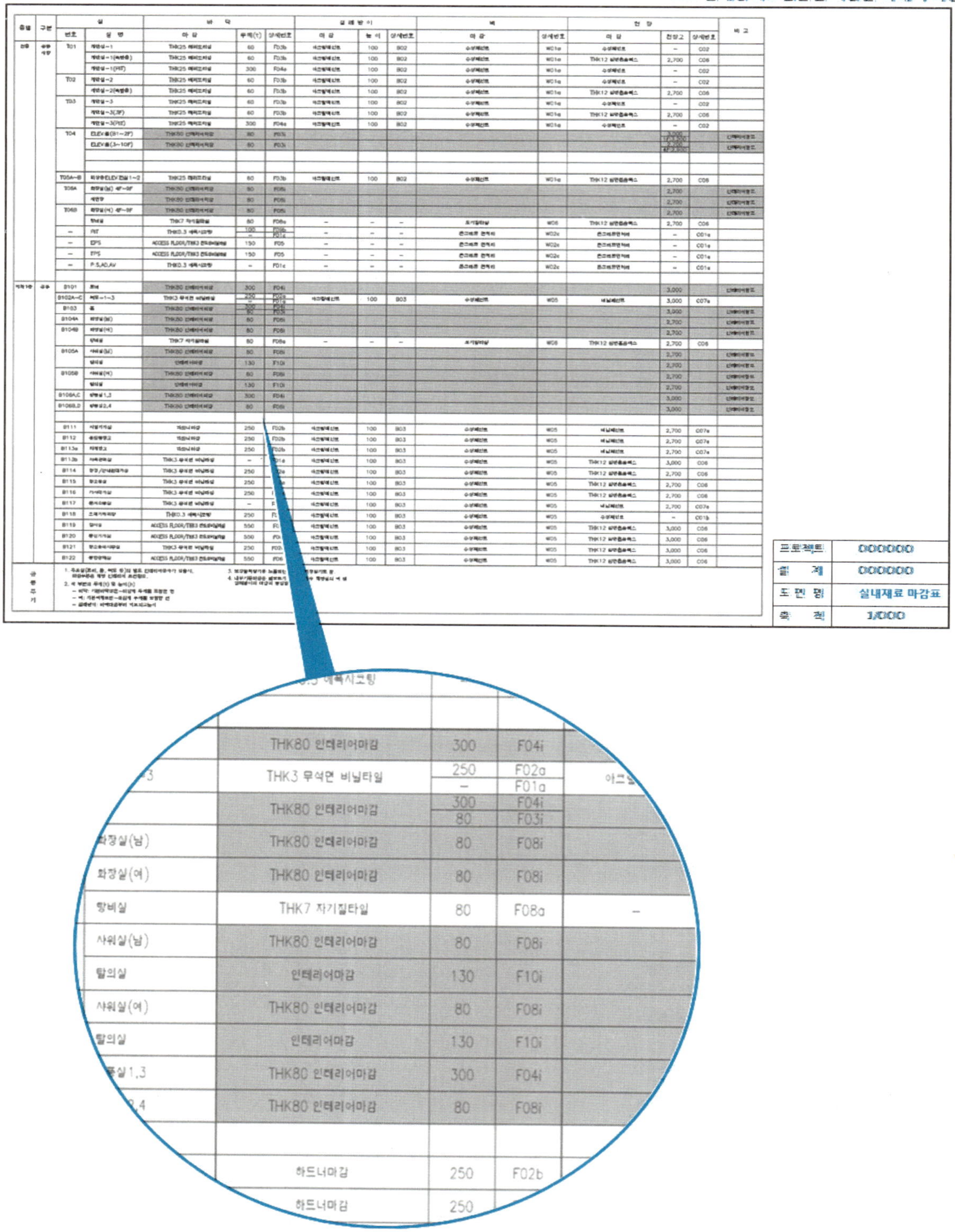

실명	마감	두께	상세번호	
	3 에폭시코팅			
	THK80 인테리어마감	300	F04i	
3	THK3 무석면 비닐타일	250 –	F02a F01a	아크릴
	THK80 인테리어마감	300 80	F04i F03i	
화장실(남)	THK80 인테리어마감	80	F08i	
화장실(여)	THK80 인테리어마감	80	F08i	
탕비실	THK7 자기질타일	80	F08a	–
샤워실(남)	THK80 인테리어마감	80	F08i	
탈의실	인테리어마감	130	F10i	
샤워실(여)	THK80 인테리어마감	80	F08i	
탈의실	인테리어마감	130	F10i	
실1,3	THK80 인테리어마감	300	F04i	
,4	THK80 인테리어마감	80	F08i	
	하드너마감	250	F02b	
	하드너마감	250		

프로젝트	OOOOOO
설계	OOOOOO
도면명	실내재료 마감표
축척	1/000

[그림 117] 실내재료 마감표

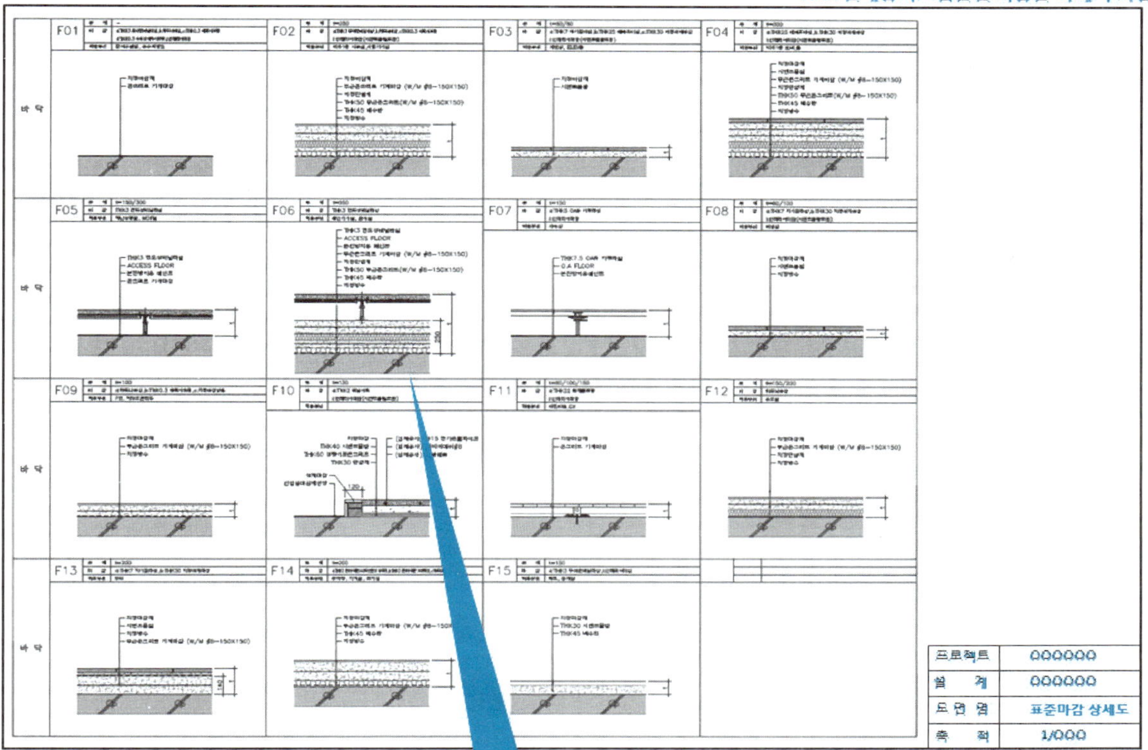

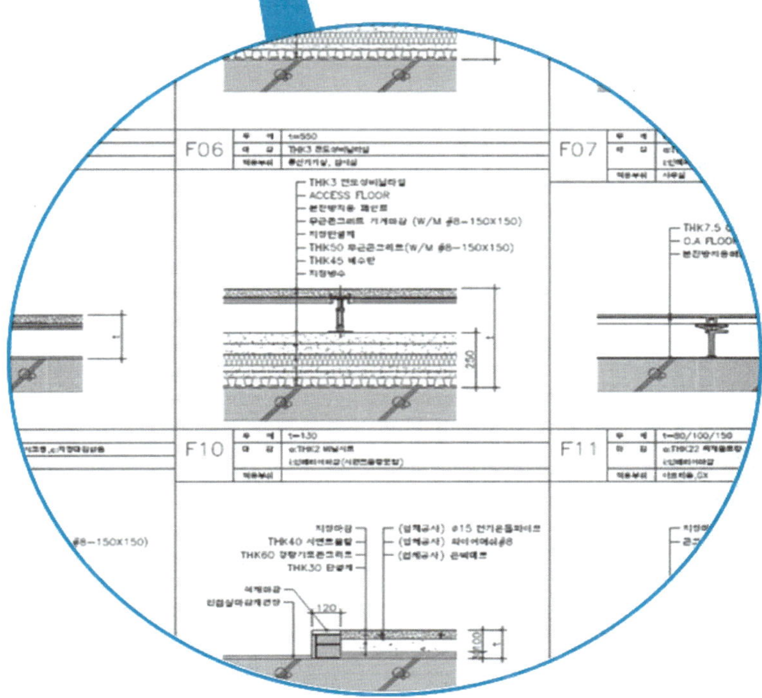

[그림 118] 표준마감 상세도

■실내재료마감표

프로젝트	OOOOOO
설 계	OOOOOO
도 면 명	실내재료 마감표
축 척	1/000

해당층	구역		바닥				걸레받이				WALL		
			기호	마감	제품명	두께	기호	마감	제품명	두께	기호	마감	제품명
B1	본관동	방풍실1	01 ST	화강석	짐바브웨 블랙(버너+브러쉬)	T:30mm							
		방풍실3	01 ST	화강석	짐바브웨 블랙(버너+브러쉬)	T:30mm	02 ST	대리석	써니베이지(혼드)	T:20mm	02 ST	대리석	써니베이지(혼드)
		로비	01 ST	화강석	짐바브웨 블랙(버너+브러쉬)	T:30mm	02 ST	대리석	써니베이지(혼드)	T:20mm	02 ST	대리석	써니베이지(혼드)
											01 PT	페인트	OFFWHITE
											04 GL	유리	투명강화유리
		복도	01 VT	데코타일	DTE2407-1	T:3mm	04 PT	페인트	HC0109		07 PT	페인트	HA502
		ELEV. HALL	03 ST	화강석	고흥석(물갈기)	T:30mm	02 ST	대리석	써니베이지(혼드)	T:20mm	02 ST	대리석	써니베이지(혼드)
											04 MT	금속	S.ST'L BLACK HAIRLINE
		방풍실2	03 ST	화강석	고흥석(물갈기)	T:30mm	02 ST	대리석	써니베이지(혼드)	T:20mm	02 ST	대리석	써니베이지(혼드)

[그림 119] 실내재료 마감표

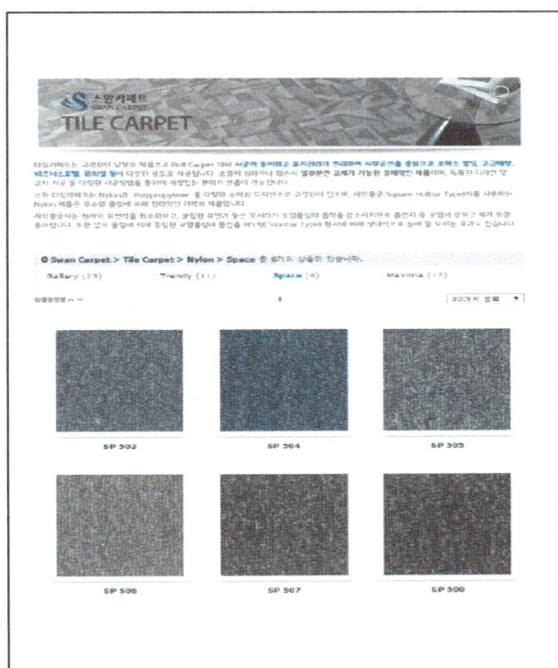

[그림 120] 제품설명서 및 현장 설치 사진

1-2) 자연 환기성능 확보 여부

<table>
<tr><th colspan="2">녹색건축인증 2013-2</th><th colspan="2">업무용 건축물</th></tr>
<tr><td>평가부문</td><td colspan="3">7　실내환경</td></tr>
<tr><td>평가범주</td><td colspan="3">7.1　공기환경</td></tr>
<tr><td>평가기준</td><td colspan="3">7.1.2　자연 환기성능 확보 여부</td></tr>
<tr><td>작 성 자</td><td></td><td>심사위원</td><td></td></tr>
<tr><td>배　점</td><td colspan="3">3점 (평가항목)</td></tr>
<tr><td>산출기준</td><td colspan="3">• 평점 = (가중치) × (배점) × 적용 기준층수/총 기준층수
<table><tr><th>구분</th><th>환기구 또는 장치 설치 유무 및 환기설계의 정도</th><th>가중치</th></tr><tr><td>1급</td><td>냉방 또는 난방을 행하는 기준층 공간에서 외주부 바닥면적 20㎡ 당 개폐가능한 창을 제공하거나 또는 기준층 창면적의 최소 10% 이상이 개폐가능한 창으로 구성되어 있는 경우</td><td>1.0</td></tr><tr><td>2급</td><td>냉방 또는 난방을 행하는 기준층 공간에서 외주부 바닥면적 20㎡당 환기구(vent slot포함)를 설치하는 경우</td><td>0.6</td></tr></table>※ 외주부: 외벽 실내측 끝단부터 5m 이내의 바닥면적</td></tr>
<tr><td rowspan="2">부여점수</td><td colspan="2">자체평가</td><td>심사단평가</td></tr>
<tr><td colspan="2">○.○점</td><td>○.○점</td></tr>
<tr><td>산출근거</td><td colspan="2">▶ 본 건축물은 적용 층수 ○개층 중 ○개층이 외주부 바닥면적 ○○㎡ 당 개폐가능한 창을 제공하여 ○급, ○.○점 획득
- 적용기준 : ○급(가중치 ○.○)
- 평점(Y) = ○.○×3×(○/○)=○.○점</td><td></td></tr>
<tr><td>첨부자료</td><td colspan="3">적용면적비율산출서, 창호부호평면도, 창호입면도</td></tr>
</table>

2) 작성시 유의사항 (이것만은 꼭 알고 보고서 작성하기)

① 평가목적

재실자에게 제어가능하고 신선한 외부 공기를 제공하는데 목적이 있다.

② 평가방법

이용자가 직접 외기를 도입할 수 있도록 자연통풍이 가능한 환기창/환기구 설치 여부를 평가

③ 심사시 보완요청 사례

- 산출서, 관계도서 검토시 현장사진 보완 제출 필요
- 건물외관 사진을 제출 필요
- 각층 외주부 바닥면적 산출평면도에서 외벽 실내측 끝단부터 5m 이내의 바닥 면적 여부를 알 수 있도록 치수를(5m) 기입 필요
- 5층 평면도상에 주방도 외주부 면적으로 포함 필요

④ 적용 건축물

공동주택, 복합(주거), 업무시설, 학교시설, 숙박시설, 소형주택, 기존공동주택, 기존업무시설, 그밖의 건축물

3) 제출서류

① 예비인증

- 창호 상세도, 개폐가능한 창 면적비율 산출서(기준층 바닥면적 산출서)
- 관련 설계도 및 시스템도, 제품설명서

② 본인증

- 예비인증시와 동일

③ 일반적 제출서류 리스트

- 적용면적비율산출서
- 현장사진
- 창호입면도
- 창호부호평면도

7.2.1 자연 환기성능 확보 여부

■ 개폐창 개수 산출표

PROJECT :

	외주부 면적(m²) (A)	창호명	개폐창		개폐창 요구량	적용여부
			개수	합 계	(A)/(20m²)	
지상2층	82.50	CW14	14	14	5	O
	175.75	CW43	3	26	9	O
		CW16	23			
	122.89	CW16	10	10	7	O
	157.46	CW08	19	19	8	O
	137.33	CW19	9	9	7	O
	108.21	CW18	16	16	6	O
	77.75	CW9	11	11	4	O
합계	856.89		105		43	O
지상4층	379.11	CW24	4	45	19	O
		CW25	5			
		CW26	14			
		CW27	6			
		CW28	3			
		CW29	13			
합계	379.11		45		19	O
지상5층	243.12	CW31	17	40	13	O
		CW30A	10			
		CW27	13			
	329.44	CW35	21	53	17	O
		CW33	12			
		CW38	20			
합계	572.56		93		29	O

업무용 건축물 = 적용층수 : 5층 / 총 층수 : 5층

■ 평점 : 1.0 × 3 × (5/5) = 3.0 점

[그림 121] 적용면적비율 산출서 및 현장사진

9.2.1 자연 환기성능 확보 여부

[그림 122] 창호일람표

9.2.1 자연 환기성능 확보 여부

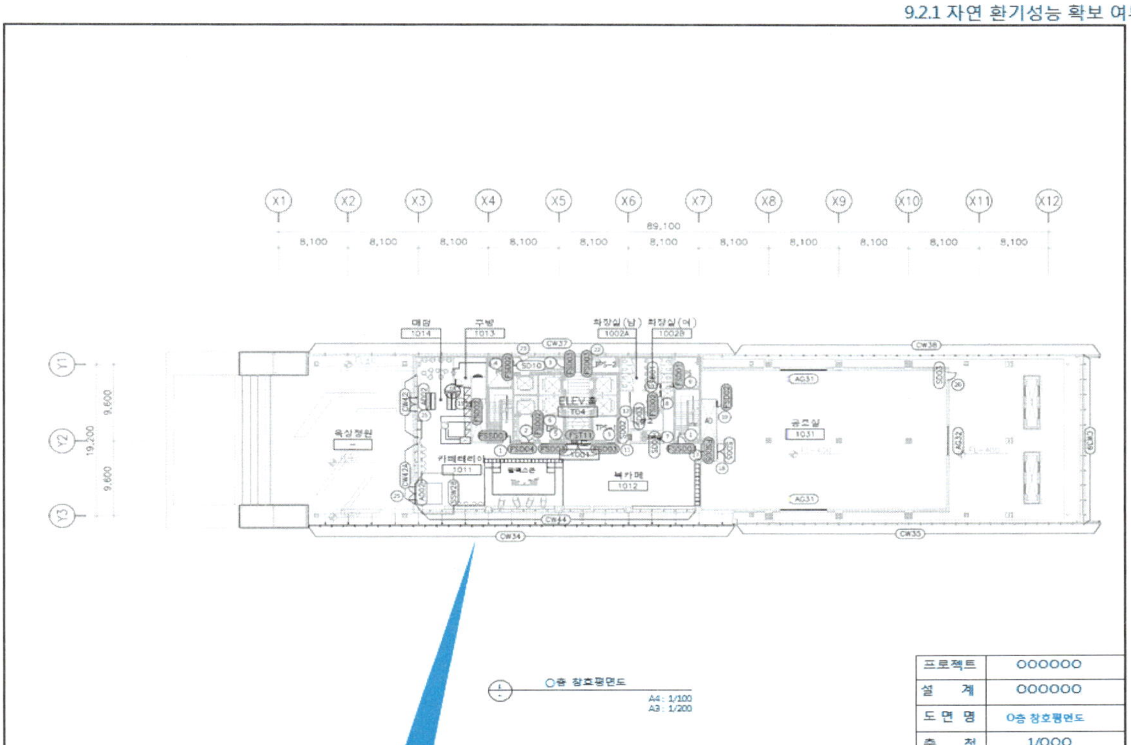

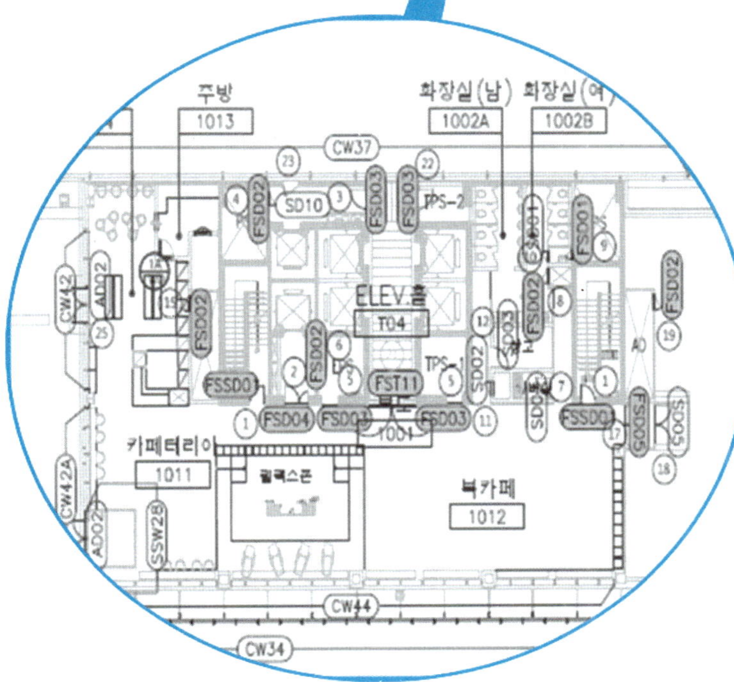

[그림 123] 창호평면도

1-3) 외기 급·배기구의 설계

<table>
<tr><th colspan="2">녹색건축인증 2013-2</th><th colspan="2">업무용 건축물</th></tr>
<tr><td>평가부문</td><td colspan="3">7 실내환경</td></tr>
<tr><td>평가범주</td><td colspan="3">7.1 공기환경</td></tr>
<tr><td>평가기준</td><td colspan="3">7.1.3 외기 급·배기구의 설계</td></tr>
<tr><td>작 성 자</td><td></td><td>심사위원</td><td></td></tr>
<tr><td>배 점</td><td colspan="3">3점 (평가항목)</td></tr>
<tr><td>산출기준</td><td colspan="3">· 평점의 합계치

<table>
<tr><th>환기구 또는 장치 설치 유무 및 환기설계의 정도</th><th>가중치</th></tr>
<tr><td>외기도입구와 배기구는 외부도로 등으로부터 직선거리로 10m 이상 떨어져 외부오염원을 제거할 수 있도록 설치된 경우</td><td>1점</td></tr>
<tr><td>외기도입구와 배기구는 재순환을 최소화하기 위해 서로 직선거리로 10m이상 떨어지게 배치한 경우</td><td>1점</td></tr>
<tr><td>공조시스템에서 외기도입을 위해 설계풍량의 30% 이상의 신선한 공기가 공급될 수 있도록 설계된 경우</td><td>1점</td></tr>
</table>
※ 단, 급배기구가 서로 마주보게 설계된 경우는 제외</td></tr>
<tr><td rowspan="2">부여점수</td><td>자체평가</td><td colspan="2">심사단평가</td></tr>
<tr><td>○.○점</td><td colspan="2">○.○점</td></tr>
<tr><td>산출근거</td><td>▶ 외기도입구와 배기구는 외부도로로부터 직선거리로 ○○m 이상 떨어져 외부오염원을 제거할 수 있도록 설치되어 ○점 획득
- 평점(Y) = ○.○</td><td colspan="2"></td></tr>
<tr><td>첨부자료</td><td colspan="3">배치도, 평면도, 공조실 확대덕트 평면도</td></tr>
</table>

2) 작성시 유의사항 (이것만은 꼭 알고 보고서 작성하기)

① 평가목적

신선한 외기를 도입하기 위한 공조 급배기구 설계를 통해 입주자들의 건강을 도모한다.

② 평가방법

신선한 외기를 도입하기 위한 공조 급·배기구 설계도서 확인

③ 심사시 보완요청 사례

- 현장사진 보완 제출 필요
- 건물외관 사진을 제출 필요
- 건축자재시방서 및 감리확인서를 제출 필요
- 창호형 자연환기구 종류가 여러개 있습니다. 제출된 시험성적서가 TK500제품인지 불분명하고 당해공사의 시험성적서가 아닙니다. 당해공사의 것으로 제출 보완 필요 또한 제출된 TK500제품이 당해 현장에 시공되었다는 근거 서류가 불분명함.
- 유닛트 형별 각실별 체적 및 자연환기구 설치 길이계산서를 제출 필요

  *시간당 0.7회 환기회수 확보 계산서(가중치 적용)

  *자연환기설비 설치 길이 산정방법 및 설치 기준[별표 1의3]에 의한 환기필요량과 적용설치길이에 따른 적합여부 표시

- TK500제품의 KSF2921(자연환기설비의 환기량 측정 방법)에 따른 m당 환기량(CMH)을 산정하여 해당제품과의 적합여부를 표기 필요 (압력차 : O.O, 측정된 풍량 : OO.OO)
- 자연환기의 표면결로방지성능 확보(KSF2295), 단열성능 확보(KS F 2278)시험성적서를 제출 필요

④ 적용 건축물

업무시설, 판매시설, 숙박시설, 기존업무시설

3) 제출서류

① 예비인증

- 공조시스템의 급배기구의 위치 및 크기가 포함된 설계도서
- 외기도입량 산출을 위한 공조부하 계산서

② 본인증

예비인증시와 동일

③ 일반적 제출서류 리스트

- 배치도
- 평면도
- 공조실 확대덕트 평면도
- 현장사진

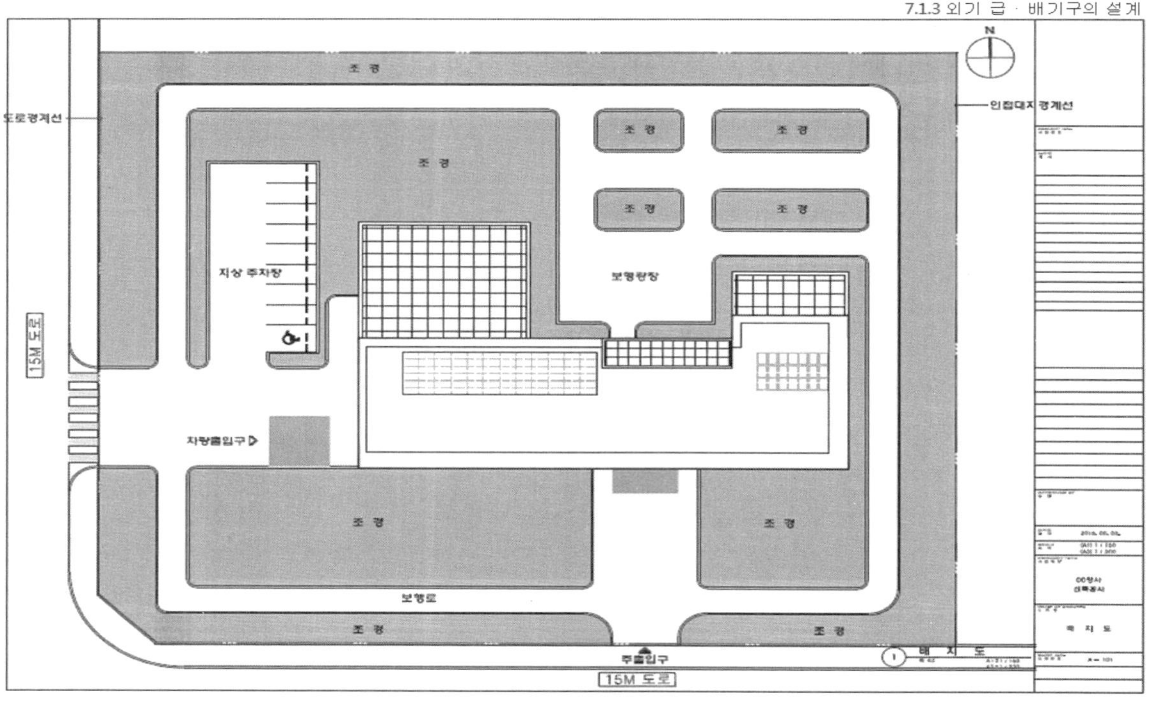

[그림 124] 배치도

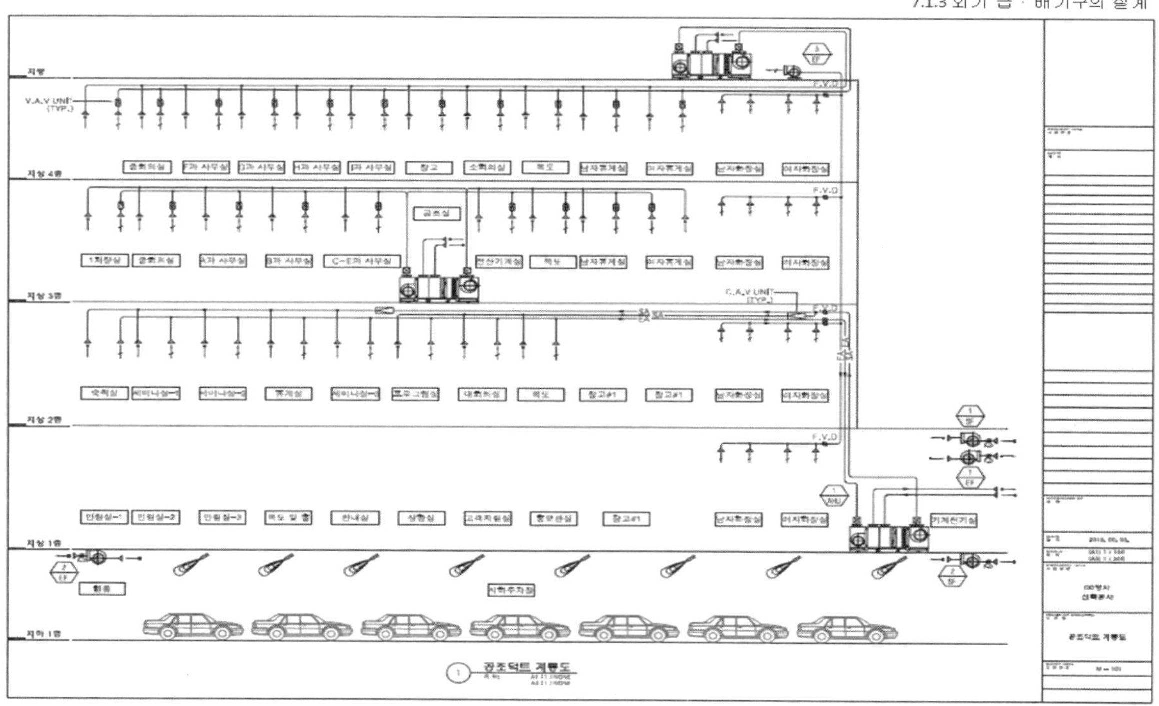

[그림 125] 공조덕트 계통도

7.1.3 외기 급 · 배기구의 설계

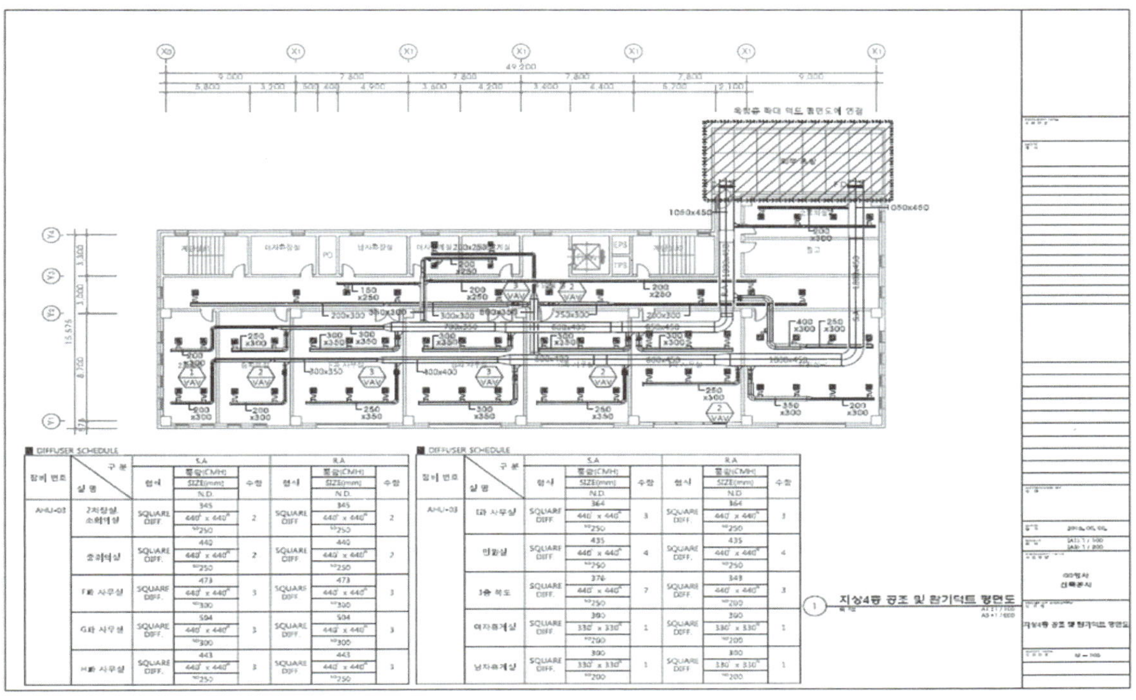

DIFFUSER SCHEDULE

장비 번호	구분 / 실명	S.A 형식	S.A 풍량(CMH) / SIZE(mm) / N.D.	S.A 수량	R.A 형식	R.A 풍량(CMH) / SIZE(mm) / N.D.	R.A 수량
AHU-03	2차장실, 소회의실	SQUARE DIFF.	345 / 440 x 440 / Ø250	2	SQUARE DIFF.	345 / 440 x 440 / Ø250	2
	소회의실	SQUARE DIFF.	440 / 440 x 440 / Ø250	2	SQUARE DIFF.	440 / 440 x 440 / Ø250	2
	F과 사무실	SQUARE DIFF.	473 / 440 x 440 / Ø300	3	SQUARE DIFF.	473 / 440 x 440 / Ø300	3
	G과 사무실	SQUARE DIFF.	504 / 440 x 440 / Ø300	3	SQUARE DIFF.	504 / 440 x 440 / Ø300	3
	H과 사무실	SQUARE DIFF.	443 / 440 x 440 / Ø250	3	SQUARE DIFF.	443 / 440 x 440 / Ø250	3

DIFFUSER SCHEDULE

장비 번호	구분 / 실명	S.A 형식	S.A 풍량(CMH) / SIZE(mm) / N.D.	S.A 수량	R.A 형식	R.A 풍량(CMH) / SIZE(mm) / N.D.	R.A 수량
AHU-03	D과 사무실	SQUARE DIFF.	364 / 440 x 440 / Ø250	3	SQUARE DIFF.	364 / 440 x 440 / Ø250	3
	민원실	SQUARE DIFF.	435 / 440 x 440 / Ø250	4	SQUARE DIFF.	435 / 440 x 440 / Ø250	4
	3층 복도	SQUARE DIFF.	376 / 440 x 440 / Ø250	7	SQUARE DIFF.	343 / 440 x 440 / Ø200	3
	여자휴게실	SQUARE DIFF.	300 / 330 x 330 / Ø200	1	SQUARE DIFF.	300 / 330 x 330 / Ø200	1
	남자휴게실	SQUARE DIFF.	300 / 330 x 330 / Ø200	1	SQUARE DIFF.	300 / 330 x 330 / Ø200	1

[그림 126] 공조 및 환기덕트 평면도

7.1.3 외기 급 · 배기구의 설계

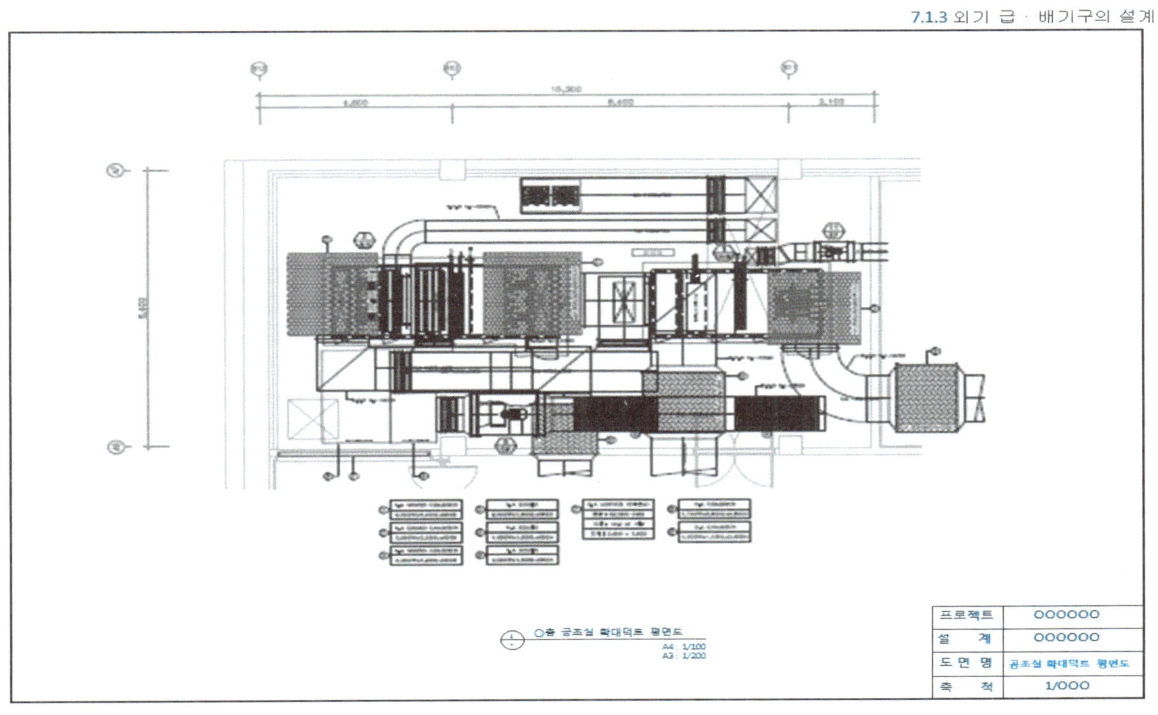

[그림 127] 공조실 확대덕트 평면도

[그림 128] 현장사진

1-4) 건축자재로부터 배출되는 그 밖의 유해물질 억제

<table>
<tr><th colspan="2">녹색건축인증 2013-2</th><th colspan="2">업무용 건축물</th></tr>
<tr><td>평가부문</td><td colspan="3">7 실내환경</td></tr>
<tr><td>평가범주</td><td colspan="3">7.1 공기환경</td></tr>
<tr><td>평가기준</td><td colspan="3">7.1.4 건축자재로부터 배출되는 그 밖의 유해물질 억제</td></tr>
<tr><td>작 성 자</td><td></td><td>심사위원</td><td></td></tr>
<tr><td>배 점</td><td colspan="3">1점 (평가항목)</td></tr>
<tr><td>산출기준</td><td colspan="3"><table><tr><th>석면이 포함된 자재의 사용여부</th><th>가중치</th></tr><tr><td>건축물내에 구조, 천장을 포함한 설비공간, 수직덕트공간, 간막이 벽체 등에 사용되는 자재는 석면이 포함된 자재를 사용하지 않도록 시방서를 기록한다.</td><td>1점</td></tr></table></td></tr>
<tr><td rowspan="2">부여점수</td><td colspan="2">자체평가</td><td>심사단평가</td></tr>
<tr><td colspan="2">○.○ 점</td><td>○.○ 점</td></tr>
<tr><td>산출근거</td><td colspan="2">▶ 본 건축물은 석면을 사용하지 않도록 시방서에 기재함에 따라 해당기준을 만족함.
- 평점(Y) = ○.○</td><td></td></tr>
<tr><td>첨부자료</td><td colspan="3">시방서</td></tr>
</table>

2) 작성시 유의사항 (이것만은 꼭 알고 보고서 작성하기)

① 평가목적

건축자재로부터 배출되는 유해물질을 억제하고 건축물의 개보수 및 해체시 발생될 수 있는 유해물질의 확산을 차단한다.

② 평가방법

건축물 내에 석면이 포함된 자재를 사용하는지를 평가함.

③ 심사시 보완요청 사례

시방서, 확인서 검토시 감리확인서 서명 날인 제출이 필요

④ 적용 건축물

복합(주거), 업무시설, 학교시설, 판매시설, 숙박시설, 기존업무시설, 그밖의 건축물

3) 제출서류

① 예비인증

시방서(관련내용이 명시된 부분)

② 본인증

예비인증시와 동일

③ 일반적 제출서류 리스트

시방서

G01010 친환경 요구사항

1. 일반사항

1.1 환경 친화적인 자재 적용 준수

친환경건축물인증 국토해양부 최우수등급을 취득하기에 합당한 제품을 선정하여 공사감독자의 검토를 거쳐 승인받은 자재를 사용하여야 한다.

1.1.1 유효자원 재활용을 위한 친환경인증제품

환경표지제도나 환경성적표지제도에 의하여 유효자원 재활용을 위해 환경마크 또는 GR마크를 획득한 제품을 주된 건축물에 9종류, 외부공간에 10종류 이상을 적용하여야 한다. 이때, 자재선정은 다음과 같다.

＊ 자재선정 품목 : 친환경건축물 예비인증 최우수등급 획득시 설계도서를 참고하여 해당 공정 및 기준에 만족한 제품을 선정하도록 한다. (자재선정은 기준을 준수할 경우, 현장여건에 따라 적용제품을 조정할 수 있음.)

인증마크	인증제품구분		적용부위	비고
환경표지 인증서	1	암면흡음텍스	사무실 천장	주된 건축물 (건축내부) 9종 채택
	2	석고본드	벽체, 천장	
	3	일반 석고보드	벽체, 천장	
	4	방수 석고보드	화장실 벽체	
	5	Access Floor	TPS, EPS, 재난상황실	
	6	단열재	외벽, 천장	
GR마크	7	글라스울	벽체, 천장	
	8	시각장애인용 점자블록	내부 바닥	
	9	콘크리트 고로슬래그 시멘트	지하층 외벽 일부	

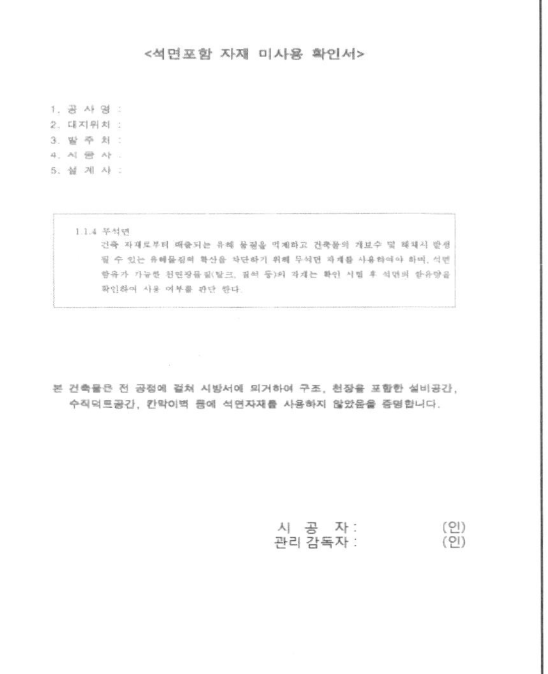
<석면포함 자재 미사용 확인서>

1. 공 사 명 :
2. 대지위치 :
3. 발 주 처 :
4. 시 공 사 :
5. 설 계 사 :

1.1.4 무석면

건축 자재로부터 배출되는 유해 물질을 억제하고 건축물의 개보수 및 해체시 발생될 수 있는 유해물질의 확산을 차단하기 위해 무석면 자재를 사용하여야 하며, 석면 함유가 가능한 천연광물질(탈크, 질석 등)의 자재는 확인 시험 후 석면의 함유량을 확인하여 사용 여부를 판단 한다.

본 건축물은 전 공정에 걸쳐 시방서에 의거하여 구조, 천장을 포함한 설비공간, 수직덕트공간, 칸막이벽 등에 석면자재를 사용하지 않았음을 증명합니다.

시 공 자 : (인)
관리 감독자 : (인)

[그림 129] 시방서

나. 온열환경

1) 실내 자동온도 조절장치 채택 여부

녹색건축인증 2013-2			업무용 건축물
평가부문	7 실내환경		
평가범주	7.2 온열환경		
평가기준	7.2.1 실내 자동온도 조절장치 채택 여부		
작 성 자		심사위원	
배 점	2점 (평가항목)		

산출기준

• 평점 = (가중치) × (배점)

※ 실내 자동 온도조절장치 적용 비율(V) = X ÷ Y × 100

X : 실내 자동온도조절장치 설치 개수

Y : 냉방 및 난방 공간면적(m^2)/200(m^2)

구 분	실내 자동 온도조절장치 적용 비율	가중치
1급	$100\% \le V$	1.0
2급	$80\% \le V < 100\%$	0.8
3급	$80\% \le V < 100\%$	0.6
4급	$80\% \le V < 100\%$	0.4
5급	$80\% \le V < 100\%$	0.2

- 각 실별 또는 존(zone)마다 별도의 실내 자동온도조절장치를 설치한 경우와 각 실에 온도센서을 두고 특정실에 통합 자동온도조절장치를 설치한 경우 모두 인정
- 전체 건물에 설치된 실내 자동온도조절장치 설치 개수를 기준으로 판단함

부여점수	자체평가	심사단평가
	○.○점	○.○점
산출근거	▶ 실내 자동온도조절장치 적용비율 ○○% 이상으로 ○급 산정 - 평점(Y) = ○.○×2 = ○.○점	
첨부자료	적용 비율 산출서, 각 층 공조배관 평면도	

2) 작성시 유의사항 (이것만은 꼭 알고 보고서 작성하기)

① 평가목적

각 실별 또는 존별 자동 온도조절장치 채택 여부를 평가하여 쾌적한 실내온열환경 조성하고 에너지를 절감하는데 목적이 있다.

② 평가방법

실내 자동온도 조절장치 적용 비율

③ 심사시 보완요청 사례

- 각 실별 또는 존별 자동온도조절장치 제어시스템도 추가 보완 제출 필요
- 첨부 서류로는 실내온도조절기의 수량 및 위치를 확인할 수 없으니 보완 필요
- 제출하신 "각층 공조배관 평면도"에는 "실내 자동 온도조절장치"의 위치, 수량을 확인할 수 없음으로 "자동제어도면"을 추가로 제출 필요
- 장비일람표상에 팬코일유니트의 온도조절장치 설치문구가 있지만 각층의 공조배관 평면도 또는 자동제어도면상에서 온도조절장치가 확인되지 않을 경우 점수배점이 불가능하므로 해당도서를 제출 필요

④ 적용 건축물

공동주택, 복합(주거), 업무시설, 학교시설, 판매시설, 숙박시설, 소형주택, 기존공동주택, 기존업무시설

3) 제출서류

① 예비인증

- 각 실별 또는 존별 자동온도조절장치 제어시스템도
- 적용 비율 산출서

② 본인증

예비인증시와 동일

③ 일반적 제출서류 리스트

- 적용 비율 산출서
- 각 층 공조배관 평면도

7.2.1 실내 자동온도 조절장치 채택 여부

■ 실내 자동 온도 조절장치 설치개수 및 면적 산출서

PROJECT : OO청사 신축공사

1. 각 층별 면적 및 설치 개수

층수	층별 공조면적(m²)	FCV 설치개수	VAV 설치개수
지하 1층	1809.85	0	21
지상 1층	1996.26	3	19
지상 2층	2038.16	3	24
지상 3층	1073.11	1	0
지상 4층	562.66	2	8
지상 5층	1232.05	4	20
지상 6층	1436.48	4	21
지상 7층	1256.71	4	25
지상 8층	1475.77	4	22
지상 9층	1417.91	4	21
지상 10층	325.81	1	4
합계	14624.77	30	185

2. 평점 산출근거

※ 적용 비율

= 실내 자동온도조절장치 설치 개수 / (공조공간 면적/200) × 100

= 215/(14698.86/200) × 100

= 294%

※ 평점 = 가중치 × 배점

= 1.0 × 2

= 2

∴ 평점 2점

[그림 130] 적용 비율 산출서

7.2.1 실내 자동온도 조절장치 채택 여부

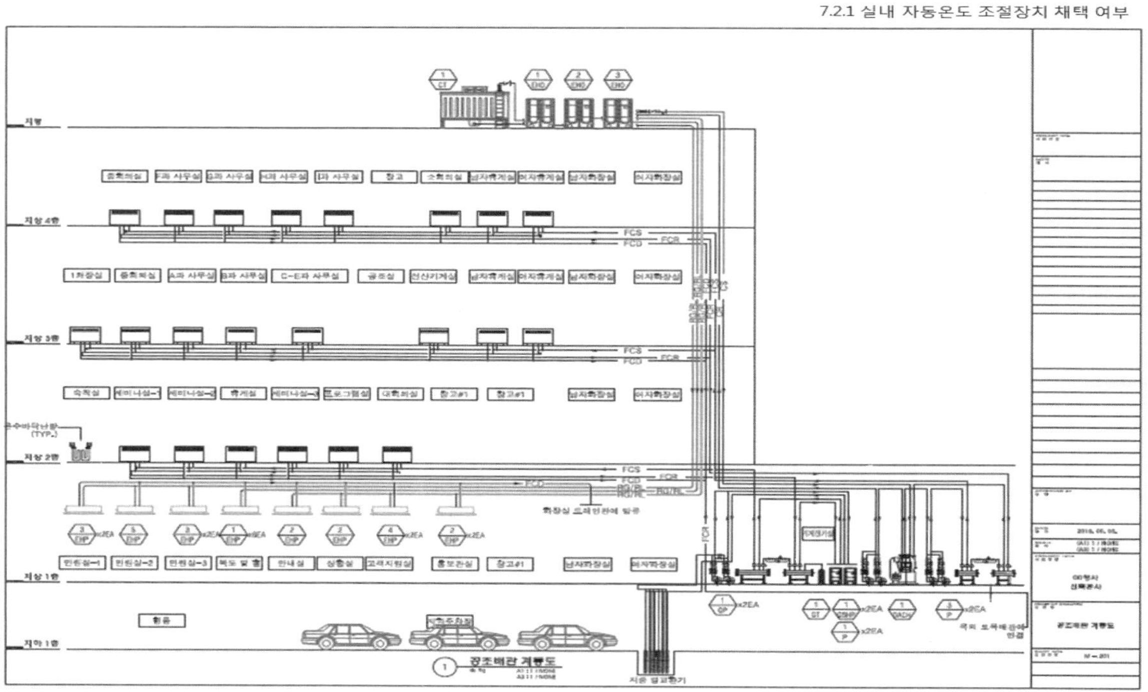

[그림 131] 공조배관 계통도

7.2.1 실내 자동온도 조절장치 채택 여부

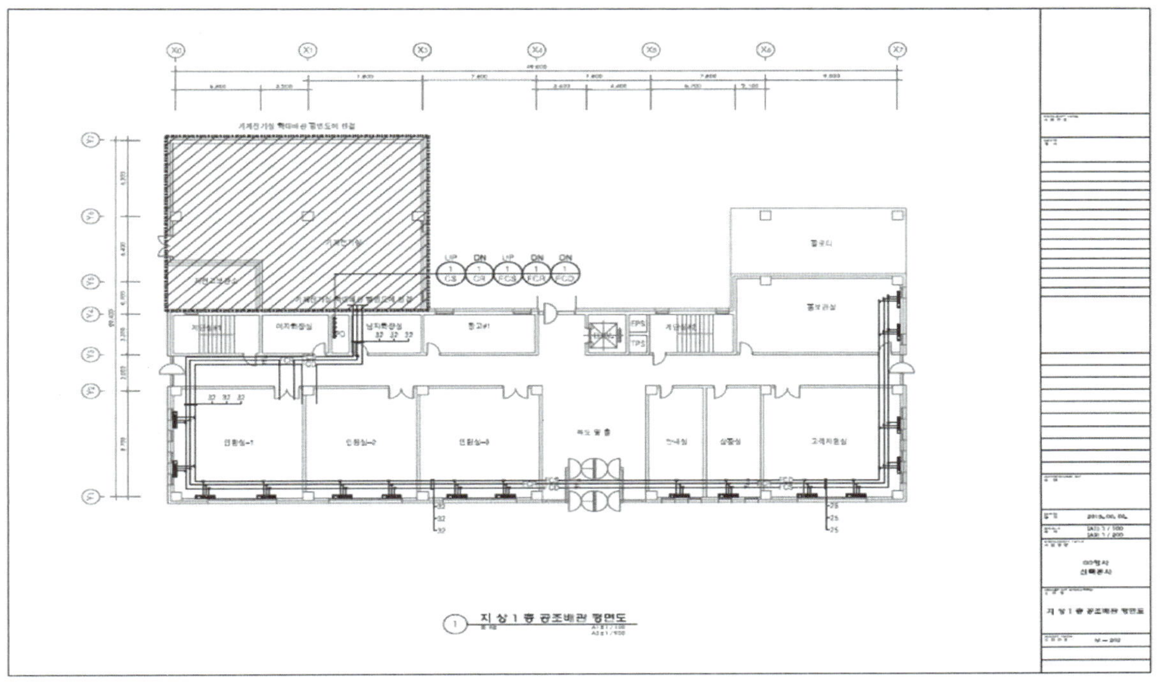

[그림 132] 지상 1층 공조배관 평면도

7.2.1 실내 자동온도 조절장치 채택 여부

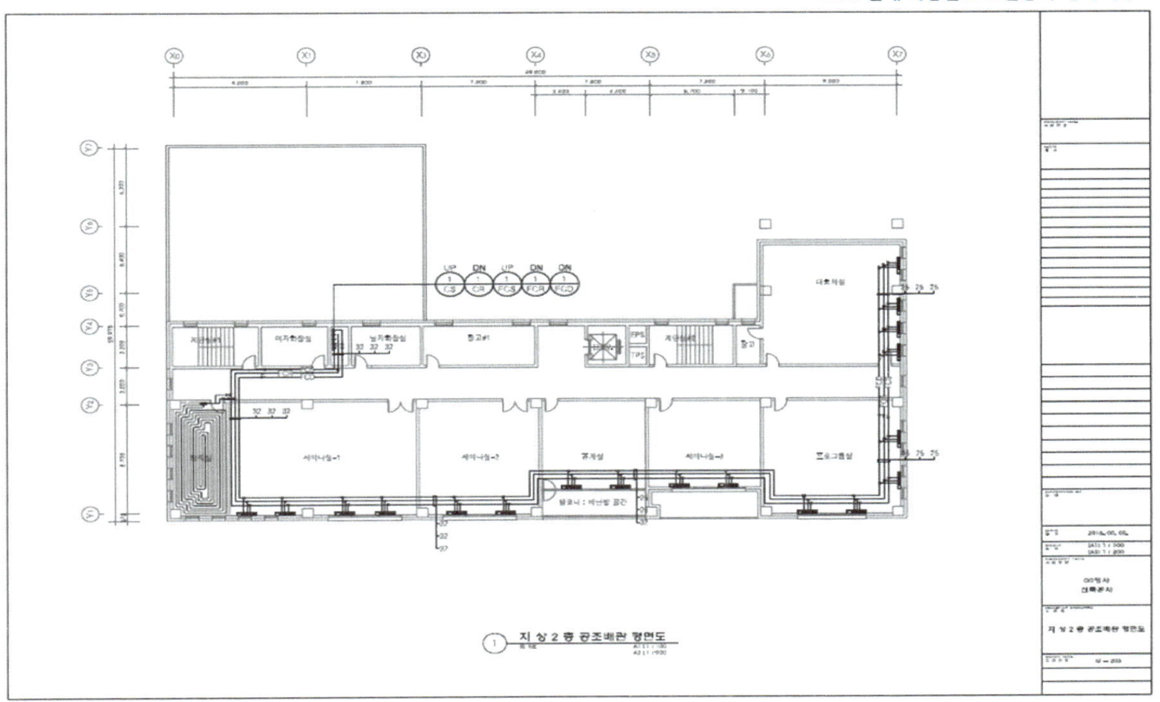

[그림 133] 지상 2층 공조배관 평면도

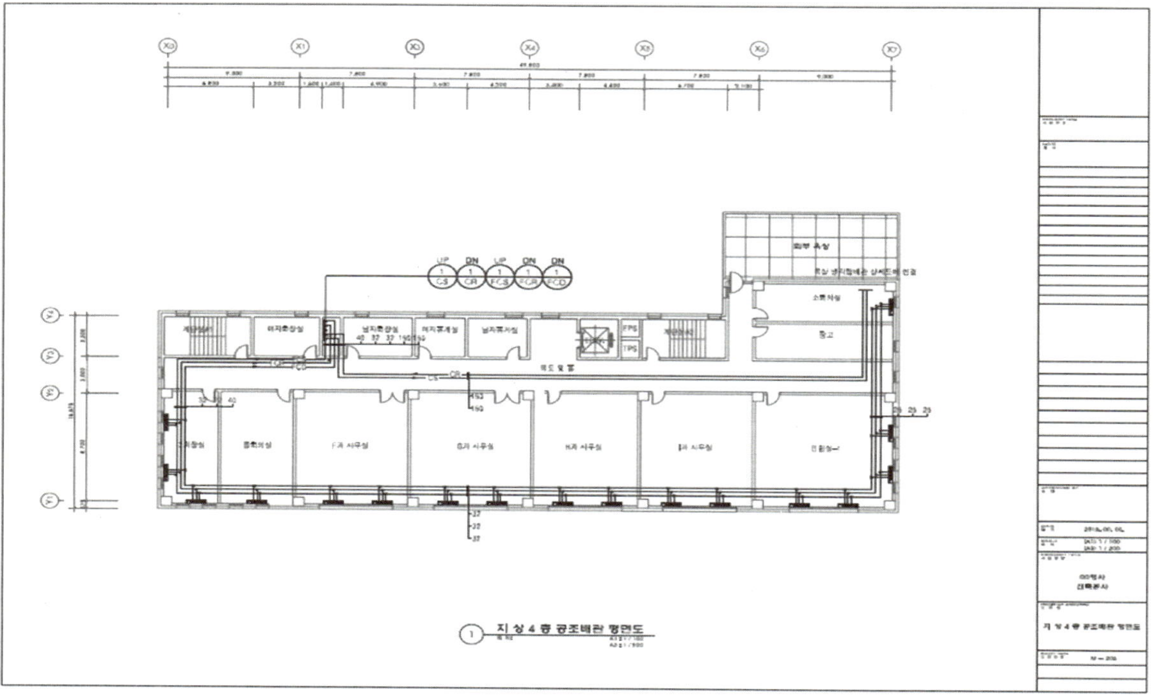

[그림 134] 지상 4층 공조배관 평면도

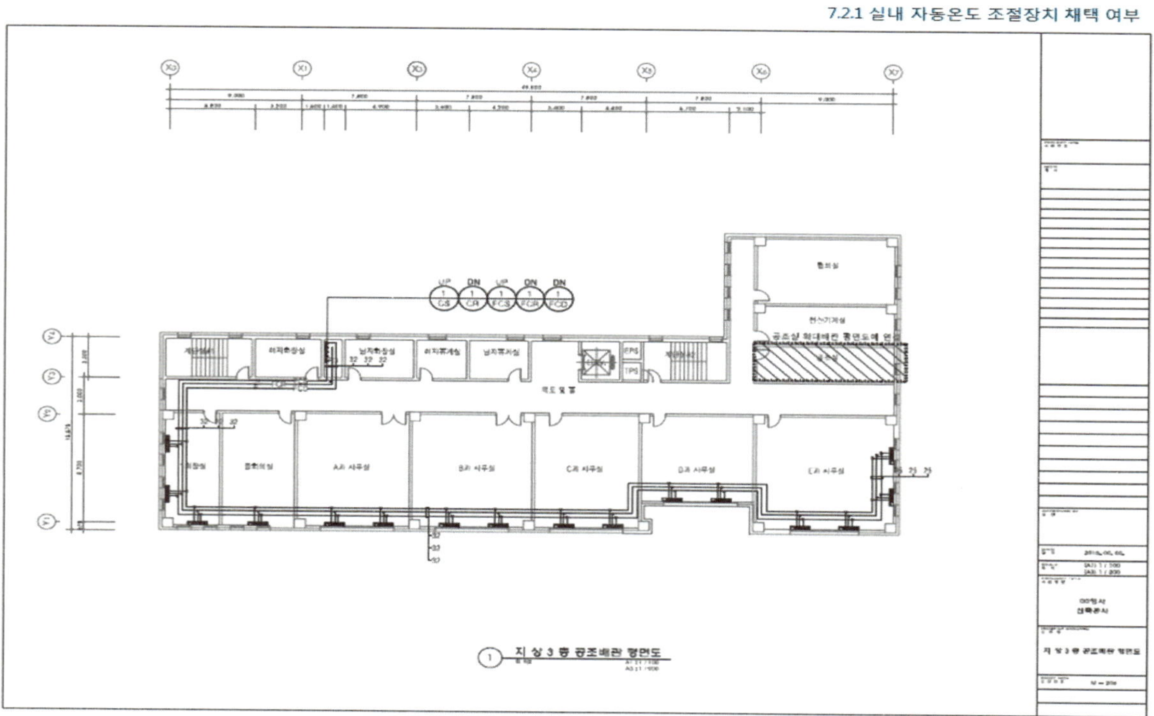

[그림 135] 지상 3층 공조배관 평면도

다. 음환경

1) 교통소음(도로, 철도)에 대한 실내 소음도

녹색건축인증 2013-2		업무용 건축물	
평가부문	7 실내환경		
평가범주	7.3 음환경		
평가기준	7.3.1 교통소음(도로, 철도)에 대한 실내 소음도		
작 성 자		심사위원	
배 점	2점 (평가항목)		

산출기준

• 평점 = (가중치) × (배점)

등급	실내 소음도(단위 : dB(A))	가중치
1급	L ≤ 30	1.0
2급	30 < L ≤ 35	0.75
3급	35 < L ≤ 40	0.5
4급	40 < L ≤ 45	0.25

• 2개 이상의 등급이 존재할 경우 가장 열악한 성능값을 대상 건축물의 평점으로 평가 예비인증단계 산출기준

- 예측은 도로 또는 철도에 면하여 배치된 모든 업무공간을 대상으로 함
- 예측절차는 「공동주택의 소음측정기준」(국토교통부고시) 제12조 제1항에 따라 실시하되, 복도 등의 창호가 있는 경우에는 이를 포함함
- 실외소음도값은 「공동주택의 소음측정기준」(국토교통부고시) 제8조 및 제13조에서 정하는 방법에 따라 예측한 실외소음도를 적용
- 창호의 음향감쇠계수 적용방법, 실내소음도 계산방법은 「공동주택의 소음측정기준」(국토교통부고시) 제14조 및 제16조에서 정하는 방법에 따름
- 흡음력 보정항 계산을 위한 1/1옥타브밴드별 표준잔향시간(T)은 아래 값을 적용하거나 실측값 적용

주파수(Hz)	125	250	500	1000	2000	4000
잔향시간(초)	0.7	0.7	0.7	0.9	0.8	0.8

• 본인증단계 산출기준

- 측정은 예비인증단계에서 실내소음도가 가장 높게 예측된 업무공간을 대상으로 함
- 해당 업무공간에서의 측정은 도로 또는 철도에 면한 창호 등의 개구부로부터 1.0미터 떨어진 3개 이상의 지점에서 동시에 실시하며, 마이크로폰 높이는 바닥으로부터 1.2~1.5미터, 측정지점 사이의 이격거리는 균등하게 분포시킴
- 소음도 측정은 낮시간대(06:00~22:00)에 실시하고, 소음원이 도로인 경우와 도로와 철도소음이 동시에 영향을 미치는 경우에는 각 측정지점에서 출근시간대(07:00~09:00)와 퇴근시간대(17:00~20:00)를 포함하여 2시간이상 간격으로 1회 5분간 4회 이상 등가소음도를 측정하여 산술평균하며, 철도소음인 경우에는 2시간 간격을 두고 1시간씩 2회 측정하여 산술평균함. 그리고 철도소음에 대한 측정자료 분석방법은 「공동주택의 소음측정기준」(국토교통부고시) 제22조에서 정한 방법에 따름

부여점수	자체평가	심사단평가
	○.○ 점	○.○ 점
산출근거	▶ 본 건축물은 실내소음도 측정을 통해 ○급 기준을 만족함 – 평점(Y) = ○.○×2 = ○.○점	
첨부자료	소음보고서	

2) 작성시 유의사항 (이것만은 꼭 알고 보고서 작성하기)

① 평가목적

도로나 철도로부터 발생하는 교통소음으로부터 정온한 환경을 확보한다.

② 평가방법

「공동주택의 소음측정기준」(국토교통부고시)에서 정하고 있는 예측 및 측정방법에 따라 실내소음도를 평가

③ 심사시 보완요청 사례

소음예측(측정) 보고서를 제출 필요

④ 적용 건축물

공동주택, 복합(주거), 업무시설, 학교시설, 숙박시설, 기존공동주택, 기존업무시설, 그밖의 건축물

3) 제출서류

① 예비인증

- 대지 경계선으로부터 1km 이내의 주변 도로나 철도 등 소음원 현황을 파악할 수 있는 지도 또는 항공사진/위성사진
- 기준층 평면도 및 단면도, 외벽(창 포함) 상세도
- 산출기준에서 정하는 방법에 따라 실시한 각 사무실별 실내소음도 예측 결과보고서

② 본인증

산출기준에서 정하는 방법에 따라 「공동주택의 소음측정기준」(국토교통부고시) "제6장 실내·외 소음도 측정 및 예측기관"에서 정하고 있는 기관이 측정한 실내소음도 측정 결과보고서

③ 일반적 제출서류 리스트

소음보고서

OO청사 신축 건물의

실내 소음 측정평가 보고서

2000. 00

수행기관 : ㈜OOO 엔지니어링

음향분야 국제공인시험기관 엔지니어링 활동 주체 신고

소음 · 진동 환경전문공사업 등록

목차

[그림 136] 소음보고서

라. 쾌적한 실내환경 조성

1) 휴식 및 재충전을 위한 공간 마련

<table>
<tr><th colspan="2">녹색건축인증 2013-2</th><th colspan="2">업무용 건축물</th></tr>
<tr><td>평가부문</td><td colspan="3">7 실내환경</td></tr>
<tr><td>평가범주</td><td colspan="3">7.4 쾌적한 실내환경 조성</td></tr>
<tr><td>평가기준</td><td colspan="3">7.4.1 휴식 및 재충전을 위한 공간 마련</td></tr>
<tr><td>작 성 자</td><td></td><td>심사위원</td><td></td></tr>
<tr><td>배 점</td><td colspan="3">3점 (평가항목)</td></tr>
<tr><td>산출기준</td><td colspan="3">• 평점 = (가중치) × (배점)

구분 / 전용휴게공간 조성 여부 / 가중치
1급 / 건축물 내에 휴식 및 재충전을 위해 전용휴게공간 (15㎡ 이상)을 구획하여 제공하고, 수공간 또는 식재공간(15㎡ 이상)을 조성한 경우 / 1.0
2급 / 건축물 내에 휴식 및 재충전을 위해 전용휴게공간 (15㎡ 이상)을 구획하여 제공하거나 수공간 또는 식재공간(15㎡ 이상)을 조성한 경우 / 0.5

※ 단, 흡연공간은 전용휴게공간에서 제외함</td></tr>
<tr><td rowspan="2">부여점수</td><td colspan="2">자체평가</td><td>심사단평가</td></tr>
<tr><td colspan="2">○.○점</td><td>○.○점</td></tr>
<tr><td>산출근거</td><td colspan="2">▶ 본 건축물은 건축물 내 휴게공간 및 실내식재공간을 ○○㎡ 이상 조성함에 따라 기준 ○급에 해당됨
• 식재공간 : 지상○층 ○○.○○㎡
• 전용휴게공간 :
지상 ○층 휴게실 : ○○.○○㎡,
지상 ○층 휴게실 : ○○.○○㎡,
지상 ○층 휴게실 : ○○.○○㎡,
지상 ○층 휴게실 : ○○.○○㎡,
– 적용기준 : ○급 (가중치 : ○.○)
– 평점(Y) = ○.○×3 = ○.○</td><td></td></tr>
<tr><td>첨부자료</td><td colspan="3">지상○층 확대평면도, 실내조경계획도</td></tr>
</table>

구분	전용휴게공간 조성 여부	가중치
1급	건축물 내에 휴식 및 재충전을 위해 전용휴게공간 (15㎡ 이상)을 구획하여 제공하고, 수공간 또는 식재공간(15㎡ 이상)을 조성한 경우	1.0
2급	건축물 내에 휴식 및 재충전을 위해 전용휴게공간 (15㎡ 이상)을 구획하여 제공하거나 수공간 또는 식재공간(15㎡ 이상)을 조성한 경우	0.5

2) 작성시 유의사항 (이것만은 꼭 알고 보고서 작성하기)

① 평가목적

거주자에게 휴식 및 재충전을 위한 공간을 확보하여 근무능률의 향상을 도모한다.

② 평가방법

거주자에게 휴식 및 재충전을 위한 전용휴게공간이 조성되어 있는지를 평가

③ 심사시 보완요청 사례

- 식재공간 면적이 경계석을 제외하고 산출된 면적임을 확인할 수 있도록 도면상에 표기필요
- O층의 중앙부분을 "휴게라운지 설치 예정위치"로 표기하였으나, 예정위치가 아닌 구체적인 면적, 공간을 확보하여 전용휴게공간을 설계에 반영하시기 필요
- 도면상에 휴게공간을 확인할 수 있는 명확히 구획 되어 있지 않은 경우 점수배점이 불가능하므로 해당도서를 제출필요
- 실내 식재면적(OO.OO㎡)의 산출식이 명확치 않습니다.

④ 적용 건축물

업무시설, 학교시설, 판매시설, 숙박시설, 기존업무시설, 그밖의 건축물

3) 제출서류

① 예비인증

- 휴게공간 또는 수공간/식재공간이 포함된 설계도서
  학교시설의 경우 환경교육공간 등이 포함된 설계도서, 환경교육공간 활용계획서, 환경교육공간 관련 교육청 담당자 및 책임건축사 확인서

② 본인증

예비인증시와 동일

③ 일반적 제출서류 리스트

- 지상○층 확대평면도
- 실내조경계획도
- 현장사진

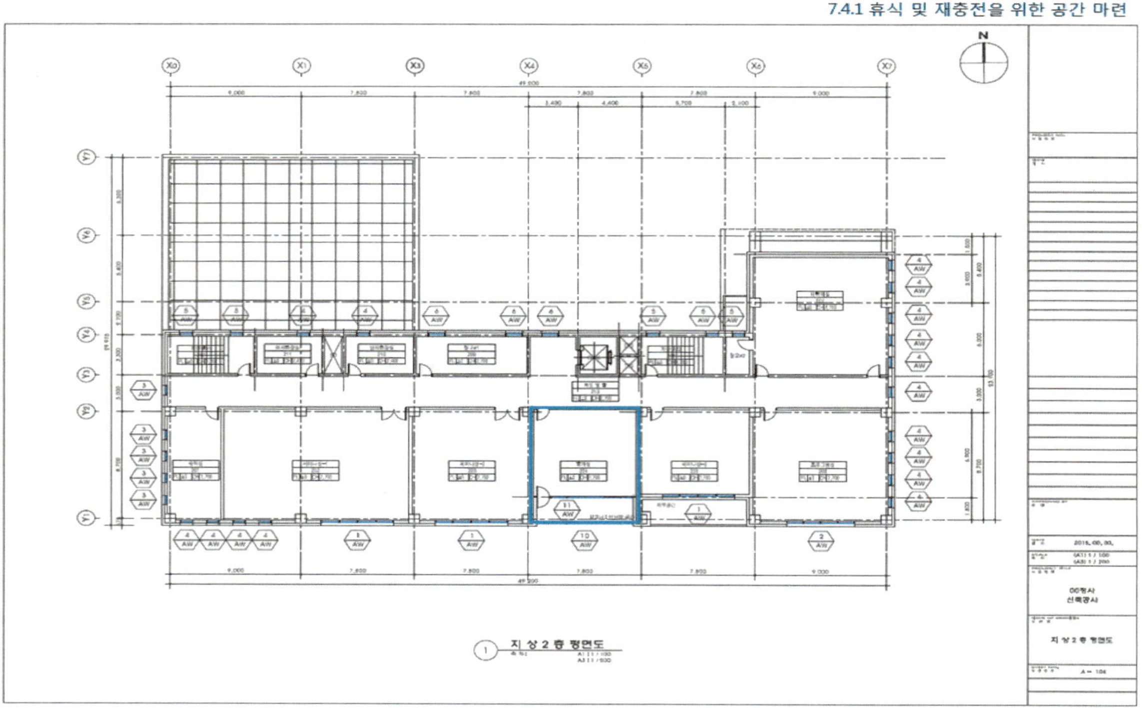

[그림 137] 평면도

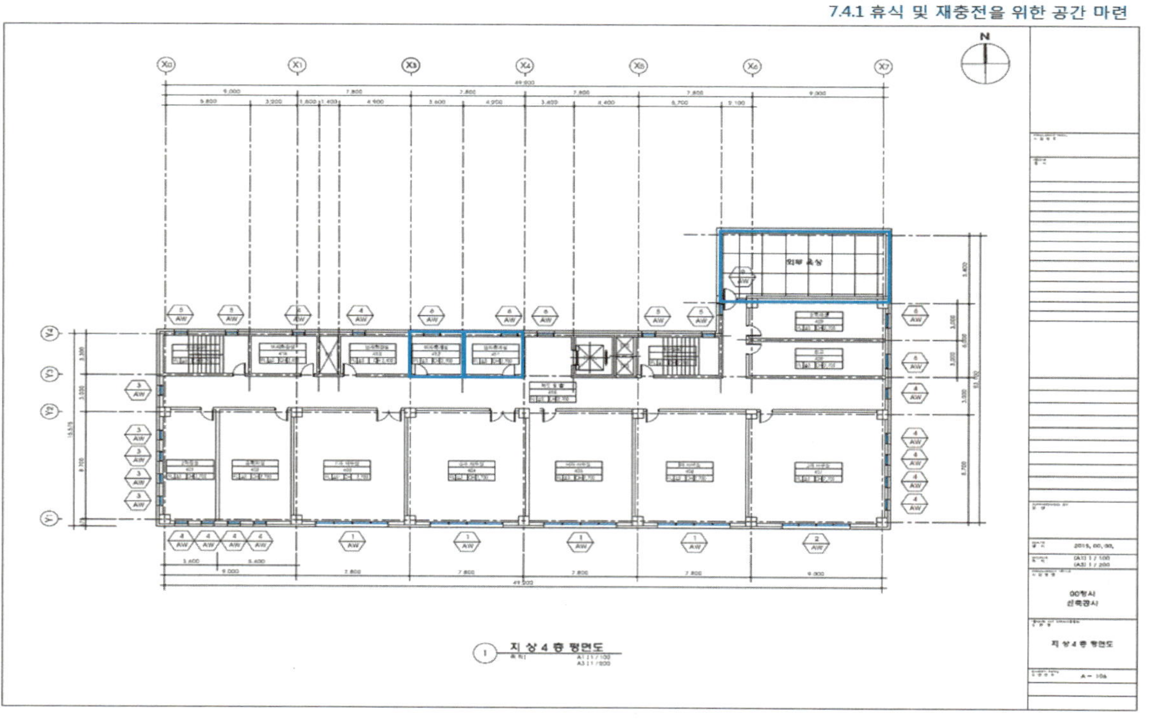

[그림 138] 평면도

7.4.1 휴식 및 재충전을 위한 공간 마련

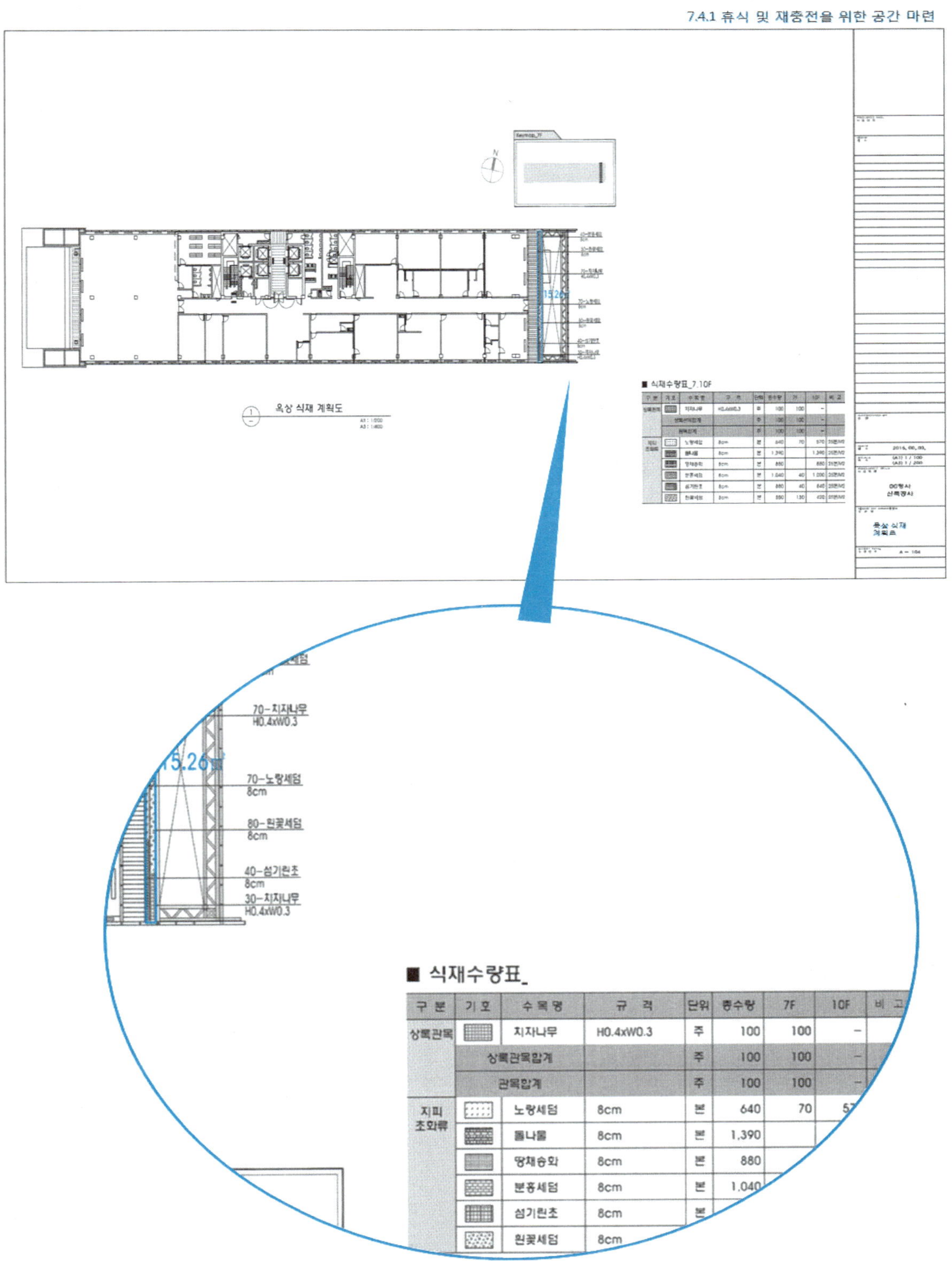

[그림 139] 옥상 식재 계획도

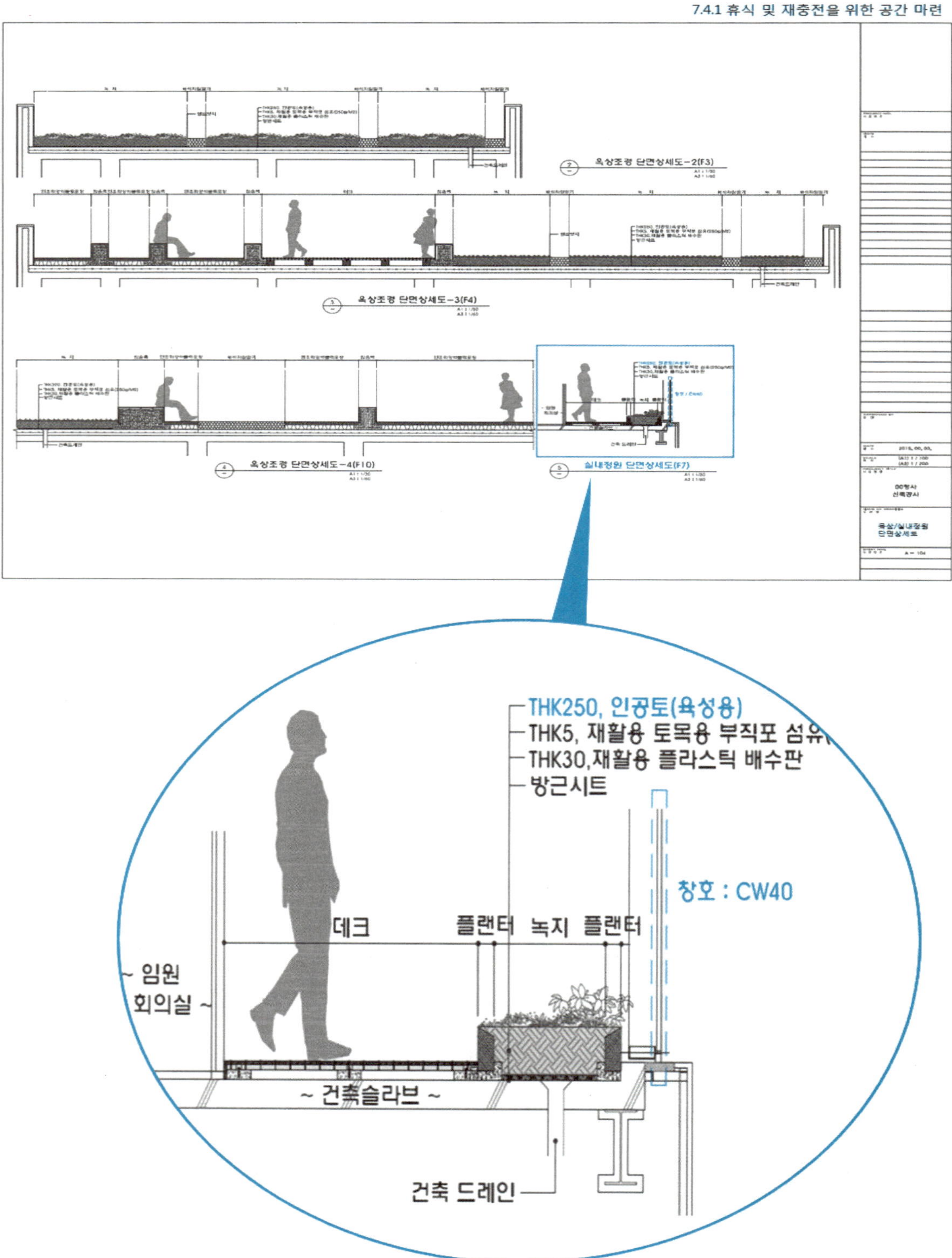

[그림 140] 옥상/실내정원 단면상세도

7.4.1 휴식 및 재충전을 위한 공간 마련
휴게공간
휴게공간
기준층 내 휴게공간
기준층 내 휴게공간
기준층 내 휴게공간
기준층 내 휴게공간

[그림 141] 현장 사진

1-2) 거주자를 위한 쾌적한 실내환경 조성

<table>
<tr><th colspan="2">녹색건축인증 2013-2</th><th colspan="2">업무용 건축물</th></tr>
<tr><td>평가부문</td><td colspan="3">7 실내환경</td></tr>
<tr><td>평가범주</td><td colspan="3">7.4 쾌적한 실내환경 조성</td></tr>
<tr><td>평가기준</td><td colspan="3">7.4.2 거주자를 위한 쾌적한 실내환경 조성</td></tr>
<tr><td>작 성 자</td><td></td><td>심사위원</td><td></td></tr>
<tr><td>배 점</td><td colspan="3">4점 (평가항목)</td></tr>
<tr><td>산출기준</td><td colspan="3">· 평점 = (가중치) × (배점) × 적용 기준층수 / 총 기준층수
<table><tr><th>구분</th><th>실내환경조절방식</th><th>가중치</th></tr><tr><td>1급</td><td>기준층 업무공간의 50% 이상에서 거주자가 개별적으로 온도, 환기, 풍량, 조명 중 2가지 이상을 직접 조절하여 개개인에게 적합한 환경을 제공하는 경우</td><td>1.0</td></tr><tr><td>2급</td><td>기준층 업무공간의 50% 이상에서 거주자가 개별적으로 온도, 환기, 풍량, 조명 중 한가지 이상을 직접 조절하여 개개인에게 적합한 환경을 제공하는 경우</td><td>0.5</td></tr></table>
※ 개별적으로 제어하는 단위공간의 면적은 20㎡ 이내로 봄</td></tr>
<tr><td rowspan="2">부여점수</td><td colspan="2">자체평가</td><td>심사단평가</td></tr>
<tr><td colspan="2">○.○점</td><td>○.○점</td></tr>
<tr><td>산출근거</td><td colspan="2">▶ 업무공간의 ○○% 이상 조명 개별 제어가 가능하여 ○급 기준에 해당함.
- 적용기준 : ○급 (가중치 : ○.○)
- 평점(Y) = ○.○×4.0×(○/○) = ○.○</td><td></td></tr>
<tr><td>첨부자료</td><td colspan="3">적용 비율 산출서, 조명 설비 평면도</td></tr>
</table>

2) 작성시 유의사항(이것만은 꼭 알고 보고서 작성하기)

① 평가목적

쾌적한 실내환경을 조성하여 에너지의 효율적 이용 및 업무능률을 향상시키도록 한다.

② 평가방법

거주자에게 실내환경 조절방식의 제공여부를 통해 평가

③ 심사시 보완요청 사례

- 산출서, 관계도서 검토적용 후 관계제어계통도 보완 제출 필요
- 현장사진 보완 제출 필요
- ○차 제출된 도면으로는 조명이 제어가능함.
- ○차 제출된 도면은 FCU를 적용하였으나 20㎡ 이내마다 제어가 가능한 스위치를 확인할 수 없음.
- 기준층은 ○~○층으로 판단됨 / 설치사진 제출 요망.
- 각 실의 면적 ○○%에서의 ○○% 면적계산은 잘못 계산되었으므로 재 산출이 필요
- ○○%기준은 업무시설 층 적용에 해당됨.
- ○○%가 만족된 층에서 각 실면적의 ○○%마다 산정이 필요

예) 소회의실 ○.○m^2 / ○○m^2 ≒ ○개적용

일반사무실 ○.○m^2 / ○○m^2 ≒ ○개적용

④ 적용 건축물

업무시설, 숙박시설, 기존업무시설

3) 제출서류

① 예비인증

기준층 제어계통도

② 본인증

- 기준층 제어계통도
- 현장설치 사진

③ 일반적 제출서류 리스트

- 적용 비율 산출서
- 조명 설비 평면도
- 현장설치 사진

■ 실내 자동 조명 조절장치 설치 개수 및 면적 산출서

PROJECT : OO청사 신축공사

※평점

- 업무공간 50%이상에서 개별조명 제어 가능 비율 = (해당층/전체층) X 4 X 0.5

= (5/5) X 4 X 0.5

= 2.0

적용부	실구분 실명	면적(㎡)	50%면적	설치 개수	필요 개수 (50%면적/20㎡)	해당 여부
지상 O층	일반사무실-1	294.12	147.06	10	8	O
	일반사무실-2	484.95	242.48	14	13	O
	소회의실-1	17.36	8.68	2	1	O
	소회의실-2	16.24	8.12	2	1	O
	소회의실-3	14.20	7.10	2	1	O
	소회의실-4	20.71	10.36	2	1	O
	소회의실-5	21.45	10.73	2	1	O
	소회의실-6	17.19	8.60	2	1	O
	저장실-1	19.71	9.86	2	1	O
	저장실-2	21.28	10.64	2	1	O
	저장실-3	22.98	11.49	2	1	O
	OA 1	17.93	8.97	0	1	X
	OA 2	17.85	8.93	0	1	X
	OA 3	13.44	6.72	0	1	X
소 계		999.41	499.71	42	25	O
지상 O층	일반사무실-1	451.22	225.61	10	12	X
	일반사무실-2	528.19	264.10	14	14	O
	아이디어회의실	39.36	19.68	2	1	O
	소회의실-1	14.91	7.46	2	1	O
	소회의실-2	16.17	8.09	2	1	O
	소회의실-3	13.85	6.93	2	1	O
	소회의실-4	15.62	7.81	2	1	O
	소회의실-5	18.36	9.18	2	1	O
	소회의실-6	12.99	6.50	2	1	O
	소회의실-7	13.14	6.57	2	1	O
	소회의실-8	20.62	10.31	2	1	O
	OA 1	26.09	13.05	0	1	X
	OA 2	17.71	8.86	0	1	X
	저장실-1	22.34	11.17	2	1	O
	저장실-2	23.31	11.66	2	1	O
소 계		1233.88	616.94	46	31	O

[그림 142] 적용 비율 산출서

7.4.2 거주자를 위한 쾌적한 실내환경 조성

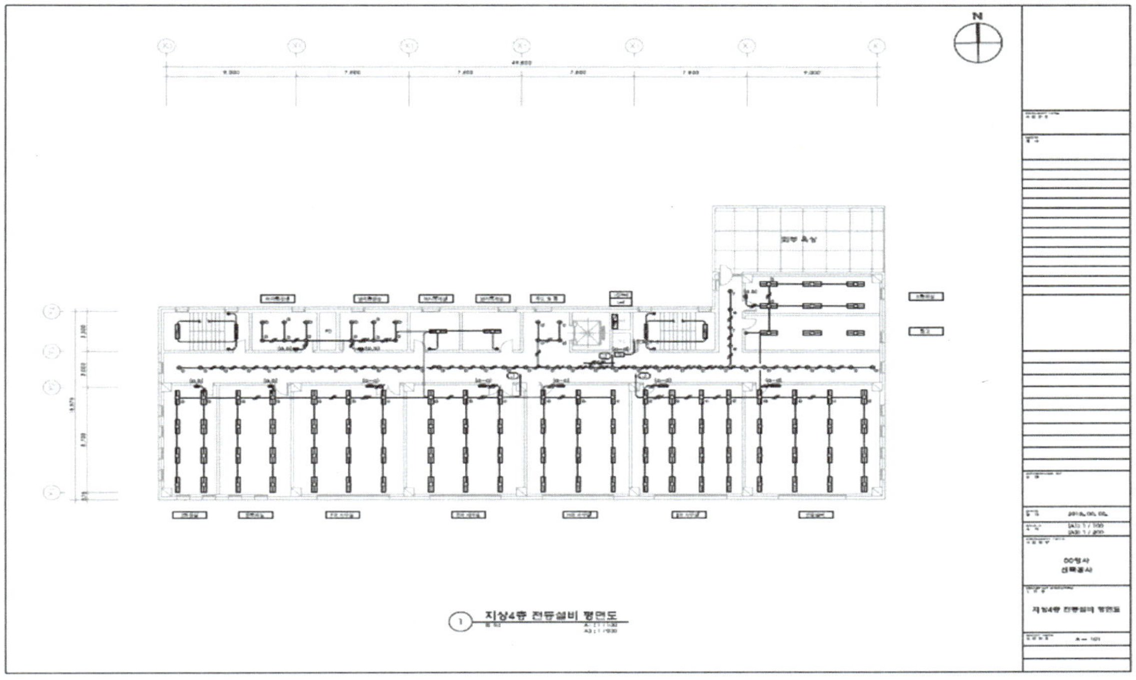

[그림 143] 전등설비 평면도

7.4.2 거주자를 위한 쾌적한 실내환경 조성

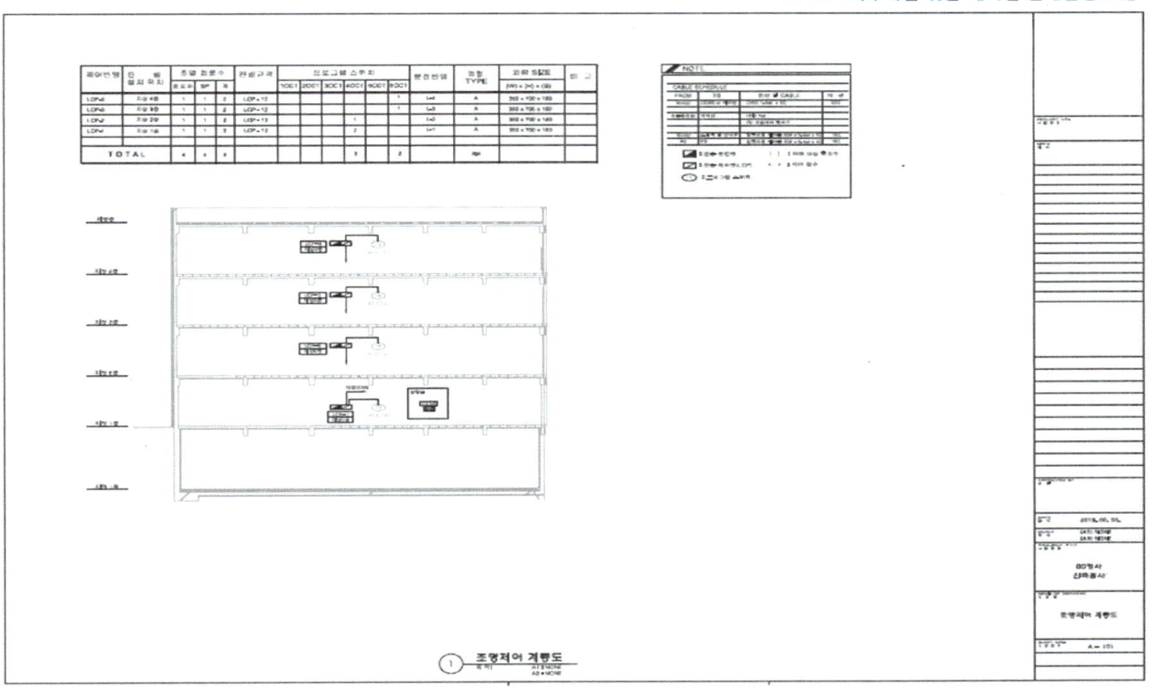

[그림 144] 조명제어 계통도

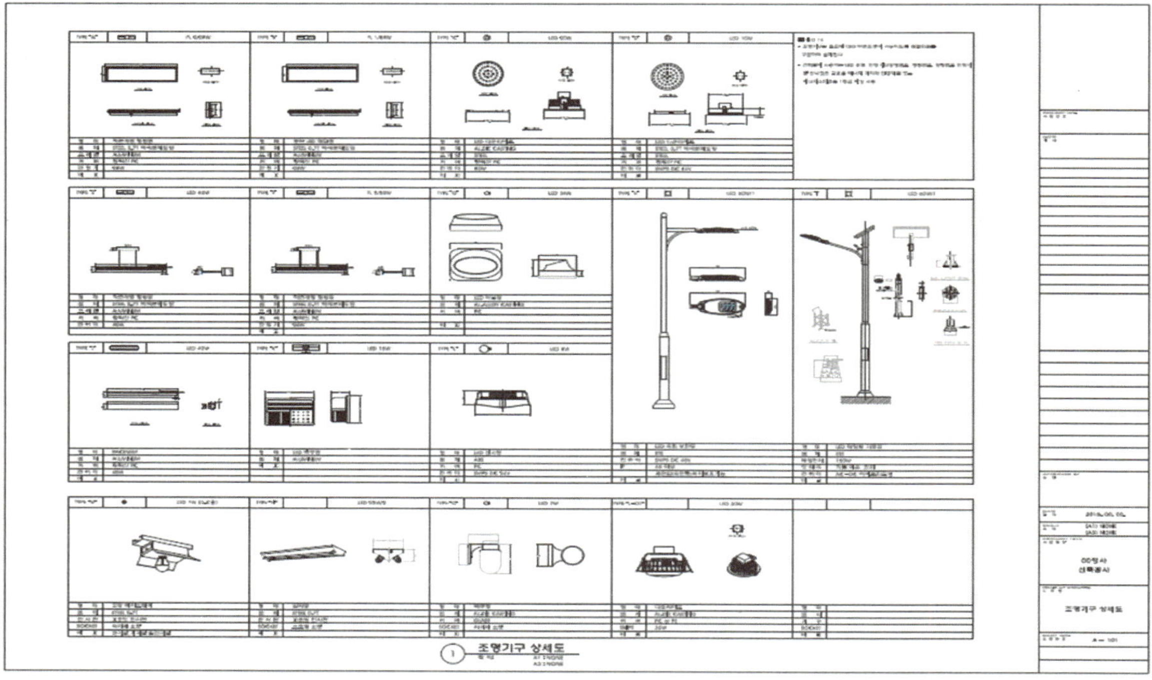

[그림 145] 조명기구 상세도

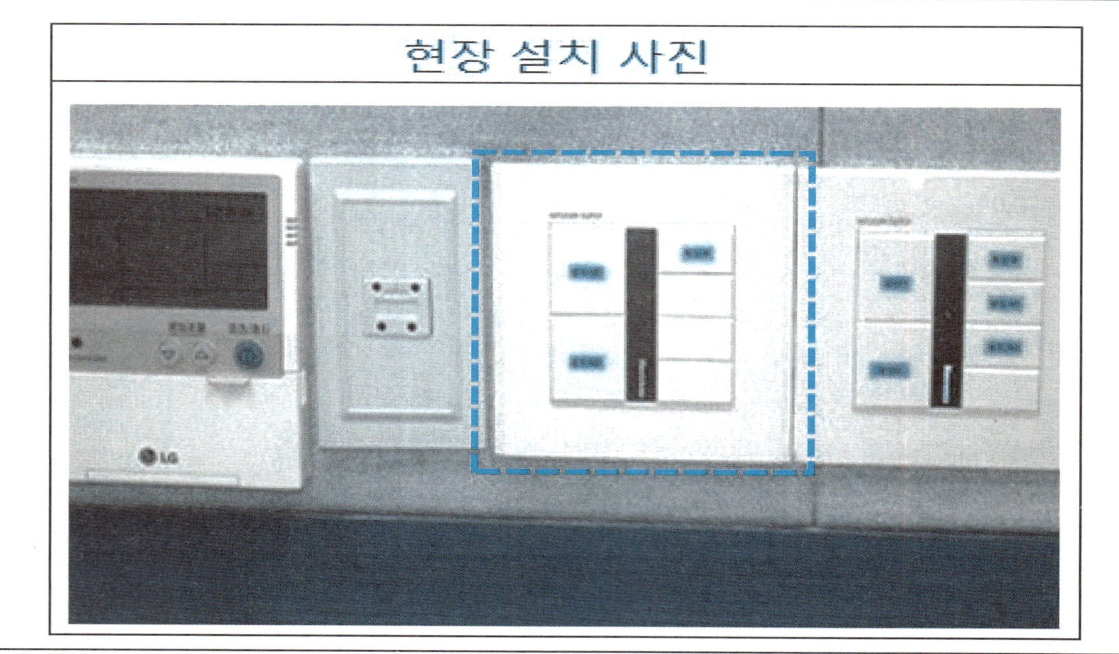

[그림 146] 현장 사진

1.3 인증, 질의회신 뜯어보기

1.3.1 녹색건축인증 관련

제　　목 : 녹색건축인증 의무대상 건물에 관한 질의 (‘14.09.30)

질의내용 : 공공기관 건축물(연면적 3,000㎡ 이상) 중 용도변경(의료시설→기숙사)으로 허가대상이 되는 리모델링건물(별도의 증축은 없습니다)의 경우 녹색건축인증 의무대상 포함여부

회신내용 : [녹색건축 인증에 관한 규칙] 제13조에 의거, 연면적의 합이 3,000제곱미터 이상의 건축물을 신축하거나 별도의 건축물을 증축하는 경우 인증 취득 의무대상에 해당됨을 알려드립니다.

제　　목 : 주택성능등급 취득을 위한 녹색건축인증 여부 (‘14.07.04)

질의내용 : 공동주택성능등급은 5개분야에서 성능별 4등급을 받으면 됩니다. 점수에 따라 1등급을 받아도 되고 4등급을 받아도 됩니다. 하지만 법적인 의무사항이 없는 녹색건축인증 역시까지 일반(그린4등급) 이상 받아야지 공동주택성능등급 4등급에서 1등급까지 받을 수 있는지 녹색건축인증은 일반(그린4)등급 이상 받더라고 공동주택성능등급은 아무등급이나 받아도 상관없지만 역으로 공동주택성능등급을 받으려면 녹색건축인증을 일반(그린4)등급 이상 받아야 되는건지 녹색건축인증을 일반(그린4등급)을 받지 않고 공등주택성능등급을 받을 수 있는지. 공동주택성능등급만 받고 녹색건축인증은 일반(그린4)등급을 안받아도 되는 것 아닌지요.

회신내용 : 녹색건축물 조성 지원법 시행(`13.2.23)과 함께 기존의 친환경건축물 인증제도와 주택성능등급 인정제도는 녹색건축인증제도로 통합되었습니다. 따라서, 공동주택의 성능등급은 녹색건축인증제도의 일부이므로 공동주택성능등급을 취득하기 위해서는 녹색건축인증을 취득하셔야 함을 알려드리니 참고하시기 바랍니다.

제　　목 : 설계변경시 에너지절약계획서 제출여부(‘14.06.01)

질의내용 : 설계변경시 에너지절약계획서 제출여부

회신내용 : 건축물의 에너지절약 설계기준 제3조에서는 연면적 산정기준에 대하여 명시하고 있습니다. 이에 따르면, 연면적 산정은 주차장, 기계실을 제외한 같은 대지에 모든 바닥면적의 합계로 계산해야 합니다.

제　　목 : 에너지절약계획서" 제출대상여부 ('14.04.23)

질의내용 : 1) 녹색건축물조성지원법 시행령제10조 따른 에너지절약계획서제출대상 건축물 중 1994년 사용승인을 득한 500제곱미터이상인 건축물을 용도변경할 경우 에너지절약계획서를 제출하여야 하는지? 2)건축조례에서 정하는 "건축법시행령 제14조제6항에 따라 기존의 건축물 또는 대지가 법령의 제정·개정으로 인한 경우 용도변경 할 수 있다"로 되어 있는데 위와 같은 경우 녹색건축물조성지원법 이전에 사용승인을 득한 500제곱미터이상인 건축물을 용도변경할 경우 에너지절약계획서의 제출대상여부?

회신내용 : 건축물의 에너지절약 설계기준 제3조제2항제3호에서는 증축이나 용도변경, 건축물대장의 기재내용을 변경하는 경우 이 기준을 해당 부분에만 적용할 수 있다고 규정하고 있습니다. 따라서 용도변경하는 부위의 연면적이 500제곱미터 이상일 경우에는 에너지절약계획서 제출대상이 되심을 알려드리니 참고하시기 바랍니다. 다만, 용도변경을 하는 경우에는 동 기준 제4조제4호에 따라 에너지성능지표(EPI)를 제출하지 않으셔도 되며, 열손실 변동이 없는 용도변경의 경우에는 제6호에 따라 "에너지절약 설계 검토서"를 제출하지 않을 수 있음을 알려드립니다.

제　　목 : 녹색건축 본인증시 적용기준 ('14.03.20)

질의내용 : 녹색건축인증은 예비인증을 받은 후 준공시점에서 본인증을 받게 되는데, 예비인증과 본인증의 등급이 다른 경우에는 인증기준을 어떻게 적용하는지요? 예를 들어 예비인증은 일반등급을 받고 본인증시 우수등급을 받고자 할 때 본인증 시 인증기준이 변경되었다면 본인증시 변경된 기준을 적용하는 것인지 아니면 예비인증 접수 시 의 인증기준을 적용하는 것인지

회신내용 : 「녹색건축 인증기준 부칙 제2조(경과조치)」에 따르면 "종전의 규정에 따라 예비인증을 받은 건축물은 본인증 평가 시 예비인증 당시의 기준을 적용한다. 다만, 건축주등이 요구할 경우 이 규정을 적용할 수 있다."라고 규정하고 있으므로 예비인증 당시의 기준을 적용하여 본인증을 진행하실 수 있음을 알려드리니 참고하시기 바랍니다. 또한, 「녹색건축인증에 관한 규칙 제11조 제4항」에 따르면, "예비인증을 받은 건축주등은 본인증을 받아야 한다. 이 경우 예비인증을 받아 제도적·재정적 지원을 받은 건축주등은 예비인증 등급이상의 본인증을 받아야 한다."라고 규정하고 있으므로, 제도적·재정적 지원을 받은 경우에는 예비인증 등급 이상의 본인증을 받아야함을 알려드리니 참고하시기 바랍니다.

제　　목 : 공항시설(주차장)의 녹색건축인증 취득의무대상 여부 ('14.)

질의내용 : 녹색건축 인증기준 제7조(녹색건축취득의무) 규칙13조에 따라 녹색건축예비인증 및 본인증을 취득하여야 하는 건축물의 용도는 건축법시행령 별표1 각호의 건축물과 같다. 2013년 12월 부산시강서구청 허가시 에너지절약계획서 제출대상이 아니어서 허가권자 협의 후 녹색건축물 인증을 안받고 허가를 득하였으며 건축주 : 한국공항공사부산지역본부, 용도 : 운수시설(공항시설-주차장), 연면적 : 17,601.81㎡이고 2층3단이며, 세부적용도는 주차장, 계단실, 화장실 공용부분만 되어있는데 녹색건축물 인증대상여부인지

회신내용 : 녹색건축인증의 취득은 에너지절약계획서 제출여부와 무관하게 녹색건축 인증에 관한 규칙 제13조에 따라 공공기관에서 건축하는 연면적의 합이 3,000제곱미터 이상의 건축물(국토교통부장관과 환경부장관이 정하여 공동으로 고시하는 용도로 한정한다. 이하 이조에서 같다)을 신축하거나 별도의 건축물을 증축하는 경우에는 국토교통부장관과 환경부장관이 정하여 공동으로 고시하는 등급 이상의 녹색건축 예비인증 및 본인증을 취득하도록 하고 있으니 참고하시기 바랍니다. 참고로, 향후 일부 녹색건축인증 취득에 곤란한 건축물의 용도를 별도로 분류하여 의무취득대상에서 제외하는 법령개정을 추진할 예정이오니 참고하시기 바랍니다.

제　　목 : 군사훈련시설의 녹색건축인증 취득 의무대상 여부 ('13.12.24)

질의내용 : 군사훈련시설의 녹색건축인증 취득 의무대상 여부

회신내용 : 녹색건축 인증에 관한 규칙 제13조 제1호의 군 시설물의 중앙행정기관은 정부조직법에 의거 국방부에 해당되는 것으로 판단되어 녹색건축인증 취득 의무대상임을 알려드리니 참고하시기 바랍니다. 또한, 녹색건축 인증에서 적용되는 인증심사기준은 건축물의 용도를 바탕으로 적용하고 있습니다. 군사 훈련시설의 생존훈련장은 그 밖의 건축물의 용도에 해당될 것으로 판단되어지나, 이와 관련한 구체적인 사항은 설계도서 등을 구비하시어 녹색건축인증심사를 진행하는 녹색건축 인증기관에 문의하여 확인받으시기 바랍니다.

2

건축물에너지효율등급

2.1 기초다지기_에너지효율등급인증이란 무엇인가?

2.1.1 인증을 왜 받아야 하는가?

건축물은 에너지를 보호하는 그릇이다. 라고 하는 주장에 동조하는 사람 중에 한 사람이다. 에너지는 살아가기 위한 모든 것이라 할 수 있다. 너무 과장된 것이라 할 수 있으나 저자는 그것을 믿고 있다. 이제는 건축물의 에너지절감 요소는 선책이 아닌 필수조건이 되었고 더 강화되고 있는 것이 현실인 것은 사실이다.

건축물에너지효율등급 인증은 왜 받아야 하는가?의 질문을 던져보면

정부는 건물 에너지 효율등급 인증제도를 통하여 건물의 에너지 성능이나 주거환경의 질 등과 같은 객관적인 정보를 제공받고 건물의 가치를 인정받음으로써 건설사업주체, 소유주체, 관리주체 및 건물사용자 등 건물과 관련된 모두에게 이익이 돌아가도록 하기 위한 제도라고 말하고 있으며,

아울러 건물부문에서의 합리적인 에너지 절약을 위해 건물에서 사용되는 에너지에 대한 정확한 정보를 제공하여 에너지 절약기술에 대한 투자를 유도하고 경제적 효과를 가시화하여 에너지절약에 인식을 제고함과 동시에 편안하고 쾌적한 실내환경을 제공하기 위함이라고 밝히고 있다._www.kemco.or.kr

소비자 측면

- 건물의 에너지효율에 대한 등급을 부여함으로써 사용자가 건축물의 에너지성능이나 주거환경의 질과 같은 객관적인 정보를 제공
- 건물에 소요되는 에너지비용에 대한 정보를 사전에 제공받을 수 있으며, 에너지절약에 대한 의지를 고취
- 건물의 관리에 요구되는 에너지비용을 절감
- 겨울철에 단열이 덜 된 주택보다 편안하고 쾌적한 생활
- 고단열창호를 사용함으로써 쾌적한 실내환경 및 외부소음 감소
- 부동산 매매시 인증마크를 통해 구매자에게 유리한 정보를 제공
- 환경오염 및 천연자원의 보호 등 보다 환경친화적인 커뮤니티 조성_www.kemco.or.kr

건설 관련업체 측면

- 건물설계단계에서 에너지절약에 관한 인식을 제고시키고, 건물에너지 비용에 대한 정확한 정보를 제공
- 건물분양시 마케팅전략으로 사용
- 소비자들에게 에너지절약 및 쾌적한 실내환경(Indoor Environment Quality) 관련 홍보자료로 활용
- 마감재 위주로 흐르고 있는 주택시장을 건축물의 성능향상을 위한 차원으로 유도
- 에너지절약기술과 관련된 주택산업의 발전을 유도
- 보일러 등 설비시스템에 대한 용량 감소 및 최적화 시스템을 구축하여 원가절감을 유도_www.kemco.or.kr

국가적 측면

- 에너지부문의 23%를 차지하고 있는 건축물분야에 대한 에너지절감을 통해 에너지 및 외화를 절약
- "기후변화방지에 관한 정부간 협의" 이행당사자로서 국제사회에 이산화탄소방출량 감축을 위한 정책수립자료로 제출할
- 침체된 건설시장 극복을 위한 방안으로 활용
- 21세기 환경시대에 대응한 친환경정책의 일환으로 활용
- 경제사회의 변화·기술개발의 진전에 대응한 건축물의 에너지절약 정책 수립에 활용 _www.kemco.or.kr

2.1.2 에너지효율등급 대상 건축물

건축물 에너지효율등급 인증은 아래의 건축물을 대상으로 한다.

- 단독주택(단독주택, 다중주택, 다가구주택, 공관)
- 공동주택(아파트 연립주택, 다세대주택), 기숙사
- 업무시설
- 건축법시행령 별표1 제3호부터 제13호까지의 건축물로 냉방 또는 난방면적이 500제곱미터 이상인 건축물
- 건축법시행령 별표1 제15호부터 제28호까지의 건축물로 냉방 또는 난방면적이 500제곱미터 이상인 건축물

그 밖에 인증 대상 건축물을 판별하는 기준은 아래와 같다.

1. 한 대지안의 기존건물에 별동으로 증축하는 경우 인증 대상이 될 수 있다.
2. 인증 대상 용도의 시설과 인증 대상이 아닌 용도의 시설이 포함된 복합용도의 건축물은 인증 대상 용도의 면적과 공용부위 면적의 합이 전체 건물 면적의 과반비율(50%)이상일 경우에만 전체 건물 명의로 인증 신청할 수 있으나, 이 경우 인증 대상 용도의 면적과 공용부위 면적에 대하여 인증하며, 공용부위의 면적은 인증 대상 용도와 인증 대상이 아닌 용도에 대한 면적의 비율을 곱하여 산출한다.
3. 인증신청 시 허가용도와 사용용도가 다른 경우 실제 평가는 사용용도로 평가를 하며, 건축물명에 건축허가 용도를 표시하고 괄호로 사용용도를 표시하는 것을 원칙으로 한다.
4. 여러 동의 건축물을 인증신청 하는 경우 건축허가를 받은 단위로 건축물의 인증을 신청함을 원칙으로 한다.

인증의 구분

1) 예비인증 : 설계도서를 통하여 평가된 결과를 토대로 에너지효율등급을 인증하는 것이며, 건축법제11조제14조에 따른 허가신고 또는 주택법 제16조에 따른 사업계획승인을 받은 후 건축물 설계에 반영된 내용을 대상으로 예비인증을 신청할 수 있다.

*다만, 예비인증 결과에 따라 개별법령에서 정하는 제도적·재정적 지원을 받는 경우에는 건축법제11조 및 제14조에 따른 허가·신고 또는 주택법 제16조에 따른 사업계획승인 전에 예비인증을 신청할 수 있다.

*예비인증의 유효기간 : 건축물 에너지효율등급 예비인증의 유효기간은 건축물 에너지효율등급 예비인증서를 발급한 날부터 사용승인일 또는 사용검사일까지로 하고 있다.

2) 본인증 : 예비인증을 받은 건축주 등은 본인을 받아야 한다. 이 경우 예비인증을 받아 제도적·재정적 지원을 받은 건축주 등은 예비인증 등급 이상의 본 인증을 받아야 한다.

2.1.3 에너지효율등급 인증기관 및 운영기관

- 국토부장관은 운영기관을 지정하려는 경우 산업통상자원부장관과 협의하여야 하고 인증운영위원회의 심의를 거쳐야 한다.

・운영기관 : 에너지관리공단(031-260-4201~4208)

- 국토부장관은 인증기관을 지정하려는 경우에는 산업통상자원부장관과 협의하여 지정 신청기간을 정하고 그 기간이 시작되는 날의 3개월 전까지 신청 기간 등 인정기관 지정에 관한 사항을 공고하여야 한다. 인증기관으로 지정된 기관은 아래와 같다.

한국생산성본부인증원(02-6973-9060)

한국건설기술연구원(031-910-0285)

한국에너지기술연구원(042-860-3211)

한국토지주택공사(031-738-4541)

한국시설안전공단(031-930-4688)

한국교육환경연구원(02-456-9442)

한국환경건축연구원(02-558-8123)

한국건물에너지기술원(20-525-1025)

한국감정원(02-2189-8000)

2.1.4 에너지효율등급 인증 기준

- 인증기준은 아래의 표를 따르며, ISO 13790 등 국제규격에 따라 난방, 냉방(냉방설비가 설치되지 않은 주거용 건물은 제외), 급탕, 조명, 환기 등에 대해 종합적으로 평가하도록 제작된 프로그램으로 산출된 연간 단위면적당 1차 에너지소요량으로 한다.

$$\text{단위면적당 1차에너지 소요량} = \frac{\text{난방에너지소요량}}{\text{난방에너지가 요구되는 공간의 바닥면적}} + \frac{\text{냉방에너지소요량}}{\text{냉방에너지가 요구되는 공간의 바닥면적}} + \frac{\text{급탕에너지소요량}}{\text{급탕에너지가 요구되는 공간의 바닥면적}} + \frac{\text{조명에너지소요량}}{\text{조명에너지가 요구되는 공간의 바닥면적}} + \frac{\text{환기에너지소요량}}{\text{환기에너지가 요구되는 공간의 바닥면적}}$$

※ 냉방설비가 없는 주거용 건축물(단독주택 및 기숙사를 제외한 공동주택)의 경우는 냉방 평가 항목을 제외

※ 단위면적당 1차에너지소요량 = 단위면적당 에너지소요량 × 1차에너지환산계수

※ 신재생에너지생산량은 에너지소요량에 반영되어 효율등급 평가에 포함

주거용 건축물 및 주거용 이외 건축물의 에너지효율등급 인증평가 세부기준은 아래와 같다.

1. 연간 단위면적당 1차 에너지소요량을 산출하기 위한 기상데이터는 [표 1], 용도프로필은 [표 2]와 같다.
2. 단위면적당 1차 에너지소요량은 산출된 단위면적당 에너지요구량 및 소요량에 [별표 2]의 주거용과 주거용 이외 건축물의 용도별 가중치 및 [표 3]의 1차에너지 환산계수를 곱하여 산출한다.

[표 1] 기상데이터

1) 서울

월	월별평균 외기온도 [℃]	수평면/수직면 월평균 전일사량 [W/m²]								
		수평면	남	남동	남서	동	서	북동	북서	북
1월	−2.1	83.0	116.0	87.5	94.6	46.6	52.0	28.7	28.7	28.3
2월	0.2	117.4	134.4	98.9	127.3	66.7	90.8	44.2	44.2	41.0
3월	6.3	141.2	118.5	142.0	82.3	122.1	62.4	75.0	75.0	48.4
4월	13.0	180.3	110.6	105.7	120.2	95.5	112.5	77.1	77.1	66.5
5월	17.6	189.3	85.6	97.5	96.9	97.0	95.9	76.9	76.9	56.3
6월	21.8	183.1	86.0	104.6	94.5	113.0	97.4	99.3	99.3	77.3
7월	25.2	145.9	75.1	94.2	73.2	102.0	72.0	88.7	88.7	67.0
8월	26.4	147.4	86.7	99.6	84.3	100.4	80.9	85.0	85.0	68.1
9월	21.2	157.7	117.7	115.7	112.2	99.6	97.8	72.9	72.9	60.2
10월	14.7	129.1	138.7	128.9	106.8	92.1	72.7	49.5	49.5	38.3
11월	6.9	82.4	103.9	83.5	84.4	51.8	52.6	32.5	32.5	31.3
12월	0.9	72.1	105.8	87.8	79.6	50.2	43.5	28.5	28.5	26.9

2) 부산

월	월별평균 외기온도 [℃]	수평면/수직면 월평균 전일사량 [W/m²]								
		수평면	남	남동	남서	동	서	북동	북서	북
1월	3.0	101.2	154.3	155.4	86.4	94.8	40.6	34.9	27.3	27.3
2월	4.4	123.9	150.6	170.7	86.1	125.9	50.5	57.8	35.7	35.1
3월	9.1	151.1	124.7	114.9	110.1	90.4	85.9	61.3	59.7	51.2
4월	13.9	186.4	108.1	110.2	113.7	101.8	105.4	79.3	80.8	63.0
5월	17.0	196.6	86.7	102.9	102.1	106.6	106.4	88.1	88.6	66.7
6월	20.4	188.6	80.2	104.1	89.3	117.5	91.9	102.6	81.2	73.4
7월	23.8	156.6	74.8	94.3	75.8	102.6	74.6	89.0	67.8	65.5
8월	26.2	180.5	95.4	102.5	102.7	99.0	100.7	81.5	83.7	67.1
9월	22.5	150.0	109.7	110.3	97.8	93.7	82.8	65.4	62.5	53.0
10월	17.6	141.0	145.8	141.0	103.6	100.2	67.6	52.9	44.1	41.4
11월	11.7	109.3	146.1	115.2	117.7	69.0	71.1	37.2	37.7	34.4
12월	5.5	93.4	150.9	140.8	91.8	79.6	42.5	30.0	26.5	26.4

3) 인천

월	월별평균 외기온도 [℃]	수평면/수직면 월평균 전일사량 [W/m²]								
		수평면	남	남동	남서	동	서	북동	북서	북
1월	-2.1	88.3	134.6	103.5	106.9	56.8	58.6	29.8	29.1	27.5
2월	0.2	117.4	135.8	102.0	126.0	68.9	89.0	44.7	49.2	41.0
3월	5.4	152.7	133.4	161.2	96.2	140.6	71.4	84.8	51.8	48.0
4월	10.9	189.8	115.5	115.3	136.9	105.4	136.1	82.2	104.0	68.9
5월	16.5	200.4	96.3	105.6	124.2	107.4	134.6	91.7	111.6	77.6
6월	20.9	207.6	94.0	97.8	125.3	99.6	140.0	90.0	119.8	84.5
7월	24.0	164.6	80.2	98.0	86.8	107.6	88.0	93.9	77.4	70.6
8월	24.4	176.3	98.7	107.1	108.6	103.9	106.7	83.7	86.1	66.2
9월	21.1	164.2	125.0	147.6	103.6	135.7	84.4	93.0	64.4	58.7
10월	15.0	133.7	143.8	141.9	108.2	107.0	73.8	61.0	47.7	43.9
11월	7.4	95.7	136.2	103.8	109.8	57.6	62.9	30.7	32.2	29.6
12월	1.4	82.2	142.2	138.2	85.2	83.6	41.5	33.3	26.8	26.7

4) 대구

월	월별평균 외기온도 [℃]	수평면/수직면 월평균 전일사량 [W/m²]								
		수평면	남	남동	남서	동	서	북동	북서	북
1월	0.5	97.3	158.8	174.6	81.5	115.9	39.7	43.1	28.3	28.3
2월	3.4	124.8	138.4	110.6	119.2	73.5	80.8	46.8	48.5	43.3
3월	7.6	154.7	128.3	172.8	86.7	157.6	65.0	95.8	50.9	48.6
4월	14.2	190.9	112.3	122.5	111.3	115.4	101.9	87.4	79.6	65.0
5월	18.6	206.8	97.3	128.2	100.9	140.8	99.3	116.3	84.9	77.6
6월	23.0	187.2	83.0	111.6	88.9	128.7	90.8	113.1	82.3	79.5
7월	25.3	165.3	87.1	94.2	90.9	95.3	90.4	86.0	82.3	75.1
8월	26.0	160.7	86.5	123.3	79.0	135.9	74.4	108.8	66.1	67.1
9월	21.3	141.0	103.4	118.1	85.6	106.5	72.7	73.9	58.6	53.1
10월	15.0	136.4	137.5	128.9	105.8	94.0	72.3	56.2	48.6	45.7
11월	9.2	97.2	121.8	93.8	103.0	57.3	64.7	36.9	38.2	35.7
12월	3.4	89.4	144.6	114.3	107.8	59.7	55.0	27.2	26.9	25.9

5) 대전

월	월별평균 외기온도 [℃]	수평면/수직면 월평균 전일사량 [W/m²]								
		수평면	남	남동	남서	동	서	북동	북서	북
1월	-1.1	89.2	140.1	151.2	71.9	97.2	34.4	35.7	26.1	26.1
2월	0.8	124.6	140.8	116.5	115.1	75.8	75.0	44.8	45.1	40.6
3월	5.7	165.2	147.4	182.7	97.5	156.4	67.7	86.8	46.5	43.5
4월	12.9	200.4	120.8	119.0	134.8	106.9	126.4	79.2	91.0	61.7
5월	18.0	211.4	97.1	127.9	99.3	139.5	96.5	114.0	81.7	74.8
6월	21.9	187.2	85.8	101.1	97.4	107.1	102.1	94.2	90.9	76.4
7월	25.4	174.2	82.1	96.8	94.6	102.0	98.3	88.2	85.3	69.5
8월	26.1	180.9	99.1	114.5	106.2	115.7	105.1	95.1	88.4	72.7
9월	21.2	157.1	114.8	107.4	114.1	89.4	98.5	63.0	69.2	51.7
10월	13.7	140.3	151.8	125.4	127.6	83.7	85.3	46.9	46.8	39.2
11월	6.2	97.9	132.0	113.2	95.4	65.7	52.0	33.6	32.1	30.9
12월	1.8	84.4	132.9	125.7	81.5	73.5	40.0	30.5	27.3	27.3

6) 광주

월	월별평균 외기온도 [℃]	수평면/수직면 월평균 전일사량 [W/m²]								
		수평면	남	남동	남서	동	서	북동	북서	북
1월	0.5	96.9	158.5	185.7	75.7	131.3	39.6	49.6	29.9	29.9
2월	2.7	129.7	148.5	125.5	120.7	82.9	79.8	46.1	46.6	40.0
3월	7.5	158.8	132.0	125.2	114.1	100.3	89.5	66.2	62.1	53.5
4월	13.2	193.8	113.0	123.5	115.0	116.7	106.3	89.2	83.0	66.1
5월	18.1	207.4	93.1	145.0	95.5	175.6	95.4	147.6	83.6	86.4
6월	22.1	186.9	85.8	100.5	96.0	107.0	99.7	95.4	89.5	77.5
7월	25.4	173.6	83.3	99.4	98.6	108.7	105.5	97.7	93.9	78.7
8월	26.1	175.8	94.1	114.6	94.7	116.5	92.6	93.6	79.5	68.6
9월	22.0	165.6	124.3	120.0	114.8	100.1	95.3	68.3	66.6	53.7
10월	16.3	145.7	149.0	132.3	120.0	93.2	82.2	54.8	51.5	45.8
11월	9.5	102.2	140.2	132.3	92.0	83.3	50.2	38.5	32.0	31.5
12월	3.1	86.4	127.0	105.9	93.7	61.2	51.9	31.7	30.7	29.9

7) 강릉

월	월별평균 외기온도 [℃]	수평면/수직면 월평균 전일사량 [W/m²]								
		수평면	남	남동	남서	동	서	북동	북서	북
1월	0.4	92.7	148.1	112.8	114.5	58.2	58.9	26.7	26.1	24.8
2월	2.1	124.4	160.4	139.6	120.0	88.9	72.3	40.7	36.8	31.6
3월	6.1	150.7	134.0	120.5	114.5	90.5	84.9	55.3	53.6	44.9
4월	13.0	195.6	123.5	133.7	114.7	119.7	100.2	84.4	75.8	61.1
5월	17.0	209.2	102.3	121.4	112.4	125.1	113.1	102.8	94.9	76.8
6월	21.2	190.9	88.8	104.1	99.5	109.0	103.3	94.2	90.8	75.7
7월	24.5	161.7	78.4	89.3	87.4	90.8	88.9	77.1	76.4	62.1
8월	24.0	153.3	84.3	112.5	78.5	121.3	71.8	97.2	61.2	61.3
9월	20.1	149.8	112.9	133.2	89.5	118.8	71.7	77.9	54.9	49.3
10월	15.1	129.9	146.9	138.4	110.4	98.4	72.3	51.9	42.9	38.0
11월	9.6	97.7	147.4	105.2	125.3	57.0	72.7	30.1	32.3	28.5
12월	3.1	87.7	153.9	115.4	118.8	55.9	58.5	25.3	25.6	24.3

8) 원주

월	월별평균 외기온도 [℃]	수평면/수직면 월평균 전일사량 [W/m²]								
		수평면	남	남동	남서	동	서	북동	북서	북
1월	-4.0	90.3	157.5	171.8	80.5	112.2	37.3	40.1	25.5	25.4
2월	-1.4	115.6	136.9	128.7	100.7	90.1	65.5	49.6	42.6	39.9
3월	4.3	151.6	130.0	138.2	100.3	113.3	75.2	70.9	54.8	50.2
4월	12.1	190.6	116.9	125.4	113.7	115.7	102.3	88.1	80.8	67.2
5월	17.0	202.5	97.6	123.5	102.3	133.8	100.1	111.7	85.3	77.3
6월	22.0	204.8	91.2	119.4	97.5	135.0	98.7	116.9	87.5	82.3
7월	24.7	172.6	86.2	104.5	89.4	113.4	89.6	99.4	80.8	76.5
8월	25.0	168.4	93.1	101.6	99.0	97.6	95.5	78.2	77.9	61.7
9월	19.6	161.5	122.0	137.3	97.2	120.7	78.7	80.1	60.8	55.7
10월	12.6	131.6	138.9	129.2	105.3	91.5	69.9	52.5	45.9	42.6
11월	5.5	96.7	136.3	110.5	106.3	65.7	61.3	35.3	33.3	31.5
12월	-1.1	80.2	128.0	116.4	83.8	68.0	43.0	30.5	27.9	27.7

9) 춘천

월	월별평균 외기온도 [℃]	수평면/수직면 월평균 전일사량 [W/m²]								
		수평면	남	남동	남서	동	서	북동	북서	북
1월	−3.6	86.1	141.0	144.7	81.9	94.1	42.7	38.7	28.7	28.4
2월	−1.3	123.0	146.1	116.3	123.3	74.7	80.8	43.3	45.0	39.0
3월	4.4	155.5	136.4	119.3	124.3	91.0	95.6	59.6	61.1	49.6
4월	10.1	188.5	117.4	121.9	123.0	109.0	115.3	80.5	88.2	63.6
5월	17.8	202.5	99.3	108.7	116.6	108.7	119.9	91.2	99.1	74.5
6월	21.5	204.2	94.1	106.7	113.0	111.7	120.7	98.3	104.8	82.4
7월	24.9	172.2	86.5	94.0	96.6	94.9	99.4	83.9	87.5	72.9
8월	24.7	177.2	97.6	127.7	90.1	135.0	81.8	105.7	68.1	66.5
9월	19.5	155.5	118.5	106.0	116.3	86.2	96.6	61.1	65.7	51.0
10월	12.2	123.3	128.7	112.1	102.0	75.6	65.7	46.7	42.7	40.6
11월	4.8	84.7	116.9	81.8	104.6	46.6	64.3	30.5	32.9	29.8
12월	−1.5	73.2	113.7	87.1	89.1	44.0	45.3	25.3	25.2	24.8

10) 전주

월	월별평균 외기온도 [℃]	수평면/수직면 월평균 전일사량 [W/m²]								
		수평면	남	남동	남서	동	서	북동	북서	북
1월	−0.7	84.5	135.7	149.0	70.2	99.4	34.8	37.6	25.0	25.0
2월	1.4	114.3	124.9	105.4	103.3	72.5	71 1	45.7	45.7	41.9
3월	5.9	145.5	119.6	108.7	106.3	86.4	84.1	60.3	59.4	52.2
4월	12.5	194.0	111.0	158.0	95.4	165.3	83 1	120.7	67.2	64.6
5월	17.9	200.0	96.2	110.2	108.2	112.0	110.1	93.4	92.8	73.4
6월	22.1	183.3	90.9	101.3	101.0	105.2	104.6	95.6	95.0	82.7
7월	25.9	166.8	78.3	114.8	80.2	139.2	80.7	122.0	73.7	78.8
8월	26.4	170.6	98.9	103.6	99.7	99.4	94.1	83.2	79.5	70.2
9월	22.1	150.1	112.5	110.0	103.9	93.7	88.5	66.5	65.3	54.5
10월	15.3	127.8	136.3	112.8	116.6	77.8	81.6	45.6	47.3	39.8
11월	8.7	97.6	141.7	139.4	87.8	90.1	48.0	37.4	29.4	28.3
12월	2.1	77.9	115.3	110.5	73.8	69.6	40.8	33.0	29.0	28.9

11) 청주

월	월별평균 외기온도 [℃]	수평면/수직면 월평균 전일사량 [W/m²]								
		수평면	남	남동	남서	동	서	북동	북서	북
1월	-2.1	94.7	177.1	161.4	110.9	91.3	50.8	30.7	23.9	23.2
2월	0.4	120.2	178.3	217.5	87.5	161.4	45.0	65.4	30.8	30.6
3월	5.7	155.4	142.8	194.3	87.7	172.0	61.0	96.9	46.4	44.8
4월	12.7	189.7	121.7	125.1	118.3	111.3	104.4	81.1	78.2	62.3
5월	18.1	209.9	110.2	120.3	120.5	119.1	118.8	99.5	99.0	80.3
6월	22.3	193.5	88.3	122.0	88.9	140.9	87.6	119.7	77.4	78.6
7월	25.5	178.6	90.4	99.3	102.4	100.3	104.5	86.5	89.4	72.1
8월	26.0	167.9	93.7	132.3	82.7	143.4	73.2	109.0	59.3	60.6
9월	19.8	163.8	134.2	159.5	99.0	138.8	73.9	85.0	53.8	49.5
10월	13.7	141.1	173.2	190.7	107.5	140.2	62.2	65.5	38.2	35.7
11월	6.9	94.7	160.5	153.8	97.4	92.5	46.9	34.1	26.1	25.4
12월	-0.1	80.8	162.0	135.3	110.0	67.9	48.3	23.5	21.0	20.1

12) 목포

월	월별평균 외기온도 [℃]	수평면/수직면 월평균 전일사량 [W/m²]								
		수평면	남	남동	남서	동	서	북동	북서	북
1월	1.9	99.9	162.9	185.6	78.8	126.6	38.4	45.4	27.6	27.5
2월	3.3	132.1	147.4	125.3	117.3	83.7	76.6	46.1	44.0	39.6
3월	6.6	167.4	137.4	119.1	129.3	93.1	102.6	62.2	65.4	51.9
4월	12.4	206.8	116.7	119.6	126.8	109.9	117.9	83.0	87.0	62.7
5월	17.3	214.3	94.4	139.6	98.0	165.5	96.5	139.2	83.3	83.7
6월	20.9	206.6	81.9	122.0	87.3	150.6	88.0	131.7	77.9	82.1
7월	24.6	180.2	84.6	93.6	105.8	97.8	114.9	87.9	99.9	76.5
8월	26.2	198.2	97.3	147.1	92.7	167.8	87.5	132.7	73.5	73.5
9월	21.9	181.2	129.3	125.1	124.7	104.9	105.5	70.2	71.4	52.7
10월	17.5	154.4	166.7	183.3	110.6	141.6	70.1	71.1	42.8	39.5
11월	10.5	120.9	174.5	144.5	129.5	84.7	72.9	36.7	35.1	31.6
12월	4.4	87.3	129.7	100.4	101.3	54.2	54.7	28.9	28.7	27.7

13) 제주

월	월별평균 외기온도 [℃]	수평면/수직면 월평균 전일사량 [W/m²]								
		수평면	남	남동	남서	동	서	북동	북서	북
1월	6.3	64.0	78.8	85.5	48.4	63.1	32.1	33.5	26.9	26.8
2월	6.7	94.6	102.7	131.6	55.2	108.8	40.2	55.3	34.6	34.2
3월	8.9	133.3	104.6	95.2	98.3	78.7	81.7	57.0	58.2	49.2
4월	14.0	188.6	105.1	109.8	113.0	102.1	104.5	77.6	78.0	57.5
5월	17.8	199.5	95.7	105.8	109.4	108.2	112.3	94.6	96.7	78.9
6월	21.5	194.0	81.3	98.2	101.0	107.0	110.8	95.7	98.3	77.7
7월	25.9	198.0	86.4	106.6	101.2	115.4	107.2	99.9	93.6	76.4
8월	26.9	181.2	87.6	141.8	81.8	167.1	78.6	135.0	69.9	74.4
9월	23.0	156.8	109.6	101.0	114.7	87.0	101.9	64.2	71.5	53.0
10월	18.2	132.5	119.9	99.8	109.2	74.8	83.0	53.7	55.8	49.5
11월	13.2	94.2	119.9	112.5	80.2	71.4	45.3	34.9	30.1	29.6
12월	8.1	64.6	83.0	86.9	51.0	60.8	32.3	31.7	27.2	27.1

[표 2] 주거 및 주거용 이외 건축물 용도프로필

- Uhr : 사용시간
- $m^3/(h\ m^2)$: 단위시간(h)당, 단위면적(m^2)당 외기도입풍량(m^3)
- $Wh/(m^2d)$: 일일(d) 단위면적(m^2)당 발생열량(Wh)
- d/mth : 월간(mth) 일수(d)

1) 주거공간

구분	단위	값
사용시간과 운전시간		
사용시작시간	[Uhr]	0:00
사용종료시간	[Uhr]	24:00
운전시작시간	[Uhr]	0:00
운전종료시간	[Uhr]	24:00
설정 요구량		
최소도입외기량	[$m^3/(h\ m^2)$]	1.6
급탕요구량	[$Wh/(m^2d)$]	84
조명시간	[h]	5
열발열원		
사람	[$Wh/(m^2d)$]	53
작업보조기기	[$Wh/(m^2d)$]	52
실내공기온도		
난방설정온도	[°C]	20
냉방설정온도	[°C]	26
월간 사용일수		
1월 사용일수	[d/mth]	31
2월 사용일수	[d/mth]	28
3월 사용일수	[d/mth]	31
4월 사용일수	[d/mth]	30
5월 사용일수	[d/mth]	31
6월 사용일수	[d/mth]	30
7월 사용일수	[d/mth]	31
8월 사용일수	[d/mth]	31
9월 사용일수	[d/mth]	30
10월 사용일수	[d/mth]	31
11월 사용일수	[d/mth]	30
12월 사용일수	[d/mth]	31
용도별 가중치		
난방	-	1
냉방	-	1
급탕	-	1
조명	-	1
환기	-	1

2) 소규모사무실(30㎡ 이하)

구분	단위	값
사용시간과 운전시간		
사용시작시간	[Uhr]	09:00
사용종료시간	[Uhr]	18:00
운전시작시간	[Uhr]	07:00
운전종료시간	[Uhr]	18:00
설정 요구량		
최소도입외기량	$[m^3/(h\ m^2)]$	4
급탕요구량	$[Wh/(m^2d)]$	30
조명시간	[h]	6
열발열원		
사람	$[Wh/(m^2d)]$	30
작업보조기기	$[Wh/(m^2d)]$	42
실내공기온도		
난방설정온도	[°C]	20
냉방설정온도	[°C]	26
월간 사용일수		
1월 사용일수	[d/mth]	22
2월 사용일수	[d/mth]	19
3월 사용일수	[d/mth]	21
4월 사용일수	[d/mth]	22
5월 사용일수	[d/mth]	22
6월 사용일수	[d/mth]	20
7월 사용일수	[d/mth]	22
8월 사용일수	[d/mth]	21
9월 사용일수	[d/mth]	18
10월 사용일수	[d/mth]	21
11월 사용일수	[d/mth]	21
12월 사용일수	[d/mth]	21
용도별 가중치		
난방	-	1
냉방	-	1
급탕	-	1
조명	-	1.500
환기	-	1

3) 대규모사무실(30㎡ 초과)

구분	단위	값
사용시간과 운전시간		
사용시작시간	[Uhr]	09:00
사용종료시간	[Uhr]	18:00
운전시작시간	[Uhr]	07:00
운전종료시간	[Uhr]	18:00
설정 요구량		
최소도입외기량	[m^3/(h m^2)]	6
급탕요구량	[Wh/(m^2d)]	30
조명시간	[h]	9
열발열원		
사람	[Wh/(m^2d)]	55.8
작업보조기기	[Wh/(m^2d)]	126
실내공기온도		
난방설정온도	[°C]	20
냉방설정온도	[°C]	26
월간 사용일수		
1월 사용일수	[d/mth]	22
2월 사용일수	[d/mth]	19
3월 사용일수	[d/mth]	21
4월 사용일수	[d/mth]	22
5월 사용일수	[d/mth]	22
6월 사용일수	[d/mth]	20
7월 사용일수	[d/mth]	22
8월 사용일수	[d/mth]	21
9월 사용일수	[d/mth]	18
10월 사용일수	[d/mth]	21
11월 사용일수	[d/mth]	21
12월 사용일수	[d/mth]	21
용도별 가중치		
난방	-	1
냉방	-	1
급탕	-	1
조명	-	1
환기	-	1

4) 회의실 및 세미나실

구분	단위	값
사용시간과 운전시간		
사용시작시간	[Uhr]	07:00
사용종료시간	[Uhr]	18:00
운전시작시간	[Uhr]	07:00
운전종료시간	[Uhr]	18:00
설정 요구량		
최소도입외기량	[$m^3/(h\ m^2)$]	15
급탕요구량	[$Wh/(m^2d)$]	30
조명시간	[h]	11
열발열원		
사람	[$Wh/(m^2d)$]	96
작업보조기기	[$Wh/(m^2d)$]	8
실내공기온도		
난방설정온도	[°C]	20
냉방설정온도	[°C]	26
월간 사용일수		
1월 사용일수	[d/mth]	22
2월 사용일수	[d/mth]	19
3월 사용일수	[d/mth]	21
4월 사용일수	[d/mth]	22
5월 사용일수	[d/mth]	22
6월 사용일수	[d/mth]	20
7월 사용일수	[d/mth]	22
8월 사용일수	[d/mth]	21
9월 사용일수	[d/mth]	18
10월 사용일수	[d/mth]	21
11월 사용일수	[d/mth]	21
12월 사용일수	[d/mth]	21
용도별 가중치		
난방	-	1
냉방	-	1
급탕	-	1
조명	-	0.818
환기	-	1

5) 강당

구분	단위	값
사용시간과 운전시간		
사용시작시간	[Uhr]	07:00
사용종료시간	[Uhr]	18:00
운전시작시간	[Uhr]	07:00
운전종료시간	[Uhr]	18:00
설정 요구량		
최소도입외기량	$[m^3/(h\ m^2)]$	2
급탕요구량	$[Wh/(m^2d)]$	30
조명시간	[h]	11
열발열원		
사람	$[Wh/(m^2d)]$	36
작업보조기기	$[Wh/(m^2d)]$	24
실내공기온도		
난방설정온도	[°C]	20
냉방설정온도	[°C]	26
월간 사용일수		
1월 사용일수	[d/mth]	22
2월 사용일수	[d/mth]	19
3월 사용일수	[d/mth]	21
4월 사용일수	[d/mth]	22
5월 사용일수	[d/mth]	22
6월 사용일수	[d/mth]	20
7월 사용일수	[d/mth]	22
8월 사용일수	[d/mth]	21
9월 사용일수	[d/mth]	18
10월 사용일수	[d/mth]	21
11월 사용일수	[d/mth]	21
12월 사용일수	[d/mth]	21
용도별 가중치		
난방	-	1
냉방	-	1
급탕	-	1
조명	-	0.818
환기	-	1

6) 구내식당

구분	단위	값
사용시간과 운전시간		
사용시작시간	[Uhr]	08:00
사용종료시간	[Uhr]	15:00
운전시작시간	[Uhr]	08:00
운전종료시간	[Uhr]	15:00
설정 요구량		
최소도입외기량	[m^3/(h m^2)]	18
급탕요구량	[Wh/(m^2d)]	1250
조명시간	[h]	7
열발열원		
사람	[Wh/(m^2d)]	177
작업보조기기	[Wh/(m^2d)]	10
실내공기온도		
난방설정온도	[°C]	20
냉방설정온도	[°C]	26
월간 사용일수		
1월 사용일수	[d/mth]	22
2월 사용일수	[d/mth]	19
3월 사용일수	[d/mth]	21
4월 사용일수	[d/mth]	22
5월 사용일수	[d/mth]	22
6월 사용일수	[d/mth]	20
7월 사용일수	[d/mth]	22
8월 사용일수	[d/mth]	21
9월 사용일수	[d/mth]	18
10월 사용일수	[d/mth]	21
11월 사용일수	[d/mth]	21
12월 사용일수	[d/mth]	21
용도별 가중치		
난방	-	1.571
냉방	-	1.571
급탕	-	0.024
조명	-	1.286
환기	-	1.571

7) 화장실

구분	단위	값
사용시간과 운전시간		
사용시작시간	[Uhr]	07:00
사용종료시간	[Uhr]	18:00
운전시작시간	[Uhr]	07:00
운전종료시간	[Uhr]	18:00
설정 요구량		
최소도입외기량	[$m^3/(h\ m^2)$]	15
급탕요구량	[$Wh/(m^2d)$]	0
조명시간	[h]	11
열발열원		
사람	[$Wh/(m^2d)$]	0
작업보조기기	[$Wh/(m^2d)$]	0
실내공기온도		
난방설정온도	[°C]	20
냉방설정온도	[°C]	26
월간 사용일수		
1월 사용일수	[d/mth]	22
2월 사용일수	[d/mth]	19
3월 사용일수	[d/mth]	21
4월 사용일수	[d/mth]	22
5월 사용일수	[d/mth]	22
6월 사용일수	[d/mth]	20
7월 사용일수	[d/mth]	22
8월 사용일수	[d/mth]	21
9월 사용일수	[d/mth]	18
10월 사용일수	[d/mth]	21
11월 사용일수	[d/mth]	21
12월 사용일수	[d/mth]	21
용도별 가중치		
난방	-	1
냉방	-	1
급탕	-	0
조명	-	0.818
환기	-	1

8) 그 외 체류공간(휴게실, 탈의실, 헬스장, 열람실, 매점 등)

구분	단위	값
사용시간과 운전시간		
사용시작시간	[Uhr]	07:00
사용종료시간	[Uhr]	18:00
운전시작시간	[Uhr]	07:00
운전종료시간	[Uhr]	18:00
설정 요구량		
최소도입외기량	[m³/(h m²)]	7
급탕요구량	[Wh/(m²d)]	30
조명시간	[h]	11
열발열원		
사람	[Wh/(m²d)]	96
작업보조기기	[Wh/(m²d)]	8
실내공기온도		
난방설정온도	[°C]	20
냉방설정온도	[°C]	26
월간 사용일수		
1월 사용일수	[d/mth]	22
2월 사용일수	[d/mth]	19
3월 사용일수	[d/mth]	21
4월 사용일수	[d/mth]	22
5월 사용일수	[d/mth]	22
6월 사용일수	[d/mth]	20
7월 사용일수	[d/mth]	22
8월 사용일수	[d/mth]	21
9월 사용일수	[d/mth]	18
10월 사용일수	[d/mth]	21
11월 사용일수	[d/mth]	21
12월 사용일수	[d/mth]	21
용도별 가중치		
난방	-	1
냉방	-	1
급탕	-	1
조명	-	0.818
환기	-	1

9) 부속공간(로비, 복도, 계단실 등)

구분	단위	값
사용시간과 운전시간		
사용시작시간	[Uhr]	07:00
사용종료시간	[Uhr]	18:00
운전시작시간	[Uhr]	07:00
운전종료시간	[Uhr]	18:00
설정 요구량		
최소도입외기량	[m³/(h m²)]	0.15
급탕요구량	[Wh/(m²d)]	0
조명시간	[h]	11
열발열원		
사람	[Wh/(m²d)]	0
작업보조기기	[Wh/(m²d)]	0
실내공기온도		
난방설정온도	[°C]	20
냉방설정온도	[°C]	26
월간 사용일수		
1월 사용일수	[d/mth]	22
2월 사용일수	[d/mth]	19
3월 사용일수	[d/mth]	21
4월 사용일수	[d/mth]	22
5월 사용일수	[d/mth]	22
6월 사용일수	[d/mth]	20
7월 사용일수	[d/mth]	22
8월 사용일수	[d/mth]	21
9월 사용일수	[d/mth]	18
10월 사용일수	[d/mth]	21
11월 사용일수	[d/mth]	21
12월 사용일수	[d/mth]	21
용도별 가중치		
난방	-	1
냉방	-	1
급탕	-	0
조명	-	0.818
환기	-	1

10) 창고/설비/문서실

구분	단위	값
사용시간과 운전시간		
사용시작시간	[Uhr]	07:00
사용종료시간	[Uhr]	18:00
운전시작시간	[Uhr]	07:00
운전종료시간	[Uhr]	18:00
설정 요구량		
최소도입외기량	[m^3/(h m^2)]	0.15
급탕요구량	[Wh/(m^2d)]	0
조명시간	[h]	11
열발열원		
사람	[Wh/(m^2d)]	0
작업보조기기	[Wh/(m^2d)]	0
실내공기온도		
난방설정온도	[°C]	20
냉방설정온도	[°C]	26
월간 사용일수		
1월 사용일수	[d/mth]	22
2월 사용일수	[d/mth]	19
3월 사용일수	[d/mth]	21
4월 사용일수	[d/mth]	22
5월 사용일수	[d/mth]	22
6월 사용일수	[d/mth]	20
7월 사용일수	[d/mth]	22
8월 사용일수	[d/mth]	21
9월 사용일수	[d/mth]	18
10월 사용일수	[d/mth]	21
11월 사용일수	[d/mth]	21
12월 사용일수	[d/mth]	21
용도별 가중치		
난방	-	1
냉방	-	1
급탕	-	0
조명	-	0.818
환기	-	1

11) 전산실

구분	단위	값
사용시간과 운전시간		
사용시작시간	[Uhr]	00:00
사용종료시간	[Uhr]	24:00
운전시작시간	[Uhr]	00:00
운전종료시간	[Uhr]	24:00
설정 요구량		
최소도입외기량	[m³/(h m²)]	1.3
급탕요구량	[Wh/(m²d)]	30
조명시간	[h]	12
열발열원		
사람	[Wh/(m²d)]	15
작업보조기기	[Wh/(m²d)]	1800
실내공기온도		
난방설정온도	[°C]	20
냉방설정온도	[°C]	26
월간 사용일수		
1월 사용일수	[d/mth]	31
2월 사용일수	[d/mth]	28
3월 사용일수	[d/mth]	31
4월 사용일수	[d/mth]	30
5월 사용일수	[d/mth]	31
6월 사용일수	[d/mth]	30
7월 사용일수	[d/mth]	31
8월 사용일수	[d/mth]	31
9월 사용일수	[d/mth]	30
10월 사용일수	[d/mth]	31
11월 사용일수	[d/mth]	30
12월 사용일수	[d/mth]	31
용도별 가중치		
난방	-	0.314
냉방	-	0.314
급탕	-	0.685
조명	-	0.514
환기	-	0.314

12) 주방 및 조리실

구분	단위	값
사용시간과 운전시간		
사용시작시간	[Uhr]	08:00
사용종료시간	[Uhr]	15:00
운전시작시간	[Uhr]	08:00
운전종료시간	[Uhr]	15:00
설정 요구량		
최소도입외기량	[m^3/(h m^2)]	90
급탕요구량	[Wh/(m^2d)]	0
조명시간	[h]	7
열발열원		
사람	[Wh/(m^2d)]	56
작업보조기기	[Wh/(m^2d)]	1800
실내공기온도		
난방설정온도	[°C]	20
냉방설정온도	[°C]	26
월간 사용일수		
1월 사용일수	[d/mth]	22
2월 사용일수	[d/mth]	19
3월 사용일수	[d/mth]	21
4월 사용일수	[d/mth]	22
5월 사용일수	[d/mth]	22
6월 사용일수	[d/mth]	20
7월 사용일수	[d/mth]	22
8월 사용일수	[d/mth]	21
9월 사용일수	[d/mth]	18
10월 사용일수	[d/mth]	21
11월 사용일수	[d/mth]	21
12월 사용일수	[d/mth]	21
용도별 가중치		
난방	-	1.571
냉방	-	1.571
급탕	-	0
조명	-	1.286
환기	-	1.571

13) 병실

구분	단위	값
사용시간과 운전시간		
사용시작시간	[Uhr]	00:00
사용종료시간	[Uhr]	24:00
운전시작시간	[Uhr]	00:00
운전종료시간	[Uhr]	24:00
설정 요구량		
최소도입외기량	[m³/(h m²)]	4
급탕요구량	[Wh/(m²d)]	82
조명시간	[h]	12
열발열원		
사람	[Wh/(m²d)]	108
작업보조기기	[Wh/(m²d)]	24
실내공기온도		
난방설정온도	[°C]	20
냉방설정온도	[°C]	26
월간 사용일수		
1월 사용일수	[d/mth]	31
2월 사용일수	[d/mth]	28
3월 사용일수	[d/mth]	31
4월 사용일수	[d/mth]	30
5월 사용일수	[d/mth]	31
6월 사용일수	[d/mth]	30
7월 사용일수	[d/mth]	31
8월 사용일수	[d/mth]	31
9월 사용일수	[d/mth]	30
10월 사용일수	[d/mth]	31
11월 사용일수	[d/mth]	30
12월 사용일수	[d/mth]	31
용도별 가중치		
난방	-	0.314
냉방	-	0.314
급탕	-	0.251
조명	-	0.514
환기	-	0.314

14) 객실

구분	단위	값
사용시간과 운전시간		
사용시작시간	[Uhr]	21:00
사용종료시간	[Uhr]	08:00
운전시작시간	[Uhr]	21:00
운전종료시간	[Uhr]	08:00
설정 요구량		
최소도입외기량	[m^3/(h m^2)]	3
급탕요구량	[Wh/(m^2d)]	82
조명시간	[h]	4
열발열원		
사람	[Wh/(m^2d)]	70
작업보조기기	[Wh/(m^2d)]	44
실내공기온도		
난방설정온도	[°C]	20
냉방설정온도	[°C]	26
월간 사용일수		
1월 사용일수	[d/mth]	31
2월 사용일수	[d/mth]	28
3월 사용일수	[d/mth]	31
4월 사용일수	[d/mth]	30
5월 사용일수	[d/mth]	31
6월 사용일수	[d/mth]	30
7월 사용일수	[d/mth]	31
8월 사용일수	[d/mth]	31
9월 사용일수	[d/mth]	30
10월 사용일수	[d/mth]	31
11월 사용일수	[d/mth]	30
12월 사용일수	[d/mth]	31
용도별 가중치		
난방	-	0.685
냉방	-	0.685
급탕	-	0.251
조명	-	1.541
환기	-	0.685

15) 교실(초중고)

구분	단위	값
사용시간과 운전시간		
사용시작시간	[Uhr]	08:00
사용종료시간	[Uhr]	15:00
운전시작시간	[Uhr]	08:00
운전종료시간	[Uhr]	15:00
설정 요구량		
최소도입외기량	[m^3/(h m^2)]	10
급탕요구량	[Wh/(m^2d)]	30
조명시간	[h]	6
열발열원		
사람	[Wh/(m^2d)]	100
작업보조기기	[Wh/(m^2d)]	20
실내공기온도		
난방설정온도	[°C]	20
냉방설정온도	[°C]	26
월간 사용일수		
1월 사용일수	[d/mth]	0
2월 사용일수	[d/mth]	14
3월 사용일수	[d/mth]	23
4월 사용일수	[d/mth]	22
5월 사용일수	[d/mth]	21
6월 사용일수	[d/mth]	22
7월 사용일수	[d/mth]	15
8월 사용일수	[d/mth]	3
9월 사용일수	[d/mth]	22
10월 사용일수	[d/mth]	21
11월 사용일수	[d/mth]	22
12월 사용일수	[d/mth]	15
용도별 가중치		
난방	-	1.964
냉방	-	1.964
급탕	-	1.250
조명	-	1.875
환기	-	1.964

16) 강의실(대학)

구분	단위	값
사용시간과 운전시간		
사용시작시간	[Uhr]	09:00
사용종료시간	[Uhr]	18:00
운전시작시간	[Uhr]	09:00
운전종료시간	[Uhr]	18:00
설정 요구량		
최소도입외기량	[m^3/(h m^2)]	30
급탕요구량	[Wh/(m^2d)]	30
조명시간	[h]	6
열발열원		
사람	[Wh/(m^2d)]	420
작업보조기기	[Wh/(m^2d)]	24
실내공기온도		
난방설정온도	[°C]	20
냉방설정온도	[°C]	26
월간 사용일수		
1월 사용일수	[d/mth]	0
2월 사용일수	[d/mth]	0
3월 사용일수	[d/mth]	20
4월 사용일수	[d/mth]	20
5월 사용일수	[d/mth]	15
6월 사용일수	[d/mth]	20
7월 사용일수	[d/mth]	5
8월 사용일수	[d/mth]	0
9월 사용일수	[d/mth]	20
10월 사용일수	[d/mth]	20
11월 사용일수	[d/mth]	21
12월 사용일수	[d/mth]	9
용도별 가중치		
난방	-	2.037
냉방	-	2.037
급탕	-	1.667
조명	-	2.500
환기	-	2.037

17) 매장(상점/백화점)

구분	단위	값
사용시간과 운전시간		
사용시작시간	[Uhr]	08:00
사용종료시간	[Uhr]	20:00
운전시작시간	[Uhr]	08:00
운전종료시간	[Uhr]	20:00
설정 요구량		
최소도입외기량	[m³/(h m²)]	4
급탕요구량	[Wh/(m²d)]	30
조명시간	[h]	12
열발열원		
사람	[Wh/(m²d)]	84
작업보조기기	[Wh/(m²d)]	24
실내공기온도		
난방설정온도	[°C]	20
냉방설정온도	[°C]	26
월간 사용일수		
1월 사용일수	[d/mth]	26
2월 사용일수	[d/mth]	23
3월 사용일수	[d/mth]	25
4월 사용일수	[d/mth]	26
5월 사용일수	[d/mth]	26
6월 사용일수	[d/mth]	24
7월 사용일수	[d/mth]	26
8월 사용일수	[d/mth]	26
9월 사용일수	[d/mth]	22
10월 사용일수	[d/mth]	25
11월 사용일수	[d/mth]	26
12월 사용일수	[d/mth]	25
용도별 가중치		
난방	-	0.764
냉방	-	0.764
급탕	-	0.833
조명	-	※수식 참조
환기	-	0.764

※ 매장의 경우 조명밀도에 따른 보정치

조명 가중치 = 0.625 × 보정치

10W/m² 이하일 경우 : 보정치 = 1

10W/m² 초과일 경우 : 보정치 = [(해당실 조명밀도-10) × 0.4+10] / (해당실 조명밀도)

18) 전시실(전시관/박물관)

구분	단위	값
사용시간과 운전시간		
사용시작시간	[Uhr]	10:00
사용종료시간	[Uhr]	18:00
운전시작시간	[Uhr]	10:00
운전종료시간	[Uhr]	18:00
설정 요구량		
최소도입외기량	[$m^3/(h\ m^2)$]	2
급탕요구량	[$Wh/(m^2d)$]	30
조명시간	[h]	8
열발열원		
사람	[$Wh/(m^2d)$]	28
작업보조기기	[$Wh/(m^2d)$]	0
실내공기온도		
난방설정온도	[˚C]	20
냉방설정온도	[˚C]	26
월간 사용일수		
1월 사용일수	[d/mth]	22
2월 사용일수	[d/mth]	19
3월 사용일수	[d/mth]	21
4월 사용일수	[d/mth]	22
5월 사용일수	[d/mth]	22
6월 사용일수	[d/mth]	20
7월 사용일수	[d/mth]	22
8월 사용일수	[d/mth]	21
9월 사용일수	[d/mth]	18
10월 사용일수	[d/mth]	21
11월 사용일수	[d/mth]	21
12월 사용일수	[d/mth]	21
용도별 가중치		
난방	-	1.375
냉방	-	1.375
급탕	-	1
조명	-	1.125
환기	-	1.375

19) 열람실(도서관)

구분	단위	값
사용시간과 운전시간		
사용시작시간	[Uhr]	08:00
사용종료시간	[Uhr]	20:00
운전시작시간	[Uhr]	08:00
운전종료시간	[Uhr]	20:00
설정 요구량		
최소도입외기량	[m³/(h m²)]	8
급탕요구량	[Wh/(m²d)]	30
조명시간	[h]	12
열발열원		
사람	[Wh/(m²d)]	168
작업보조기기	[Wh/(m²d)]	0
실내공기온도		
난방설정온도	[°C]	20
냉방설정온도	[°C]	26
월간 사용일수		
1월 사용일수	[d/mth]	26
2월 사용일수	[d/mth]	23
3월 사용일수	[d/mth]	25
4월 사용일수	[d/mth]	26
5월 사용일수	[d/mth]	26
6월 사용일수	[d/mth]	24
7월 사용일수	[d/mth]	26
8월 사용일수	[d/mth]	26
9월 사용일수	[d/mth]	22
10월 사용일수	[d/mth]	25
11월 사용일수	[d/mth]	26
12월 사용일수	[d/mth]	25
용도별 가중치		
난방	-	0.764
냉방	-	0.764
급탕	-	0.833
조명	-	0.625
환기	-	0.764

20) 체육시설

구분	단위	값
사용시간과 운전시간		
사용시작시간	[Uhr]	08:00
사용종료시간	[Uhr]	23:00
운전시작시간	[Uhr]	08:00
운전종료시간	[Uhr]	23:00
설정 요구량		
최소도입외기량	[m³/(h m²)]	3
급탕요구량	[Wh/(m²d)]	220
조명시간	[h]	15
열발열원		
사람	[Wh/(m²d)]	60
작업보조기기	[Wh/(m²d)]	0
실내공기온도		
난방설정온도	[°C]	20
냉방설정온도	[°C]	26
월간 사용일수		
1월 사용일수	[d/mth]	26
2월 사용일수	[d/mth]	23
3월 사용일수	[d/mth]	25
4월 사용일수	[d/mth]	26
5월 사용일수	[d/mth]	26
6월 사용일수	[d/mth]	24
7월 사용일수	[d/mth]	26
8월 사용일수	[d/mth]	26
9월 사용일수	[d/mth]	22
10월 사용일수	[d/mth]	25
11월 사용일수	[d/mth]	26
12월 사용일수	[d/mth]	25
용도별 가중치		
난방	-	0.611
냉방	-	0.611
급탕	-	0.114
조명	-	0.500
환기	-	0.611

[표 3] 1차에너지 환산계수

구분	1차 에너지환산계수
연료	1.1
전력	2.75
지역난방	0.728
지역냉방	0.937

②냉방이 필요한 공간임에도 냉방설비가 설치되지 아니한 건축물의 연간 단위면적당 1차 에너지소요량을 산출하는 경우 산업통상자원부장관이 고시한 「효율관리기자재 운용규정」 제4조제1항제4호에서 정한 전기냉방기 및 제29호에서 정한 멀티전기히트펌프시스템의 최저소비효율을 기준으로, 주거용 건축물은 위 전기냉방기, 주거용 이외의 건축물은 위 멀티전기히트펌프시스템의 냉방 효율을 적용하여 평가하며, 규칙의 서식4와 서식6의 인증서에는 냉방설비가 설치되지 않은 건물임을 표시한다. 만약, 난방이 필요한 공간임에도 난방설비가 설치되지 아니한 경우에는 산업통상자원부장관이 고시한 「효율관리기자재 운용규정」 제4조제1항제29호에서 정한 멀티전기히트펌프시스템의 최저소비효율기준을 난방효율로 적용할 수 있다.

③열관류율은 국토교통부장관이 고시한「건축물의 에너지절약 설계기준」별표의 값을 따른다. 단, KS F 2277 및 KS F 2278에 의한 시험성적서 값을 인정받으려 할 경우, 2개 이상 공인기관의 시험성적서를 제출하여야 하며 열저항은 최소값을, 열관류율은 최대값을 적용한다. 단, 창호의 경우 해당 창호에 대한 "에너지소비효율등급제 신고확인서" 1부와 [표4]창호 성능확인서 1부를 제출할 수 있다.

[표4] 창호 성능확인서

<table>
<tr><td colspan="4">창호 성능확인서</td></tr>
<tr><td>①기관명</td><td colspan="3"></td></tr>
<tr><td>②대표자</td><td></td><td>③법인등록번호</td><td></td></tr>
<tr><td>④소재지</td><td colspan="3"></td></tr>
<tr><td>⑤전화번호</td><td colspan="3"></td></tr>
<tr><td>⑥제품명</td><td colspan="3"></td></tr>
<tr><td>⑦형식</td><td colspan="3"></td></tr>
<tr><td>⑧모델명</td><td colspan="3"></td></tr>
<tr><td>⑨열관류율(W/㎡·K)</td><td colspan="3"></td></tr>
<tr><td>⑩기밀성(㎥/h·㎡)</td><td colspan="3"></td></tr>
<tr><td>⑪적용 건축물명</td><td colspan="3"></td></tr>
<tr><td colspan="4">건축물에너지효율등급인증제도운영규정 제7조제3항에 따라, 당사에서 제작하는 창호의 성능이 위와 같음을 확인합니다.

년 월 일

대표 (서명 또는 인)

에너지관리공단 이사장 귀하</td></tr>
<tr><td colspan="4"><비고>
본 창호 성능확인서는 본 건에만 유효합니다.</td></tr>
</table>

2.1.4 에너지효율등급 절차

건축물 에너지효율등급 인증절차는 다음 각 호에 의한다.

1. 인증신청은 건축주, 건축물 소유자, 사업주체(또는 시공자) 자가 할 수 있으며, 사업주체는 시행사 등을 의미한다.
2. 인증을 신청하고자 하는 자는 공인인증서(법인 또는 사업자)를 사용하여 공단에서 관리하는 에너지효율등급 인증관리시스템에 접속한 후 건축주 및 건축물 정보를 기재하고, 인증기관을 선택하여 인증신청을 할 수 있다.
3. 인증기관은 해당 건축물의 평가여부를 결정한 후 인증수수료를 산출하여 인증 신청자에게 인증 수수료 입금과 평가에 필요한 제출서류에 대한 내용을 안내한다.
4. 인증을 신청한 자는 인증기관이 인증수수료 기준에 따라 산정한 인증 수수료를 인증기관에 납부하여야 한다.
5. 인증기관은 인증 신청자의 신청서류 구비 및 인증수수료 납부를 확인 후 인증접수를 하고, 이를 확인한 즉시 인증평가를 실시한다.
6. 인증기관은 의무사항의 이행여부를 검토하여, 평가결과가 이에 적합할 경우 인증서를 교부하여야 한다.
7. 인증기관은 인증서 발급이 적합하지 아니하다고 판단하는 경우에는 공단과 건축주 등에게 해당사유를 통보하고 인증신청을 반려하여야 한다.

◈ 예비인증

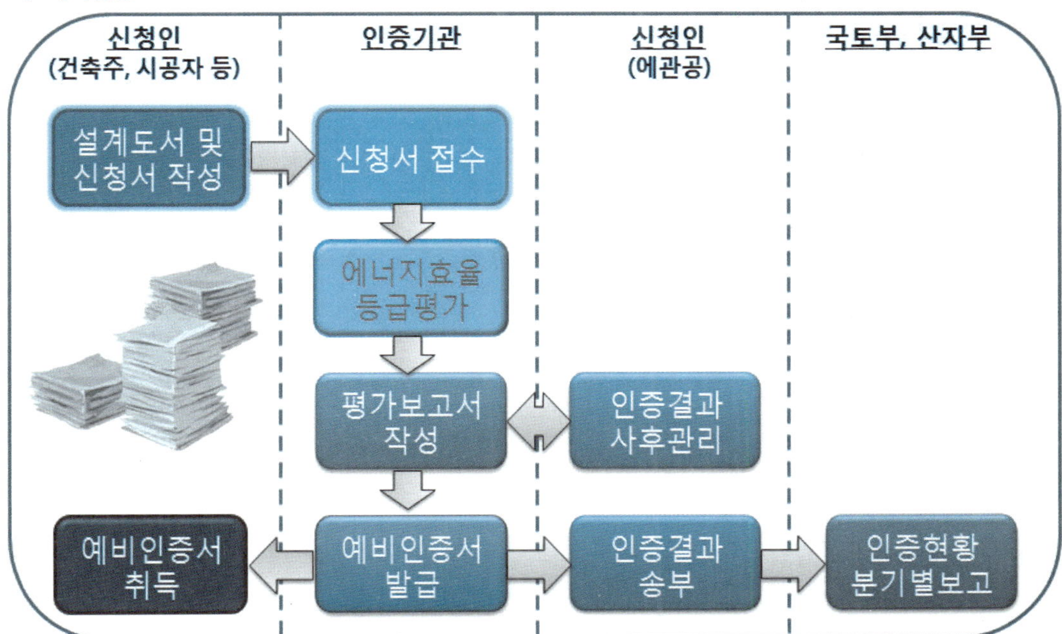
신청인
(건축주, 시공자 등)
인증기관
신청인
(에관공)
국토부, 산자부
설계도서 및
신청서 작성
신청서 접수
에너지효율
등급평가
평가보고서
작성
인증결과
사후관리
예비인증서
취득
예비인증서
발급
인증결과
송부
인증현황
분기별보고

◈ 본인증

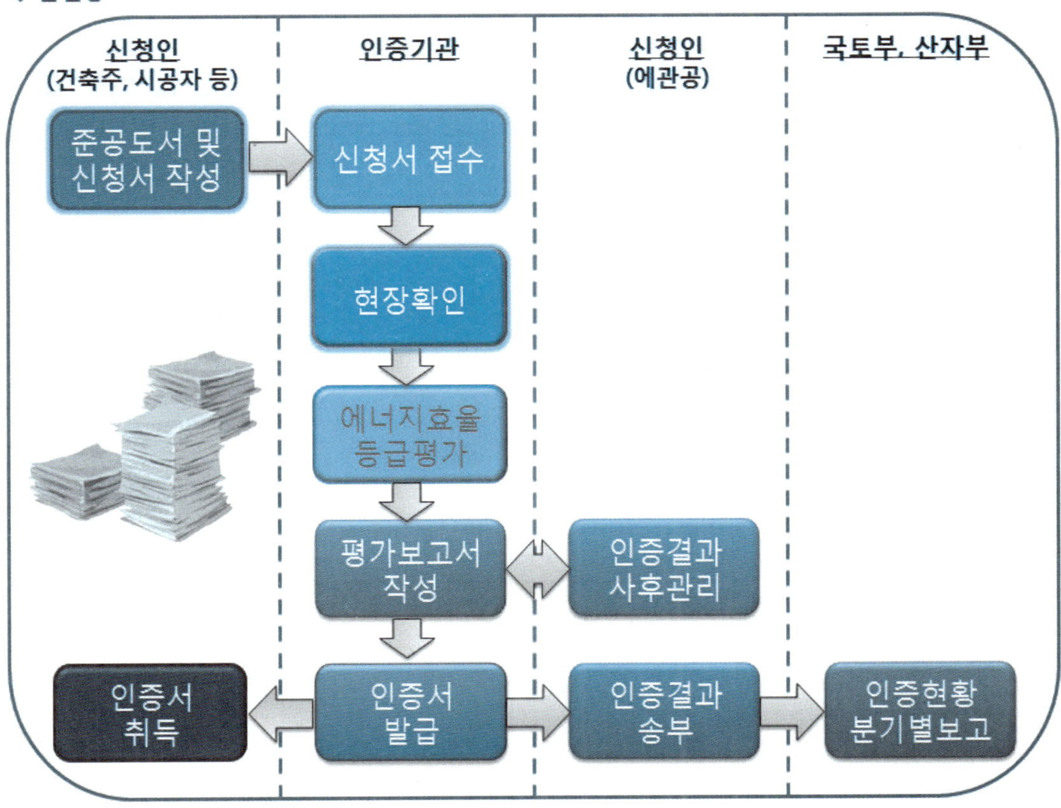
신청인
(건축주, 시공자 등)
인증기관
신청인
(에관공)
국토부, 산자부
준공도서 및
신청서 작성
신청서 접수
현장확인
에너지효율
등급평가
평가보고서
작성
인증결과
사후관리
인증서
취득
인증서
발급
인증결과
송부
인증현황
분기별보고

◈ 건축공정과 에너지효율등급 인증단계 비교

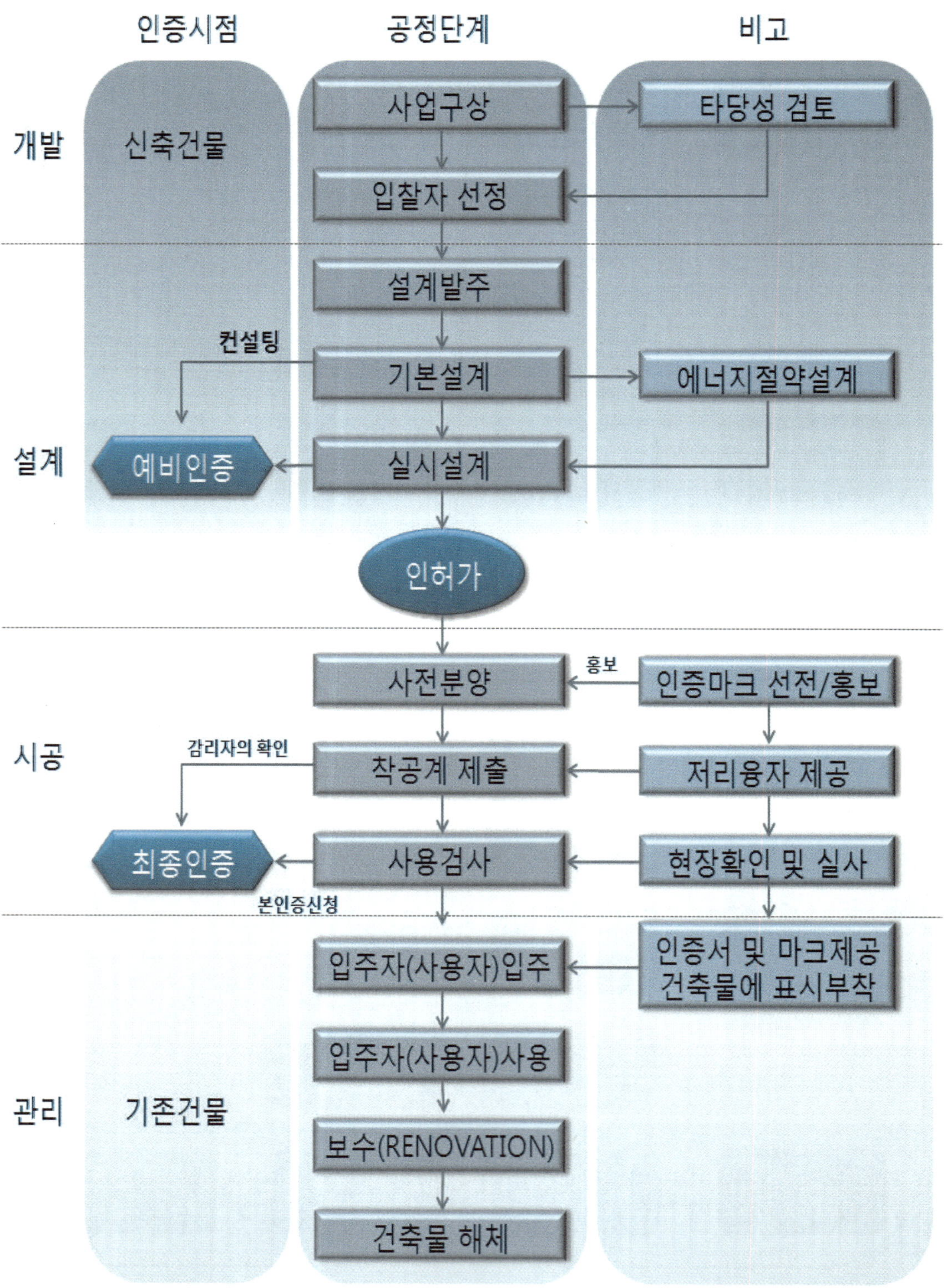

2.2 무작정 따라하기_뛰어난 보고서 작성하기

건물에너지평가프로그램(ECO2) 입력방법_따라하기

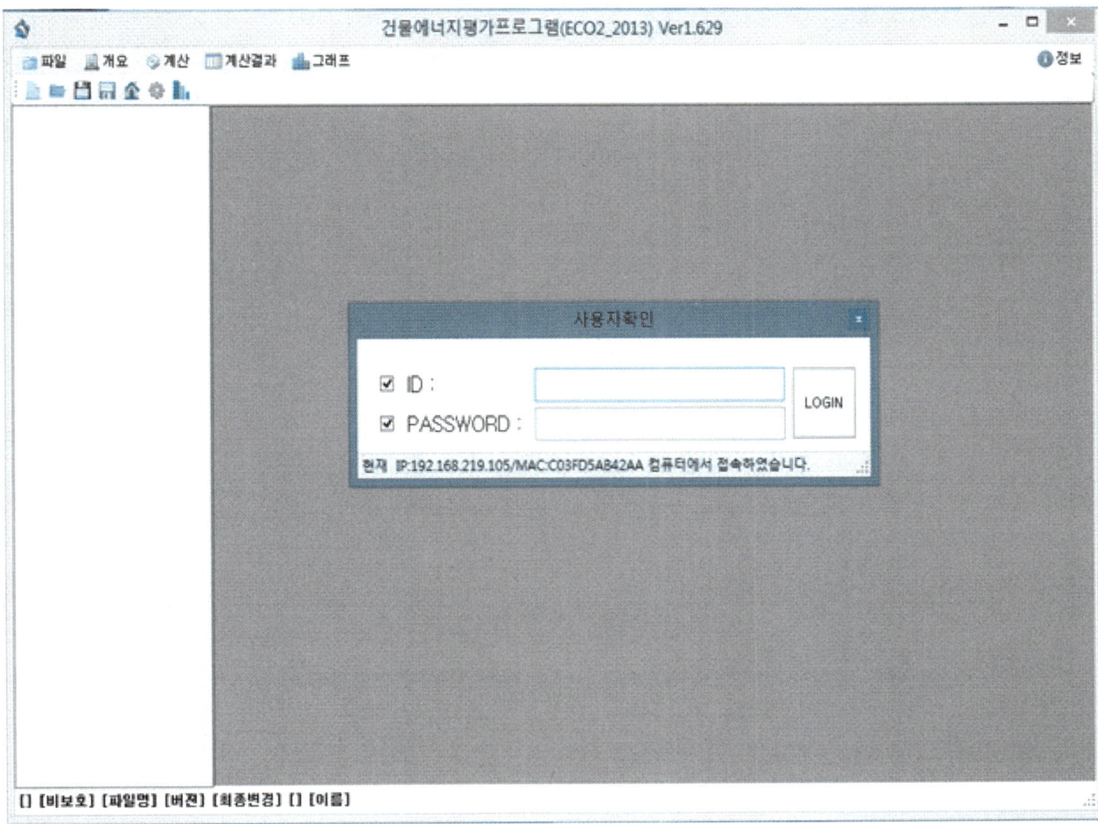

가) 화면개요

① 건물에너지평가프로그램을 이용하기 위해서는 먼저 에너지관리공단을 통해 아이디와 패스워드를 받아야 한다.

② 아이디와 패스워드는 에너지관리공단에 평가자 등록파일을 작성하여 이메일(help394@kemco.kr, 문의 : 031-260-4201)로 보내면 아이디와 패스워드를 받을 수 있다.

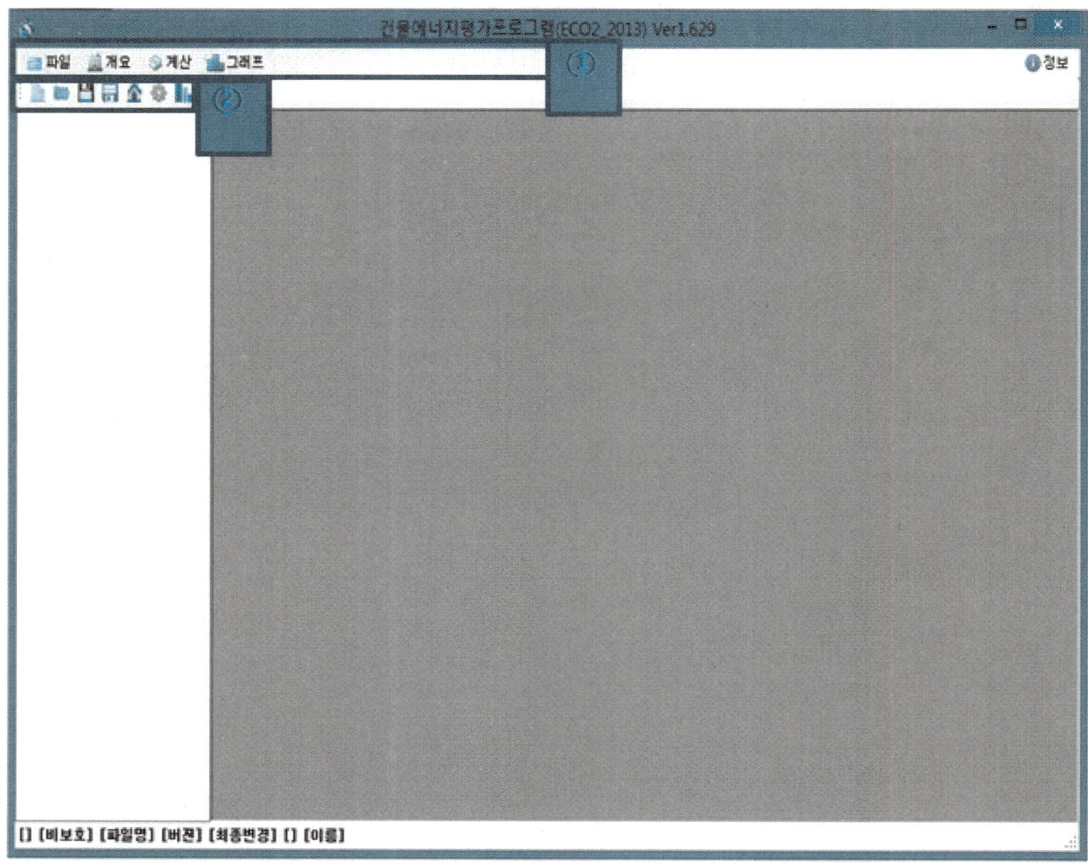

가) 화면개요

① 동 프로그램의 메인탭으로서는 파일, 개요, 계산, 그래프의 화면이 있으며,

② 서브탭은 새파일, 불러오기, 저장, 다른이름 저장, 건물개요, 계산, 계산결과 그래프보기로 이루어져 있다.

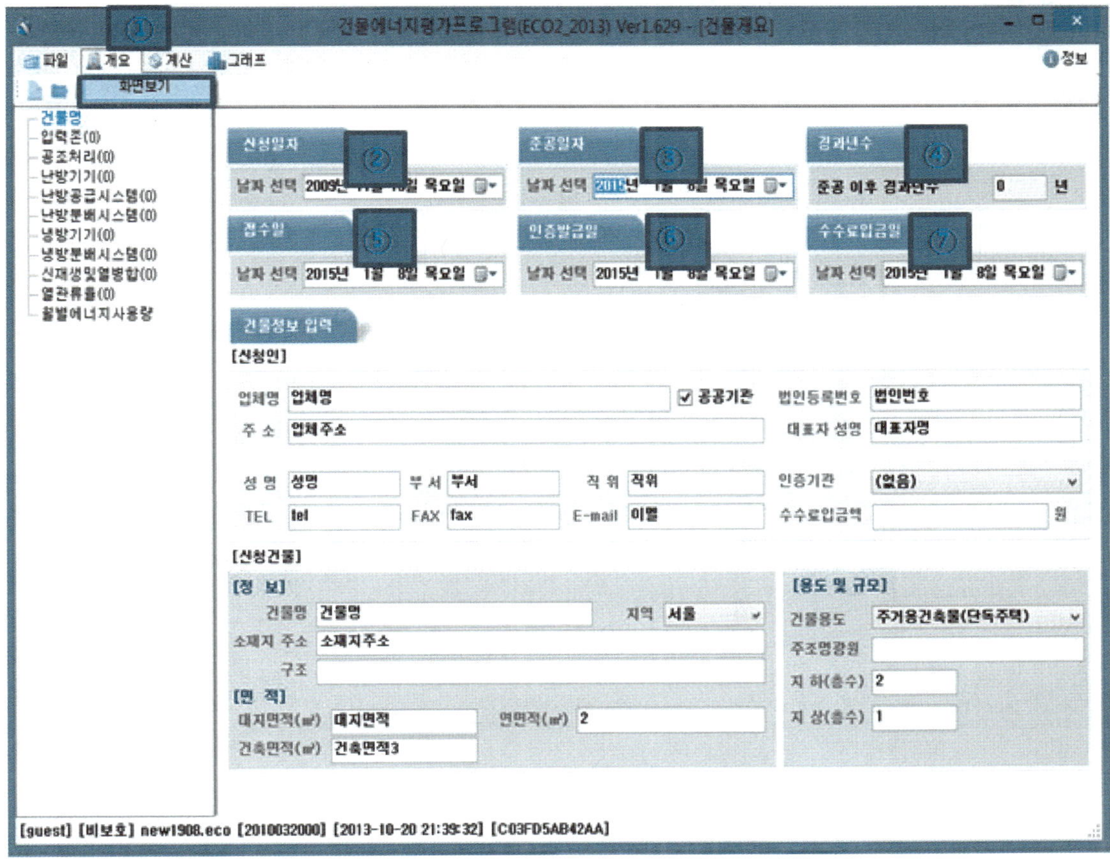

가) 화면개요 및 작성순서

① 화면보기는 신청정보와 건물정보를 입력하고 확인하는 화면이다.

② 신청일자 화면은 에너지관리공단에 신청한 일자를 입력한다.

③ 준공일자는 건축물의 준공일자(본인증 및 기존건축물)를 입력하는 하는 화면이다.

④ 경과년수 화면은 준공일자를 입력할 경우 자동으로 계산되어 해당년수가 생성된다.

⑤ 접수일은 신청건축물의 접수일자를 입력하는 화면이다.

⑥ 인증발급일은 인증서 발급일자를 입력한다.

⑦ 수수료 임금일 은 인증수수료 입금일자를 입력한다.

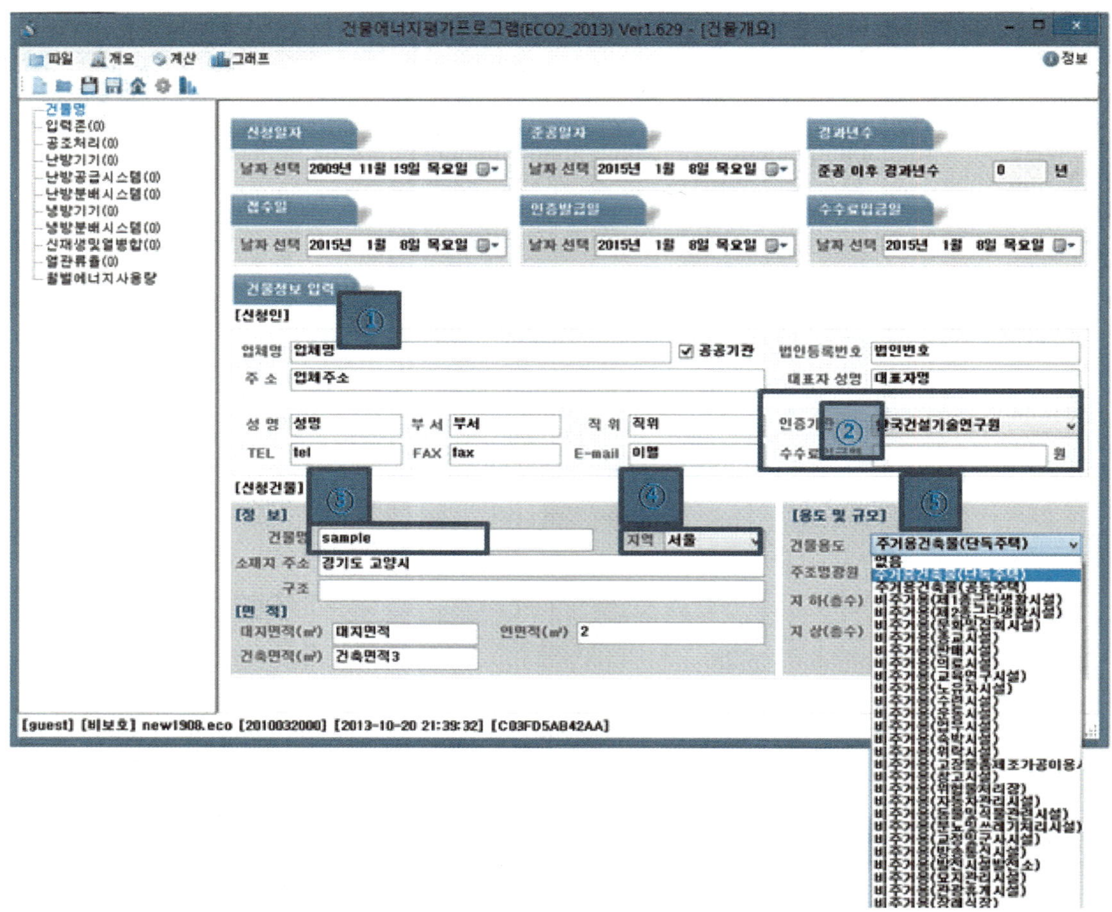

가) 화면개요 및 작성순서

① 신청인 : 에너지관리공단의 신청정보와 동일하게 입력한다.

② 인증기관/수수료 입금액 : 신청건물의 인증을 담당한 기관명 선택과 인증수수료 금액 입력한다.

③ 신청건물 : 에너지관리공단의 신청정보와 동일하게 입력한다.

④ 지역 : 신청건축물의 지역을 선택(13개 지역)한다.

⑤ 용도 및 규모 : 27개 건물용도 중 해당되는 용도 선택 주조명광원, 층수(지상/지하) 입력한다.

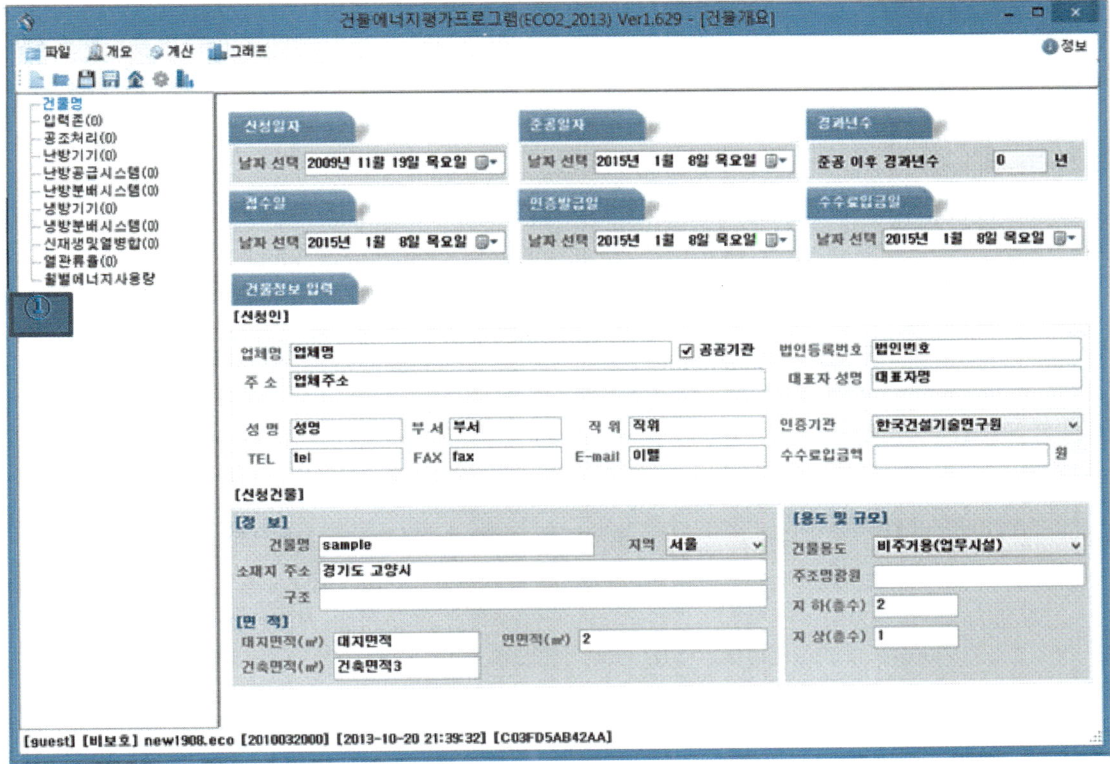

가) 화면개요

① ECO2 데이터 입력 탭의 화면이며, 탭의 11개로 구성되어 있다.

1) 입력존	2) 입력면
3) 공조처리	4) 난방기기
5) 난방공급시스템	6) 난방분배시스템
7) 냉방기기	8) 냉방분배시스템
9) 신재생 및 열병합	10) 열관류율
11) 월별에너지사용량	

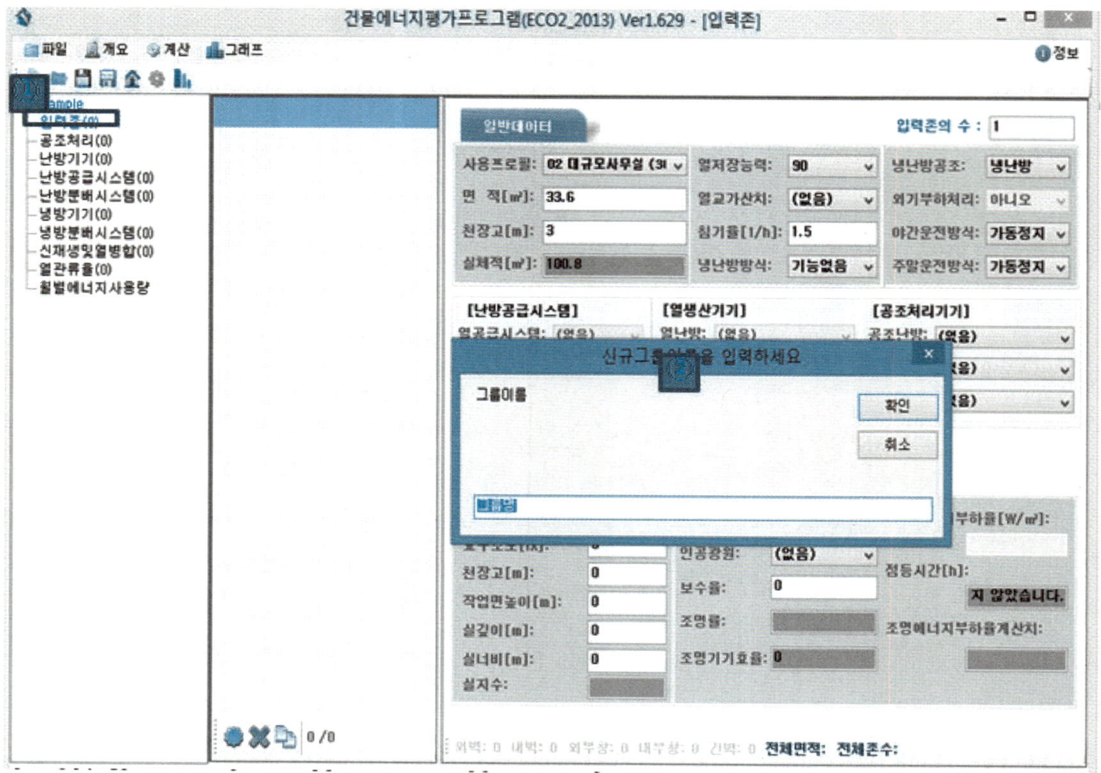

가) 화면개요 및 작성순서 [입력존_일반데이터]

입력존_일반데이터 :

각 실에 대한 정보 및 사용조건 입력하는 화면이다.

① 입력 존 탭 : 입력존 그룹을 추가, 삭제, 복사, 변경한다.

② 그룹추가 : 입력존 하단에 그룹을 추가하여 다수의 건물을 그룹으로 설정이 가능하다.

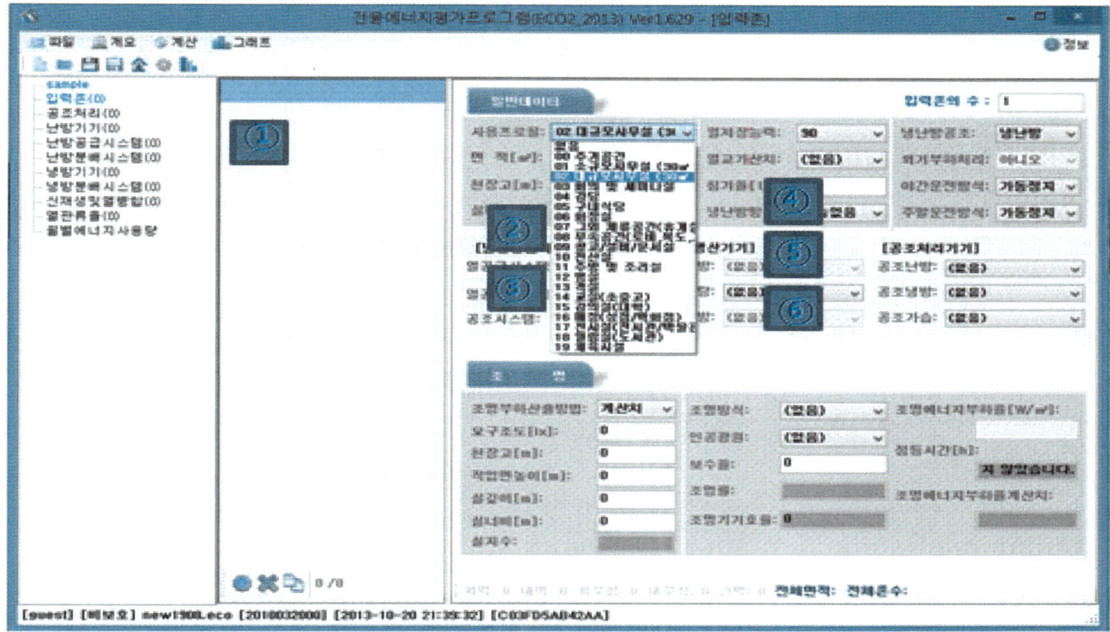

가) 화면개요 및 작성순서

입력존_일반데이터 : 각 실에 대한 정보 및 사용조건 입력하는 화면이다.

① 입력 존 생성 : 난방, 냉방, 공조가 동일한 경우, 하나의 존(ZONE)으로 분류한다.

② 사용프로필 : 설정프로필 메뉴에서 적합한 실용도 프로필 선택(주거용 1개, 비주거용 19개)한다.

③ 면적 및 천장고 : 존(zone)의 중심선 면적 및 천장고 입력한다.

④ 열저장능력 : 건물의 축열계수, 건물의 체적당 무게

⑤ 열교가산치 : 개략적 열교 가산치 ex) 외단열/내단열

⑥ 침기율[1/h] : 비주거 부문

- 외기에 면하는 창호가 있는 경우 1.5
- 외기에 면하는 창호가 없는 경우 0

: 주거 부문 - 예비인증시 6 - 본인증시 현장측정 결과치 적용한다.

[참고]

- 단위면적당 유효 열저장능력(Wh/㎡K) : 축열효과를 고려하기 위하여 K=(건물 구조체+가구의 중량[kg])/(건물체적[m^2])값을 기준으로 50, 90, 130으로 구분한다.
  - $K \le 700$ [kg/㎡] : 50 (경량, 조립식 건물)
  - $700 < K \le 1200$ [kg/㎡] : 50 (경량, 조립식 건물)
- $1200 < K$ [kg/㎡] : 90 (표준, RC조 건물)
- 열교가산치(W/㎡K) : 골조에 대한 단열 부위에 따라 결정하며, 커튼월 구조의 경우 스팬드럴 등의 단열재 부착 위치가 골조의 외부인 경우 외단열로 설정한다.

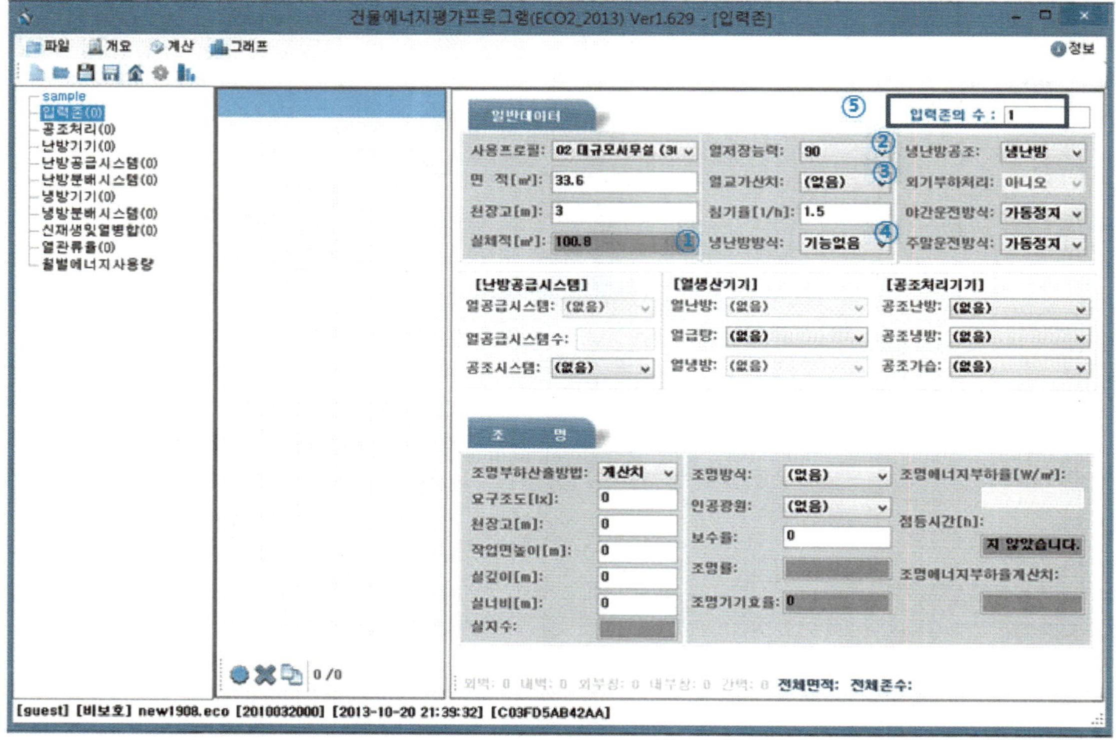

가) 화면개요 및 작성순서

① 냉난방방식 (열) : 공조설비를 사용하지 않고 열을 직접 공급하는 설비가 적용된 경우이다. ex) FCU / 컨벡터 / 히트펌프(Heat Pump)

② 냉난방공조 (공조, 환기) : 공조기 또는 환기 장치를 통한 공조시스템이 적용된 경우이다.
Tip 전열교환기가 설치된 경우 '환기' 로 설정하며 공조처리시스템에 전열교환기 장비 연결한다.

③ 외기부하처리여부 : 외기부하 처리를 위한 별도의 열원설비 적용이다(AHU 및 외기조화기가 적용된 경우)
Tip 전열교환기가 설치된 경우 '아니오' 로 설정하며 공조처리시스템에 전열교환기장비 연결

④ 야간/주말 운정방식 : 야간및 주말의 운전조건을 설정하는 것으로, 해당실의 프로필이 전산실 또는 주거공간인 경우 '정상가동' 선택한다.
Tip 24시간 사용되는 삶 이외에 실은 야간운전 및 주말운전 '가동정지' 로 적용한다.

⑤ 입력존의 수 : 동일한 존이 여러 개가 있을 경우 존의 합계 입력한다.

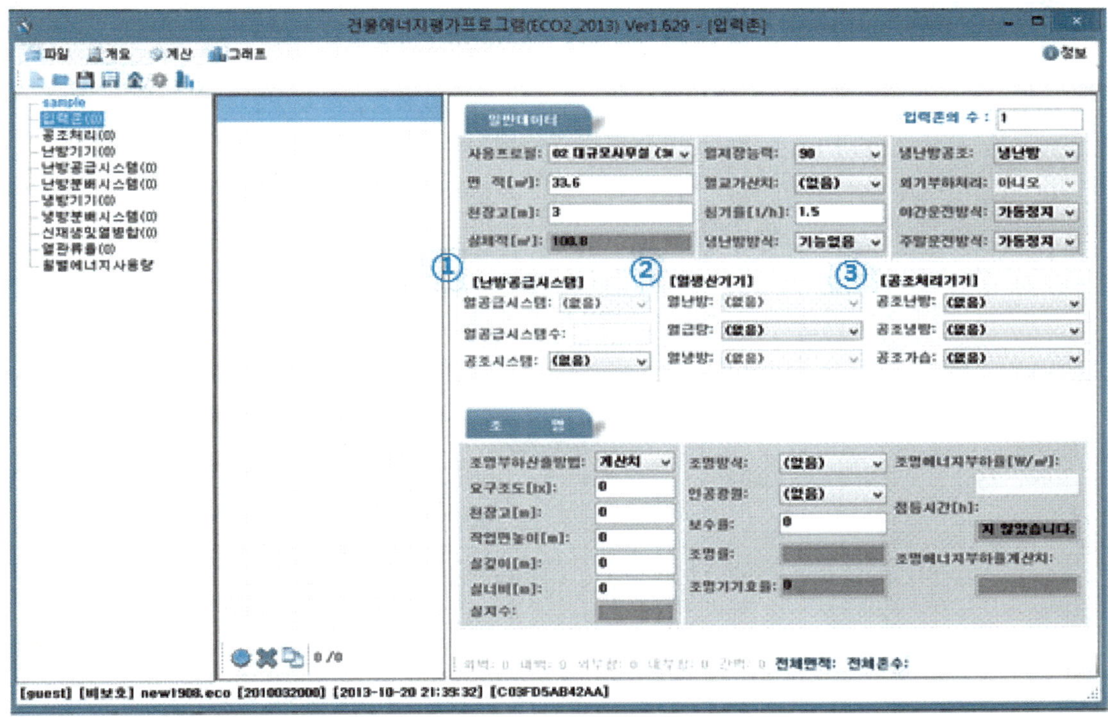

가) 화면개요 및 작성순서

① 난방공급시스템

1) 열공급시스템 : 난방공급시스템 탭에서 해당하는 장비를 연결한다.

2) 열공급시스템수: 해당 실에 설치된 장비 개수 입력한다.

3) 공조시스템 : 냉난방공조를 '환기/냉방/난방/냉난방' 로 설정할 경우 활성화 되며, 공조처리 탭에서 해당하는 장비를 연결한다. ex) 전열교환기 / AHU / EF 등

② 열생산기기

1) 열난방 : 난방기기 탭에서 해당하는 열난방 생산기기를 연결한다.

2) 열급탕 : 난방기기 탭에서 해당하는 열급탕 생산기기를 연결한다.

3) 열냉방 : 냉방기기 탭에서 해당하는 열냉방 생산기기를 연결한다.

③ 공조처리기기

: 냉난방공조를 '냉방/난방/냉난방' 로 설정 할 경우 활성화 된다.

1) 공조난방 : 난방기기 탭에서 공조기기에 난방열원을 공급하는 열원기기를 연결한다.

2) 공조냉방 : 냉방기기 탭에서 공조기기에 냉 방열원을 공급하는 열원기기를 연결한다.

3) 공조가습 : 난방기기 탭에서 공조기기에 가습을 공급 하는 열원기기를 연결한다.
(별도 가습기기가 없을 경우 공조난방의 열원기기로 연결)

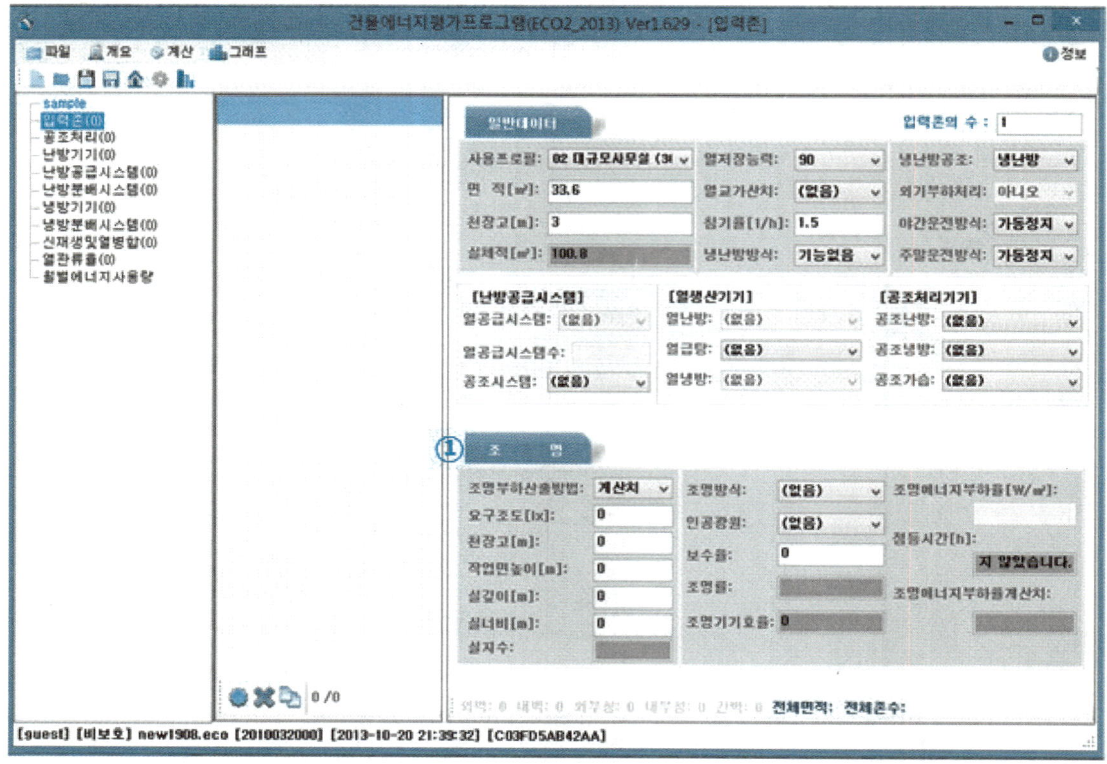

가) 화면개요 및 작성순서

① 조명 : 조명부하산출방법 계산치 / 입력치로 구분한다.

1) 계산치 : 각 실의 요구조도, 조명방식, 보수율 등의 세부사항 입력한다.

2) 입력치 : 각 실의 조명에너지부하율 값 직접 입력한다. (존의 조명소비전력[W] 합계÷존의 면적[㎡])

[참고]

- 요구조도(lx) : 존의 용도에 따라 요구되는 조도를 의미, 요구조도가 클수록 조명밀도는 증가한다.
- 실지수 : 존의 공간형태에 따른 지수로 존의 깊이, 너비 및 높이에 의해 결정된다. 일반적으로 실지수가 클수록 조명밀도는 감소된다.(실지수 = 실길이×실너비/(실길이 + 실너비)×높이)
- 보수율 : 조명의 노후나 먼지 등을 고려한 광속감광보수율의 역수로 광속의 유지율을 의미, 보수율이 클수록 조명밀도는 감소한다.
- 조명율 : 조명의 종류, 방식, 공간형태에 따른 작업면으로의 조명효율을 의미 조명율이 클수록 조명밀도는 감소한다.

가) 화면개요 및 작성순서 : 각 존(zone)에 대한 외피정보 입력하는 화면이다.

① 면/건축부위 : 각 존(zone)에 해당하는 건축부위 생성된다.

② 건축부위 방식

: 공조존과 외기가 면하면 '외벽', '외부창'

: 공조존과 비공조존이 면하면 '내벽', '내부창'

: 공조존과 공조존이 면하면 '간벽'

③ 방위

: 각 건축부위의 방위를 적용한다.

: 지붕인 경우 수평을 체크한다.

: 지하외벽 및 바닥인 경우 일사없음을 체크한다. ex) 8방위 / 수평 / 일사없음

④ 건축부위면적[m²] : 각 건축부위의 면적을 적용한다.

⑤ 열관류율[W/m²K]

: 형별별성능내역서에 따른 부위별 열관류율을 입력한다.

: 열관류율 산출창에서 생성한 건축부위 열관류율을 선택한다.

[참고]

- 건축부위방식 : 지중외벽, 땅과 면하는 최하층 바닥의 경우도 내벽으로 적용함
- 열관류율(W/m²K) : 건축물 에너지 절약 설계 기준에서 제시되는 값을 입력하거나 제출된 공인시험성적서의 성능치를 입력함

가) 화면개요 및 작성순서

① 일사에너지 투과율 : 창을 통해 유입되는 일사에너지(G-value)

② 수평/수직 차양각 : 창의 중심점으로부터 차양 끝점까지 이은 각 (α, β)

: 수평, 수직 길이 입력한다.

③ 블라인드 정보 : 블라인드 설치 유/무에 따라 적용한다.

④ 입력존 : 면/건축부위의 입력면을 다른 입력존으로 이동한다.

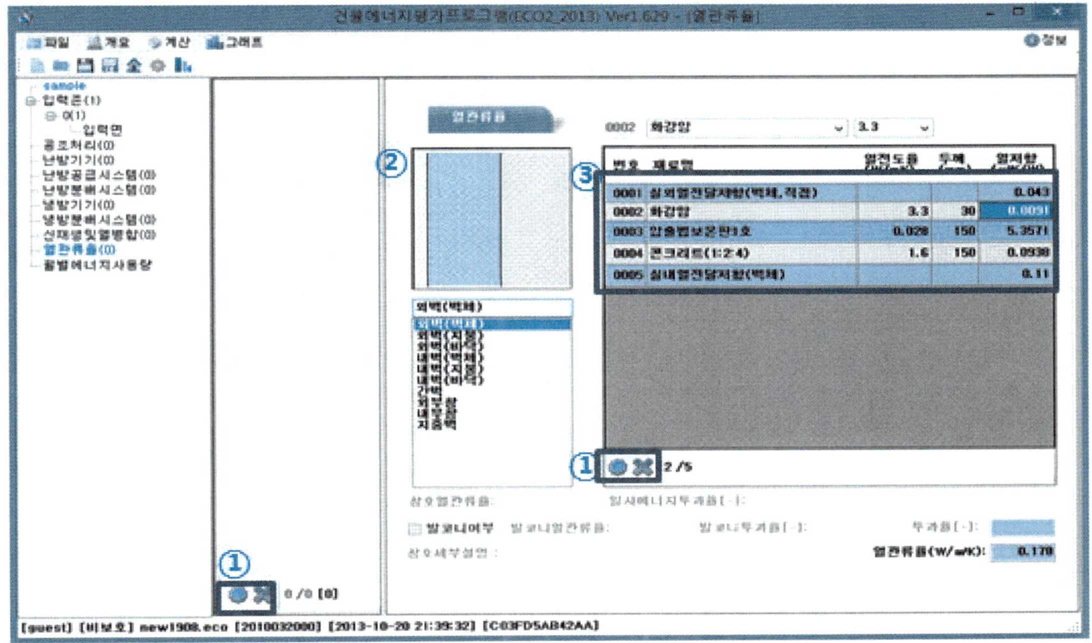

가) 화면개요 및 작성순서

① 신규생성 : 외피 객체, 외피의 단면 구성 생성 및 삭제를 적용한다.

② 열관류율 그림 : 벽체/지붕/바닥에 따른 각각의 이미지를 생성한다.

③ 레이어(layer) 입력 : 벽체/지붕/바닥에 따른 각각의 layer를 입력한다.

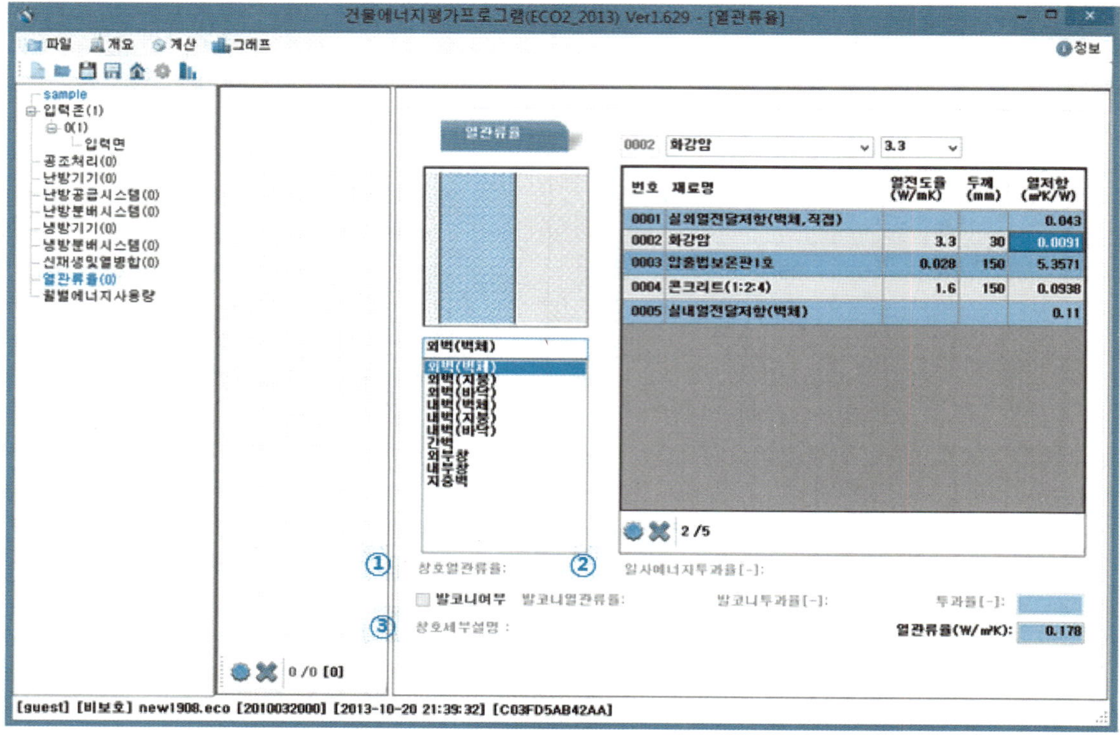

가) 화면개요 및 작성순서

① 창호열관류율 입력[W/㎡K]: 창호 시험성적서(KOLAS) 또는 에너지절약 건축물의 에너지절약 설계기준 [별표4] 창 및 문의 단열성능 값 참조한다.

② 일사에너지투과율 : 제공된 차폐계수(SC) 값에 0.86를 곱하여 일사에너지투과율을 계산한다. [SC×0.86=G-value] ASHRAE HANDBOOK 0.87→0.86

③ 창호세부설명 : 창호 SPEC에 대해 기록한다.

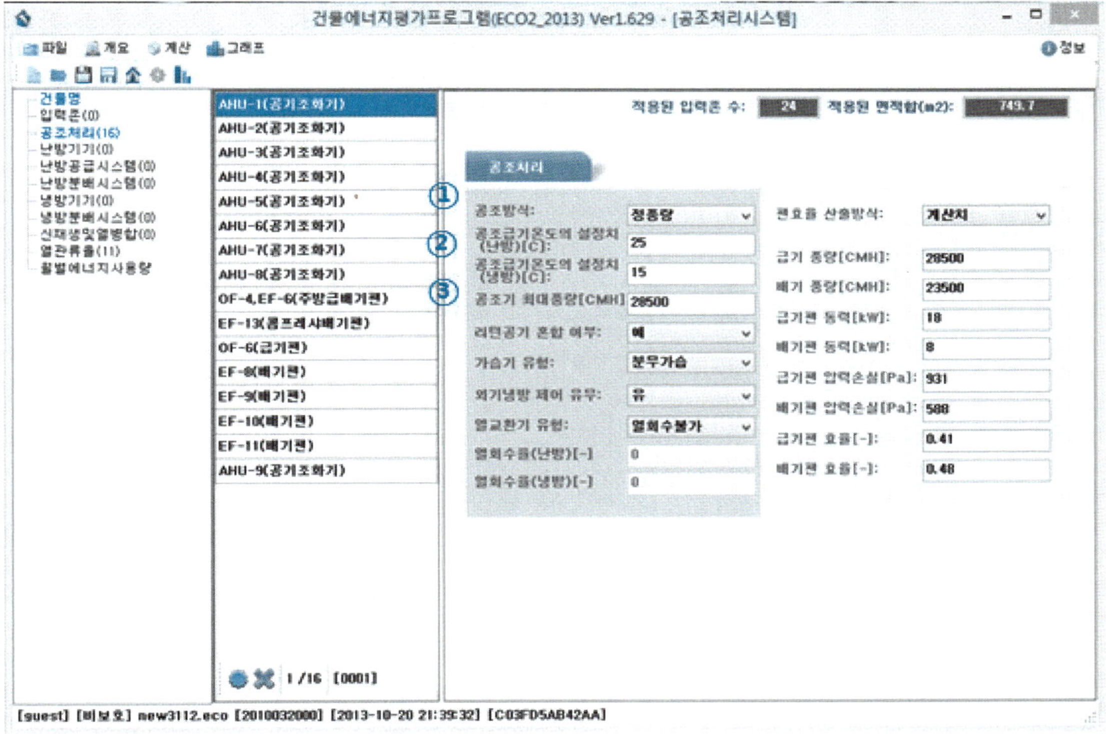

가) 화면개요 및 작성순서 : 공기가 열매를 실내에 공급하는 공조기기의 화면이다.

① 공조방식 : 정풍량은 송풍량 일정, 부하변동에 따른 온도조절방식이며, 변풍량은 송풍온도 일정, 부하변동에 따른 풍량조절 방식이며 정풍량 / 변풍량을 적용한다.

② 공조급기온도 설정치(난방·냉방) : 정풍량, 최대부하에 대응하는 최대온도 변풍량, 열원으로 사용되는 공조기기의 냉/난방시 급기 설계온도를 입력한다.(냉난방 코일 출구온도) ex) 열원기기가 연결되지 않은 환기팬의 경우은 난방 : 20, 냉방 : 26으로 적용한다.

③ 공조기최대풍량(CMH(m^2/h)) : 공조기의 최대풍량을 적용한다.

[참고]

- 정풍량 (CAV, constant air volume system): 급기온도 변동
- 변풍량 (VAV, variable air volume system) : 급기온도 고정, 송풍기 인버터 적용만으로는 변풍량 방식으로 보지 않으며, 부하측에 VAV, CAV 유닛이 적용되어 있을 경우 변풍량 방식으로 설정한다.

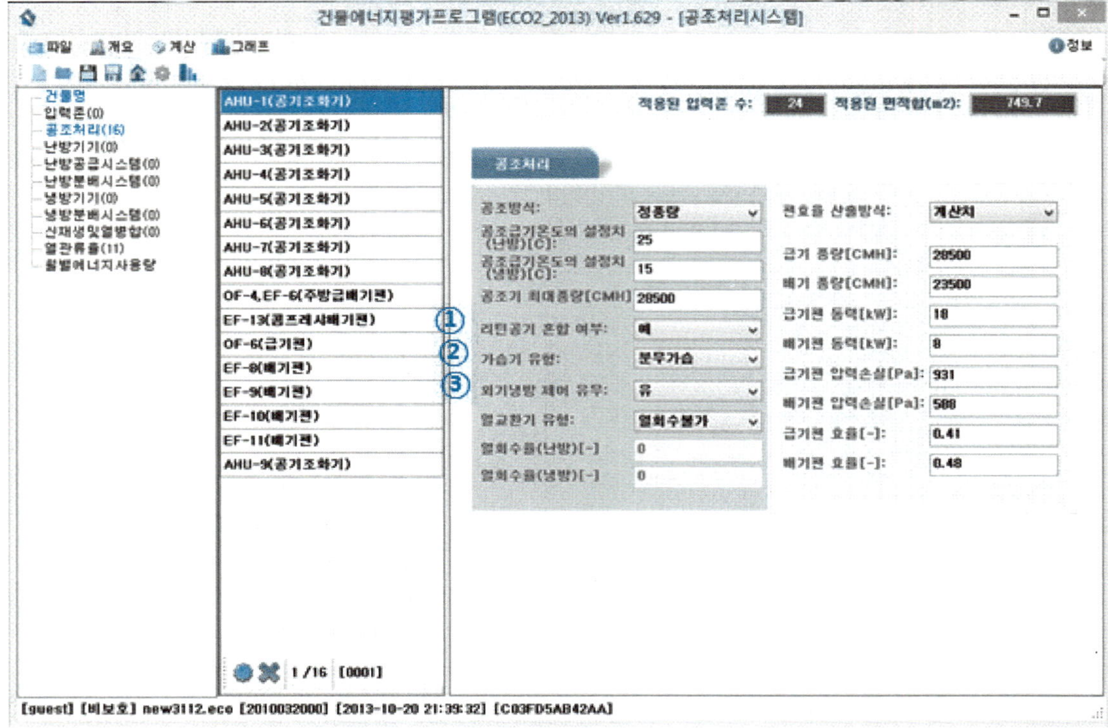

가) 화면개요 및 작성순서

① 리턴공기 혼합 여부 : 배기시 실내공기의 순환(외기와의 혼합) 유무를 설정한다.
리턴공기 혼합 기기 : AHU
리턴공기 비 혼합 기기: 전외기공조방식의 AHU, OHU, EF, 전열교환기

② 가습기 유형 : 공조기기의 가습 유형을 선택한다. ex) 가습불가 / 분무가습 / 증기가습

③ 외기냉방 제어 유무 : 냉방시 외기온도가 실내설정온도 보다 낮을 경우 외기도입을 통해 냉동기 가동률을 줄이는 제어방식을 적용유무를 설정한다.

[참고]

- 분무가습 : 물을 안개상태로 분무하여 취출, 공기 중에 기화시키는 방식이며, 원심식, 초음파식, 2유체스프레이식, 스프레이 노즐식이 있다.
- 증기가습 : 증기를 취출, 공기에 흡수시키는 방식이며, 전열식, 전극식, 적외선식, 과열증기식, 스프레이노즐식이 있다.

tip 증기가습은 온도가 변화가 거의 없기 때문에 항온항습을 목적으로 할 때 사용된다.

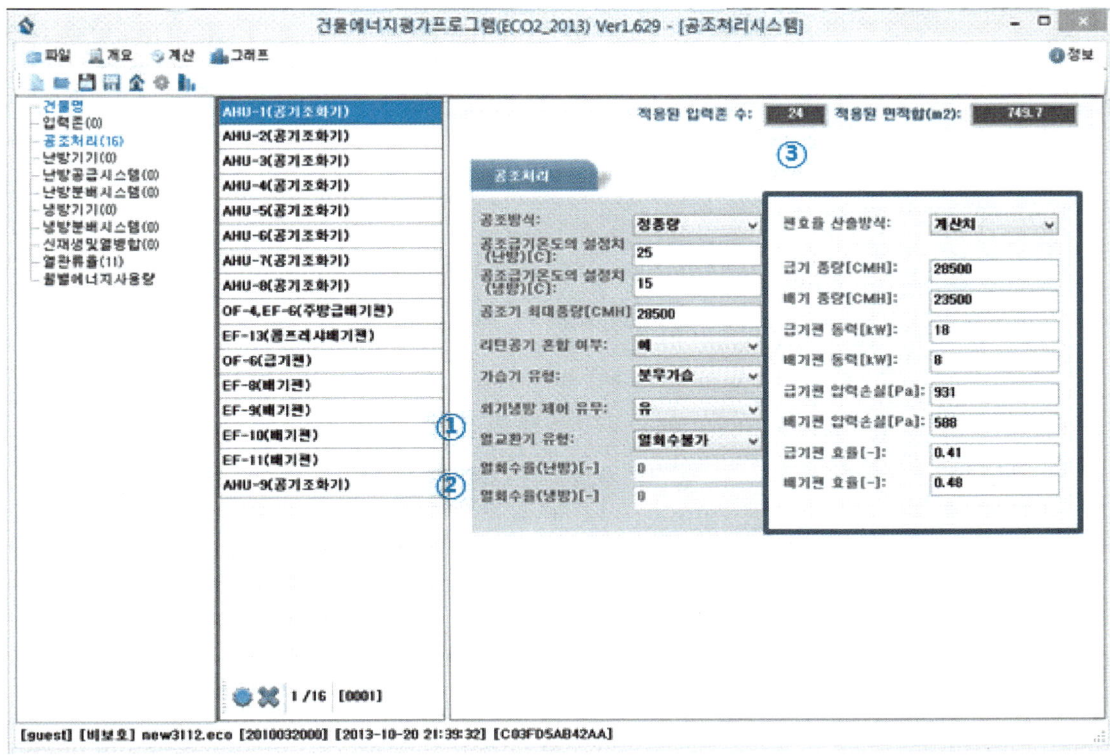

가) 화면개요 및 작성순서

① 열교환기 유형을 나타내는 화면이며, 열회수불가, 현열교환, 전열교환을 설정한다.

② 열회수율(난방/냉방) [-] : 열교환시 냉난방 열회수율을 입력한다.

③ 팬효율 산출방식(급기/배기팬)

1) 입력치로 계산시, 팬 효율 계산식으로 계산

ex) (풍량[CMH]×정압 [mmAq])/(전력[kW]×102×3,600)

2) 계산치로 계산시, 입력값에 따른 자동계산 풍량, 팬동력, 압력손실 값 각각 입력한다.

[참고]

- 전열교환기 급기/배기풍량은 동일하게 입력하며 급기/배기팬 각각의 동력이 표시되어 있지 않을 경우, 소비전력을 반으로 나눠서 각각 입력한다.
- 압력손실은 단위를 확인하고 입력함. 1[Pa]=0.1019716[mmAq],1[mmAq]=9.80665[Pa]

  ※ 전열교환기의 소비전력을 반으로 나누는 것은 전열교환기에 2대의 팬이 설치되므로 팬동력을 나눠서 입력한다.
- 팬의 효율 계산시 팬동력 대신 전동기의 축동력에 대한 시험성적서를 제출할 경우 축동력 값을 적용하여 효율 계산한다.
- 환기설비가 없는 실은 냉난방 공조에 '기능없음' 으로 적용한다.

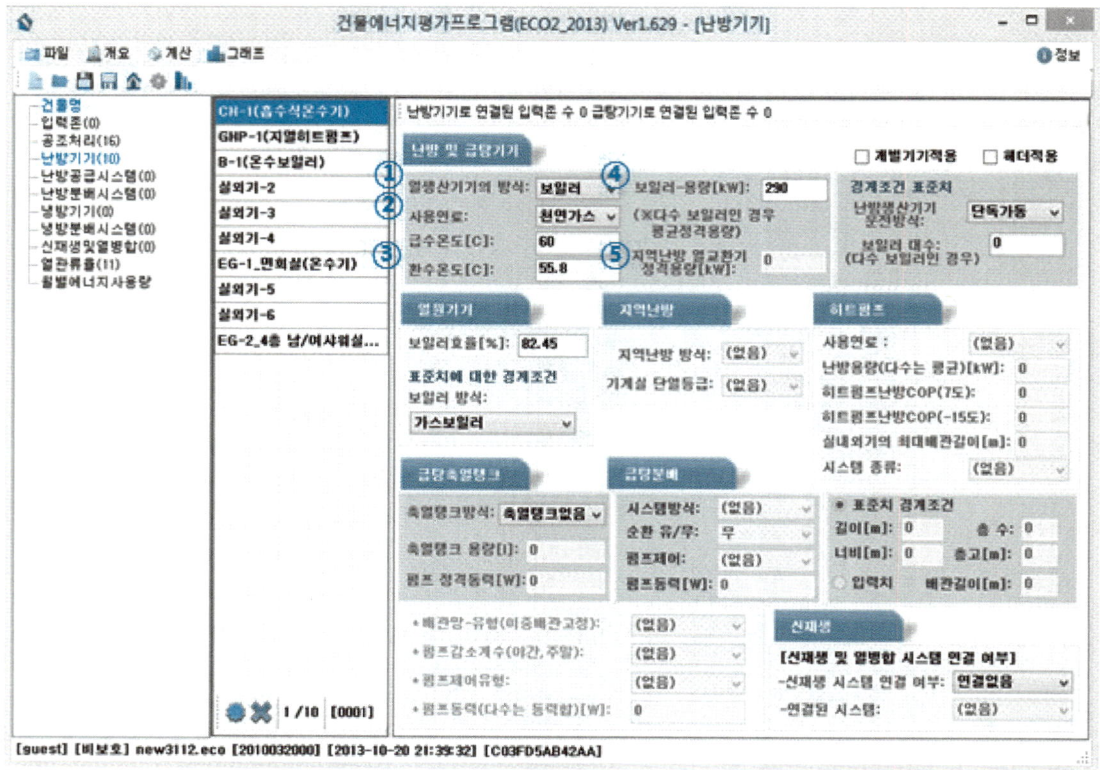

가) 화면개요 및 작성순서 : 난방열원을 생산하는 기기를 나타내는 화면이다.

① 열생산기기의 방식 : 온열원을 생산하는 기기의 방식인 보일러, 지역난방, 전기보일러, 히트펌프를 선택한다.

② 사용연료 : 열생산기기 방식을 보일러로 선택할 경우 보일러가 사용하는 연료인 난방유, 천연가스, 액화가스를 선택한다.

③ 급수/환수온도 : 보일러에서 공조기, 말단 유닛(FPU, FCU, 방열기 등)에 공급되는 온도 / 환수되는 온도를 입력한다.

- EHP는 80℃/40℃ 적용한다.
- 보일러는 80℃/60℃ 적용. 단, 장비일람표에 급/환수온도 값이 있을 경우 해당 값 입력한다.

④ 보일러용량[kW] : 열생산기기의 정격용량(다수 보일러인 경우 평균)을 입력한다.

⑤ 지역난방 열교환기 정격용량[kW] : 지역난방 열원 사용 시, 열교환기 용량을 입력한다.

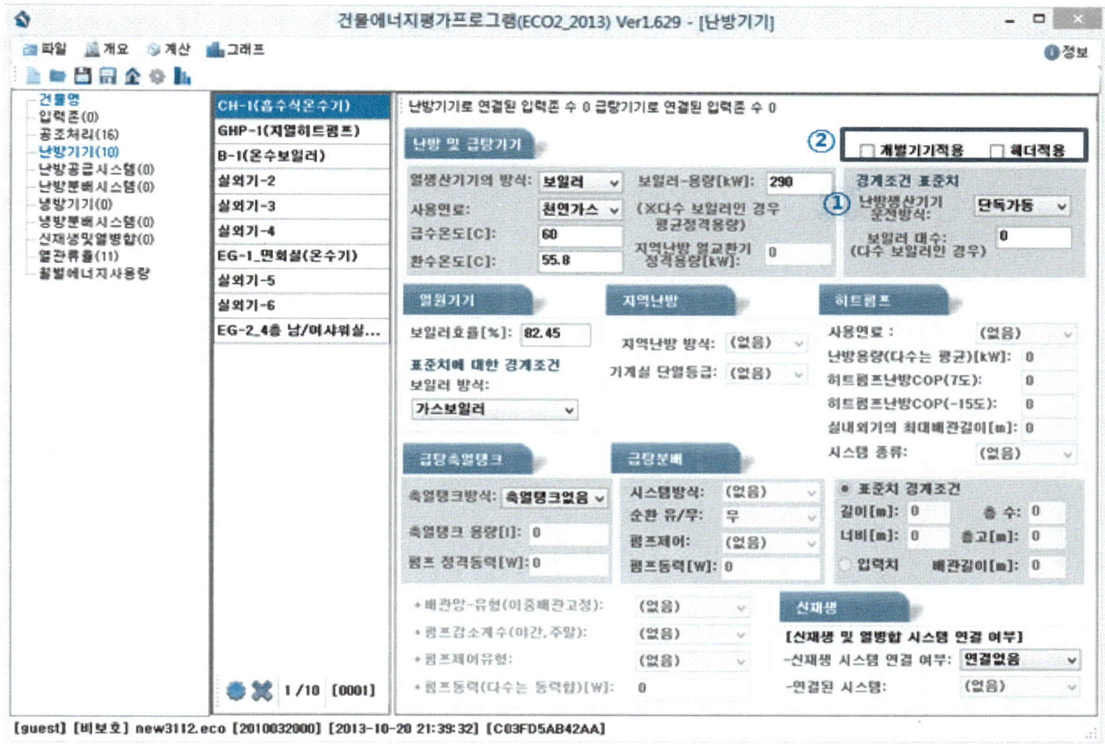

가) 화면개요 및 작성순서 : 난방열원을 생산하는 기기의 나타내는 화면이다.

① 경계조건 표준치 : 보일러 대수가 1대인 경우 '단독가동' 선택과 대수 입력과 보일러 대수가 2대 이상인 경우 가동방법 선택과 대수를 입력한다.

② 개별기기적용 / 헤더적용 : 다수의 열생산기기가 다수의 공간에 1:1로 열원을 공급할 경우는 개별기기 적용을 선택하며 다수의 열생산기기가 헤더를 통하여 중앙열원을 공급할 경우는 헤더 적용을 선택한다.

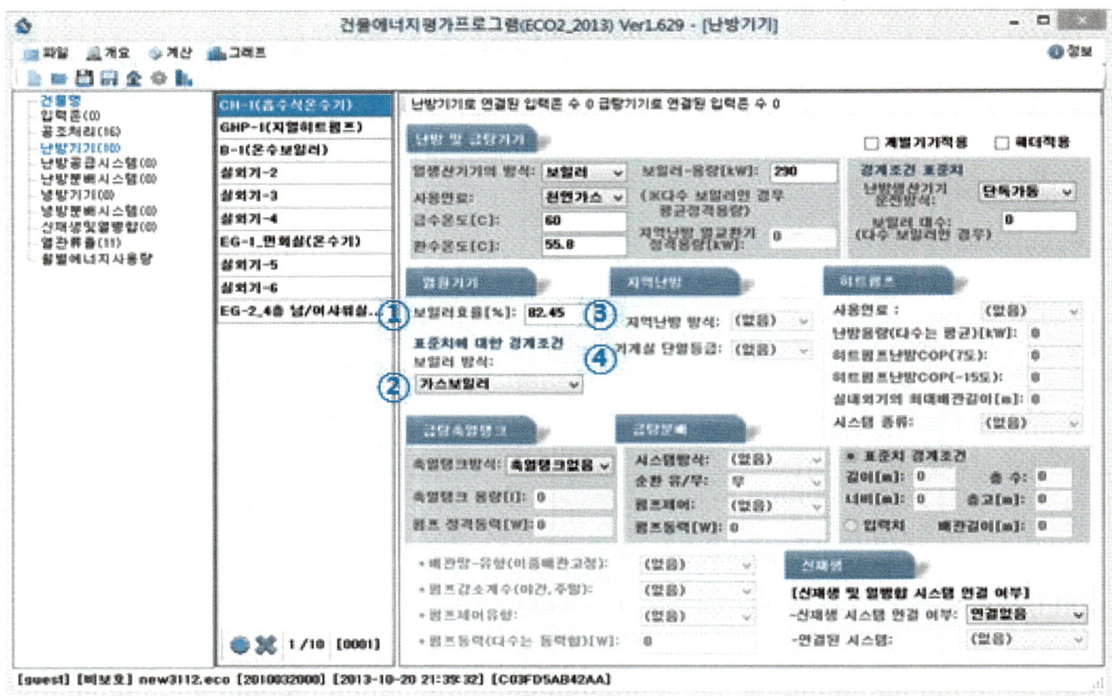

가) 화면개요 및 작성순서

① 보일러 효율 [%] : 열원기기의 효율(연료의 고위발열량 기준)을 입력하며 지역난방, 전기보일러인 경우는 100적용한다.

② 표준치에 대한 경계조건 : 보일러 방식을 선택하며 별도 표기가 없는 경우는 효율 87% 이상은 콘덴싱보일러을 적용한다. ex) (저온)가스 / (저온)기름 / 콘덴싱 보일러

③ 지역난방방식 :지역난방인 경우는 지역난방의 열원을 선택한다. ex) 중온수 / 고온수

- 중온수 : 80~120℃(대규모 난방에 사용)
- 고온수 : 120~180℃

④ 기계실 단열등급 : 기본단열 고정

※ 참고 (증기 보일러 용량 산정법, 환산식)

- 용량 (kW) = 증기 엔탈피{663.77 }-급수엔탈피(37.159)(kcal/kg)
  *증발량(kg/h) *1.163*10[10 게이지압의 증기엔탈피와 20℃ 온수에 대한 급수엔탈피 기준]

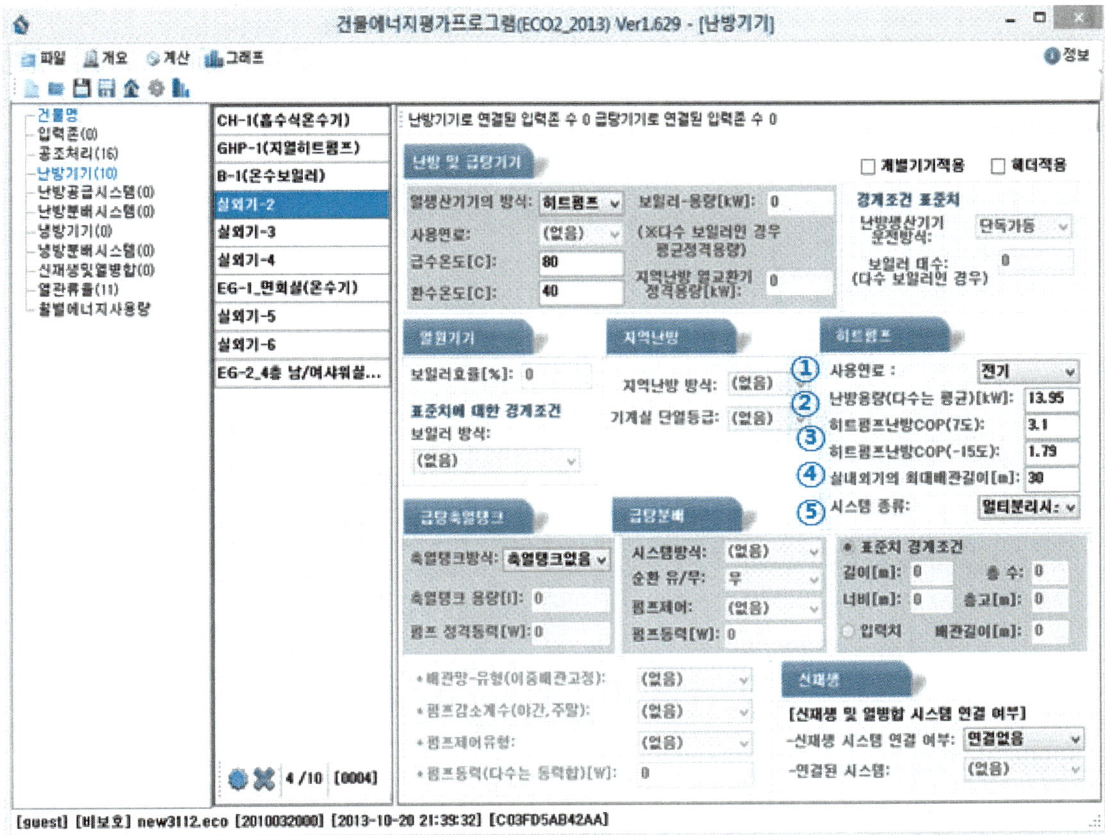

가) 화면개요 및 작성순서 : 히트펌프를 나타내는 화면이다.

① 사용연료 : EHP(Electric Heat Pump) GHP (gas engine Heat Pump)

② 난방용량 [Kw] : 히트펌프 난방용량을 적용한다.

③ 히트펌프난방 COP(7℃ /-15℃) : 난방정격 COP와 혹한기 (-15℃) COP를 입력한다.

④ 실내외기의 최대배관기[m] (냉매배관길이) : 압력손실에 의한 압축기 효율 저하와 관련, 실외기에서 실내기까지의 최대배관 길이를 입력한다.

⑤ 시스템 종류 : 1:1 실외기와 1:n 멀티형에 따른 성능을 구분하며, 실내외분리시스템 / 멀티분리 시스템을 적용한다.

[참고]

지열히트 펌프의 경우 7℃의 COP와 -15℃의 COP는 지열히트 펌프의 정격 COP로 동일하게 입력한다.

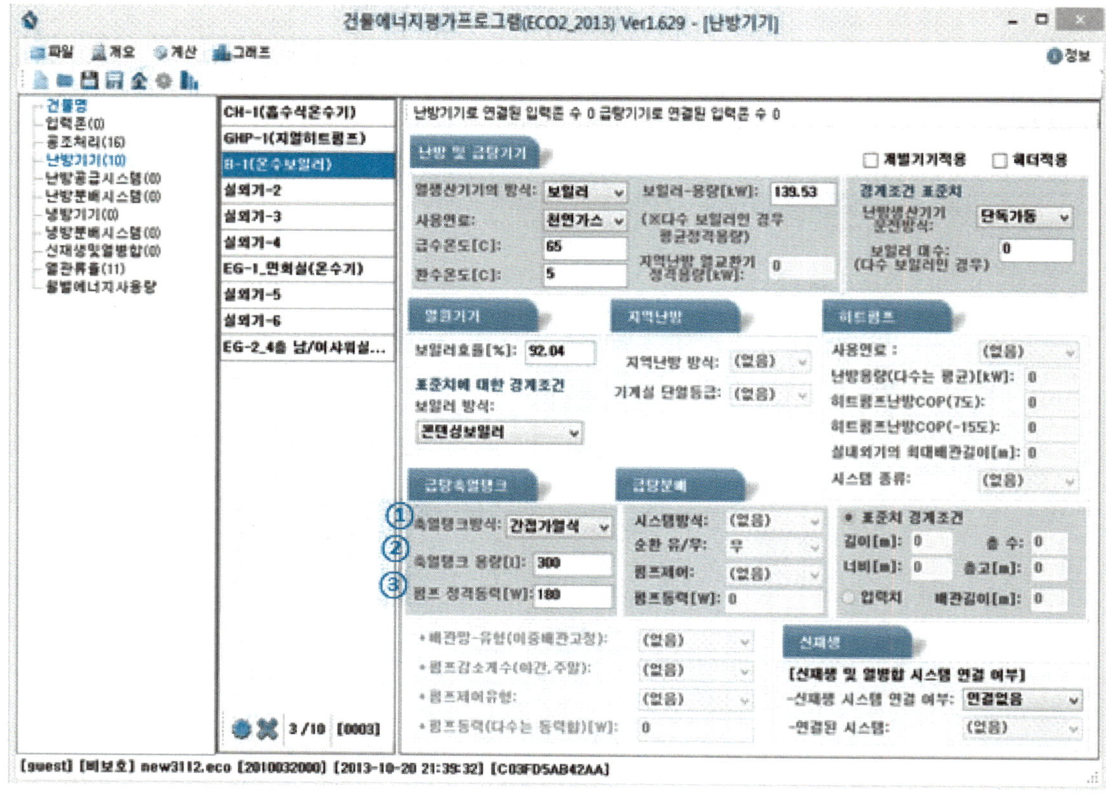

가) 화면개요 및 작성순서 : 급량축열탱크를 나타내는 화면이다.

① 축열탱크방식 : 급탕용 축열탱크가 있는 경우는 간접(직접)가열식 /가스가열식 /전기가열식을 적용한다.

② 축열탱크의 용량: 급탕용 축열탱크의 용량을 입력한다.

③ 펌프, 정격동력[W] : 급탕용 측열탱크 펌프(급탕대류) 동력을 적용하며 이때 중온수/고온수를 입력한다.

[참고:축열탱크 방식]

- 간접가열식 : 축열탱크 안에 가열코일을 설치하고 증기 또는 열탕을 통해서 축열탱크 안의 물을 간접적으로 가열한다.
- 직접가열식 : 온수보일러로 가열한 온수를 온수탱크에 저장하여 온수탱크에서 공급한다.

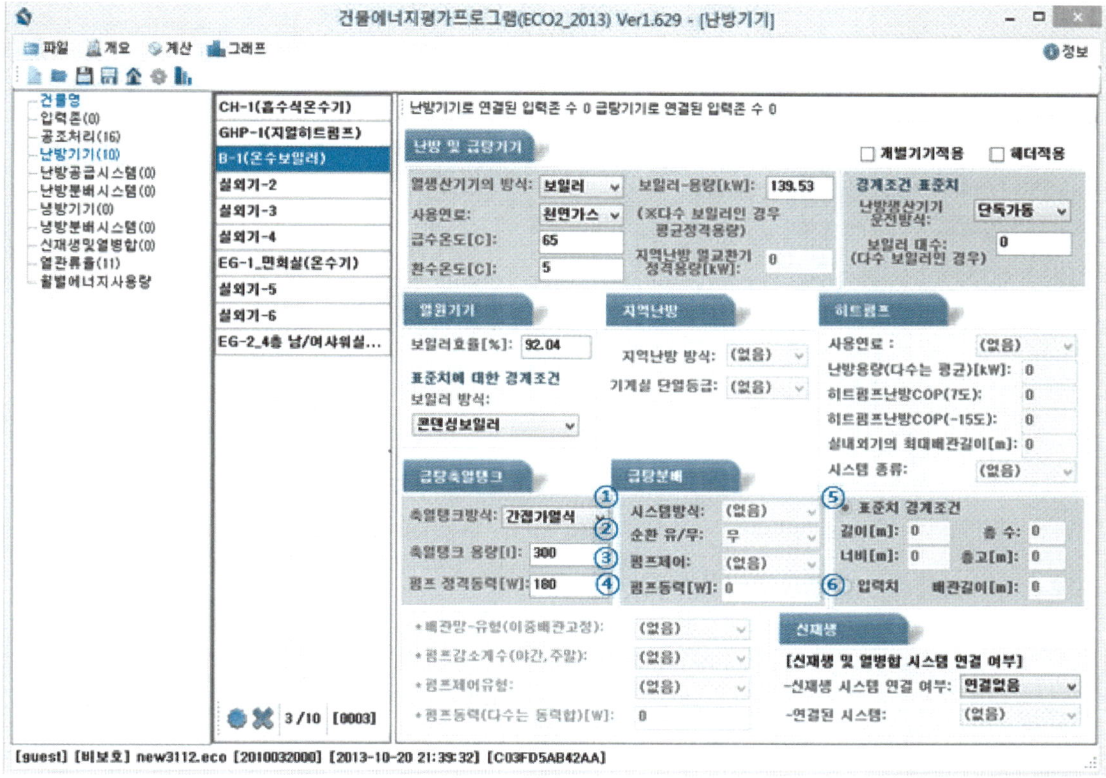

가) 화면개요 및 작성순서 : 급량분배를 나타내는 화면이다.

① 시스템방식 : 급탕시스템방식인 중앙식 /개별식를 선택한다.

② 순환 유/무 : 급탕/환탕관의 유뮤에 따른 순환여부인 제어 / 비제어를 선택한다.

③ 펌프제어 : 급탕분배에 사용하는 펌프 제어인 제어/비제어의 유무를 선택한다.

④ 펌프동력[W] : 급탕분배에 사용하는 펌프제어의 유무를 선택한다.

⑤ 표준치 경계조건 : 배관이 뻗어나가는 공간을 볼륨으로 인식하여 가로(길이), 세로 (너비) , 높이(층고 및 층수)의 길이를 적용한다.

⑥ 입력치 : 배관길이 내역서 참고하여 급탕배관 총 길이를 적용한다.

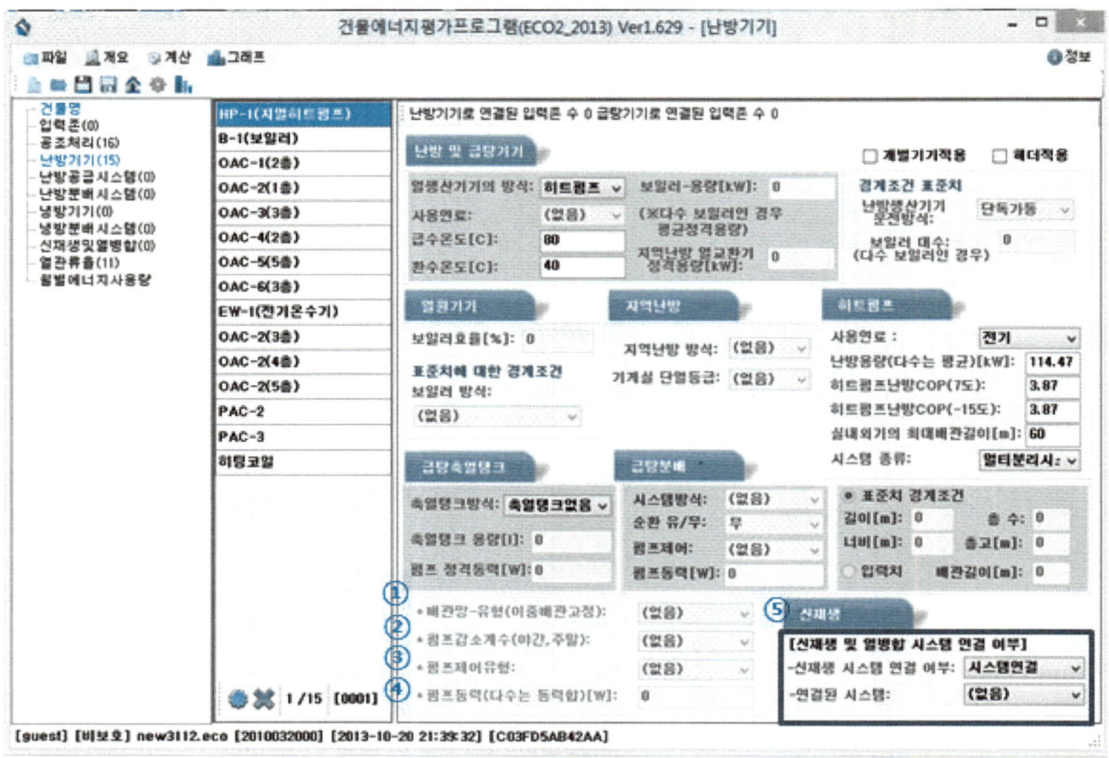

가) 화면개요 및 작성순서

① 배관망 유형 : 이중배관 고정

② 펌프감소계수(야간_주말) : ex) 가동정지 / 정상가동 / 감소가동

③ 펌프제어유형 : ex) 비제어 / 정압 / 변압

④ 펌프동력[W] : 난방분배에 사용하는 펌프동력 적용 다수는 동력합계를 적용한다.

⑤ 신재생 및 열병합 시스템 연결 여부

: 난방생산기기와 신재생 및 열병합 시스템의 연결여부를 적용한다.

: 신재생 및 열병합 시트에서 생성한 시스템과 연결이 가능하다.

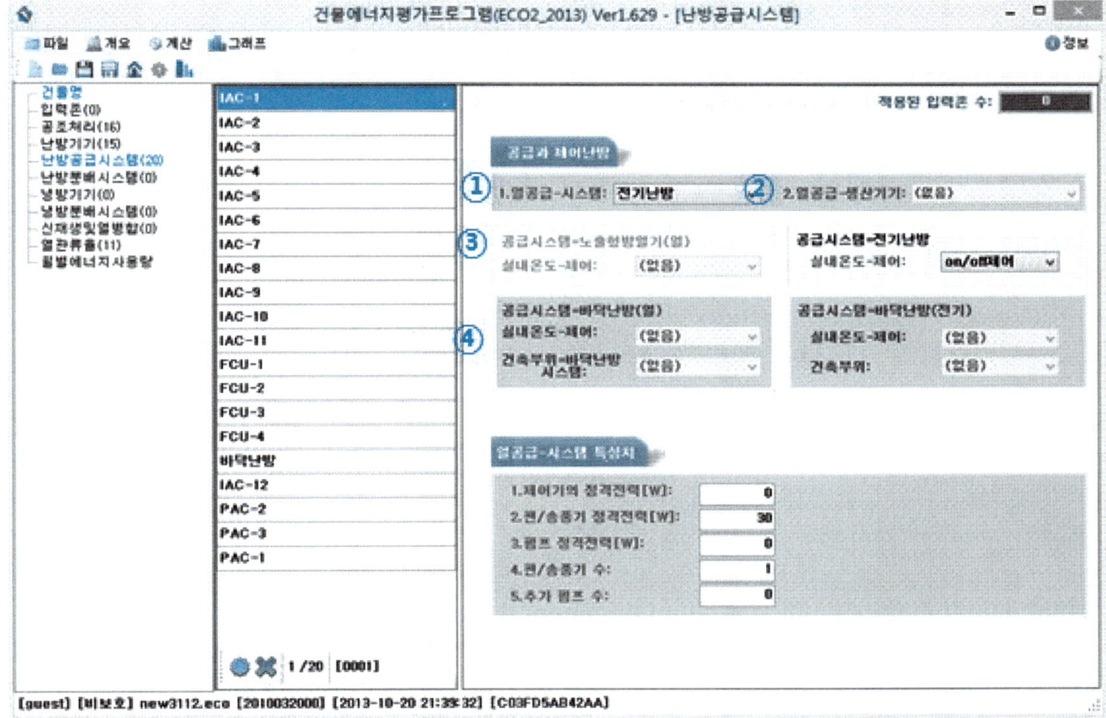

가) 화면개요 및 작성순서 : 공급과 제어난방을 나타내는 화면이며 난방열원을 실내에 공급하는 말단(최종)기기이다.

① 열공급-시스템 : 온열원을 공급하는 기기의 방식인 노출형방열기(열)/바닥난방(열) / 바닥난방(전기)/전기난방을 선택한다.

② 열공급 - 생산기기 : 난방열원을 공급하는 기기와 연결된 생산기기를 선택한다.

③ 노출형방열기(열) / 전기난방 실내온도를 제어한다.

1) 노출형 방열기(열) : FXU(Fan Coll Unit), FPU(Fan Power Unit), 컨벡터 등

2) 전기난방 : EHP 실내기, 천장매립형 실내기 등 난방 공급시스템의 실내온도 제어방법인 비제어 / on/off 제어 / PI제어를 선택한다.

④ 공급시스템 - 바닥난방(열)은 온수배관을 이용한 바닥난방 이며, 바닥난방(전기)는 전기바닥패널이다.

ex) 비제어 / on/off 제어 / PI제어 : 바닥난방 건축부위의 시스템을 선택한다.

ex) 습식 / 건식 / 반건식

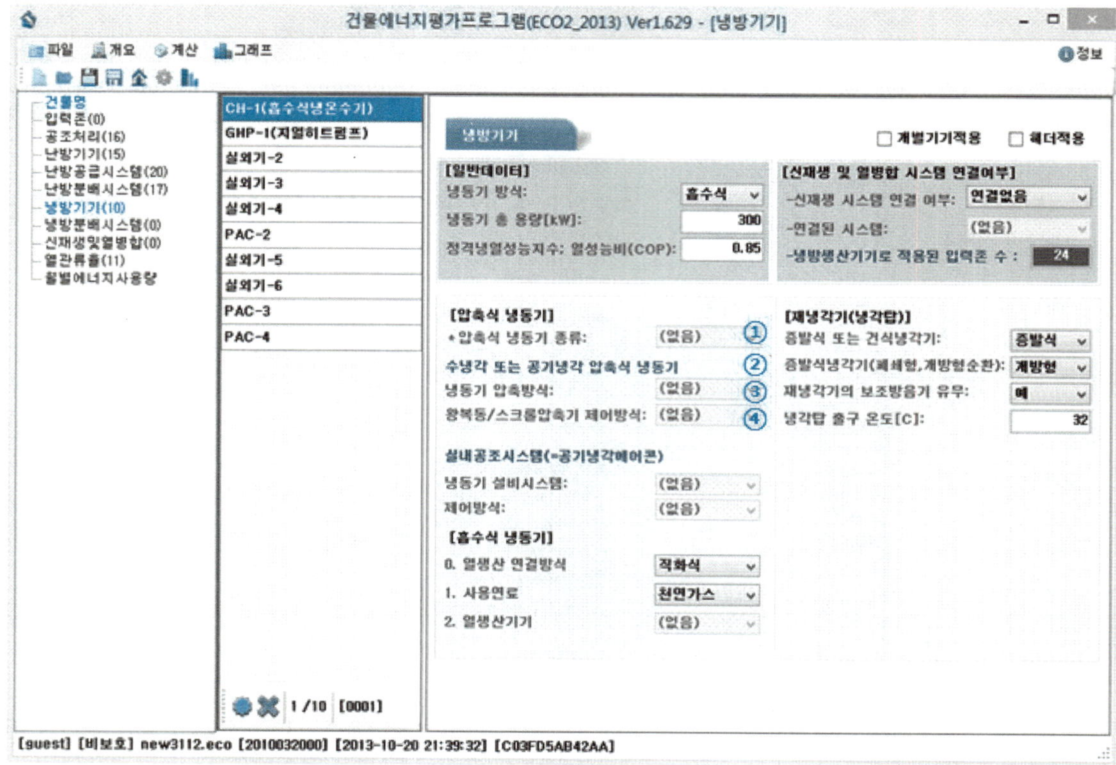

가) 화면개요 및 작성순서 : 냉방기기를 나타내는 화면이다.

① 증발기 또는 건식냉각기
건식 : 공기와 열교환
증발식 : 공기 및 살수에 의해 열교환

② 증발식냉각기(폐쇄형, 개방형순환)
폐쇄형 냉각탑
개방형 냉각탑 : 대기식, 자연통풍식,
기계통풍식(직교류형, 역류형, 평행류형)

③ 재냉각기, 보조방음기의 유무를 선택한다. ex) 보조 방음기 유/ 무

④ 냉각탑 출구 온도[℃] : 장비일람표의 냉각탑 출구온도를 입력한다.

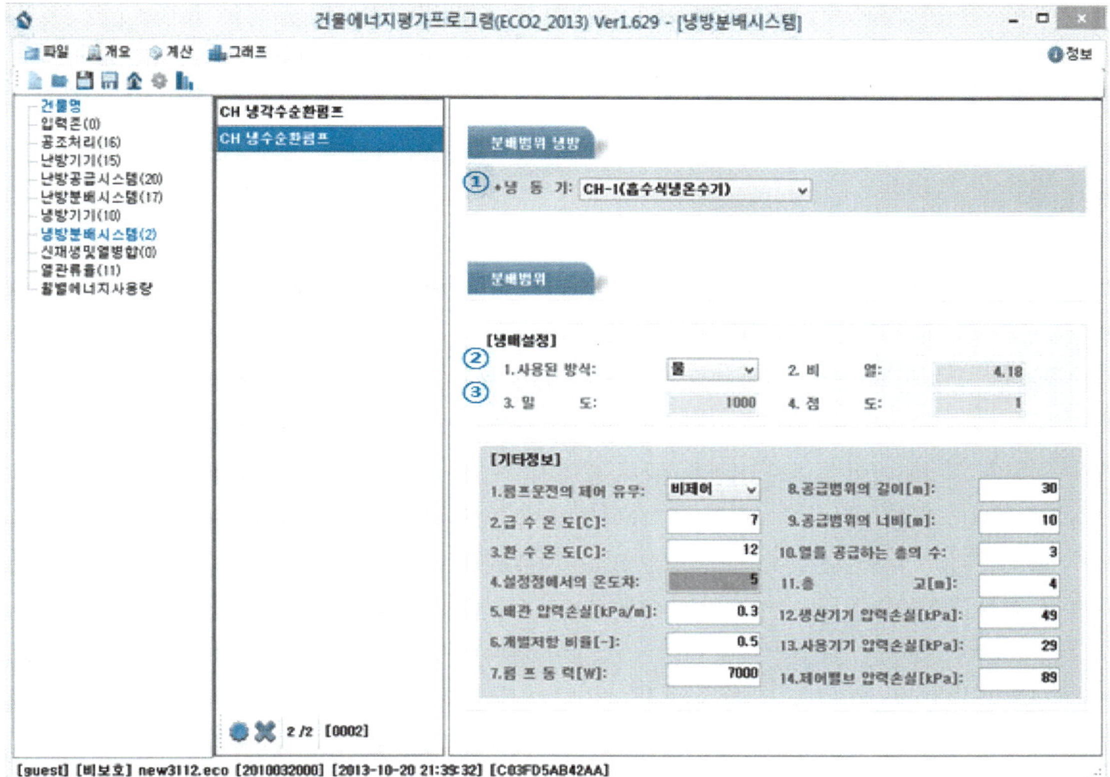

가) 화면개요 및 작성순서 : 냉방분배시스템의 분배범위 냉방기기 및 분배범위를 나타내고 있는 화면이다.

- FCU 또는 공조기에 열이 공급되는 분배 시스템으로 공조기용 냉수 및 냉각수 펌프 등이 있다.

① 냉동기 : 냉방기기에서 생성한 기기 중 냉방열원 분배를 필요로 하는 냉방기기를 선택한다.

② 사용된 방식 : 사용되는 냉매 종류를 선택하며 물 / 40% 글리콜이다.

③ 비열/밀도/점도 : 냉매 방식을 결정하면 비열/밀도/점도는 자동계산이다

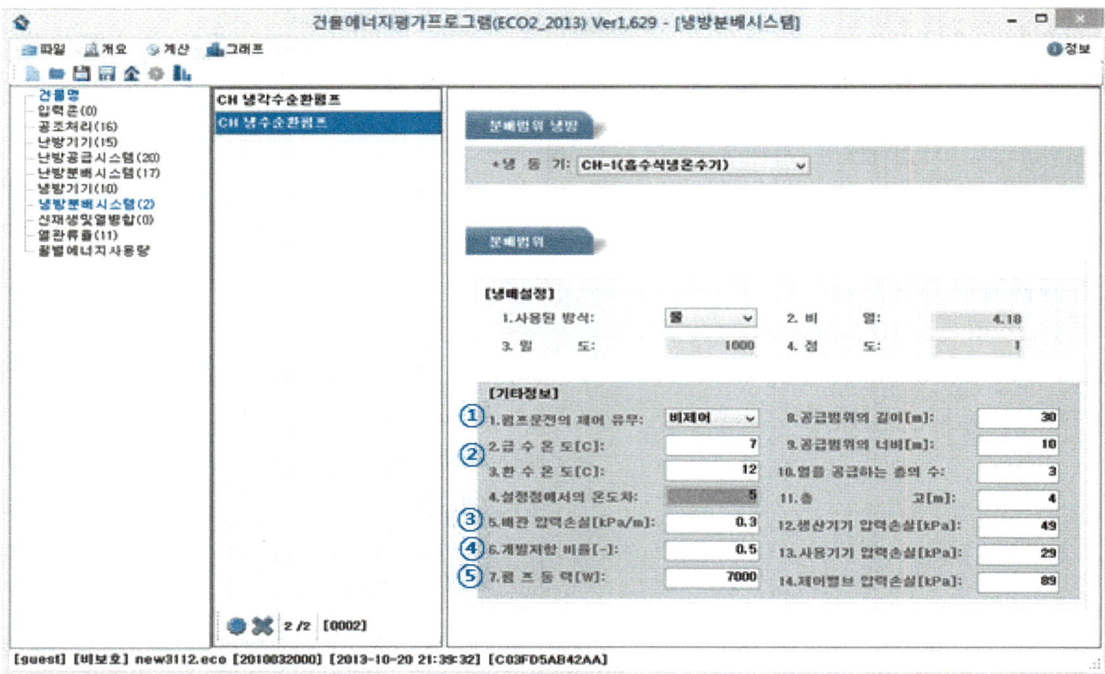

가) 화면개요 및 작성순서 : 분배범위인 기타정보1를 나타내는 화면이다.

① 펌프운전의 제어 유무: 냉방분배 펌프의 운전제어 유무(제어/대수제어/비제어)를 입력한다.

② 급수/환수온도 및 설정점의 온도차: 냉방분배 급/환수온도를 입력한다

③ 배관의 압력손실[kPa/m]

④ 펌프동력[W]

: 냉수펌프 또는 냉각수 펌프의 동력을 적용한다.

: 복수의 펌프를 사용할 경우 합계를 입력한다.

[참고 : 개발저항 비율]

- 배관 압력손실에 대한 배관부속(elbow)등의 비율(국내에서는 일반적으로 배관압력 손실50% ~ 10% 사이적용함

[참고 : 급수 / 환수 온도]

- AHU의 경우 급수온도는 LAT DB 온도를 입력하며, 환수온도는 EAT DB 온도를 입력한다.
- 냉각탑의 경우 급수온도는 LWT 온도를 입력하며, 환수온도는 EWT온도를 입력한다.

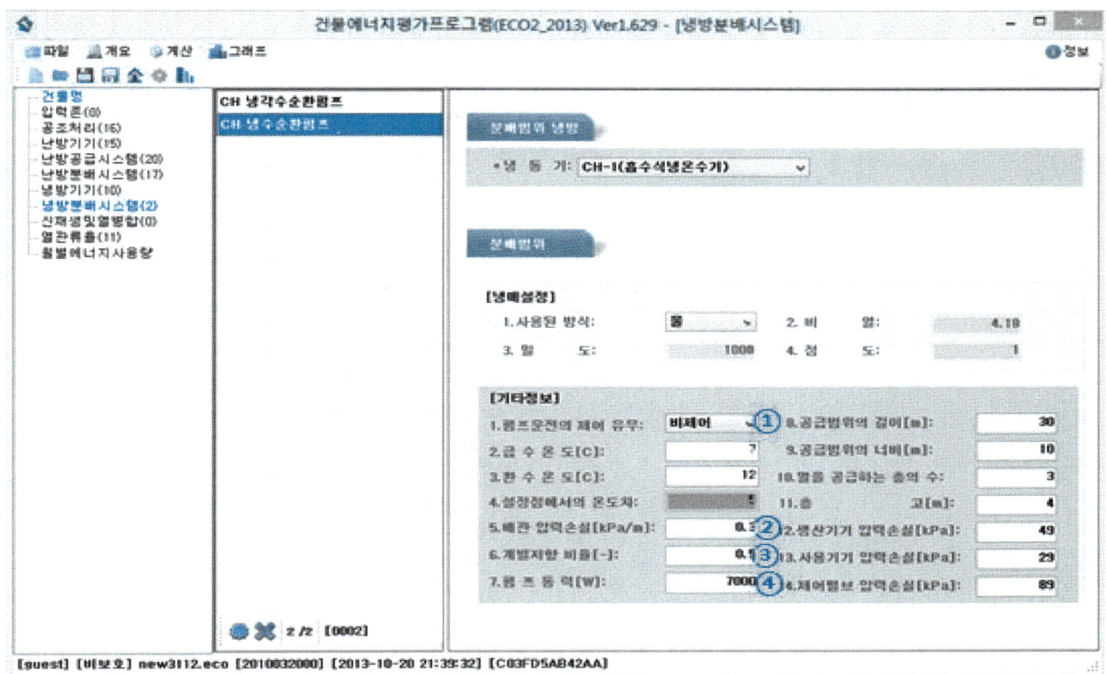

가) 화면개요 및 작성순서 : 분배범위인 기타정보 2를 나타내는 화면이다.

① 공급범위의 길이/너비/층수 및 층고 [M] : 난방분배 표준치경계조건 설정기준과 동일

② 생산기기 압력손실[kPa] : 냉동기, 냉각탑 등의 압력손실을 입력한다.

③ 사용기기 압력손실[kPa] : 공기조화기, FCU 등 사용기기의 압력손실을 입력한다.

④ 제어밸브 압력손실[kPa] : 2-way 밸브, 컨트롤 밸브 등의 압력손실을 입력한다.

[참 고 : 압력손실]

- 생산기기의 압력손실 : 냉수를 생산하는 1차측 장비(냉동기)내의 압력손실로, 냉각탑 측에서 보면 사용기기가 되지만 생산기기 압력손실에는 무조건 냉동기 내의 압력손실을 입력한다.
- 사용기기의 압력손실 : 생산된 냉열원을 사용하는 2차측에서의 압력손실
  - 냉수펌프 : 공조기에서의 압력손실
  - 냉각수 펌프 : 냉각탑에서의 압력손실(개방형의 경우 없을 수도 있음
- 제어밸브의 압력손실 : 밸브류 (2방, 3방, 4방 정유량 등)에서의 압력손실 합계₩

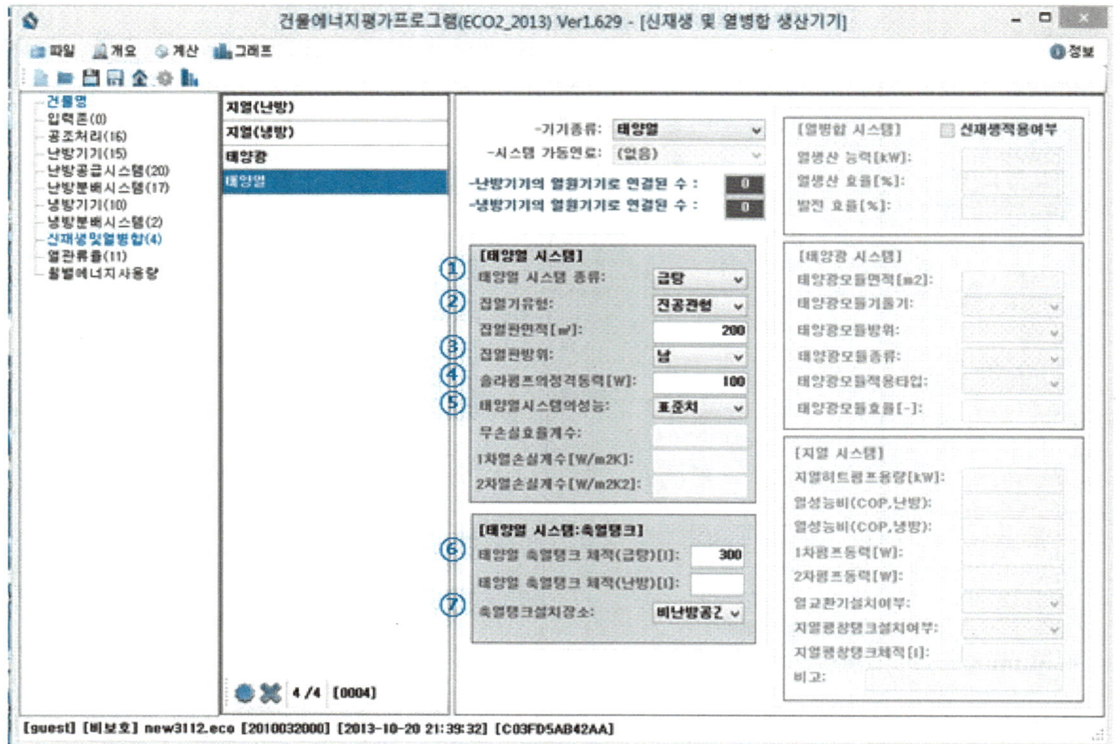

가) 화면개요 및 작성순서 : 태양열시스템을 나타내는 화면이다.

① 태양열 시스템의 종류 : 태양열과 시스템의 연결 종류인 급탕 / 급탕+난방을 적용한다.

② 집열기 유형 : 집열기 유형인 평판형 / 진공관형를 적용한다.

③ 집열판 면적[㎡] 및 방위 : 태양열 집열판 면적 및 방위인 동/ 남동 /남 / 남서 / 서 / 수평을 적용한다.

④ 솔라펌프의 정격동력[W] : 태양열시스템의 순환 펌프 용량을 입력한다.

⑤ 태양열시스템의 성능 : 보통, '표준치' 로 설정하며 성적서가 있을 때는 '성능치' 로 입력이 가능하다.

⑥ 태양열 축열탱크 체적(급탕/난방)[L] : 태양열 축열탱크(급탕 및 난방)의 체적를 적용한다.

⑦ 축열탱크 설치 장소인 난방공간 / 비난방공간 / 외부공간을 적용한다.

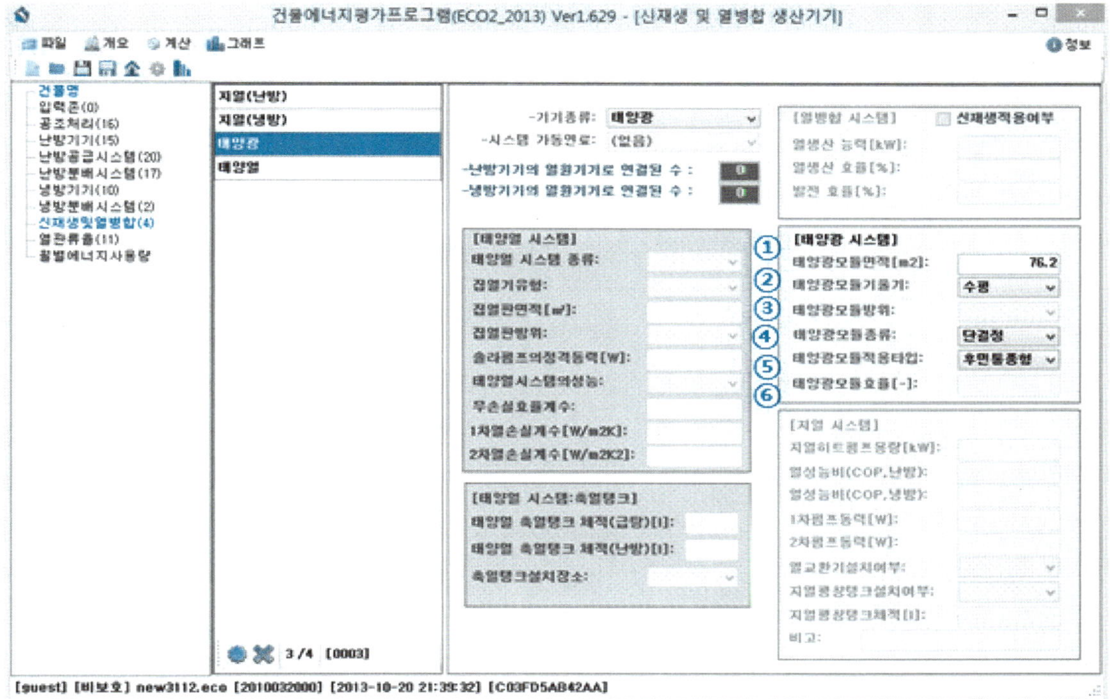

가) 화면개요 및 작성순서 : 태양광시스템을 나타내는 화면이다.

① 태양광 모듈면적[m^2] : 태양광 모듈의 총 면적을 적용한다.

② 태양광 모듈기울기 : 태양광 모듈의 기울기인 수평/ 45도 / 수직를 적용한다.

③ 태양광 모듈방위 : 태양광 모듈의 방위인 동/ 남동 /남 / 남서 / 서를 적용한다. 이때 모듈 기울기가 수평인 경우는 해당사항 없음을 적용한다.

④ 태양광 모듈의 종류는 단결정/ 다결정/ 비정질 박막형 / CIS 박막형 / CdTe 박막형 / 기타 박막형 / 성능치를 입력한다.

⑤ 태양광 모듈적용 타입: 태양광 모듈의 통풍여부인 밀착형 / 후면통풍형 / 기계환기형을 선택한다.

⑥ 태양광 모듈효율[-] : 태양광 모듈종류를 성능치 입력으로 설정 할 경우는 활성화되며 태양광 모듈 효율을 입력한다. 이때 모듈 효율은 시험성적서 값으로 평가한다.

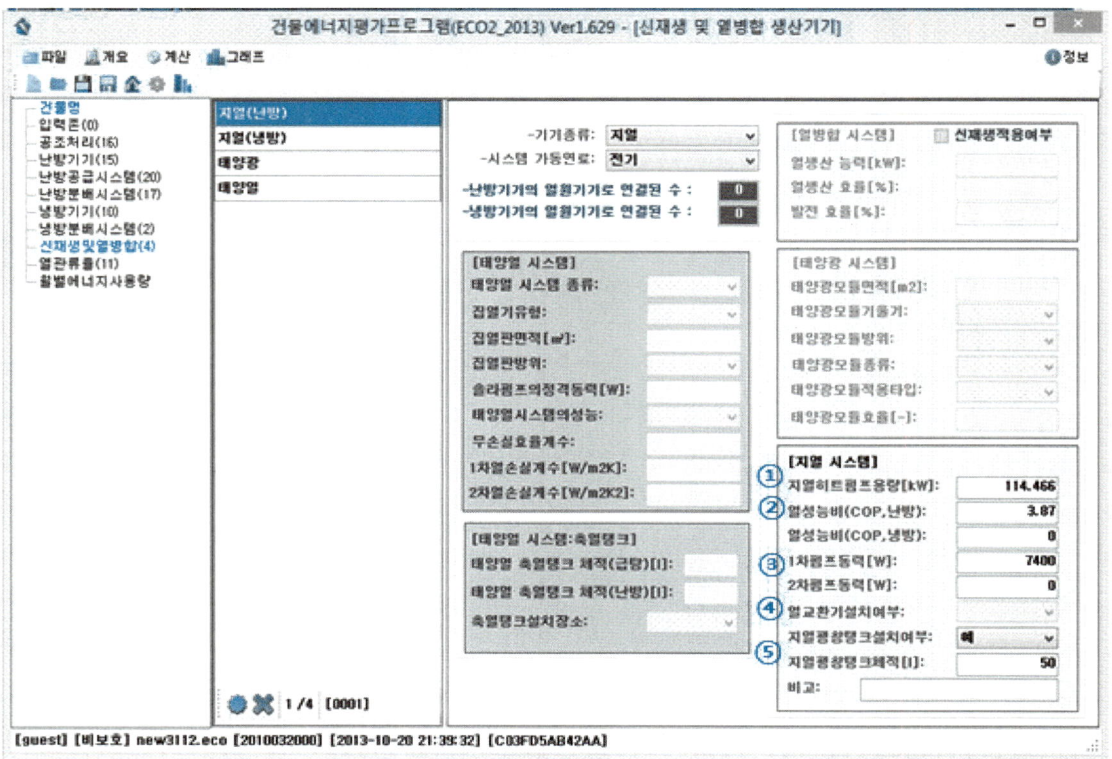

가) 화면개요 및 작성순서 : 지열시스템을 나타내는 화면이다.

① 지열히트펌프용량[kW] : 난방 및 냉방을 분리하여 각각 생산기기에 입력한다.

② 열성능비[COP난방 / 냉방] : 지열히트펌프의 난방 / 냉방시 COP를 적용한다. 이 때 히트펌프의 여러 대의 경우는 가중평균한다.

③ 1차/2차 펌프동력[W] : 해당 펌프의 동력은 지열 1차측 펌프(지열원 순환펌프)의 동력을 입력한다. 이때 2차 펌프는 지열 순환펌프 (열교환기→히트펌프)를 입력한다.

④ 열교환기 설치여부 : 가스 히트펌프의 경우 열교환기 설치여부를 예/아니오로 입력한다.

⑤ 지열팽창탱크의 설치여부 및 체적 [L] : 지열팽창탱크가 있을 경우는 탱크의 체적를 적용한다.

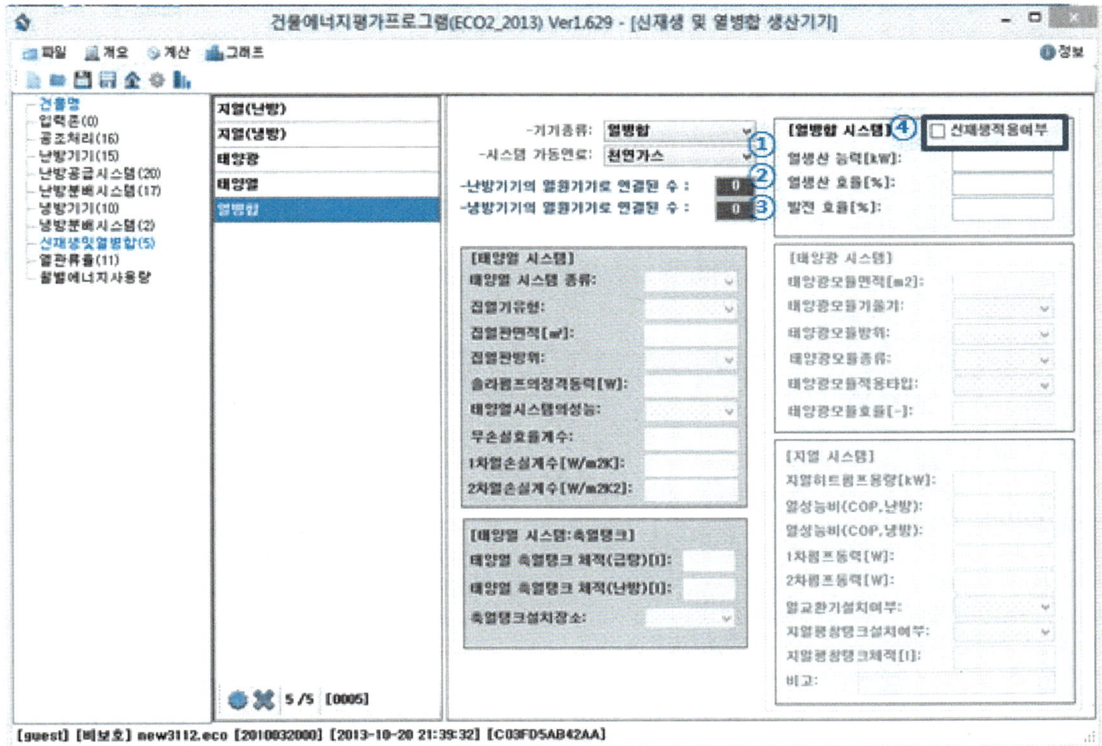

가) 화면개요 및 작성순서 : 열병합시스템를 나타내는 화면이다.

① 열생산 능력 [kW] : 열병합 시스템의 용량을 적용한다.

② 열생산 효율 [%] : 열병합 시스템 열생산 효율을 적용한다.

③ 발전효율[%] : 열병합 시스템 발전 효율을 적용한다.

④ 신재생적용여부 : 열병합 시스템 중 신재생 시스템으로 확인될 경우에 선택한다.

[참 고 : 압력손실]

- 가스사용량 : 에너지 소요량으로 포함한다.
- 전력생산량 : 프로그램 내부적으로 에너지 소요량에서 차감된다.
- 신재생 에너지 생산량으로는 포함시키지 않는다.
- 신재생으로 인정받는 열병합시스템은 신재생으로 적용한다.

[평가 결과]

필요한 입력사항을 모두 입력한 후 하단에 있는 메뉴들 중 평가 프로그램 계산 아이콘을 누르면 좌측의 화면이 나타나며 계산 프로세스가 진행된다.

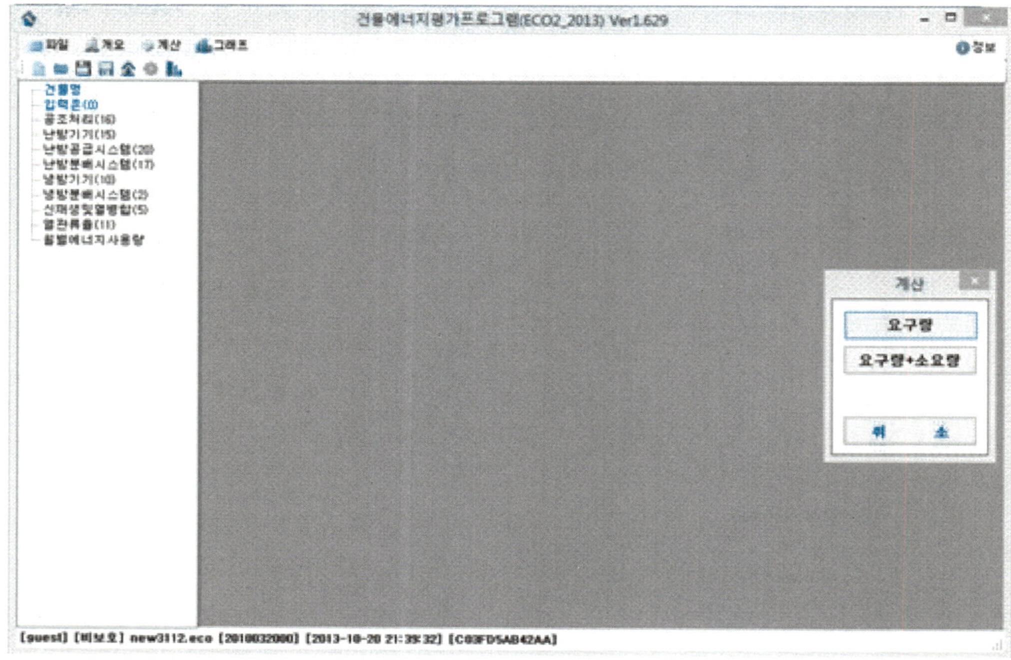

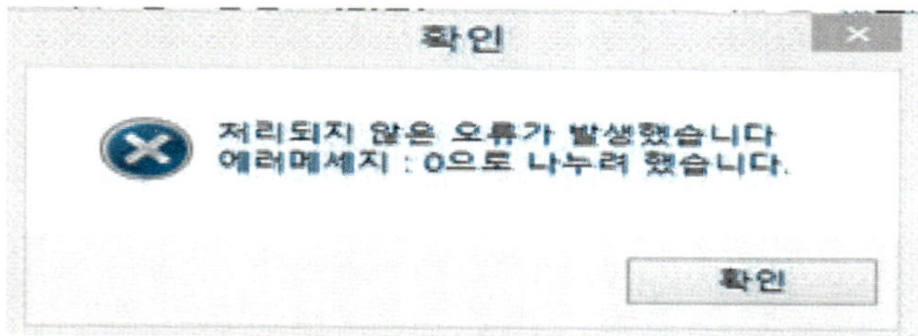

입력사항 중 누락된 내용이 있거나 잘못 입력한 경우 계산과정에서 오류가 발생하므로 입력사항을 보완하여야 한다.

계산과정에 오류가 없을 경우 옆의 계산완료 메시지 창이 나타난다.

[평가 결과]

- 계산 프로세스가 끝나면 자동적으로 결과그래프가 나타나며 단위면적당 월간 냉난방 에너지 요구량과 단위 면적당 연간 에너지 요구량 및 소요량을 볼 수 있다.
  - 단위 면적당 에너지 요구량 : 해당 건축물의 난방, 냉방, 급탕, 조명 부문에서 요구되는 단위 면적당 에너지량
  - 단위 면적당 에너지 소요량 : 해당 건축물에 설치된 난방, 냉방, 급탕, 조명, 환기시스템에서 소요되는 단위면 적당 에너지량으로, 각 용도별 신재생에너지 생산량을 차감한 값을 나타낸다.
  - 단위면적당 1차 에너지 소요량 : 에너지 소요량에 연료를 채취, 가공, 운송, 변환, 공급과정 등의 손실을 포함한단위면적당 에너지량
  - 단위 면적당 CO2 배출량 : 에너지 소요량에서 산출한 단위면적당 이산화탄소 배출량

- 하단에 있는 평가프로그램 결과리포트 아이콘을 누르면 평가 결과 리포트가 형성되며 연간 에너지 요구량, 연간 에너지 소요량, 연간 CO2 배출량의 확인이 가능하다.

- 연간 에너지 요구량 분석에서는 실내 존에서 필요한 월별 난방, 냉방, 조명, 급탕 에너지 요구량과 각각의 단위 면적당 에너지 요구량을 보여준다.

- 연간 에너지 소요량 분석 항목에서는 설비 시스템의 효률 및 배관 손실 등이 고려된 월별 난방, 냉방, 조명, 급탕, 환기 에너지 소요량과 각각의 단위 면적당 에너지 소요량을 보여준다.

- 연간 CO2 배출량 분석 항목에서는 난방, 냉방, 급탕, 조명, 환기 에너지 소요량을 에너지원별로 구분하여 나타내고, 각 에너지원별 산출된 CO2 배출계수를 적용하여 최종연간 CO2 배출량 및 단위면적당 CO2 배출량을 보여준다.

[심사시 보완요청 사례]

1. 건축부문

1) 데이터시트 교장실(회의실) 천장고의 기입이 필요
2) 1층 시청각실은 계단형 교실 형태이므로, 면적에 따른 가중평균방식으로 천장고의 측정이 필요
3) 데이터시트 상의 'D3' 가 부위별성능내역에서 확인이 필요
4) 데이터시트, 외피전개도의 방위, 면적, 구분기호 등의 재확인이 필요
5) 형별성능내역에 W4 '콘크리트블록' 명칭 수정이 필요(ex : 콘크리트블록 중량 / 경량)
6) 형별성능내역의 외기 간접 벽체, 지붕, 바닥 부위의 '실내열전달저항' 을 '실외열전달저항(간접)' 으로 변경이 필요
7) 형별성능내역의 W7, W11 '단열보드' , F1(S4)등 '지정목칠합판마루' , '경량기포콘크리트' 재료를 에너지절약설계기준상의 재료명칭과 동일하게 변경 또는 병기가 필요(ex : 단열보드(석고보드))
8) 형별성능내역의 'D1' 문의 단열두께 및 열교차단 여부를 기입(ex : 일반문(단열두께 20mm 이상, 열교차단미적용))
9) 세대내 발코니창호 (PW 24×21 등) 창호의 소프트코팅 및 아르곤주입 여부를 확인이 필요
10) 복도 창호 AW의 세부사항의 확인이 필요(ex : 복도창호_일반유리 6mm 단창, 열교차단 미적용)
11) 화장실 AD/PD에 면한 벽체의 단열재 유무 확인 후, 단열재가 없을시에는, 세대간벽으로 구분이 필요
12) 데이터시트 상의 지붕/바닥 과 관련한 외피정보가 누락되어 있으며, 최하층과 최상층을 구분하여 입력이 필요
13) 형별성능내역에서, W2, W3 '경량기포콘크리트블록' , '경량콘크리트복합패널' 의 재료명칭을 에너지절약설계기준상의 재료명칭으로 수정이 필요(ex: 경량기포콘크리트0.4폼, or 콘크리트블록(경량))
14) 형별성능내역에서, S3, S4, S6, S7 '경량기포Con' C' 의 재료명칭을 에너지절약설계기준상의 재료명칭으로 수정이 필요 (ex : 경량기포콘크리트0.4폼)
15) 형별성능내역상의 G1의 상세내역의 명기가 필요(ex : 로이복층유리 아르곤주입, 소프트코팅)
16) 형별성능내역상의 G2의 상세내역의 명기가 필요
17) 외피전개도의 벽체와 창호위치가 안 맞는 실이 일부 있는바 확인 후 수정이 필요 (스타트하우스1 : 1F 서측벽체, 2F FIL사무실, 탈의실, 샤워실)
18) 외피전개도상에, 피니쉬하우스 1층 로비 위측 부위 벽체의 외피가 누락되어 있는바 수정이 필요

19) 지상2층 옥외데크 문 부위 외피전개도의 작도가 필요
20) 1층~8층 ELEV.홀 부위의 외피전개도 작도가 필요
21) 2층 복도에 보이드 부위가 있으므로, 1층 휴게공간 및 로비의 천장고 수정 후 데이터시트 및 외피전개도상의 입력존의 구분이 필요
22) 형별성능내역에 W2 단열재명의 확인이 필요(ex : 경질우레탄보온판 or 유리면보온판)
23) 창호 시험성적서 첨부 및 열교차단재 적용여부의 기입이 필요
24) 데이터시트상의 FSD, AD, 그릴, SSD, SD가 형별성능너역에서 확인이 필요

2. 기계부문

1) 벽걸이형 EHP 1.1, EHP0.8의 실내기의 정격전력 또는 소비전력이 장비일람표상에서 확인이 필요
2) F-1,2,3 의 적용여부 확인 가능한 도면의 제출필요
3) 급탕 배관 관련 도면의 제출필요
4) GHP 32.0이 GHP16.0×2임이 도면상 확인이 가능하게 장비일람표 수정이 필요
5) 지하1층, 지상1층 GHP 난방배관평면도의 덕트가 P.D로 연결이 되어있지 않으므로, 해당사항의 확인이 필요
6) 팬 'F-1' 의 정압기입이 필요
7) 팬 'F-1, F-2, F-3' 의 풍량재확인이 필요
8) 보일러의 효율이 명시된 성적서 보유시 제출필요
9) 보일러의 순차/동시 가동여부의 확인이 필요
10) 제트공조기의 효율이 명시된 성적서 보유시 제출필요
11) GHP 32.0 성적서 보유시 제출필요
12) 장비일람표상에 부분부하효율인 '91%' 만 명기되어 있는바 '전부하효율 87%' 라고 추가 명기가 필요
13) 냉난방 기기의 배관길이 계산서의 제출이 필요
14) EHP 특정실내기가 어떤 실외기에 연결되어있는지 계통도상에 명확한 명기가 필요 (ex : 2F 사무실 OAC2-IAC5)
15) 흡수식냉동기, 항온항습기의 COP 확인이 필요
16) 전열교환기의 열회수율 확인이 필요
17) 전열교환기의 정압 재확인이 필요

3. 전기부문

1) 전열설비평면도 조명기구표상에 침실의 사항이 공란으로 되어 있는바 확인이 필요
2) 데이터시트상의 조명밀도의 입력이 필요
3) 조명밀도 계산이 잘못된 실 (ex : 검사집무실, 경찰교도관대기실 등)이 다수 확인되므로, 각 실에 대한 조명밀도 재계산 후 조명밀도 계산서, 데이터시트의 수정이 필요
4) 태양광 설비의 청사동 연결여부 확인을 위한 관련도면의 제출이 필요
5) 데이터 시트상에 조명밀도의 기입이 필요
6) 모든 실에 대한 조명밀도의 계산서 제출이 필요

2.3 에너지효율등급 인증, 질의회신 뜯어보기

1.4.2 에너지효율등급 관련

제　　목 : 친환경주택의 건설기준 및 성능 제5조 건축물에너지효율등급과의 관계 (2014.12.30)

질의내용 : 친환경주택의 건설기준 및 성능 제5조에 따르면 단지의 평균전용면적이 60㎡를 초과할 경우 건물에너지효율 1등급, 평균전용면적이 60㎡ 이하인 주택은 2등급 이상 받고 추가 설비를 설치해야 한다고 되어 있는데, 일반적으로 한단지내에 여러 면적의 주택이 혼재하는바, 한 단지에 60㎡ 초과, 이하주택이 둘다 있는 경우에도 무조건 건물에너지 효율1등급을 받아야하는지? 혹, 비율적으로 60㎡ 이하 주택이 많을 경우 건물에너지효율 2등급을 받도록 완화해주지는 않는지

회신내용 : 친환경주택의 건설기준 및 성능 제5조에 따라 단지의 평균전용면적 60㎡ 초과 주택은 건물에너지효율 1등급, 단지의 평균전용면적이 60㎡ 이하 주택은 2등급 이상 받고 추가 설비를 설치해야 하며, 한 단지에 60㎡ 이하가 섞여있는 경우 단지 전체의 평균전용면적을 기준으로 60㎡ 초과인 경우는 단지전체를 건물에너지효율등급 1등급으로, 단지 전체의 평균전용면적이 60㎡ 이하인 경우는 단지전체를 건물에너지효율등급 2등급으로 받아야 합니다.

제　　목 : 녹색건축인증 및 에너지효율등급인증 의무취득 대상 여부 (2014.12.17)

질의내용 : 녹색건축인증 및 에너지효율등급인증 의무취득 대상 해당여부에 대한 질의

회신내용 : 법무부 또한 '정부조직법' 상 중앙행정기관에 속하므로, 해당건축물은 녹색건축인증 및 건축물 에너지효율등급 인증 취득 의무대상에 해당됨을 알려드립니다. 녹색건축인증에 관한 규칙 제13조 및 공공기관 에너지이용 합리화 추진에 관한 규정 제6조에서는 고등법원 등에 대하여 별도로 규정하고 있지 않습니다. 다만, 해당 건축물이 건축법 시행령 별표1에 따른 용도분류가 공공업무시설일 경우에는 공공기관에서 건축하는 건축물로 판단할 수 있을 것으로 보여지니 참고하시기 바랍니다.

제　　목 : 국방시설물 에너지 절약 계획서/건축물 에너지 효율등급 인증기준/질의 (2014.05.30)

질의내용 : 국방시설의 에너지절약계획서, 건축물 에너지효율등급인증, 녹색건축인증 적용여부

회신내용 : (에너지절약계획서 제출) 군사 및 교정시설의 경우 냉, 난방을 하는 공간의 연

면적이 500제곱미터 이상일 경우 에너지절약계획서를 제출하셔야 하며, 연면적 산정방법은 "건축물의 에너지절약 설계기준" 제3조제2항에 따라 하나의 대지안에 냉, 난방을 하는 모든 바닥면적의 합계로 계산하셔야 합니다. 또한, 질의하신 제4조제5호의 연면적의 합계는 군사 및 교정시설의 경우 "냉, 난방을 하는 공간의 연면적의 합계"로 해석할 수 있음을 알려드리니 참고하시기 바랍니다. - (에너지효율등급인증) 건축물 에너지효율등급 인증에 관한 규칙 제2조에서는 인증대상을 규정하고 있고, 의무대상을 정하고 있는 것은 아닙니다. 다만, "공공기관 에너지이용합리화 추진에 관한 규정" 제6조에서 공동주택의 경우 2등급 이상 의무취득하도록 명시하고 있는 바 귀하께서 질의하신 건축물은 공동주택에 해당하는 2등급 이상을 취득하셔야 할 것으로 판단되오니 참고하시기 바랍니다. (연면적의 산정은 에너지절약계획서 제출대상 판단과 마찬가지로 하나의 대지에 건축하는 건축물의 바닥면적의 합계로 산정) - (녹색건축인증) 현재 녹색건축인증에 관한 규칙에 서는 공공기관에서 건축하는 연면적의 합계가 3,000제곱미터 이상인 경우에는 용도에 상관없이 녹색건축인증을 취득하도록 규정하고 있으니 참고하시기 바랍니다. 이와 관련한 구체적인 사항은 설계도서 등을 구비하시어 해당 허가권자인 시장, 군수, 구청장에게 문의하시기 바랍니다.

제 목 : **교육연구시설 건축물에너지효율등급 1등급 의무 적용시기에 대한 질의 (2014.05.16)**

질의내용 : 공공기관 에너지이용합리화 추진에 관한 규정 제6조(신축건축물의 에너지이용효율화 추진)에 의거 "에너지절약계획서 제출대상 중 연면적이 3,000㎡ 이상이고 「건축물 에너지효율등급 인증기준」(산업통상자원부·국토교통부 고시)에서 에너지효율등급 인증기준이 마련된 건축물을 신축하거나 별동으로 증축하는 경우에는 「건축물 에너지효율등급 인증기준」(산업통상자원부·국토교통부 고시)에 따른 건축물에너지효율 1등급 이상을 취득하여야 한다."라고 규정되어 있는 바, 공공기관 에너지이용화합리화 추진에 관한 규정(개정 2013. 06. 28. 산업통상자원부 고시 제2013-61호)에 의거 교육연구시설의 건축물에너지효율 1등급 이상을 취득은 2014.6.28일 이후로 적용하는 것이 맞는지 아님, 다른 관련 법령(건축물의 에너지절약 설계기준, 건축물 에너지효율등급 인증 기준)의 기준으로 적용해야 하는건지 귀 부처의 의견을 회신바랍니다.

회신내용 : 건축물 에너지효율등급 인증에 관한 규칙과 건축물의 에너지절약 설계기준의 개정 시행일은 부칙 제2조에 따라 2013년 9월 1일부터이므로 해당 조항은 2014년 9월 1일부터 적용될 것으로 판단되오니 참고하시기 바랍니다.

제　　목 : 에너지 효율등급 인증 관련 (2012.12.27)

질의내용 : ① 건축물 에너지효율등급 인증규정 제9조제2항의 업무용 건축물은 건축법 제2조제2항에 따른 건축물의 용드분류중 어디에 해당하는 지?② 건축물관리대장상 주된 용도가 묘지 관련 시설로서 봉안당(납골당)을 신축하고, 부속시설인 관리사무소를 증축하는 경우 에너지효율등급 1등급 적용대상인지 여부?

회신내용 : 건축물 에너지효율등급 인증규정 제9조제2항의 업무용 건축물은 건축법 제2조제2항에 따른 건축물의 용도분류 중 "업무시설"에 해당하며, 건축물 에너지효율등급 인증대상은「건축물 에너지효율등급 인증규정」제2조에 따라 현재 인증기준이 고시된 공동주택과 업무용 건축물이 해당되므로 묘지관련 시설(부속건축물 포함)은 제외됨. 다만, 사무소가 주된 건축물과는 별개로 신축하는 건축물로서 그 용도가「건축법 시행령」【별표 1】제14호에 따른 신축 업무시설에 해당하는 경우에는 "공공기관 에너지이용합리화 추진지침"에 따른 인증 적용대상이 될 것으로 사료됨.

제　　목 : 건축물 에너지효율등급 인증 관련 (2012.12.27)

질의내용 : 교육연구시설도 건축물 에너지효율등급 인증을 받을 수 있는 지

회신내용 :「건축법」제66조의2에 따라 우리부와 지식경제부 공동 고시로 운영 중인 "건축물 에너지효율등급 인증제도"는 현재 공동주택과 업무용 건축물을 대상으로 하고 있으며, 귀하가 질의하신 교육연구시설은 현재는 인증대상에 포함되지 않으나 향후 대상 용도를 확대해 나갈 예정임

제　　목 : 에너지효율등급 관련 (2012.12.27)

질의내용 :「건축물 에너지효율등급 인증규정」제9조제2항의 업무용 건축물은「건축법」제2조 제2항에 따른 건축물의 용도분류 중 어디에 해당하는 지 여부 건축물관리대장상 주된 용도가 묘지 관련 시설로서 봉안당(납골당)을 신축하고, 부속시설인 관리사무소를 증축하는 경우 에너지효율등급 1등급 적용대상인지 여부

회신내용 :「건축물 에너지효율등급 인증규정」제9조제2항의 업무용 건축물은「건축법」제2조제2항에 따른 건축물의 용도분류 중 "업무시설"에 해당함. 건축물 에너지효율등급 인증대상은「건축물 에너지효율등급 인증규정」제2조에 따라 현재 인증기준이 고시된 공동주택과 업무용 건축물이 해당되므로 묘지관련 시설(부속건축물 포함)은 제외됩니다. 다만, 사무소가 주된 건축물과는 별개로 신축하는 건축물로서 그 용도가「건축법 시행령」【별표 1】제14호에 따른 신축 업무시

설에 해당하는 경우에는 "공공기관 에너지이용합리화 추진지침"에 따른 인증 적용대상이 될 것으로 사료됨

제 목 : 에너지효율등급 인증 신청 (2012.12.27)

질의내용 : 업무용 건축물의 부속 건축물(체육시설, 사택, 보육시설 등)도 건축물 에너지효율등급 예비인증을 신청하여야 하는 지 여부

회신내용 : 「건축법」 제66조의2 및 「건축물 에너지효율등급 인증규정」 제2조에 따라 건축물에너지효율등급 인증대상은 현재 공동주택과 업무용 건축물을 대상으로 하고 있음에 따라 업무용도의 건축물이 아닌 부속 건축물은 인증대상에 포함되지 않으며, 향후 인증대상범위를 점차 확대할 예정임

1.4.3 에너지절약계획서 관련

제 목 : 건축물의 에너지절약설계기준의 변경 기준문의 (2015.02.05)

질의내용 : 국토교통부 고시 제2014-957호 건축물의 에너지절약설계기준을 보던 중에 기준이 자주 바뀌는 것을 확인할 수 있었습니다. * 단열재 등급별 허용 두께(거실의 외벽 외기직접 면하는 경우 - 가등급) - 건설교통부 고시 제2003-314호 : 35mm - 국토해양부 고시 제2012-69호 : 85mm - 국토교통부 고시 제2014-957호 : 120mm 1. 위와 같이 기준수치가 계속 바뀌는 기준이 뭔지 궁금합니다. 2. 저희 아파트는 준공승인이 2014.9.15.일에 났습니다. 그럼, 적용되는 건축물의에너지절약설계기준의 고시 번호를 알고 싶습니다. 3. 혹시 단열재가 2014년 기준인 120mm가 아닌 80mm로 시공이 되었다면, 또, 만약 80mm가 준공승인 당시의 기준에 맞는 수치라면 지금 발생하는 결로에 대해 120mm 기준으로 하자보수해 달라고 건설사에 요청할 수 있나요?

회신내용 : 질의 1) 국제기후협약에 따라 2011년 녹색성장위원회를 통해 건축물부문 국가 온실가스 감축목표를 `20년 BAU대비 26.9% 감축하기로 국제적으로 공포하였고, 특별히 건축물의 단열기준은 2017년 패시브하우스 수준, 2025년에는 제로에너지 수준으로 지속적으로 강화하도록 발표를 하였습니다. 이에 따라 장기적인 로드맵을 수립하여 지속적으로 단열기준을 강화하고 있음을 알려드리니 참고하시기 바랍니다. 질의 2) 건축물의 에너지절약 설계기준의 단열기준이 지속적으로 강화되더라도 건축허가를 받은 건축물의 경우는 허가를 받은 시점의 단열기준을 준수하시면 됨을 알려드리니 참고하시기 바랍니다. 질의 3) 위

에서 언급 드린대로 건축물의 에너지절약 설계기준은 건축허가를 받은 당시의 기준을 적용토록 하고 있으므로 해당건축물이 건축허가를 받았던 시점의 단열기준에 따라 판단되어야 할 사항이며, 해당건축물의 하자와 관련한 사항은 사업시행자와의 원만한 합의를 통해서 해결하셔야 함을 알려드리니 참고하시기 바랍니다.

제　　목 : 에너지절약계획서 제출여부 (2015.01.07)

질의내용 : 기존의 문화 및 집회시설을 의료시설로 용도변경을 하려고 하는데 울산 북구청 건축과에서 용도변경면적이 500m^2 이상일 경우 에너지절약계획서를 제출해야 된다고 합니다. 하지만, "건축물의 에너지 절약설계기준 제1장 제2조 2항에는 열손실의 변동이 없는 용도 변경의 경우에는 관련 조치를 아니할 수 있다" 라고 기재되어 있습니다. 용도변경면적이 4172.82 m^2이어서 연면적 500m^2는 넘지만 외벽과 창호는 변경된 부분이 없고 기존 그대로 사용하며, 내부실 만 추가가 되고, 냉난방설비설치계획도 없음에도 불구하고 에너지절약계획서를 제출해야 하는지 검토 부탁드립니다.

회신내용 : 용도변경하는 부위가 500제곱미터 이상일 경우에는 에너지절약계획서 제출대상입니다. 다만, 건축물의 에너지절약 설계기준 제4조제6호에 따라 열손실 변동이 없는 용도변경의 경우에는 별지 제1호 서식 에너지절약 설계 검토서를 제출하지 아니할 수 있고, 녹색건축물 조성 지원법 시행규칙 별지 제1호 서식 "에너지절약계획서" 만 제출하시면 됨을 알려드립니다. 귀하의 건축물이 열손실 변동이 없는 용도변경에 해당하는지는 관련서류 및 설계도서 등을 구비하시어 해당 허가권자인 시장, 군수, 구청장에게 판단 받으시기 바랍니다.

제　　목 : 에너지 절약계획서 대상 관련문의 (2014.12.24)

질의내용 : 기존 건물로 1층은 필로티, 2층은 제조업소로 면적이 480㎡ 으로 사용승인 된 건물이며, 추후 1층 필로티 부분을 증축 하고자 합니다. 증축하고자 하는 부분의 면적은 470㎡ 입니다. 증축이나 용도변경, 건축물대장의 기재내용을 변경하는 경우 이 기준을 해당부분에만 적용할 수 있다 하여 에너지 절약계획서 제출 대상이 아닌 걸로 판단하였으나 "열손실의 변동이 없는 증축"이란 문구가 있어 증축을 진행하려는 부분이 열손실의 변동이 없는 것으로 판단하여야 하는 것인지 궁금하여 문의드립니다.

회신내용 : '건축물의 에너지절약 설계기준' 제3조제2항제3호에 따라 증축 면적이 500㎡ 미만인 경우에는 에너지절약계획서 제출의 제외가 가능함을 알려드립니다.

제　　목 : 건축물의 에너지절약설계기준 관련 질의사항 (2014.12.15)

질의내용 : 건축물의 에너지절약설계기준(전문) 제3절 전기설비부문 설계기준 제8조(전기부문의 의무사항) 건축물을 건축하는 건축주와 설계자 등은 다음 각 호에서 정하는 전기부문의 설계기준을 따라야 한다. 3. 조명설비 마. 효율적인 조명에너지 관리를 위하여 층별, 구역별 또는 세대별로 일괄적 소등이 가능한 일괄소등 스의치를 설치하여야 한다. 다만, 실내조명설비에 자동제어설비를 설치한 경우와 전용면적 60제곱미터 이하인 주택의 경우에는 그러하지 않을 수 있다. 상기 설계기준에서 제8조 3항 마.에서 60제곱미터 이하인 주택의 경우에는 그러하지 않을 수 있다고 명시되어있는데 준주택인 오피스텔도 이 항목을 적용가능한지 알고 싶습니다.

회신내용 : 건축물의 에너지절약 설계기준 제23조제4항에 따라 기숙사, 오피스텔은 공동주택 외로판정함을 알려드리니 참고하시기 바랍니다.

제　　목 : 에너지절약계획서제출대상 (2014.12.08)

질의내용 : 기존의 공장건축물의 주2동(사무동) 1층,2층은 사무소, 3층은 기숙사로 각층의 면적은 약 500m^{2}로 2009년 사용승인된 건축물로서 지상4층에 200m^{2}의 기숙사를 증축하려는 바 건축물의 에너지절약 설계기준 제3조(에너지절약계획서 제출예외 대상등) 2항 3호의기준을 적용하여 해당부분이 500m^2 이하이므로 에어지절약계획서 제출 예외대상에 포함되는지? 에너지절약계획서 제출대상인지?

회신내용 : 녹색건축물 조성지원법 시행령 제10조 제1항 및 건축물의 에너지절약설계기준 제3조제2항 제3호에 의하여 증축 면적이 500제곱미터 미만인 경우는 에너지절약계획서를 제출하지 않을 수 있음을 알려드리오니 참고하시기 바랍니다.

제　　목 : 에너지절약계획서 제출대상 건축물이나 누락하여 허가받은 경우 (2014.12.02)

질의내용 : 관련법규에 따라 에너지절약계획서를 제출하게 되어있는 건축물이나 허가 과정에서 에너지절약계획서를 제출하지 아니하고 허가를 받은 경우 사후 조치 (예를 들면 사용승인검사시 제출) 가능한 방법이 있는지 문의드립니다.

회신내용 : 녹색건축물 조성지원법 제31조에 의거하여 에너지절약계획서를 제출하여야 하는 건축물의 건축주가 이를 제출하지 않은 경우는 2천만원 이하의 과태료가 부과됩니다. 과태료의 징수 방법은 동법 시행령 제20조를 따르고 있으며, 해당 건축물은 설계변경 등을 통하여 에너지절약계획서를 제출해야 함을 알려드리오니 참고하시기 바랍니다.

제 목 : 주택법 감리현장 에너지절약계획서 (2014.12.01)

질의내용 : 1. 주택법 신축공사 감리현장입니다. 2. 사업계획승인서 2010년 12월 이고. 착공일은 2013년 8월 현장입니다. 감리진행 중에 에너지절약계획서 관련입니다. 질문1 : 에너지절약계획서가 설계도서에 포함되는지요? 질문2 : 에너지절약계획서와 설계도면이 상이할 때 우선순위는 무엇인지요?

회신내용 : 주택건설공사 감리업무세무기준(국토부고시 제2014-714호, 2014.11.25.) 제3조제8호에 따르면 "설계도서"란 주택법 제22조제1항, 영 제23조 및 「주택의 설계도서 작성기준」에 따라 작성되는 설계도면·시방서·구조계산서·수량산출서·품질관리계획서를 말합니다.

제 목 : 에너지절약계획서 제출대상 (2014.11.12)

질의내용 : 녹색건축물조성지원법 (제14조) 에너지절약계획서제출 ① 대통령령으로 정하는 건축물을 건축하고자 하는 건축주는「건축법」제11조에 따라 건축허가를 신청하거나 같은법 제19조제2항에 따라 용도변경의 허가신청 또는 신고를 하거나 같은 법 제19조제3항에 따라 건축물대장 기재내용의 변경을 신청하는 경우에는 대통령령으로 정하는 바에 따라 에너지 절약계획서를 제출하여야 한다. 건축법 - 제11조(건축허가) ① 건축물을 건축하거나 대수선하려는 자는 특별자치시장 · 특별자치도지사 또는 시장 · 군수 · 구청장의 허가를 받아야 한다. 질문1) 건축물을 건축(신축, 증축, 개축, 재축, 이전)하고자 하는 건축물중 건축법 11조에 따라 건축허가신청대상으로 해석되어지는데요, 건축의 범위가 아닌 대수선의 경우 에너지절약계획서 대상인지요? 질문2) 건축신고대상일 경우 에너지절약계획서 제출대상이 아닌데, 면적 500m^2 이상인 건축신고대상인 대수선(건축법 제14조1항 4호)인 경우에는 에너지절약계획서 대상인지요?

회신내용 : 녹색건축물 조성 지원법 제14조제1항에서 "대통령령으로 정하는 건축물을 건축하고자 하는 건축주는「건축법」제11조에 따라 건축허가를 신청하거나 같은 법 제19조제2항에 따라 용도변경의 허가신청 또는 신고를 하거나 같은 법 제19조제3항에 따라 건축물대장 기재내용의 변경을 신청하는 경우에는 대통령령으로 정하는 바에 따라 에너지 절약계획서를 제출하여야 한다." 하고 규정하고 있습니다. 즉, 건축하는 경우 (신축, 증축, 재축, 개축, 이전)와 용도변경, 건축물대장 기재내용 변경의 경우에 대하여 에너지절약계획서를 제출하도록 규정하고 있으므로 대수선은 이에 해당하지 않음을 알려드리니 참고하시기 바랍니다.

제　　목 : 에너지절약계획서 제출 대상 여부 (2014.11.07)

질의내용 : 기존 1층(근린생활시설-사무소)330㎡에 2층 증축(업무시설-사무소)190㎡로 인해 기존 1층 부분을 근린생활시설에서 업무시설-사무소로 용도변경하고 2층 부분을 업무시설로 증축하고자 합니다(1건으로 처리) 이럴 경우 합계 면적은 500㎡ 이상으로 에너지 절약계획서 제출 대상이나, 1층 부분은 단열조치를 하는 부위에 변경이 없는 경우로 열손실의 변동이 없으므로 에너지 절약계획서 제출 대상에서 제외 될 수 있는지요?

회신내용 : 건축물의 에너지절약 설계기준은 용도변경과 증축에 대하여 별도의 허가건으로 가정하에 정한 기준입니다. 따라서, 귀하의 경우처럼 2가지 이상의 행위가 결합된 허가의 경우는 구체적으로 답변드리기 어려운 점 양해해 주시기 바라며, 이와 관련한 사항은 관련서류 및 설계도서 등을 구비하시어 해당 허가권자인 시장, 군수, 구청장에게 판단받으시기 바랍니다.

제　목 : 공동주택 부대시설(근린생활시설 및 커뮤니티시설)의 에너지절약설계기준 적용 여부 (2014.10.20)

질의내용 : 당 현장은 2011년 12월 사업계획승인을 득하여 시공중인 아파트 입니다. 다음의 사항에 대하여 문의 드립니다. 1. 당현장의 사업계획승인시의 에너지절약계획서에는 공동주택의 침실, 거실 등의 창에 대해서 기밀성 및 열관류율을 규정하고 있으나, 부대시설(근린생활시설 등)의 창호에 대하여 기밀성 또는 열관류율을 규정하고 있지 않습니다. 2. 이 경우 부대시설(근린생활시설 등) 창호에 대해서 기밀성 및 열관류율을 아파트 거실 등과 같이 적용하여야 하는지 아니면 적용 대상이 아닌지요.

회신내용 : 귀하의 건축물의 사업계획승인 당시 기준인 국토해양부 고시 제2010-1031호 "건축물의 에너지절약 설계기준"에서는 공동주택 단지의 경우 주거와 비주거를 별도로 구분하고 있지 않습니다. 다만, 에너지소비 특성 및 이용상황 등을 고려시 공동주택의 부대시설(근린생활시설 등) 등의 단열기준은 "공동주택 외"의 기준을 적용하는 것이 타당할 것으로 생각되며, 기밀성 역시 그 당시 의무사항에 해당하는 1~10등급의 기밀성 창호를 설치하셔야 할 것으로 보이니 참고하시기 바랍니다.

제　　목 : 에너지절약계획서 제출 대상 여부 (2014.09.24)

질의내용 : 집합건축물에서 5층 일부(270제곱미터)를 A소유자 명의로 용도변경 접수하고

8층 일부(270제곱미터)를 B소유자 명의로 용도변경을 접수하였습니다. 층도 다르고 소유자도 다르고 각각 따로 용도변경허가를 접수할 경우도 500제곱미터 이상의 용도변경으로 에너지절약계획서를 제출해야 되는지요.

회신내용 : 소유자와 상관없이 용도변경 허가신청 해당 시점의 용도변경 대상 면적의 합계가 500㎡ 이상인 경우 에너지절약계획서 제출 대상에 해당됨을 알려드립니다.

제　　목 : 에너지절약계획서 제출 대상 유무 (2014.09.22)

질의내용 : 1. 건축물의 열손실방지 예외대상에 대한 문의 건축개요 : 연면적 650제곱미터, 1층 250제곱미터 근생 제조업소, 2층 200제곱미터 근생 사무소, 3층 200제곱미터 근생 창고 상기 건축물의 3층 부분에 대한 문의사항 : 3층 근생의 창고는 냉난방을 하지 않는 공간으로 건축물의 에너지절약설계기준 제2조 제3항 1호에 따른 열손실방지 예외 가능 유무를 문의 드립니다. 2. 연면적 제외대상에 대한 문의 상기 건축물의 3층 부분에 대한 문의사항 : 건축물의 에너지절약설계기준 제3조 제2항 5호의 기준에 따라 3층 창고 공간(면적)을 연면적에서 제외 가능한지 유무를 문의 드립니다. 3. 에너지절약계획서 제출 예외대상에 대한 문의 1번, 2번 문의에 대한 제외 가능 유무가 가능할 경우 : 상기 건축물의 에너지절약설계기준에 의한 연면적은 450제곱미터로 녹색건축물조성지원법시행령 제10조 제1항에 따른 에너지절약계획서 제출대상에서 제외 가능한지 유무를 문의 드립니다.

회신내용 : (단열조치 관련) 건축물의 에너지절약 설계기준 제2조제3항제1호에서는 창고, 차고, 기계실 등으로서 거실의 용도로 사용하지 아니하고, 냉, 난방 설비를 설치하지 아니하는 건축물 또는 공간은 단열조치 등을 하지 아니할 수 있습니다. 다만 귀하께서 질의하신 3층의 창고공간이 이에 해당하는지는 관련서류 및 설계도서 등을 구비하시어 해당 허가권자인 시장, 군수, 구청장에게 판단받으셔야 합니다. - (에너지절약계획서 제출여부) 해당 허가권자가 3층 공간을 건축물의 에너지절약설계기준 제2조제3항제1호에 해당하는 공간으로 판단하였을 경우 해당부위의 연면적은 에너지절약계획서 제출대상 판단을 위한연면적 산정시 제외될 수 있음을 알려드리니 참고하시기 바랍니다.

제　　목 : 맞벽으로 지은 건물의 에너지절약설계기준 (2014.09.18)

질의내용 : 소유주가 각각 다른 두개의 건물이 합벽으로 붙어 있습니다. (1종 근생 - 사무실과 주거용도) 에너지절약설계 기준으로 볼 때 붙어 있는 외벽부분을 '외기직접'으로 봐야하는지 '외기간접'으로 봐야하는지 문의드립니다.

회신내용 : 귀하께서 질의하신 사항만으로는 해당부위에 대한 구체적인 판단이 어려운 점 양해해 주시기 바라며, 해당 맞벽으로 지어진 건축물에 대하여 단열구역을 어떻게 구분하는지, 맞닿은 공간의 냉, 난방여부 등 종합적인 고려를 통하여 단열조치 여부를 판단해야 함을 알려드리니 이와 관련한 구체적인 사항은 관련서류 및 설계도서 등을 구비하시어 해당허가권자인 시장, 군수, 구청장에게 판단받으시기 바랍니다.

제　　목 : 에너지절약계획서 제출 대상 제외 문의 (2014.09.17)

질의내용 : 건축개요 : 연면적 900 제곱미터 근생, 1층 480 제곱미터 근생 자동차수리점, 2층 370제곱미터 근생 사무소, 3층 50 제곱미터 근생 사무소 상기 건축물의 1층 분분에 대한 문의사항 : 1층 자동차수리점의 작업장은 4면중 1면을 상시 개방시켜 사용하는 공간으로 건축물의 에너지절약설계기준 제2조 제3항 2호에 따른 열손실방지 예외 가능 유무를 문의 드립니다. 2. 연면적 제외 대상에 대한 문의 상기 건축물의 1층 분분에 대한 문의사항 : 건축물의 에너지절약설계기준 제3조 제2항 5호의 기준에 따라 1층 자동차수리점의 공간(면적)을 연면적에서 제외 가능한지 유무를 문의 드립니다. 3. 에너지절약계획서 제출 예외대상에 대한 문의 1번, 2번 문의에 대한 제외 가능 유무가 가능할 경우 : 상기건축물의 에너지절약설계기준에 의한 연면적은 420 제곱미터로 녹색건축물조성지원법시행령 제10조 제1항에 따른 에너지절약계획서 제출 대상에서 제외 가능한지 유무를 문의드립니다.

회신내용 : 건축물의 에너지절약 설계기준 제3조제제2항제5호에 따르면 동 기준 제2조제3항에 따라 열손실방지 등의 에너지이용합리화를 위한 조치를 하지 않아도 되는 건축물 또는 공간은 연면적 산정시 제외될 수 있습니다. 따라서 1층의 공간이 기준 제2조제3항제2호에 따라 열손실방지조치를 하지 않아도 되는 공간이라면 이는 연면적산정시 제외할 수 있습니다. 다만, 이와 관련한 판단은 관련서류 및 설계도서 등을 구비하시어 해당 허가권자인 시장, 군수, 구청장에게 판단받으시기 바랍니다.

제　　목 : 에너지 절약계획서 해당 건물에 대한 계단실의 방풍구조 적용여부 (2014.08.14)

질의내용 : '건축물의 에너지절약 설계기준' 제2장 에너지절약 설계에 관한 기준 1절 6조 4-나-(4)-라. 항목에 따르면, "외기에 직접 면하고 1층 또는 지상으로 연결되는 출입문은 제5조제9호 아목에 따른 방풍구조로 하여야 한다."로 되어 있습니다. 이항목이 1층 또는 지상으로 연결되는 계단실의 출입문에도 해당 되는지

요? 건축구조상 계단실자체를 방풍구조로 인정하는데 에너지절약계획서 작성 시에는 계단실자체를 방풍구조로 인정되지 않은지 궁금합니다.

회신내용 : 건축물의 에너지절약 설계기준 제5조제9호아목에서는 방풍구조에 대하여 "출입구에서 실내외 공기 교환에 의한 열출입을 방지할 목적으로 설치하는 방풍실 또는 회전문 등을 설치한 방식" 이라고 정의하고 있습니다. 따라서, 해당부위가 외기에 직접 면하고 있고, 1층 또는 지상으로 연결되는 출입문에 해당하는 경우 위의 정의에 부합하게 방풍실 또는 회전문을 별도로 설치하셔야 합니다.
- 다만, 귀하께서 질의하신 사항으로는 해당 건축물의 구조 및 1층 부위의 용도 등을 정확하게 파악할 수 없어 명확한 해석이 불가한 점 양해해 주시기 바라며, 출입문을 제외한 1층의 다른 부위의 단열조치 여부 및 2층 부위의 단열조치 여부 등에 따라 해석은 다양하게 나올 수 있으니 이와 관련한 구체적인 사항은 관련서류 및 설계도서 등을 구비하시어 해당 허가권자인 시장, 군수, 구청장에게 판단받으시기 바랍니다.

제 목 : 건축물 에너지 절약 설계기준 별지 제2호 서식 완화기준 적용 신청서 제출 관련 문의 (2014.07.22)

질의내용 : 건축완화기준 적용 신청서 구비서류 관련

회신내용 : 녹색건축물 조성 지원법 제15조제3항에 따르면 지방자치단체는 건축물의 에너지절약 설계기준" 별표9에 따른 범위에서 건축기준 완화 기준 및 재정지원에 관한 사항을 조례로 정할 수 있도록 규정하고 있고, 사업계획 및 건축허가 신청시 구비서류로 예비인증서를 제출토록 하고 있습니다. 다만, 녹색건축 및 에너지효율등급 인증결과에 따라 제도적, 재정적 지원을 받는 경우에는 사업계획 승인 전 예비인증 신청이 가능하며, 이와 관련한 행정절차 및 관련서류 구비 등은 해당 허가권자인 시장, 군수, 구청장에게 문의하여 판단받으셔야 할 사항으로 보이니 참고하시기 바랍니다.

제 목 : 설계 변경시, 설계기준 적용방법 및 에너지절약계획서 작성 기준 문의 (2014.07.11)

질의내용 : 국토교통부 고시 제2013-587호 고시일(2013년 10월 1일) 이전에 건축허가를 받았거나 건축허가를 신청한 경우 설계변경을 하더라도 “건축물의 에너지절약 설계기준 부칙 제2조(일반적 경과조치)” 에 따라 종전의 규정을 적용 받을 수 있습니까? 만약 설계기준을종전 규정대로 적용한다면, "법.제4조 7항"에 "허가와 신고사항을 변경하는 경우에 변 경하는 부분에 대해서만 에너지절약계획서를 제출할 수 있다."라는 조문에 의해 종전규정에 의해 계획된 건축물에 대한

에너지절약계획서를 제출해야 합니까?

회신내용 : 건축물의 에너지절약 설계기준 부칙 제2조 일반적 경과조치에 따라 2013년 10월 1일 이전에 건축허가를 받았거나, 건축허가를 신청하였거나, 건축허가를 받기 위해 건축심의위원회에 심의를 신청한 경우에는 종전의 규정을 따를 수 있습니다. 따라서 설계변경을 한다 하더라도 2013년 10월 1일 이전에 건축허가를 받은 경우라면 종전의 규정을 따를 수 있음을 알려드리니 참고하시기 바랍니다. - 인용하신 건축물의 에너지절약 설계기준 제4조제7호는 개정된 규정으로 종전 규정이 아닙니다,

---

제　　목 : 에너지 절약계획서 단열재 관련 문의 (2014.07.11)

질의내용 : 공동내에 설치되는 500m^2 이상되는 근린생활시설입니다. 1. 근린생활시설이 데크층에 설치되어 지붕에 토피가 1.2m 이상 설치 될 때 근린생활시설의 지붕을 외기에 간접 면하는 것으로 볼 수 있는지. 2. 근린생활을 150m^2 미만의 개별점포로 나누면 출입문은 열손실방지조치에서 제외(제6조1항)된다고 되어있는데, SSD 처럼 문과 창이 일체화 된 경우 열손실 방지조치에서 제외 되는 부분이 어디까지인지 알고 싶습니다.

회신내용 : 질의 1) 귀하께서 질의하신 사항만으로는 명확한 해석이 불가한 점 양해해 주시기 바라며, 다만 지붕 부위에 토피를 설치하셨다 하더라도 이는 지붕을 구성하는 구성재료로 볼 수 있는 바 해당부위는 외기에 직접 면하는 지붕부위로 판단할 수 있을 것으로 사려됩니다. 그러나 이와 관련한 구체적인 판단은 관련서류 및 설계도서 등을 구비하시어 해당허가권자인 시장, 군수, 구청장에게 받으시기 바랍니다. - 질의 2) 건축물의 에너지절약설계기준 제6조제1호가목 5)항에서 규정하고 있는 바닥면적 150제곱미터 이하의 개별점포의 출입문은 해당 점포로 출입하기 위해 구획된 문만을 의미함을 알려드리니 참고하시기 바랍니다.

제　　목 : 설계변경시 에너지절약계획서 제출대상인지 여부 (2014.06.10)

질의내용 : 해당 건축물은 2012년 10월 건축허가를 득하고 12월에 착공계를 제출하여 터파기를 하던 도중 건축주(공공기관)의 요청에 의하여 건물위치와 평면 등의 변경이 발생하여 공사 중 지명령을 받고 대기하다가 올해 2014년 3월 도면등을 강화된 단열규정 등 현행법규에 맞게 수정설계하여 관할청에 설계변경허가를 접수하였습니다. 허가담당자가 2012년 당시에 건물이 실제공사가 이루어지지 않았다고 하면서 현행법을 적용시켜서 단열규정등과 에너지절약계획서를 제출

하라고 합니다. [건축물의 에너지절약설계기준]부칙2조(일반적경과 조치)에 의하면 기허가를 받은 경우는 종전의 규정을 따른다고 되어 있는데 건물이 실제공사가 이루어지지 않았다고 하여 현행법을 적용하는 것이 맞는 것입니까? 또한 건축허 가권자 재량으로 에너지절약계획서 제출을 요구 할 수 있는 것입니까?

회신내용 : 2013년 9월 1일 이전에 건축허가를 신청했거나, 받았거나 건축허가를 받기위해 건축심의위원회에 심의를 신청한 경우라면 건축물의 에너지절약 설계기준 부칙 제2조 일반적경 과조치에 따라 종전의 규정을 적용할 수 있음을 알려드리니 참고하시기 바랍니다.

제　　목 : 용도변경 및 에너지절약계획서 관련 (2012.12.27)

질의내용 : 판매시설을 근린생활시설로 용도변경시 절차 및 에너지절약계획서 제출대상인지 여부.

회신내용 : 가. 용도변경에 대하여「건축법」제19조 및 동법 시행령 제14조에 따라, 영업시설군에 속하는 판매시설을 근린생활시설군의 근린생활시설로 용도를 변경하는 경우는 용도변경신고대상임. 참고로 건축물의 용도변경은 변경하려는 용도의 건축기준에 적합해야 하는 것임. 나. 에너지절약계획서에 대하여「건축법」제66조 및「건축물의에너지절약설계기준」에 따라 소매점(320㎡), 미용실(250㎡),목욕탕(493㎡)은 에너지절약계획서 제출대상이 아닌 것으로 사료됨.

제　　목 : 에너지절약 설계기준 관련 (2012.12.27)

질의내용 : 공공기관에서 건축하는 공동주택의 경우「건축물의 에너지절약설계기준」제2조제2항제2호에 따라 제14조제1항의 단서규정을 적용하지 않을 수 있는 지 여부

회신내용 :「건축물의 에너지절약설계기준」제14조 단서규정어 따라 공공기관은 74점 이상일 경우 적합한 것으로 보도록 하고 있으나, 동 기준 제2조제2항제2호에 따라 건물에너지 효율등급 인증 3등급 이상을 취득하는 경우와「주택법」제16조제1항에 따라 사업계획 승인을 받아 건설하는 주택으로서「주택건설기준 등에 관한 규정」제64조제3항에 따라「친환경주택의 건설기준 및 성능」에 적합한 경우는 제14조를 적용하지 아니할 수 있도록 하고 있음에 따라,「건축물의 에너지절약설계기준」제2조제2항제2호의 기준에 적합한 경우에는 제14조를 적용하지 아니할 수 있을 것으로 사료되나, 공공기관에서 건축하는 건축물의 경우에는 가급적 설계변경 등을 통하여 에너지절약설계기준에 적합하도록 건축하는 것이 바람직할 것임

부 록

1) 녹색건축 인증에 관한 규칙·인증기준

2) 건축물 에너지효율등급 인증에 관한 규칙·인증기준

3) 건축물 에너지효율등급 인증제도 운영규정

1) 녹색건축 인증에 관한 규칙·인증기준

녹색건축 인증에 관한 규칙 [시행 2014.6.30.] [국토교통부령 제103호, 2014.6.30., 타법개정]	녹색건축 인증 기준 [국토교통부 고시 제2014-705호, 환경부 고시 제2014-213호, 2014.12.5)
제1조 【목적】 이 규칙은 「녹색건축물 조성 지원법」 제16조제4항에서 위임된 녹색건축 인증 대상 건축물의 종류, 인증기준 및 인증절차, 인증유효기간, 수수료, 인증기관 및 운영기관의 지정 기준, 지정 절차 및 업무범위 등에 관한 사항과 그 시행에 필요한 사항을 규정함을 목적으로 한다.	**제1조 【목적】** 이 기준은「녹색건축 인증에 관한 규칙」 제6조제2항, 제8조제1항, 제10조제2항, 제11조제2항·제3항, 제12조제3항, 제13조, 제14조제1항·제2항·제4항, 제15조제3항에서 위임한 사항 등을 규정함을 목적으로 한다.
제2조 【적용대상】 「녹색건축물 조성 지원법」(이하 "법"이라 한다) 제16조제4항에 따른 녹색건축 인증은 「건축법」 제2조제1항제2호에 따른 건축물을 대상으로 한다.	
제3조 【운영기관의 지정 등】 ① 국토교통부장관은 법 제23조에 따라 녹색건축센터로 지정된 기관 중에서 운영기관을 지정하여 관보에 고시하여야 한다. ② 국토교통부장관은 제1항에 따라 운영기관을 지정하려는 경우 환경부장관과 협의하여야 하고, 제15조에 따른 인증운영위원회(이하 "인증운영위원회"라 한다)의 심의를 거쳐야 한다. ③ 운영기관은 다음 각 호의 업무를 수행한다. 1. 인증관리시스템의 운영에 관한 업무 2. 인증기관의 심사 결과 검토에 관한 업무 3. 인증제도의 홍보, 교육, 컨설팅, 조사·연구 및 개발 등에 관한 업무 4. 인증제도의 개선 및 활성화를 위한 업무 5. 인증제도의 운영과 관련하여 국토교통부장관 또는 환경부장관이 요청하는 업무 ④ 운영기관의 장은 다음 각 호의 구분에 따른 시기까지 운영기관의 사업내용을 국토교통부장관과 환경부장관에게 각각 보고하여야 한다. 1. 전년도 사업추진 실적과 그 해의 사업계획 : 매년 1월 31일까지 2. 분기별 인증 현황 : 매 분기 말일을 기준으로 다음 달 15일까지	
제4조 【인증기관의 지정】 ① 국토교통부장관은 법 제16조제2항에 따라 인증기관을 지정하려는 경우에는 환경부장관과 협의하여 지정 신청 기간을 정하고, 그 기간이 시작되는 날의 3개월 전까지 신청 기간 등 인증기관 지정에 관한 사항을 공고하여야 한다. ② 인증기관으로 지정을 받으려는 자는 제1항에 따른 신청 기간 내에 별지 제1호서식의 녹색건축 인증기관 지정 신청서(전자문서로 된 신청서를 포함한다)에 다음 각 호의 서류(전자문서를 포함한다)를 첨부하여 국토교통부장관에	

녹색건축 인증에 관한 규칙 [시행 2014.6.30.] [국토교통부령 제103호, 2014.6.30., 타법개정]	녹색건축 인증 기준 [국토교통부 고시 제2014-705호, 환경부 고시 제2014-213호, 2014.12.5)
게 제출하여야 한다. 1. 인증업무를 수행할 전담조직 및 업무수행체계에 관한 설명서 2. 제4항에 따른 심사전문인력을 보유하고 있음을 증명하는 서류 3. 인증기관의 인증업무 처리규정 4. 녹색건축 인증과 관련된 연구 실적 등 인증업무를 수행할 능력을 갖추고 있음을 증명하는 서류 ③ 제2항에 따른 신청을 받은 국토교통부장관은 「전자정부법」 제36조제1항에 따른 행정정보의 공동이용을 통하여 신청인의 법인 등기사항증명서(법인인 경우만 해당한다) 또는 사업자등록증(개인인 경우만 해당한다)을 확인하여야 한다. 다만, 신청인이 사업등록증을 확인하는 데 동의하지 아니하는 경우에는 해당 서류의 사본을 제출하도록 하여야 한다. ④ 인증기관은 별표 1의 전문분야(이하 "해당 전문분야"라 한다) 중 5개 이상의 분야(에너지 및 환경오염 분야를 포함하여야 한다)에 분야별로 1명 이상의 상근(常勤) 심사전문인력을 보유하여야 한다. 이 경우 심사전문인력은 다음 각 호의 어느 하나에 해당하는 사람이어야 한다. 1. 건축사 자격을 취득한 후 3년 이상 해당 업무를 수행한 사람 2. 해당 전문분야의 기술사 자격을 취득한 후 3년 이상 해당 업무를 수행한 사람 3. 해당 전문분야의 기사 자격을 취득한 후 10년 이상 해당 업무를 수행한 사람 4. 해당 전문분야의 박사학위를 취득한 후 3년 이상 해당 업무를 수행한 사람 5. 해당 전문분야의 석사학위를 취득한 후 9년 이상 해당 업무를 수행한 사람 6. 해당 전문분야의 학사학위를 취득한 후 12년 이상 해당 업무를 수행한 사람 ⑤ 제2항제3호에 따른 인증업무 처리규정에는 다음 각 호의 사항이 포함되어야 한다. 1. 녹색건축 인증 심사의 절차 및 방법에 관한 사항 2. 제7조에 따른 인증심사단 및 인증심사위원회의 구성·운영에 관한 사항 3. 녹색건축 인증 결과의 통보 및 재심사에 관한 사항 4. 녹색건축 인증을 받은 건축물의 인증 취소에 관한 사항 5. 녹색건축 인증 결과 등의 보고에 관한 사항 6. 녹색건축 인증 수수료 납부방법 및 납부기간에 관한	

녹색건축 인증에 관한 규칙 [시행 2014.6.30.] [국토교통부령 제103호, 2014.6.30., 타법개정]	녹색건축 인증 기준 [국토교통부 고시 제2014-705호, 환경부 고시 제2014-213호, 2014.12.5)
사항 7. 녹색건축 인증 결과의 검증방법에 관한 사항 8. 그 밖에 녹색건축 인증업무 수행에 필요한 사항 ⑥ 국토교통부장관은 제2항에 따라 녹색건축 인증기관 지정 신청서가 제출되면 해당 신청인이 인증기관으로 적합한지를 환경부장관과 협의하여 검토한 후 인증운영위원회의 심의를 거쳐 지정·고시한다.	
제5조【인증기관 지정서의 발급 및 인증기관 지정의 갱신 등】 ① 국토교통부장관은 제4조제6항에 따라 인증기관으로 지정받은 자에게 별지 제2호서식의 녹색건축 인증기관 지정서를 발급하여야 한다. ② 제4조제6항에 따른 인증기관 지정의 유효기간은 녹색건축 인증기관 지정서를 발급한 날부터 5년으로 한다. ③ 국토교통부장관은 환경부장관과 협의한 후 인증운영위원회의 심의를 거쳐 제2항에 따른 지정의 유효기간을 5년마다 갱신할 수 있다. 이 경우 갱신기간은 갱신할 때마다 5년을 초과할 수 없다. ④ 제1항에 따라 녹색건축 인증기관 지정서를 발급받은 인증기관의 장은 다음 각 호의 어느 하나에 해당하는 사항이 변경되었을 때에는 그 변경된 날부터 30일 이내에 변경된 내용을 증명하는 서류를 운영기관의 장에게 제출하여야 한다. 1. 기관명 2. 건축물의 소재지 3. 심사전문인력 ⑤ 운영기관의 장은 제4항에 따른 변경 내용을 증명하는 서류를 받으면 그 내용을 국토교통부장관과 환경부장관에게 각각 보고하여야 한다. ⑥ 국토교통부장관은 환경부장관과 협의하여 법 제19조 각 호의 사항을 점검할 수 있으며, 이를 위하여 인증기관의 장에게 관련 자료의 제출을 요구할 수 있다. 이 경우 자료 제출을 요구받은 인증기관의 장은 특별한 사유가 없으면 이에 따라야 한다.	
제6조【인증 신청 등】 ① 다음 각 호의 어느 하나에 해당하는 자는 법 제16조제3항에 따라 「건축법」 제22조에 따른 사용승인(이하 "사용승인"이라 한다) 또는 「주택법」 제29조에 따른 사용검사(이하 "사용검사"라 한다)를 받은 후에 녹색건축 인증을 신청할 수 있다. 다만, 개별 법령(조례를 포함한다)에 따라 제도적·재정적 지원을 받거나 의무적으로 녹색건축 인증을 받아야 하는 경우에는 사용	**제2조【인증 신청 등】** ① 「녹색건축인증에 관한 규칙」 (이하 "규칙" 이라 한다.) 제6조제2항제1호에 따른 자체평가서는 별표13에 따른 자체평가서 작성요령에 따라 작성하며, 별표1부터 별표10에서 정하는 제출서류를 포함하여야 한다. ② 규칙 제6조 제3항·제4항·제5항(규칙 제11조제6항에 따라 준용되는 경우를 포함한다)에 따른 인증 처리 기간 등

녹색건축 인증에 관한 규칙 [시행 2014.6.30.] [국토교통부령 제103호, 2014.6.30., 타법개정]	녹색건축 인증 기준 [국토교통부 고시 제2014-705호, 환경부 고시 제2014-213호, 2014.12.5)
승인 또는 사용검사를 받기 전에 녹색건축 인증을 신청할 수 있다. 1. 건축주 2. 건축물 소유자 3. 사업주체 또는 시공자(건축주나 건축물 소유자가 인증 신청에 동의하는 경우에만 해당한다) ② 제1항 각 호의 어느 하나에 해당하는 자(이하 "건축주등"이라 한다)가 녹색건축 인증을 받으려면 별지 제3호서식의 녹색건축 인증 신청서(전자문서로 된 신청서를 포함한다)에 다음 각 호의 서류(전자문서를 포함한다)를 첨부하여 인증기관의 장에게 제출하여야 한다. 1. 국토교통부장관과 환경부장관이 정하여 공동으로 고시하는 녹색건축 자체평가서 2. 제1호에 따른 녹색건축 자체평가서에 포함된 내용이 사실임을 증명할 수 있는 서류 ③ 인증기관의 장은 제2항에 따른 신청서와 신청서류가 접수된 날부터 다음 각 호의 구분에 따른 기간 이내에 인증을 처리하여야 한다. 1. 「건축법 시행령」 별표 1 제1호의 단독주택 또는 같은 표 제2호가목부터 다목까지의 공동주택(20세대 미만의 공동주택으로 한정한다): 30일 2. 제1호에서 규정한 건축물(이하 "소형주택"이라 한다) 외의 건축물 : 40일 ④ 인증기관의 장은 제3항 각 호에 따른 기간 이내에 부득이한 사유로 인증을 처리할 수 없는 경우에는 건축주등에게 그 사유를 통보하고 20일(소형주택의 경우에는 15일)의 범위에서 인증 심사 기간을 한 차례만 연장할 수 있다. ⑤ 인증기관의 장은 제2항에 따라 건축주등이 제출한 서류의 내용이 불충분하거나 사실과 다른 경우에는 서류가 접수된 날부터 20일 이내에 건축주등에게 보완을 요청할 수 있다. 이 경우 건축주등이 제출서류를 보완하는 기간은 제3항 각 호의 기간에 산입하지 아니한다.	에는 토요일, 「관공서의 공휴일에 관한 규정」 제2조에 따른 공휴일 또는 「근로자의 날 제정에 관한 법률」 에 따른 근로자의 날은 제외한다.
제7조 【인증 심사 등】 ① 인증기관의 장은 제6조제2항에 따른 인증 신청을 받으면 인증심사단을 구성하여 제8조의 인증기준에 따라 서류심사와 현장실사(現場實査)를 하고, 심사 내용, 점수, 인증 여부 및 인증 등급을 포함한 인증 심사결과서를 작성하여야 한다. ② 제1항에 따라 인증심사결과서를 작성한 인증기관의 장은 인증심의위원회의 심의를 거쳐 인증 여부 및 인증 등급을 결정한다. 다만, 소형주택에 대해서는 인증심의위원	

녹색건축 인증에 관한 규칙 [시행 2014.6.30.] [국토교통부령 제103호, 2014.6.30., 타법개정]	녹색건축 인증 기준 [국토교통부 고시 제2014-705호, 환경부 고시 제2014-213호, 2014.12.5)
회의 심의를 생략할 수 있다. ③ 제1항에 따른 인증심사단은 해당 전문분야 중 5개 이상의 분야(에너지 및 환경오염 분야를 포함하여야 한다)별 1명 이상의 심사전문인력으로 구성한다. 다만, 소형주택에 대해서는 해당 전문분야 중 2개 분야별 1명 이상의 심사전문인력으로 인증심사단을 구성할 수 있다. ④ 제2항에 따른 인증심의위원회는 해당 전문분야 중 4개 이상의 분야별 1명 이상의 전문가로 구성한다. 이 경우 인증심의위원회의 위원은 해당 인증기관에 소속된 사람이 아니어야 하며, 다른 인증기관의 심사전문인력 또는 인증운영위원회의 위원을 1명 이상 포함하여야 한다.	
제8조 【인증기준 등】 ① 녹색건축 인증은 해당 전문분야별로 국토교통부장관과 환경부장관이 공동으로 정하여 고시하는 인증기준에 따라 부여된 종합점수를 기준으로 심사하여야 한다. ② 녹색건축 인증 등급은 최우수(그린1등급), 우수(그린2등급), 우량(그린3등급) 또는 일반(그린4등급)으로 한다. ③ 인증기관의 장은 법 제21조제2항에 따라 지정된 전문기관에서 운영하는 일정한 교육과정을 이수한 사람이 인증대상 건축물의 설계에 참여한 경우 또는 혁신적인 설계방식을 도입한 경우 등 녹색건축 관련 기술의 발전을 위하여 필요하다고 인정하는 경우에는 국토교통부장관과 환경부장관이 공동으로 정하여 고시하는 바에 따라 가산점을 부여할 수 있다. ④ 제1항에 따른 인증기준은 사용승인 또는 사용검사를 받은 날부터 3년 이내의 건축물과 3년이 지난 건축물을 구분하여 정할 수 있다.	제3조 【인증기준 및 등급】 ① 규칙 제8조에 따른 인증기준은 별표 1부터 별표 7까지의 신축건축물 종류별 인증심사기준과 별표 8과 별표 9의 기존 건축물 종류별 인증심사기준에 따라 평가한다. ② 그 밖의 용도의 건축물에 대해서는 별표 10의 그 밖의 건축물의 인증심사기준에 따라 평가한다. ③ 2개 이상의 용도가 있는 복합건축물에 대하여는 각 용도별로 인증심사기준에 따라 평가하고, 최종 인증점수는 별표 11의 복합건축물 인증등급 산정표에 따라 각 용도별 바닥면적을 가중평균하여 산출한다. 다만, 주택을 주택외 시설과 동일건축물로 건축하는 300세대 이상의 공동주택일 경우(공동주택성능등급 인증서 발급을 위해 녹색건축인증을 신청하는 경우로 한정한다) 별표 1의 공동주택 인증심사기준에 따라 평가하고, 규칙 제11조제3항에 따라 공동주택성능등급 인증서를 발급할 수 있다. ④ 하나의 대지에 2 이상의 건축물을 신축하는 경우 또는 건축물이 있는 대지에 기존 건축물과 떨어져 증축하는 경우에는 녹색건축 인증대상 건축물 주변에 가상의 대지경계선을 설정하여 건축물 외부환경 관련 항목에 대하여 평가할 수 있으며, 그 외 항목은 동일하게 평가한다. 이 경우 가상의 대지 경계선은 해당 건축물의 용적률에 근거하여 설정하며, 가상의 대지 경계선은 인증신청자가 제시할 수 있다. ⑤ 인증신청 건축물은 각 인증심사기준의 필수항목에서 제시하고 있는 최소평점 이상을 반드시 취득하여야 한다. 다만, 인증신청 건축물이 「녹색건축물 조성 지원법」 제14조 및 같은 법 시행령 제10조에 따른 에너지 절약계획서 제출대상이 아닌 경우 에너지성능 항목에 한하여 그러하지 아니한다.

녹색건축 인증에 관한 규칙 [시행 2014.6.30.] [국토교통부령 제103호, 2014.6.30., 타법개정]	녹색건축 인증 기준 [국토교통부 고시 제2014-705호, 환경부 고시 제2014-213호, 2014.12.5]
	⑥ 국내법이 적용되지 않는 지역에서의 건축 등 특수한 상황으로 인하여 인증기준 적용이 불합리하다고 국토교통부장관이 인정하는 경우에는 규칙 제15조에 따른 인증운영위원회의 심의를 거쳐 인증기준을 변경하여 적용할 수 있다. 이 경우 건축주등은 인증기준을 변경하여 적용하고자 하는 사항을 작성하여 운영기관의 장에게 요청하여야 한다. ⑦ 규칙 제8조 제2항에 따른 인증기준의 인증등급은 별표 12의 점수기준에 따라 분류한다.
제9조 【인증서 발급 및 인증의 유효기간 등】 ① 인증기관의 장은 녹색건축 인증을 할 때에는 별지 제4호서식의 녹색건축 인증서를 발급하고, 별표 2의 인증명판(認證名板)을 제공하여야 한다. ② 녹색건축 인증의 유효기간은 제1항에 따라 녹색건축 인증서를 발급한 날부터 5년으로 한다. ③ 인증기관의 장은 제1항에 따라 인증서를 발급하였을 때에는 인증 대상, 인증 날짜, 인증 등급 및 인증심사단과 인증심사위원회의 구성원 명단을 포함한 인증 심사 결과를 운영기관의 장에게 제출하여야 한다.	
제10조 【재심사 요청 등】 ① 제7조에 따른 인증 심사 결과나 법 제20조제1항에 따른 인증 취소 결정에 이의가 있는 건축주등은 인증기관의 장에게 재심사를 요청할 수 있다. ② 재심사 결과 통보, 인증서 재발급 등 재심사에 따른 세부 절차에 관한 사항은 국토교통부장관과 환경부장관이 정하여 공동으로 고시한다.	제4조 【재심사】 ① 규칙 제10조제2항에 따라 재심사 요청을 하는 건축주등은 재심사 요청 사유서를 인증기관의 장에게 제출하여야 하며, 재심사에 따른 세부절차 등에 관하여는 규칙 제6조제3항부터 제5항까지, 제7조제1항·제2항, 제8조, 법 제20조를 준용한다. ② 재심사 결과에 따라 인증서를 재발급할 경우에는 기존에 발급된 인증은 취소된다. ③ 재심사를 수행한 인증기관의 장은 재심사에 대한 전반적인 사항을 운영기관의 장에게 보고하여야 한다.
제11조 【예비인증의 신청 등】 ① 건축주등은 제6조제1항에도 불구하고 「건축법」 제11조·제14조에 따른 허가·신고 또는 「주택법」 제16조에 따른 사업계획승인을 받은 후 건축물 설계에 반영된 내용을 대상으로 예비인증을 신청할 수 있다. 다만, 예비인증 결과에 따라 개별 법령(조례를 포함한다)에서 정하는 제도적·재정적 지원을 받는 경우에는 「건축법」 제11조·제14조에 따른 허가·신고 또는 「주택법」 제16조에 따른 사업계획승인 전에 예비인증을 신청할 수 있다. ② 건축주등은 녹색건축 예비인증을 받으려면 별지 제5호서식의 녹색건축 예비인증 신청서(전자문서로 된 신청서를 포함한다)에 다음 각 호의 서류(전자문서를 포함한다)	제5조 【예비인증의 신청 등】 ① 규칙 제11조제2항에 따른 자체평가서의 작성요령 및 제출서류는 제2조제1항을 준용한다. ② 규칙 제11조제3항에 따라 건축주등에게 녹색건축 예비인증서 발급 시 포함하여야 하는 공동주택의 성능등급을 표시한 서류(이하 "공동주택 성능등급 인증서"라 한다.)는 「주택건설기준 등에 관한 규칙」 제12조의2에 따른 공동주택성능등급 인증서를 말한다. ③ 공동주택성능등급 인증서의 표시방법은 별표 16의 공동주택성능등급 표시항목에 따른다.

녹색건축 인증에 관한 규칙 [시행 2014.6.30.] [국토교통부령 제103호, 2014.6.30., 타법개정]	녹색건축 인증 기준 [국토교통부 고시 제2014-705호, 환경부 고시 제2014-213호, 2014.12.5]
를 첨부하여 인증기관의 장에게 제출하여야 한다. 1. 국토교통부장관과 환경부장관이 정하여 공동으로 고시하는 녹색건축 자체평가서 2. 제1호에 따른 녹색건축 자체평가서에 포함된 내용이 사실임을 증명할 수 있는 서류 ③ 인증기관의 장은 심사 결과 예비인증을 하는 경우 별지 제6호서식의 녹색건축 예비인증서(「주택건설기준 등에 관한 규칙」 제12조의2에 따른 공동주택성능등급 인증서를 포함한다. 이하 같다)를 건축주등에게 발급하여야 한다. 이 경우 건축주등이 예비인증을 받은 사실을 광고 등의 목적으로 사용하려면 제9조제1항에 따른 인증(이하 "본인증"이라 한다)을 받을 경우 그 내용이 달라질 수 있음을 알려야 한다. <개정 2014.6.30.> ④ 예비인증을 받은 건축주등은 본인증을 받아야 한다. 이 경우 예비인증을 받아 제도적·재정적 지원을 받은 건축주등은 예비인증 등급 이상의 본인증을 받아야 한다. ⑤ 녹색건축 예비인증의 유효기간은 제3항에 따라 녹색건축 예비인증서를 발급한 날부터 사용승인일 또는 사용검사일까지로 한다. ⑥ 제1항부터 제5항까지에서 규정한 사항 외에 예비인증의 신청 및 평가 등에 관하여는 제6조제3항부터 제5항까지, 제7조, 제8조, 제9조제3항, 제10조 및 법 제20조를 준용한다. 다만, 제7조제1항에 따른 인증 평가 중 현장실사는 필요한 경우에만 할 수 있다.	
제12조 【인증을 받은 건축물의 사후관리】 ① 녹색건축 인증을 받은 건축물의 소유자 또는 관리자는 그 건축물을 인증받은 기준에 맞도록 유지·관리하여야 한다. ② 인증기관의 장은 필요한 경우에는 녹색건축 인증을 받은 건축물의 정상 가동 여부 등을 확인할 수 있다. ③ 녹색건축 인증을 받은 건축물의 사후관리 범위 등 세부 사항은 국토교통부장관과 환경부장관이 정하여 공동으로 고시한다.	제6조 【인증을 받은 건축물의 사후관리 등】 ① 규칙 제12조제3항에 따라 인증기관의 장이 녹색건축 등급 인증을 받은 건축물의 정상 가동 여부 등을 확인할 경우에는 국토교통부장관과 환경부장관의 승인을 받아야 한다. ② 규칙 제12조제3항에 따른 사후관리의 범위는 다음 각 호와 같다. 1. 유지관리 및 생태환경 현황 등의 조사 2. 에너지사용량 및 물사용량 등의 조사 3. 국토교통부장관 또는 환경부장관이 요청하는 사항
제13조 【녹색건축 인증의 취득 의무】 다음 각 호의 어느 하나에 해당하는 기관에서 연면적의 합이 3,000제곱미터 이상의 건축물(국토교통부장관과 환경부장관이 정하여 공동으로 고시하는 용도로 한정한다. 이하 이 조에서 같다)을 신축하거나 별도의 건축물을 증축하는 경우에는 국토교통부장관과 환경부장관이 정하여 공동으로 고시하는 등급 이상의 녹색건축 예비인증 및 본인증을 취득하여야 한다.	제7조 【녹색건축 인증의 취득 의무】 ① 규칙 제13조에 따라 녹색건축 예비인증 및 본인증을 취득하여야 하는 건축물의 용도는 「녹색건축물 조성 지원법」 제14조 및 같은 법 시행령 제10조에 따른 에너지 절약계획서 제출대상인 건축물과 같다. ②「건축법 시행령」 별표 1 제14호가목의 공공업무시설은 우수(그린2등급) 등급 이상을 취득하여야 한다.

녹색건축 인증에 관한 규칙 [시행 2014.6.30.] [국토교통부령 제103호, 2014.6.30., 타법개정]	녹색건축 인증 기준 [국토교통부 고시 제2014-705호, 환경부 고시 제2014-213호, 2014.12.5]
1. 중앙행정기관 2. 지방자치단체 3. 「공공기관의 운영에 관한 법률」에 따른 공공기관 4. 「지방공기업법」에 따른 지방공사 또는 지방공단 5. 「초·중등교육법」 제2조 또는 「고등교육법」 제2조에 따른 학교 중 국립·공립 학교	
제14조【인증 수수료】 ① 건축주등은 제6조제2항에 따른 녹색건축 인증 신청서 또는 제11조제2항에 따른 녹색건축 예비인증 신청서를 제출하려는 경우 해당 인증기관의 장에게 별표 3의 범위에서 인증 대상 건축물의 규모 및 면적 등을 고려하여 국토교통부장관과 환경부장관이 정하여 공동으로 고시하는 인증 수수료를 내야 한다. ② 제10조제1항(제11조제6항에 따라 준용되는 경우를 포함한다)에 따라 재심사를 신청하는 건축주등은 국토교통부장관과 환경부장관이 정하여 공동으로 고시하는 인증 수수료를 추가로 내야 한다. ③ 제1항 및 제2항에 따른 인증 수수료는 현금이나 정보통신망을 이용한 전자화폐·전자결제 등의 방법으로 납부하여야 한다. ④ 제1항 및 제2항에 따른 인증 수수료의 환불 사유, 반환 범위, 납부 기간 및 그 밖에 인증 수수료의 납부에 필요한 사항은 국토교통부장관과 환경부장관이 정하여 공동으로 고시한다.	**제8조【인증 수수료】** ① 규칙 제14조제1항에 따른 인증 수수료는 별표 14와 같다. ② 규칙 제14조제2항에 따라 재심사를 신청하는 경우 추가로 내야하는 인증 수수료는 제1항에 따른 인증 수수료의 100분의 50으로 한다. 다만, 재심사 결과 당초 심사결과의 오류가 확인되어 인증등급이 달라지거나 인증이 취소되는 경우에는 인증기관이 재심사 신청자에게 추가 인증 수수료를 환불하여야 한다. ③ 규칙 제14조제4항에 따른 인증 수수료의 환불 사유 및 반환 범위는 별표 15에 따른다. ④ 인증 수수료의 반환절차 및 반환방법 등은 인증기관의 장이 별도로 정하는 바에 따른다. ⑤ 규칙 제6조제2항에 따라 녹색건축 인증을 신청한 건축주등은 신청서를 제출한 날로부터 20일 이내에 인증기관의 장에게 수수료를 납부하여야 한다. **제9조【인증 신청의 반려】** 인증기관의 장은 다음 각 호의 어느 하나에 해당하는 경우 그 사유를 명시하여 인증을 신청한 건축주등에게 인증 신청을 반려하여야 한다. 1. 제2조에 따라 자체평가서 및 제출서류 등을 신청일로부터 20일 이내에 제출하지 아니한 경우 2. 제8조제5항에 따라 인증 수수료를 신청일로부터 20일 이내에 납부하지 아니한 경우 **제10조【인증 업무 지원】** ① 인증기관의 장은 규칙 제14조에 따른 인증수수료의 일부를 운영기관이 제3조제3항에 따른 인증 관련 업무를 수행하는 데 드는 비용(이하 "인증업무 운영 비용"이라 한다)에 지원할 수 있다.② 운영기관의 장은 제1항에 따른 인증업무 운영비용의 연간 사용계획을 작성하여 규칙 제15조에 따른 인증운영위원회(이하 "위원회"라 한다)의 심의를 거쳐 국토교통부장관과 환경부장관에게 각각 보고하여야한다. ③ 제1항에 따른 인증업무 운영비용은 인증수수료의 100분의 5를 초과하지 않으며, 지원방법 등 인증업무 운영 비용과 관련한 세부적인 사항에 대해서는 제14조에 따른 시행세칙에서 정한다.

<table>
<tr><th>녹색건축 인증에 관한 규칙
[시행 2014.6.30.] [국토교통부령 제103호, 2014.6.30., 타법개정]</th><th>녹색건축 인증 기준
[국토교통부 고시 제2014-705호, 환경부 고시 제2014-213호, 2014.12.5]</th></tr>
<tr><td>제15조 【인증운영위원회의 구성·운영 등】 ① 국토교통부장관과 환경부장관은 녹색건축 인증제도를 효율적으로 운영하기 위하여 국토교통부장관이 환경부장관과 협의하여 정하는 기준에 따라 인증운영위원회를 구성하여 운영할 수 있다.
② 인증운영위원회는 다음 각 호의 사항을 심의한다.
1. 운영기관의 지정에 관한 사항
2. 인증기관의 지정 및 지정의 유효기간 갱신에 관한 사항
3. 인증기관 지정의 취소 및 업무정지에 관한 사항
4. 인증 심사 기준의 제정 · 개정에 관한 사항
5. 그 밖에 녹색건축 인증제의 운영과 관련된 중요사항
③ 제1항 및 제2항에서 규정한 사항 외에 인증운영위원회의 세부 구성 및 운영 등에 관한 사항은 국토교통부장관과 환경부장관이 정하여 공동으로 고시한다.</td><td>제11조 【인증운영위원회의 구성】 ① 규칙 제15조 3항에 따라 인증운영위원회(이하 "위원회" 라 한다)는 위원장 1명을 포함한 20명 이내의 위원으로 구성한다.
② 위원장은 위원회를 운영하지 않는 부처의 국장급 이상의 소속 공무원으로 하고 간사는 위원회를 운영하는 부처의 소속공무원으로 한다.
③ 위원은 다음 각 호의 어느 하나에 해당하는 자로서, 국토교통부장관과 환경부장관이 추천한 전문가가 각 전문분야별로 동수가 되도록 구성한다.
1. 관련분야의 직무를 담당하는 중앙행정기관의 소속 공무원
2. 5년 이상 녹색건축 관련 경력이 있는 대학조교수 이상인 자
3. 5년 이상 녹색건축 관련 연구기관에서 연구경력이 있는 선임연구원급 이상인 자
4. 기업에서 7년 이상 녹색건축 관련 분야에 근무한 부서장 이상인 자
5. 그밖에 제1호 내지 제4호와 동등 이상의 자격이 있다고 국토교통부장관 또는 환경부장관이 인정하는 자
④ 위원장과 위원의 임기는 2년으로 한다. 다만, 공무원인 위원은 보직의 재임기간으로 한다.

제12조 【인증운영위원회의 운영】 ① 위원회의 운영은 국토교통부와 환경부가 2년간 교대로 담당한다.
② 위원회는 반기별 1회 이상 개최함을 원칙으로 하되, 필요한 경우 위원장이 이를 소집할 수 있다.
③ 위원회의 회의는 재적위원 과반수의 출석으로 개최하고 출석위원 과반수의 찬성으로 의결하되, 가부 동수인 경우에는 부결된 것으로 본다.
④ 심의안건과 이해관계가 있는 위원은 당해 위원회 참석대상에서 제외하며, 위원회에 참석한 위원에 대하여는 수당 및 여비를 지급할 수 있다.</td></tr>
<tr><td></td><td>제13조 【인증 홍보】 인증의 홍보는 건축물과 직접 관련 있는 인쇄물, 광고물 등에 사용할 수 있으며 이 경우 인증범위, 인증기관명, 적용된 인증기준, 인증일자를 반드시 포함하여야 한다.</td></tr>
<tr><td></td><td>제14조 【운영세칙】 운영기관의 장은 인증제도 활성화를 위한 사업의 효율적 수행을 위하여 필요한 때에는 이 규정에 저촉되지 않는 범위 안에서 시행세칙을 제정하여 운영할 수 있다. 다만, 시행세칙을 제정하거나 개정할 때에</td></tr>
</table>

녹색건축 인증에 관한 규칙 [시행 2014.6.30.] [국토교통부령 제103호, 2014.6.30., 타법개정]	녹색건축 인증 기준 [국토교통부 고시 제2014-705호, 환경부 고시 제2014-213호, 2014.12.5)
	는 규칙 제15조에 따른 인증운영위원회의 심의 및 국토교통부장관과 환경부장관의 승인을 받아야 한다.
	제15조 【재검토기한】 「훈령·예규 등의 발령 및 관리에 관한 규정」(대통령훈령 제248호)에 따라 이 고시 발령 후의 법령이나 현실여건의 변화 등을 검토하여 이 고시의 폐지, 개정 등의 조치를 하여야 하는 기한은 2016년 6월 27일까지로 한다.
부 칙 <국토교통부령 제103호, 2014.6.30.> (주택건설기준 등에 관한 규칙) 제1조 【시행일】 이 규칙은 공포한 날부터 시행한다. 제2조 【다른 법령의 개정】 ① 생략 ② 녹색건축 인증에 관한 규칙 일부를 다음과 같이 개정한다. 제11조제3항 전단 중 "녹색건축 예비인증서(「건축법 시행령」 별표 1 제2호가목부터 다목까지의 규정에 따른 공동주택의 경우에는 국토교통부장관과 환경부장관이 정하여 공동으로 고시하는 공동주택의 항목별 등급을 표시한 서류를 포함한다. 이하 같다)"를 "녹색건축 예비인증서(「주택건설기준 등에 관한 규칙」 제12조의2에 따른 공동주택 성능등급 인증서를 포함한다. 이하 같다)"로 한다. ③ 생략	부 칙 제1조 【시행일】 이 기준은 고시한 날부터 시행한다. 제2조 【인증기준 적용에 대한 경과조치】 종전의 규정에 따라 예비인증을 받은 건축물은 본인증 평가 시 예비인증 당시의 기준을 적용한다. 다만, 건축주 등이 요구할 경우 이 규정을 적용할 수 있다. 제3조 【공공건축물 녹색건축 인증의 취득 의무에 대한 경과조치】 제7조 제1항의 개정규정은 이 기준 시행일 이전에 건축허가를 받거나 건축허가를 신청한 경우에도 건축주 등이 요구할 경우 이 규정을 적용할 수 있다.

2) 건축물 에너지효율등급 인증에 관한 규칙·인증기준

건축물 에너지효율등급 인증에 관한 규칙 [시행 2013.5.20.] [국토교통부령 제6호, 2013.5.20., 제정] [시행 2013.5.20.] [산업통상자원부령 제6호, 2013.5.20., 제정]	건축물 에너지효율등급 인증 기준 [국토교통부 고시 제2013-248호, 산업통상자원부 고시 제2014-34호, 2013.5.20)
제1조 **【목적】** 이 규칙은 「녹색건축물 조성 지원법」 제17조제4항 및 같은 법 시행령 제12조제1항에서 위임된 건축물 에너지효율등급 인증 대상 건축물의 종류, 인증기준 및 인증절차, 인증유효기간, 수수료, 인증기관 및 운영기관의 지정 기준, 지정 절차 및 업무범위 등에 관한 사항과 그 시행에 필요한 사항을 규정함을 목적으로 한다.	제1조 **【목적】** 이 규정은「건축물 에너지효율등급 인증에 관한 규칙」제6조제2항, 제8조제3항, 제10조제2항, 제12조제3항, 제13조제1항·제2항·제4항 및 제14조제3항에서 위임한 사항 등을 규정함을 목적으로 한다.
제2조 **【적용대상】** 「녹색건축물 조성 지원법」(이하 "법"이라 한다) 제17조제4항 및 「녹색건축물 조성 지원법 시행령」(이하 "영"이라 한다) 제12조제1항에 따른 건축물 에너지효율등급 인증은 다음 각 호의 건축물을 대상으로 한다. 1.「건축법 시행령」 별표 1 제1호에 따른 단독주택(이하 "단독주택"이라 한다) 2.「건축법 시행령」 별표 1 제2호가목부터 다목까지의 공동주택(이하 "공동주택"이라 한다) 및 같은 호 라목에 따른 기숙사 3.「건축법 시행령」 별표 1 제3호부터 제13호까지의 건축물로 냉방 또는 난방 면적이 500제곱미터 이상인 건축물 4.「건축법 시행령」 별표 1 제14호에 따른 업무시설(이하 "업무시설"이라 한다) 5.「건축법 시행령」 별표 1 제15호부터 제28호까지의 건축물로 냉방 또는 난방 면적이 500제곱미터 이상인 건축물	
제3조 **【운영기관의 지정 등】** ① 국토교통부장관은 법 제23조에 따라 녹색건축센터로 지정된 기관 중에서 운영기관을 지정하여 관보에 고시하여야 한다. ② 국토교통부장관은 제1항에 따라 운영기관을 지정하려는 경우 산업통상자원부장관과 협의하여야 하고, 제14조에 따른 인증운영위원회(이하 "인증운영위원회"라 한다)의 심의를 거쳐야 한다. ③ 운영기관은 다음 각 호의 업무를 수행한다. 1. 영 제12조제2항에 따른 건축물 에너지 평가 관련 전문가의 양성, 관리, 교육 및 감독에 관한 업무 2. 인증관리시스템의 운영에 관한 업무 3. 인증기관의 평가·사후관리 및 감독에 관한 업무 4. 인증제도의 홍보, 교육, 컨설팅, 조사·연구 및 개발 등에 관한 업무 5. 인증제도의 개선 및 활성화를 위한 업무	

건축물 에너지효율등급 인증에 관한 규칙 [시행 2013.5.20.] [국토교통부령 제6호, 2013.5.20., 제정] [시행 2013.5.20.] [산업통상자원부령 제6호, 2013.5.20., 제정]	건축물 에너지효율등급 인증 기준 [국토교통부 고시 제2013-248호, 산업통상자원부 고시 제2014-34호, 2013.5.20)
6. 인증제도의 운영과 관련하여 국토교통부장관 또는 산업통상자원부장관이 요청하는 업무 ④ 운영기관의 장은 다음 각 호의 구분에 따른 시기까지 운영기관의 사업내용을 국토교통부장관과 산업통상자원부장관에게 각각 보고하여야 한다. 1. 전년도 사업추진 실적과 그 해의 사업계획 매년 1월 31일까지 2. 분기별 인증 현황 매 분기 말일을 기준으로 다음 달 15일까지	
제4조 【인증기관의 지정】 ① 국토교통부장관은 법 제17조제2항에 따라 인증기관을 지정하려는 경우에는 산업통상자원부장관과 협의하여 지정 신청 기간을 정하고, 그 기간이 시작되는 날의 3개월 전까지 신청 기간 등 인증기관 지정에 관한 사항을 공고하여야 한다. ② 인증기관으로 지정을 받으려는 자는 제1항에 따른 신청 기간 내에 별지 제1호서식의 건축물 에너지효율등급 인증기관 지정 신청서(전자문서로 된 신청서를 포함한다)에 다음 각 호의 서류(전자문서를 포함한다)를 첨부하여 국토교통부장관에게 제출하여야 한다. 1. 인증업무를 수행할 전담조직 및 업무수행체계에 관한 설명서 2. 제4항에 따른 전문인력을 보유하고 있음을 증명하는 서류 3. 인증기관의 인증업무 처리규정 4. 건축물의 에너지효율등급 인증과 관련한 연구 실적 등 인증업무를 수행할 능력을 갖추고 있음을 증명하는 서류 ③ 제2항에 따른 신청을 받은 국토교통부장관은 「전자정부법」 제36조제1항에 따른 행정정보의 공동이용을 통하여 신청인의 법인 등기사항증명서(법인인 경우만 해당한다) 또는 사업자등록증(개인인 경우만 해당한다)을 확인하여야 한다. 다만, 신청인이 사업등록증을 확인하는 데 동의하지 아니하는 경우에는 해당 서류의 사본을 제출하도록 하여야 한다. ④ 인증기관은 다음 각 호의 어느 하나에 해당하는 건축물의 에너지효율등급 평가 및 에너지 관리에 관한 상근(常勤) 전문인력을 5명 이상 보유하여야 한다. 1. 영 제12조제2항에 따른 건축물 에너지 평가 관련 전문가로 인정받은 후 3년 이상 해당 업무를 수행한 사람	

건축물 에너지효율등급 인증에 관한 규칙 [시행 2013.5.20.] [국토교통부령 제6호, 2013.5.20., 제정] [시행 2013.5.20.] [산업통상자원부령 제6호, 2013.5.20., 제정]	건축물 에너지효율등급 인증 기준 [국토교통부 고시 제2013-248호, 산업통상자원부 고시 제2014-34호, 2013.5.20)
2. 건축사 자격을 취득한 후 3년 이상 해당 업무를 수행한 사람 3. 건축, 설비, 에너지 분야(이하 "해당 전문분야"라 한다)의 기술사 자격을 취득한 후 3년 이상 해당 업무를 수행한 사람 4. 해당 전문분야의 기사 자격을 취득한 후 10년 이상 해당 업무를 수행한 사람 5. 해당 전문분야의 박사학위를 취득한 후 3년 이상 해당 업무를 수행한 사람 6. 해당 전문분야의 석사학위를 취득한 후 9년 이상 해당 업무를 수행한 사람 7. 해당 전문분야의 학사학위를 취득한 후 12년 이상 해당 업무를 수행한 사람 ⑤ 제2항제3호에 따른 인증업무 처리규정에는 다음 각 호의 사항이 포함되어야 한다. 1. 건축물 에너지효율등급 인증 평가의 절차 및 방법에 관한 사항 2. 건축물 에너지효율등급 인증 결과의 통보 및 재평가에 관한 사항 3. 건축물 에너지효율등급 인증을 받은 건축물의 인증 취소에 관한 사항 4. 건축물 에너지효율등급 인증 결과 등의 보고에 관한 사항 5. 건축물 에너지효율등급 인증 수수료 납부방법 및 납부기간에 관한 사항 6. 건축물 에너지효율등급 인증 결과의 검증방법에 관한 사항 7. 그 밖에 건축물 에너지효율등급 인증업무 수행에 필요한 사항 ⑥ 국토교통부장관은 제2항에 따라 건축물 에너지효율등급 인증기관 지정 신청서가 제출되면 해당 신청인이 인증기관으로 적합한지를 산업통상자원부장관과 협의하여 검토한 후 인증운영위원회의 심의를 거쳐 지정·고시한다.	
제5조【인증기관 지정서의 발급 및 인증기관 지정의 갱신 등】 ① 국토교통부장관은 제4조제6항에 따라 인증기관으로 지정받은 자에게 별지 제2호서식의 건축물 에너지효율등급 인증기관 지정서를 발급하여야 한다. ② 제4조제6항에 따른 인증기관 지정의 유효기간은 건축물 에너지효율등급 인증기관 지정서를 발급한 날부터 5년으로 한다.	

건축물 에너지효율등급 인증에 관한 규칙 [시행 2013.5.20.] [국토교통부령 제6호, 2013.5.20., 제정] [시행 2013.5.20.] [산업통상자원부령 제6호, 2013.5.20., 제정]	건축물 에너지효율등급 인증 기준 [국토교통부 고시 제2013-248호, 산업통상자원부 고시 제2014-34호, 2013.5.20)
③ 국토교통부장관은 산업통상자원부장관과 협의한 후 인증운영위원회의 심의를 거쳐 제2항에 따른 지정의 유효기간을 5년마다 갱신할 수 있다. 이 경우 갱신기간은 갱신할 때마다 5년을 초과할 수 없다. ④ 제1항에 따라 건축물 에너지효율등급 인증기관 지정서를 발급받은 인증기관의 장은 다음 각 호의 어느 하나에 해당하는 사항이 변경되었을 때에는 그 변경된 날부터 30일 이내에 변경된 내용을 증명하는 서류를 운영기관의 장에게 제출하여야 한다. 1. 기관명 2. 건축물의 소재지 3. 전문인력 ⑤ 운영기관의 장은 제4항에 따른 변경 내용을 증명하는 서류를 받으면 그 내용을 국토교통부장관과 산업통상자원부장관에게 각각 보고하여야 한다. ⑥ 국토교통부장관은 산업통상자원부장관과 협의하여 법 제19조 각 호의 사항을 점검할 수 있으며, 이를 위하여 인증기관의 장에게 관련 자료의 제출을 요구할 수 있다. 이 경우 자료 제출을 요구받은 인증기관의 장은 특별한 사유가 없으면 이에 따라야 한다.	
제6조 【인증 신청 등】 ① 다음 각 호의 어느 하나에 해당하는 자는 법 제17조제3항에 따라 「건축법」 제22조에 따른 사용승인(이하 이 조에서 "사용승인"이라 한다) 또는 「주택법」 제29조에 따른 사용검사(이하 이 조에서 "사용검사"라 한다)를 받은 후에 건축물 에너지효율등급 인증을 신청할 수 있다. 다만, 개별 법령(조례를 포함한다)에 따라 제도적·재정적 지원을 받거나 의무적으로 건축물 에너지효율등급 인증을 받아야 하는 경우에는 사용승인 또는 사용검사를 받기 전에 건축물 에너지효율등급 인증을 신청할 수 있다. 1. 건축주 2. 건축물 소유자 3. 사업주체 또는 시공자(건축주나 건축물 소유자가 인증 신청에 동의하는 경우에만 해당한다) ② 제1항 각 호의 어느 하나에 해당하는 자(이하 "건축주등"이라 한다)가 건축물 에너지효율등급 인증을 받으려면 제3조제3항제2호에 따른 인증관리시스템(이하 "인증관리시스템"이라 한다)을 통하여 별지 제3호서식의 건축물 에너지효율등급 인증 신청서를 제출하고, 다음 각 호의 원본 서류 및 이를 저장한 전자적 기록매체를 인증기관의 장에	제2조 【인증 신청 등】 ①「건축물 에너지효율등급 인증에 관한 규칙」(이하 "규칙"이라 한다) 제6조제2항제8호에 따라 인증기관의 장에게 추가로 제출해야 하는 서류는 다음 각 호와 같다. 1. 건축물 에너지효율등급 평가용 데이터시트 2. 성적서 및 인증서 등 기타 인증에 필요한 서류 ② 규칙 제6조제2항 및 제11조제2항에 따라 건축물 에너지효율등급 인증 신청서를 제출하는 건축주등은 신청서를 제출한 날로부터 20일 이내에 규칙 제6조제2항 및 제11조제2항에 따른 원본 서류 등을 인증기관의 장에게 제출하여야 한다. ③ 규칙 제6조제3항·제4항·제5항(규칙 제11조제6항에 따라 준용되는 경우를 포함한다)에 따른 인증 처리 기간 등에는 토요일,「관공서의 공휴일에 관한 규정」제2조에 따른 공휴일 또는「근로자의 날 제정에 관한 법률」에 따른 근로자의 날은 제외한다. 제3조(인증서 발급) ① 규칙 제6조제2항에 따라 인증을 신청한 경우에 인증기관의 장은「건축법」제22조에 따른 사용승인 또는「주택법」제29조에 따른 사용검사를 받은 후

건축물 에너지효율등급 인증에 관한 규칙 [시행 2013.5.20.] [국토교통부령 제6호, 2013.5.20., 제정] [시행 2013.5.20.] [산업통상자원부령 제6호, 2013.5.20., 제정]	건축물 에너지효율등급 인증 기준 [국토교통부 고시 제2013-248호, 산업통상자원부 고시 제2014-34호, 2013.5.20)
게 제출하여야 한다. 1. 최종 설계도면 2. 건축물 부위별 성능내역서 3. 건물 전개도 4. 장비용량 계산서 5. 조명밀도 계산서 6. 설계변경 확인서 및 설명서 7. 예비인증서 사본(해당 인증기관 및 다른 인증기관에서 예비인증을 받은 경우만 해당한다) 8. 제1호부터 제7호까지에서 규정한 서류 외에 건축물 에너지효율등급 평가를 위하여 국토교통부장관과 산업통상자원부장관이 필요하다고 인정하여 공동으로 고시하는 서류 ③ 인증기관의 장은 제2항에 따른 신청서와 신청서류가 접수된 날부터 50일(단독주택 및 공동주택에 대해서는 40일) 이내에 인증을 처리하여야 한다. ④ 인증기관의 장은 제3항에 따른 기간 내에 부득이한 사유로 인증을 처리할 수 없는 경우에는 건축주등에게 그 사유를 통보하고 20일의 범위에서 인증 평가 기간을 한 차례만 연장할 수 있다. ⑤ 인증기관의 장은 제2항에 따라 건축주등이 제출한 서류의 내용이 미흡하거나 사실과 다른 경우에는 서류가 접수된 날부터 20일 이내에 건축주등에게 보완을 요청할 수 있다. 이 경우 건축주등이 제출서류를 보완하는 기간은 제3항의 기간에 산입하지 아니한다.	에 인증서를 발급하여야 한다. ② 규칙 제11조제2항에 따라 예비인증을 신청한 경우에 인증기관의 장은「건축법」 제11조·제14조에 따른 허가·신고 또는「주택법」제16조에 따른 사업계획승인을 받은 후에 인증서를 발급하여야 한다.
제7조【인증 평가 등】① 인증기관의 장은 제6조에 따른 인증 신청을 받으면 인증 기준에 따라 서류심사와 현장실사(現場實査)를 하고, 인증 신청 건축물에 대한 인증 평가 보고서를 작성하여야 한다. ② 인증기관의 장은 제1항에 따른 인증 평가 보고서 결과에 따라 인증 여부 및 인증 등급을 결정한다. ③ 인증기관의 장은 사용승인 또는 사용검사를 받은 날부터 3년이 지난 건축물에 대해서 건축물 에너지효율등급 인증을 하려는 경우에는 건축주등에게 건축물 에너지효율 개선방안을 제공하여야 한다.	
제8조【인증 기준 등】① 건축물 에너지효율등급 인증은 냉방, 난방, 급탕(給湯), 조명 및 환기 등에 대한 1차 에너지 소요량을 기준으로 평가하여야 한다. ② 건축물 에너지효율 인증 등급은 1+++등급부터 7등급까지의 10개 등급으로 한다.	제4조【인증기준 및 등급】① 규칙 제8조제3항에 따른 인증기준은 별표 1을 따르며, ISO 13790 등 국제규격에 따라 난방, 냉방(냉방설비가 설치되지 않은 주거용 건물은 제외), 급탕, 조명, 환기 등에 대해 종합적으로 평가하도록 제작된 프로그램으로 산출된 연간 단위면적당 1차 에너지

건축물 에너지효율등급 인증에 관한 규칙 [시행 2013.5.20.] [국토교통부령 제6호, 2013.5.20., 제정] [시행 2013.5.20.] [산업통상자원부령 제6호, 2013.5.20., 제정]	건축물 에너지효율등급 인증 기준 [국토교통부 고시 제2013-248호, 산업통상자원부 고시 제2014-34호, 2013.5.20)
③ 제1항과 제2항에 따른 인증 기준 및 인증 등급의 세부 기준은 국토교통부장관과 산업통상자원부장관이 정하여 공동으로 고시한다.	소요량으로 한다. ② 제1항에 따른 인증기준은 제6조제2항 및 제11조제2항에 따른 인증 신청 당시의 기준을 적용한다. ③ 규칙 제8조제3항에 따른 인증등급의 세부기준은 별표 2와 같다. ④ 하나의 대지에 둘 이상의 건축물이 있는 경우에 각각의 건축물에 대하여 별도로 인증을 받을 수 있다.
제9조 【인증서 발급 및 인증의 유효기간 등】 ① 인증기관의 장은 건축물 에너지효율등급 인증을 할 때에는 별지 제4호서식의 건축물 에너지효율등급 인증서를 발급하여야 한다. ② 건축물 에너지효율등급 인증의 유효기간은 제1항에 따라 건축물 에너지효율등급 인증서를 발급한 날부터 10년으로 한다. ③ 인증기관의 장은 제1항에 따라 인증서를 발급하였을 때에는 인증 대상, 인증 날짜, 인증 등급을 포함한 인증 결과를 운영기관의 장에게 제출하여야 한다.	
제10조 【재평가 요청 등】 ① 제7조에 따른 인증 평가 결과나 법 제20조제1항에 따른 인증 취소 결정에 이의가 있는 건축주등은 인증기관의 장에게 재평가를 요청할 수 있다. ② 재평가 결과 통보, 인증서 재발급 등 재평가에 따른 세부 절차에 관한 사항은 국토교통부장관과 산업통상자원부장관이 정하여 공동으로 고시한다.	제5조 【재평가】 ① 규칙 제10조제2항에 따라 재평가 요청을 하는 건축주등은 재평가 요청 사유서를 인증기관의 장에게 제출하여야 하며, 재평가에 따른 세부절차 등에 관하여는 규칙 제6조제3항부터 제5항까지, 제7조제1항 · 제2항, 제8조, 법 제20조를 준용한다. ② 재평가 결과에 따라 인증서를 재발급할 경우에는 기존에 발급된 인증은 취소된다. ③ 재평가를 수행한 인증기관의 장은 재평가에 대한 전반적인 사항을 운영기관의 장에게 보고하여야 한다.
제11조 【예비인증의 신청 등】 ① 건축주등은 제6조제1항에도 불구하고 「건축법」 제11조 · 제14조에 따른 허가 · 신고 또는 「주택법」 제16조에 따른 사업계획승인을 받은 후 건축물 설계에 반영된 내용을 대상으로 예비인증을 신청할 수 있다. 다만, 예비인증 결과에 따라 개별 법령(조례를 포함한다)에서 정하는 제도적 · 재정적 지원을 받는 경우에는 「건축법」 제11조 · 제14조에 따른 허가 · 신고 또는 「주택법」 제16조에 따른 사업계획승인 전에 예비인증을 신청할 수 있다. ② 건축주등은 건축물 에너지효율등급 예비인증을 받으려면 인증관리시스템을 통하여 별지 제5호서식의 건축물 에너지효율등급 예비인증 신청서를 제출하고, 다음 각 호의 원본 서류 및 이를 저장한 전자적 기록매체를 인증기관의 장에게 제출하여야 한다.	

건축물 에너지효율등급 인증에 관한 규칙 [시행 2013.5.20.] [국토교통부령 제6호, 2013.5.20., 제정] [시행 2013.5.20.] [산업통상자원부령 제6호, 2013.5.20., 제정]	건축물 에너지효율등급 인증 기준 [국토교통부 고시 제2013-248호, 산업통상자원부 고시 제2014-34호, 2013.5.20)
1. 건축, 기계, 전기 설계도면 2. 제6조제2항제2호부터 제5호까지 및 제8호에 따른 서류 ③ 인증기관의 장은 평가 결과 예비인증을 하는 경우 별지 제6호서식의 건축물 에너지효율등급 예비인증서를 신청인에게 발급하여야 한다. 이 경우 신청인이 예비인증을 받은 사실을 광고 등의 목적으로 사용하려면 제6조제1항에 따른 인증(이하 "본인증"이라 한다)을 받을 경우 그 내용이 달라질 수 있음을 알려야 한다. ④ 예비인증을 받은 건축주등은 본인증을 받아야 한다. 이 경우 예비인증을 받아 제도적·재정적 지원을 받은 건축주등은 예비인증 등급 이상의 본인증을 받아야 한다. ⑤ 건축물 에너지효율등급 예비인증의 유효기간은 제3항에 따라 건축물 에너지효율등급 예비인증서를 발급한 날부터 사용승인일 또는 사용검사일까지로 한다. ⑥ 제1항부터 제5항까지에서 규정한 사항 외에 예비인증의 신청 및 평가 등에 관하여는 제6조제3항부터 제5항까지, 제7조제1항·제2항, 제8조, 제9조제3항, 제10조 및 법 제20조를 준용한다. 다만, 제7조제1항에 따른 인증 평가 중 현장실사는 필요한 경우에만 할 수 있다.	
제12조 【인증을 받은 건축물의 사후관리】 ① 건축물 에너지효율등급 인증을 받은 건축물의 소유자 또는 관리자는 그 건축물을 인증받은 기준에 맞도록 유지·관리하여야 한다. ② 인증기관의 장은 필요한 경우에는 건축물 에너지효율등급 인증을 받은 건축물의 정상 가동 여부 등을 확인할 수 있다. ③ 건축물 에너지효율등급 인증을 받은 건축물의 사후관리 범위 등 세부 사항은 국토교통부장관과 산업통상자원부장관이 정하여 공동으로 고시한다.	제6조 【인증을 받은 건축물의 사후관리 등】 ① 규칙 제12조제3항에 따라 인증기관의 장이 건축물 에너지효율등급 인증을 받은 건축물의 정상 가동 여부 등을 확인할 경우에는 국토교통부장관과 산업통상자원부장관의 승인을 받아야 한다. ② 규칙 제12조제3항에 따른 사후관리의 범위는 다음 각 호와 같다. 1. 에너지사용량 조사 2. 국토교통부장관 또는 산업통상자원부장관이 요청하는 사항
제13조 【인증 수수료】 ① 건축주등은 제6조제2항에 따른 건축물 에너지효율등급 인증 신청서 또는 제11조제2항에 따른 건축물 에너지효율등급 예비인증 신청서를 제출하려는 경우 해당 인증기관의 장에게 별표의 범위에서 인증대상 건축물의 면적을 고려하여 국토교통부장관과 산업통상자원부장관이 정하여 공동으로 고시하는 인증 수수료를 내야 한다. ② 제10조제1항(제11조제6항에 따라 준용되는 경우를 포함한다)에 따라 재평가를 신청하는 건축주등은 국토교통부장관과 산업통상자원부장관이 정하여 공동으로 고시하는 인증 수수료를 추가로 내야 한다.	제7조 【인증 수수료】 ① 규칙 제13조제1항에 따른 인증수수료는 별표 3과 같다 ② 규칙 제13조제2항에 따라 재평가를 신청하는 경우 추가로 내야하는 인증 수수료는 제1항에 따른 인증 수수료의 100분의 50으로 한다. ③ 규칙 제13조제4항에 따른 인증 수수료의 환불 사유 및 반환 범위는 다음 각 호와 같다. 1. 수수료를 과오납(過誤納)한 경우 : 과오납한 금액의 전부 2. 인증대상이 아닌 경우 : 납입한 수수료의 전부 3. 인증기관의 장이 인증신청을 접수하기 전까지 인증신

건축물 에너지효율등급 인증에 관한 규칙 [시행 2013.5.20.] [국토교통부령 제6호, 2013.5.20., 제정] [시행 2013.5.20.] [산업통상자원부령 제6호, 2013.5.20., 제정]	건축물 에너지효율등급 인증 기준 [국토교통부 고시 제2013-248호, 산업통상자원부 고시 제2014-34호, 2013.5.20)
③ 제1항 및 제2항에 따른 인증 수수료는 현금이나 정보통신망을 이용한 전자화폐·전자결제 등의 방법으로 납부하여야 한다. ④ 제1항 및 제2항에 따른 인증 수수료의 환불 사유, 반환범위, 납부 기간 및 그 밖에 인증 수수료의 납부에 필요한 사항은 국토교통부장관과 산업통상자원부장관이 정하여 공동으로 고시한다. ⑤ 인증기관의 장은 제1항 및 제2항에 따른 인증 수수료의 일부를 운영기관이 제3조제3항제2호·제4호 또는 제5호에 따른 인증 관련 업무를 수행하는 데 드는 비용에 지원할 수 있다.	청을 취소하는 경우 : 납입한 수수료의 전부 4. 인증기관의 장이 인증신청을 접수한 후 평가를 완료하기 전에 인증신청을 취소하는 경우 : 납입한 수수료의 100분의 50 ④ 인증 수수료의 반환절차 및 반환방법 등은 인증기관의 장이 별도로 정하는 바에 따른다. ⑤ 규칙 제13조제4항에 따라 건축물 에너지효율등급을 인증을 신청한 건축주는 신청서를 제출한 날로부터 20일 이내에 인증기관의 장에게 수수료를 납부하여야 한다. **제8조【인증 신청의 반려】** 인증기관의 장은 다음 각 호의 어느 하나에 해당하는 경우 그 사유를 명시하여 인증을 신청한 건축주등에게 인증 신청을 반려하여야 한다. 1. 제2조제2항에 따라 원본서류 등을 신청일로부터 20일 이내에 제출하지 아니한 경우 2. 제7조제5항에 따라 인증 수수료를 신청일로부터 20일 이내에 납부하지 아니한 경우 **제9조【인증 업무 지원】** ① 규칙 제13조제5항에 따라 운영기관은 인증 관련 업무 수행을 위하여 필요한 비용(이하 "인증업무 운영 비용"이라 한다)의 연간 사용계획을 작성하여 규칙 제14조에 따른 인증운영위원회(이하 "위원회"라 한다)의 심의를 거쳐 국토교통부장관과 산업통상자원부장관에게 각각 보고하여야한다. ② 인증기관의 장은 인증 수수료의 100분의 8을 초과하지 않는 범위에서 제1항에 따른 인증업무 운영 비용을 운영기관에 지원하여야 하며, 지원방법 등 인증업무 운영 비용과 관련한 세부적인 사항에 대해서는 제13조에 따른 시행세칙에서 정한다.
제14조【인증운영위원회의 구성·운영 등】 ① 국토교통부장관과 산업통상자원부장관은 건축물 에너지효율등급 인증제도를 효율적으로 운영하기 위하여 국토교통부장관이 산업통상자원부장관과 협의하여 정하는 기준에 따라 인증운영위원회를 구성하여 운영할 수 있다. ② 인증운영위원회는 다음 각 호의 사항을 심의한다. 1. 운영기관의 지정에 관한 사항 2. 인증기관의 지정 및 지정의 유효기간 연장에 관한 사항 3. 인증기관 지정의 취소 및 업무정지에 관한 사항 4. 인증 평가 기준의 제정·개정에 관한 사항 5. 그 밖에 건축물 에너지효율등급 인증제의 운영과 관련된 중요사항	**제10조【인증운영위원회 운영업무 위탁】** 국토교통부장관과 산업통상자원부장관은 위원회의 운영을 규칙 제3조제1항에 따라 지정된 건축물 에너지효율등급 운영기관에 위탁할 수 있다. **제11조【위원회의 구성】** ① 위원회는 위원장 1명을 포함한 20명 이내의 위원으로 구성한다. ② 위원장과 위원의 임기는 2년으로 한다. 다만, 공무원인 위원은 보직의 재임기간으로 한다. ③ 위원장은 2년마다 교대로 국토교통부장관과 산업통상자원부장관이 소속 고위공무원중 지명한 사람으로 한다. 다만, 운영기관에 운영을 위탁한 경우에는 운영기관의 임

건축물 에너지효율등급 인증에 관한 규칙 [시행 2013.5.20.] [국토교통부령 제6호, 2013.5.20., 제정] [시행 2013.5.20.] [산업통상자원부령 제6호, 2013.5.20., 제정]	건축물 에너지효율등급 인증 기준 [국토교통부 고시 제2013-248호, 산업통상자원부 고시 제2014-34호, 2013.5.20)
③ 제1항 및 제2항에서 규정한 사항 외에 인증운영위원회의 세부 구성 및 운영 등에 관한 사항은 국토교통부장관과 산업통상자원부장관이 정하여 공동으로 고시한다.	원으로 할 수 있다. ④ 위원은 다음 각 호의 어느 하나에 해당하는 사람으로서, 국토교통부장관과 산업통상자원부장관이 추천한 전문가가 동수가 되도록 구성한다. 1. 관련분야의 직무를 담당하는 중앙행정기관의 소속 공무원 2. 7년 이상 건축물 에너지 관련 연구경력이 있는 대학 부교수 이상인 사람 3. 7년 이상 건축물 에너지 관련 연구경력이 있는 책임연구원 이상인 사람 4. 기업에서 10년 이상 건축물 에너지 관련 분야에 근무한 부서장 이상인 사람 5. 그밖에 제1호부터 제4호까지와 동등 이상의 자격이 있다고 국토교통부장관 또는 산업통상자원부장관이 인정하는 사람 제12조 【위원회의 운영】 ① 위원회의 회의는 재적위원 과반수의 출석으로 개최하고 출석위원 과반수의 찬성으로 의결하되, 가부 동수인 경우에는 부결된 것으로 본다. ② 심의안건과 이해관계가 있는 위원은 해당 위원회 참석 대상에서 제외하며, 위원회에 참석한 위원에 대하여는 수당 및 여비를 지급할 수 있다. ③ 국토교통부장관과 산업통상자원부장관은 법 및 이 규정에서 정한 사항 외에 인증제도의 시행과 관련된 사항은 협의하여 수행한다.
	제13조 【운영세칙】 운영기관의 장은 인증제도 활성화를 위한 사업의 효율적 수행을 위하여 필요한 때에는 이 규정에 저촉되지 않는 범위 안에서 시행세칙을 제정하여 운영할 수 있다.
부칙 <국토교통부령 제6호, 산업통상자원부령 제6호, 2013.5.20.> 제1조 【시행일】 이 규칙은 공포한 날부터 시행한다. 제2조 【적용대상 및 건축물 에너지효율등급 인증등급에 관한 특례】 ① 제2조에도 불구하고 2013년 8월 31일까지 건축물 에너지효율등급 인증 적용대상 건축물은 공동주택 및 업무시설(오피스텔은 제외한다. 이하 이 조에서 같다)을 신축(별개의 동으로 증축하는 경우를 포함한다)하는 경우로 한다. ② 제8조제2항에도 불구하고 2013년 8월 31일까지 인증등급을 다음과 같이 구분한다.	부 칙 제1조 【시행일】 이 기준은 공포한 날부터 시행한다. 제2조 【다른 규정의 폐지】 건물에너지 효율등급 인증규정(국토해양부고시 제2009-1306호, 지식경제부고시 제2009-329호)은 폐지한다. 다만, 규칙 부칙 제2조에 따라 8월31일까지 적용대상 및 인증등급과 관련된 사항은 종전 규정을 적용한다. 제3조(경과조치) 종전의 규정에 따라 예비인증을 받은 건축물은 본인증 평가시 예비인증 당시의 기준을 적용한다. 다만, 건축주등이 요구할 경우 이 규정을 적용할 수 있다.

건축물 에너지효율등급 인증에 관한 규칙 [시행 2013.5.20.] [국토교통부령 제6호, 2013.5.20., 제정] [시행 2013.5.20.] [산업통상자원부령 제6호, 2013.5.20., 제정]	건축물 에너지효율등급 인증 기준 [국토교통부 고시 제2013-248호, 산업통상자원부 고시 제2014-34호, 2013.5.20)

등급	공동주택	업무시설
	총 에너지절감률	연간 단위면적당 1차에너지소요량(kWh/㎡·년)
1	40퍼센트 이상	300 미만
2	30퍼센트 이상 40퍼센트 미만	300 이상 350 미만
3	20퍼센트 이상 30퍼센트 미만	350 이상 400 미만
4	10퍼센트 이상 20퍼센트 미만	400 이상 450 미만
5	10퍼센트 미만	450 이상 500 미만

제3조【건축물 에너지효율등급 인증 유효기간 등에 관한 경과조치】 ① 이 규칙 시행 전에 종전의 규정에 따라 발급받은 인증서의 유효기간은 종전의 규정에 따라 인증서를 발급받은 날부터 10년으로 한다. 이 경우 종전의 규정에 따라 발급받은 인증서의 유효기간 만료일이 3년 이내에 도래하는 경우에는 해당 인증서의 유효기간은 이 규칙 시행일부터 3년으로 한다.

② 법률 제11365호 녹색건축물 조성 지원법 부칙 제3조제4항에 따라 인증기관으로 지정된 것으로 보는 기관의 지정 유효기간은 이 규칙 시행일부터 기산한다.

③ 이 규칙 시행 당시 종전의 「건축법」(법률 제11690호 건축법 일부개정법률로 개정되기 전의 것을 말한다)에 따른 건축물 에너지효율등급 인증제도의 운영을 위하여 국토교통부장관과 산업통상자원부장관이 구성한 위원회는 제14조에 따라 구성된 인증운영위원회로 본다.

■ 건축물 에너지효율등급 인증에 관한 규칙[별지 제1호서식]

건축물 에너지효율등급 인증기관 지정 신청서

접수번호	접수일	처리기간

신청기관	명 칭	
	대 표 자	법인등록번호 (사업자등록번호)
	소 재 지	
	전 화 번 호	
	설 립 근 거	
	설 립 목 적	
	설립 연월일	

「녹색건축물 조성 지원법」 제17조제2항 및 「건축물 에너지효율등급 인증에 관한 규칙」 제4조제2 에 따라 건축물 에너지효율등급 인증기관의 지정을 신청합니다.

년 월 일

신청인 (서명 또는 인)

(또는 대리인) (전화번호:)

국토교통부장관 귀하

첨부서류	1. 인증업무를 수행할 전담조직 및 업무수행체계에 관한 설명서 2. 「건축물 에너지효율등급 인증에 관한 규칙」 제4조제4항에 따른 전문인력을 보유하고 있음을 증명하는 서류 3. 인증기관의 인증업무 처리규정 4. 건축물의 에너지효율등급 인증과 관련한 연구 실적 등 인증업무를 수행할 능력을 갖추고 있음을 증명하는 서류	수수료 없 음
국토교통부장관 확 인 사 항	법인 등기사항증명서 또는 사업자등록증 사본	

행정정보 공동이용 동의서

본인은 이 건 업무처리와 관련하여 담당 공무원이 「전자정부법」 제36조제1항에 따른 행정정보의 공동이용을 통하여 위의 국토교통부장관 확인사항 중 사업자등록증을 확인하는 것에 동의합니다.

* 동의하지 않는 경우에는 신청인이 직접 관련 서류를 제출하여야 합니다.

신청인 (서명 또는 인)

처리절차

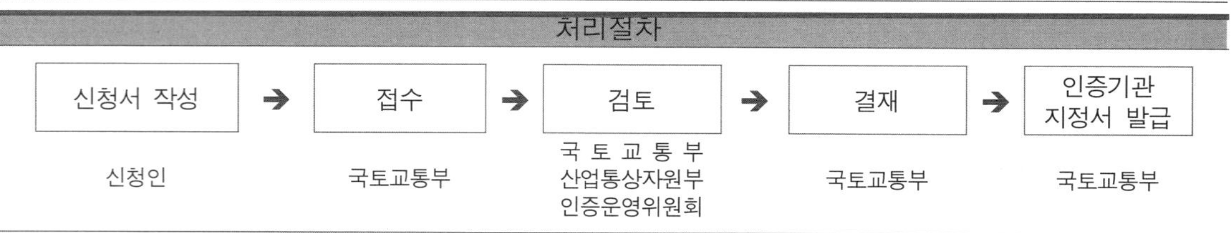

210㎜×297㎜[백상지 80g/㎡(재활용품)]

■ 건축물 에너지효율등급 인증에 관한 규칙[별지 제2호서식]

제 호

건축물 에너지효율등급 인증기관 지정서

1. 기 관 명:

2. 대 표 자: (법인등록번호 또는 사업자등록번호)

3. 소 재 지:

4. 전화번호:

5. 설립 근거:

6. 설립 목적:

7. 설립 연월일:

위 기관을 「녹색건축물 조성 지원법」 제17조제2항 및 「건축물 에너지효율등급 인증에 관한 규칙」 제5조제1항에 따른 건축물 에너지효율등급 인증기관으로 지정합니다.

년 월 일

국토교통부장관 직인

210mm×297mm(보존용지(1종) 120g/㎡)

■ 건축물 에너지효율등급 인증에 관한 규칙[별지 제3호서식]

건축물 에너지효율등급 인증 신청서

※ [ ]에는 해당하는 곳에 √표를 합니다.

접수번호	접수일	처리기간	단독 및 공동 주택 40일 이내 그 밖의 건축물 50일 이내

①신청인	성명(법인명)		생년월일(법인등록번호)	
	주 소		대표자 성명	
	실무 책임자	성 명	부 서	직 위
		전화번호	F A X	전자우편
② 건축주	성명(법인명)		생년월일(사업자 또는 법인 등록번호)	
	주소		(전화번호 :)	
③ 설계자	사무소명		신고번호	
	성명		자격번호	
	사무소 주소		(전화번호 :)	
④공사시공자	회사명		면허번호	
	대표자명			
	사무소 주소		(전화번호 :)	
⑤공사감리자	사무소명		신고번호	
	성명		자격번호	
	사무소 주소		(전화번호 :)	
⑥신 청 건축물	건 축 물 명		착공일	
	허가(신고)번호		준공(예정)일	
	소재지 주소			
	건축물의 주된 용도	[ ] 주거용 건축물 (주용도 : , 총전용면적 임대: ㎡, 분양: ㎡) [ ] 주거용 외의 건축물 (주용도 : , 연면적: ㎡, 층수: 층)		
예비인증 등급 및 발급일	등급(년 월 일)			
예비인증 번호				

「녹색건축물 조성 지원법」 제17조제3항 및 「건축물 에너지효율등급 인증에 관한 규칙」 제6조제2항에 따라 건축물 에너지효율등급 인증을 신청합니다.

년 월 일

신청인 (서명 또는 인)

(또는 대리인) (전화번호:)

신청서 접수기관 (접수부서명 및 접수자인)

인증기관의 장 귀하

첨부서류	1. 최종 설계도면 2. 건축물 부위별 성능내역서 3. 건물 전개도 4. 장비용량 계산서 5. 조명밀도 계산서 6. 설계변경 확인서 및 설명서 7. 예비인증서 사본(해당 인증기관 및 다른 인증기관에서 예비인증을 받은 경우만 해당한다) 8. 제1호부터 제7호까지에서 규정한 서류 외에 건축물 에너지효율등급 평가를 위하여 국토교통부장관과 산업통상부장관이 필요하다고 인정하여 공동으로 고시하는 서류	인증 수수료 별표의 범위에서 인증 대상 건축물 면적을 고려하여 국토교통부장관과 산업통상자원부장관이 정하여 공동으로 고시하는 금액

처리절차

신청서 작성	→	접수	→	검토	→	결재	→	인증서 발급
신청인		인증기관 (인증처리 부서)		인증기관 (인증처리 부서)		인증기관 (인증처리 부서)		

210㎜×297㎜[백상지 80g/㎡(재활용품)]

■ 건축물 에너지효율등급 인증에 관한 규칙[별지 제4호서식]

건축물 에너지효율등급 인증서

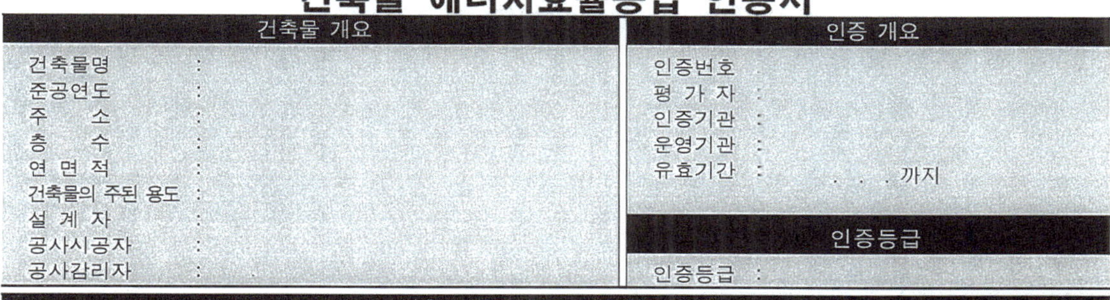

건축물 개요	인증 개요
건축물명 :	인증번호 :
준공연도 :	평 가 자 :
주 소 :	인증기관 :
층 수 :	운영기관 :
연 면 적 :	유효기간 : . . . 까지
건축물의 주된 용도 :	
설 계 자 :	**인증등급**
공사시공자 :	
공사감리자 :	인증등급 :

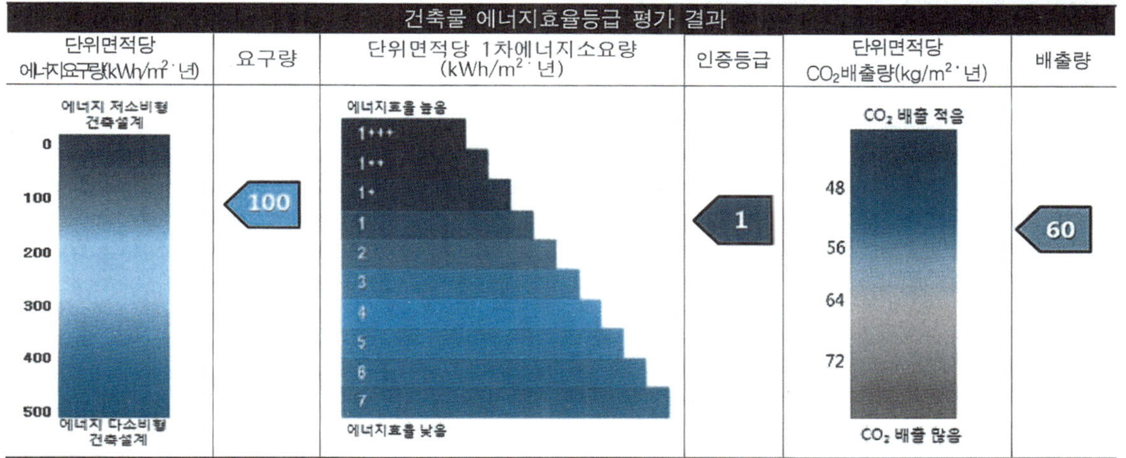

건축물 에너지효율등급 평가 결과

단위면적당 에너지요구량(kWh/m²·년)	요구량	단위면적당 1차에너지소요량 (kWh/m²·년)	인증등급	단위면적당 CO_2배출량(kg/m²·년)	배출량

에너지 용도별 평가결과

구분	단위면적당 에너지요구량 (kWh/m²·년)	단위면적당 에너지소요량 (kWh/m²·년)	단위면적당 1차에너지소요량 (kWh/m²·년)	단위면적당 CO_2배출량 (kWh/m²·년)
냉방				
난방				
급탕				
조명				
환기	╳			
합계				

▪ 단위면적당 에너지요구량	건축물이 냉방, 난방, 급탕, 조명 부문에서 요구되는 단위면적당 에너지량
▪ 단위면적당 에너지소요량	건축물에 설치된 냉방, 난방, 급탕, 조명, 환기 시스템에서 드는 단위면적당 에너지량
▪ 단위면적당 1차에너지소요량	에너지소요량에 연료의 채취, 가공, 운송, 변환, 공급 과정 등의 손실을 포함한 단위면적당 에너지량
▪ 단위면적당 CO_2배출량	에너지소요량에서 산출한 단위면적당 이산화탄소 배출량

※ 이 건물은 냉방설비가 ([ ]설치된[ ]설치되지 않은) 건축물입니다.
※ 단위면적당 1차에너지소요량은 용도 등에 따른 보정계수를 반영한 결과입니다.

위 건축물은 「녹색건축물 조성 지원법」 제17조 및 「건축물 에너지효율등급 인증에 관한 규칙」 제9조제1항에 따라 에너지효율등급(　　등급) 건축물로 인증되었기에 인증서를 발급합니다.

년　　　월　　　일

인증기관의 장 직인

210mm×297mm(보존용지(1종) 120g/㎡)

■ 건축물 에너지효율등급 인증에 관한 규칙[별지 제5호서식]

건축물 에너지효율등급 예비인증 신청서

※ [ ]에는 해당하는 곳에 √표를 합니다.

접수번호		접수일		처리기간	단독 및 공동 주택 40일 이내 그 밖의 건축물 50일 이내
① 신청인	성명(법인명)			생년월일(법인등록번호)	
	주소			대표자 성명	
	실무 책임자	성명		부서	직 위
		전화번호		F A X	전자우편
② 건축주	성명(법인명)			생년월일(사업자 또는 법인등록번호)	
	주소			(전화번호 :)	
③ 설계자	사무소명			신고번호	
	성명			자격번호	
	사무소주소			(전화번호 :)	
④ 신청 건축물	건축물명			착공예정일	
	소재지 주소			준공예정일	
	건축물의 주된 용도	[ ] 주거용 건축물 (주용도 : , 총전용면적 임대: ㎡, 분양: ㎡) [ ] 주거용 외의 건축물 (주용도 : , 연면적: ㎡, 층수: 층)			

「녹색건축물 조성 지원법」 제17조제3항 및 「건축물 에너지효율등급 인증에 관한 규칙」 제11조제2항에 따라 건축물 에너지효율등급 예비인증을 신청합니다.

년 월 일

신 청 인 (서명 또는 인)

(또는 대리인) (전화번호:)

신청서 접수기관 (접수부서명 및 접수자인)

인증기관의 장 귀하

첨부서류	1. 건축, 기계, 전기 설계도면 2. 건축물 부위별 성능내역서 3. 건물 전개도 4. 장비용량 계산서 5. 조명밀도 계산서 6. 제1호부터 제5호까지에서 규정한 서류 외에 건축물 에너지효율등급 평가를 위하여 국토교통부장관과 산업통상부장관이 필요하다고 인정하여 공동으로 고시하는 서류	수수료 별표의 범위에서 인증 대상 건축물 면적을 고려하여 국토교통부장관과 산업통상자원부장관이 정하여 공동으로 고시하는 금액

처리절차

신청서 작성	➔	접수	➔	검토	➔	결재	➔	인증서 발급
신청인		인증기관 (인증처리 부서)		인증기관 (인증처리 부서)		인증기관 (인증처리 부서)		

210㎜×297㎜[백상지 80g/㎡(재활용품)]

■ 건축물 에너지효율등급 인증에 관한 규칙[별지 제6호서식]

건축물 에너지효율등급 예비인증서

※ [ ]에는 해당하는 곳에 √표를 합니다.

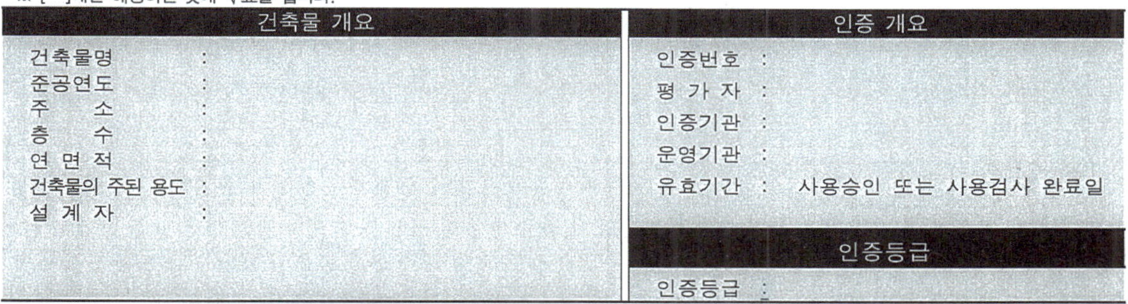

건축물 개요	인증 개요
건축물명 :	인증번호 :
준공연도 :	평 가 자 :
주 소 :	인증기관 :
층 수 :	운영기관 :
연 면 적 :	유효기간 : 사용승인 또는 사용검사 완료일
건축물의 주된 용도 :	**인증등급**
설 계 자 :	인증등급 :

건축물 에너지효율등급 평가결과

단위면적당 에너지요구량(kWh/m²·년)	요구량	단위면적당 1차에너지소요량 (kWh/m²·년)	인증등급	단위면적당 CO_2배출량(kg/m²·년)	배출량
	100		1		60

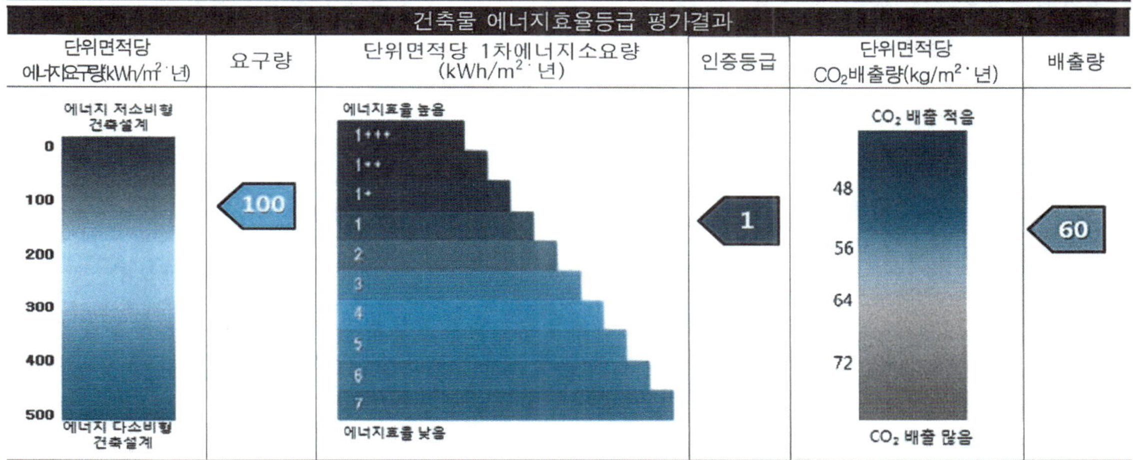

에너지 용도별 평가결과

구분	단위면적당 에너지요구량 (kWh/m²·년)	단위면적당 에너지소요량 (kWh/m²·년)	단위면적당 1차에너지소요량 (kWh/m²·년)	단위면적당 CO_2배출량 (kWh/m²·년)
냉방				
난방				
급탕				
조명				
환기	╳			
합계				

단위면적당 에너지요구량	건축물이 냉방, 난방, 급탕, 조명 부문에서 요구되는 단위면적당 에너지량
단위면적당 에너지소요량	건축물에 설치된 냉방, 난방, 급탕, 조명, 환기시스템에서 드는 단위면적당 에너지량
단위면적당 1차에너지소요량	에너지소요량에 연료의 채취, 가공, 운송, 변환, 공급 과정 등의 손실을 포함한 단위면적당 에너지량
단위면적당 CO_2배출량	에너지소요량에서 산출한 단위면적당 이산화탄소 배출량

※ 이 건물은 냉방설비가 ([ ]설치된[ ]설치되지 않은) 건물입니다.
※ 예비인증을 받은 건축물은 완공 후에 본인증을 받아야 하며, 설계변경에 따라 인증결과가 달라질 수 있습니다.
※ 단위면적당 1차에너지소요량은 용도 등에 따른 보정계수를 반영한 결과입니다.

위 건축물은 「녹색건축물 조성 지원법」 제17조 및 「건축물 에너지효율등급 인증에 관한 규칙」 제11조제3항에 따라 에너지효율등급(　　등급) 건축물로 인증되었기에 예비인증서를 발급합니다.

년　　월　　일

인증기관의 장 직인

210mm×297mm(보존용지(1종) 120g/㎡)

1 「건축물 에너지효율등급 인증 기준」 별표 / 서식

[별표 1] 건축물 에너지효율등급 인증 기준

$$\text{단위면적당 1차에너지 소요량} = \frac{\text{난방에너지소요량}}{\text{난방에너지가 요구되는 공간의 바닥면적}} + \frac{\text{냉방에너지소요량}}{\text{냉방에너지가 요구되는 공간의 바닥면적}} + \frac{\text{급탕에너지소요량}}{\text{급탕에너지가 요구되는 공간의 바닥면적}} + \frac{\text{조명에너지소요량}}{\text{조명에너지가 요구되는 공간의 바닥면적}} + \frac{\text{환기에너지소요량}}{\text{환기에너지가 요구되는 공간의 바닥면적}}$$

※ 냉방설비가 없는 주거용 건축물(단독주택 및 기숙사를 제외한 공동주택)의 경우는 냉방 평가 항목을 제외

※ 단위면적당 1차에너지소요량 = 단위면적당 에너지소요량×1차에너지환산계수

※ 신재생에너지생산량은 에너지소요량에 반영되어 효율등급 평가에 포함

[별표 2] 건축물 에너지효율등급 인증등급

등급	주거용 건축물	주거용 이외의 건축물
	연간 단위면적당 1차에너지소요량 (kWh/㎡·년)	연간 단위면적당 1차에너지소요량 (kWh/㎡·년)
1+++	60 미만	80 미만
1++	60 이상 90 미만	80 이상 140 미만
1+	90 이상 120 미만	140 이상 200 미만
1	120 이상 150 미만	200 이상 260 미만
2	150 이상 190 미만	260 이상 320 미만
3	190 이상 230 미만	320 이상 380 미만
4	230 이상 270 미만	380 이상 450 미만
5	270 이상 320 미만	450 이상 520 미만
6	320 이상 370 미만	520 이상 610 미만
7	370 이상 420 미만	610 이상 700 미만

※ 주거용 건축물 : 단독주택 및 공동주택(기숙사 제외)

※ 비주거용 건축물 : 주거용 건축물을 제외한 건축물

※ 등외 등급을 받은 건축물의 인증은 등외로 표기한다.

※ 등급산정의 기준이 되는 1차에너지소요량은 용도별 보정계수를 반영한 결과이며, 실제 산출된 1차에너지소요량 결과와 다를 수 있다.

[별표3] 건축물 에너지효율등급 인증 수수료

1. 단독주택 및 공동주택(기숙사 제외)

전용면적의 합계	인증 수수료 금액
85제곱미터 미만	50만원
85제곱미터 이상 135제곱미터 미만	70만원
135제곱미터 이상 330제곱미터 미만	80만원
330제곱미터 이상 660제곱미터 미만	90만원
660제곱미터 이상 1천제곱미터 미만	1백10만원
1천제곱미터 이상 1만제곱미터 미만	3백90만원
1만제곱미터 이상 2만제곱미터 미만	5백30만원
2만제곱미터 이상 3만제곱미터 미만	6백60만원
3만제곱미터 이상 4만제곱미터 미만	7백90만원
4만제곱미터 이상 6만제곱미터 미만	9백20만원
6만제곱미터 이상 8만제곱미터 미만	1천60만원
8만제곱미터 이상 12만제곱미터 미만	1천1백90만원
12만제곱미터 이상	1천3백20만원

2. 단독주택 및 공동주택을 제외한 건축물(기숙사 포함)

전용면적[주1)]의 합계	인증 수수료 금액
1천제곱미터 미만	1백90만원
1천제곱미터 이상 3천제곱미터 미만	3백90만원
3천제곱미터 이상 5천제곱미터 미만	5백90만원
5천제곱미터 이상 1만제곱미터 미만	7백90만원
1만제곱미터 이상 1만5천제곱미터 미만	9백90만원
1만5천제곱미터 이상 2만제곱미터 미만	1천1백90만원
2만제곱미터 이상 3만제곱미터 미만	1천3백90만원
3만제곱미터 이상 4만제곱미터 미만	1천5백90만원
4만제곱미터 미만 6만제곱미터 미만	1천7백80만원
6만제곱미터 이상	1천9백80만원

※ 비고 : 인증 수수료 금액은 부가가치세 별도

※ 공공기관에서 추진하는 저소득층을 위한 임대아파트(영구, 국민, 공공)의 경우 해당 전용면적에 대한 인증수수료의 50%를 감액할 수 있다.

주1) 규칙 및 고시의 전용면적 중 단독주택 및 공동주택을 제외한 건축물(기숙사 포함)의 전용면적이란 해당 용도로 사용되는 공간의 연면적을 의미한다.

건축물에너지효율등급제도운영규정

[에너지관리공단규정, 2013.9.10. 일부개정]

제1조 【목적】 이 규정은 에너지관리공단(이하 "공단"이라 한다)이 「건축물 에너지효율등급 인증에 관한 규칙」(이하 "규칙"이라 한다) 및 「건축물 에너지효율등급 인증기준」(이하 "고시"라 한다)에 근거한 건축물 에너지효율등급 인증제도를 운영하는데 필요한 사항을 규정하고 고시 제13조에서 정한 시행세칙으로 운영함을 목적으로 한다.

제2조 【적용범위】 건축물 에너지효율등급 인증 업무에 관하여 규칙, 고시 등 관련 법령에 별도로 정하지 아니한 사항은 이 규정에 따른다.

제3조 【정의】 이 규정에서 사용하는 용어의 정의는 다음과 같다.

1. "주거용 건축물"이라 함은 「건축법 시행령」 별표1의 건축물의 용도구분에서 제1호 단독주택 및 제2호 공동주택에 해당하는 건축물을 말하며, 독립된 주거형태를 가진 경우로 한다.
2. "주거용 이외 건축물"이라 함은 「건축법 시행령」 별표1의 건축물의 용도구분에서 제1호 단독주택 및 제2호 공동주택을 제외한 건축물을 말한다.
3. "1차에너지 환산계수"라 함은 전력생산 및 연료의 운송 등에서 손실되는 손실분을 고려하기 위하여 적용하는 계수를 말한다.
4. "에너지요구량"이라 함은 건축물의 냉방, 난방, 급탕, 조명 부문에서 표준 설정 조건을 유지시키기 위하여 해당 공간에서 필요로 하는 에너지량을 말한다.
5. "에너지소요량"이라 함은 에너지요구량을 만족시키기 위하여 건축물의 냉방, 난방, 급탕, 조명, 환기 부문의 설비기기에 사용되는 에너지량을 말한다.
6. "인증기관"이라 함은 「녹색건축물 조성 지원법」 제17조제2항의 규정에 따라 건축물의 에너지효율등급 인증제를 시행하기 위하여 국토교통부장관에 의하여 지정된 기관을 말한다.
7. "인증관리시스템"이라 함은 규칙 제3조제3항제2호에 의하여 인증신청, 수수료납부, 접수, 평가, 인증서 발급, 민원처리, 인증통계, 민원관리, 인증기관 관리 등 인증절차 전반을 관리하는 전산시스템을 말한다.

제4조 【인증 대상】 ①건축물 에너지효율등급 인증 대상 건축물은 규칙 제2조에 해당하며, 그 밖에 인증 대상 건축물을 판별하는 기준은 다음 각 호와 같다.

1. 한 대지안의 기존건물에 별동으로 증축하는 경우 인증 대상이 될 수 있다.
2. 인증 대상 용도의 시설과 인증 대상이 아닌 용도의 시설이 포함된 복합용도의 건축물은 인증 대상 용도의 면적과 공용부위 면적의 합이 전체 건물 면적의 과반비율(50%) 상일 경우에만 전체 건물 명의로 인증 신청할 수 있으나, 이 경우 인증 대상 용도의 면적과 공용부위 면적에 대하여 인증하며, 공용부위의 면적은 인증 대상 용도와 인증 대상이 아닌 용도에 대한 면적의 비율을 곱하여 산출한다.
3. 인증신청 시 허가용도와 사용용도가 다른 경우 실제 평가는 사용용도로 평가를 하며, 건축물명에 건축허가 용도를 표시하고 괄호로 사용용도를 표시하는 것을 원칙으로 한다.
4. 여러 동의 건축물을 인증신청 하는 경우 건축허가를 받은 단위로 건축물의 인증을 신청함을 원칙으로 한다.

②공단은 건축물의 특성상 인증 대상 여부 판단이 어려운 경우 인증기관과 협의하여 결정할 수 있다.

제5조(신청 및 인증절차) ①건축물 에너지효율등급 인증절차는 다음 각 호에 의한다.

1. 인증신청은 규칙 제6조제1항제1호부터 제3호까지의 규정에 해당하는 자가 할 수 있으며, 규칙 제6조제1항제3호의 사업주체는 시행사 등을 의미한다.
2. 인증을 신청하고자 하는 자는 공인인증서(법인 또는 사업자)를 사용하여 공단에서 관리하는 에너지

효율등급 인증관리시스템에 접속한 후 건축주 및 건축물 정보를 기재하고, 인증기관을 선택하여 인증신청을 할 수 있다.

3. 인증기관은 제2호의 해당 건축물의 평가여부를 결정한 후 인증수수료를 산출하여 인증 신청자에게 인증 수수료 입금과 평가에 필요한 제출서류에 대한 내용을 안내한다.
4. 인증을 신청한 자는 제3호에 의하여 인증기관이 인증수수료 기준에 따라 산정한 인증 수수료를 인증기관에 납부하여야 한다.
5. 인증기관은 인증 신청자의 신청서류 구비 및 인증수수료 납부를 확인 후 인증접수를 하고, 이를 확인한 즉시 인증평가를 실시한다.

②인증기관은 「공공기관 에너지이용합리화 추진에 관한 규정」 제6조제1항의 의무사항의 이행여부를 검토하여, 평가결과가 이에 적합할 경우 인증서를 교부하여야 한다.

③인증기관은 인증서 발급이 적합하지 아니하다고 판단하는 경우에는 공단과 건축주 등에게 해당사유를 통보하고 인증신청을 반려하여야 한다.

제6조 【신청서류 및 인증수수료】 ①인증을 신청하고자 하는 자는 규칙 제6조제2항 및 제11조제2항에 따른 제출서류에 해당 건물명(단지명), 건축사 또는 기술사의 소속과 성명을 기재하고 직인을 날인한 도서를 제출하여야 한다. 전자적 기록매체로 제출하는 경우는 기록매체 외부에 건축사 또는 기술사의 소속과 성명을 기재하고 직인을 날인하여 제출하여야 한다.

②인증기관은 고시 제7조제3항의 인증수수료의 환불 및 반환 사유를 확인하고 공단과 건축주 등에게 통지한 날로부터 20일 이내에 환불 및 반환을 완료하여야 한다.

③인증수수료는 인증평가에 소요되는 비용 및 인증제도 운영에 필요한 비용을 포함한다.

제7조 【인증평가 세부기준】 ①주거용 건축물 및 주거용 이외 건축물의 에너지효율등급 인증평가 세부기준은 다음 각 호와 같다.

1. 고시 제4조제1항에서 정한 연간 단위면적당 1차 에너지소요량을 산출하기 위한 기상데이터는 [별표 1], 용도프로필은 [별표 2]와 같다.
2. 단위면적당 1차 에너지소요량은 산출된 단위면적당 에너지요구량 및 소요량에 [별표 2]의 주거용과 주거용 이외 건축물의 용도별 가중치 및 [별표 3]의 1차에너지 환산계수를 곱하여 산출한다.

②냉방이 필요한 공간임에도 냉방설비가 설치되지 아니한 건축물의 연간 단위면적당 1차 에너지소요량을 산출하는 경우 산업통상자원부장관이 고시한 「효율관리기자재 운용규정」 제4조제1항제4호에서 정한 전기냉방기 및 제29호에서 정한 멀티전기히트펌프시스템의 최저소비효율을 기준으로, 주거용 건축물은 위 전기냉방기, 주거용 이외의 건축물은 위 멀티전기히트펌프시스템의 냉방 효율을 적용하여 평가하며, 규칙의 서식4와 서식6의 인증서에는 냉방설비가 설치되지 않은 건물임을 표시한다. 만약, 난방이 필요한 공간임에도 난방설비가 설치되지 아니한 경우에는 산업통상자원부장관이 고시한 「효율관리기자재 운용규정」 제4조제1항제29호에서 정한 멀티전기히트펌프시스템의 최저소비효율기준을 난방효율로 적용할 수 있다.

③열관류율은 국토교통부장관이 고시한 「건축물의 에너지절약 설계기준」 별표의 값을 따른다. 단, KS F 2277 및 KS F 2278에 의한 시험성적서 값을 인정받으려 할 경우, 2개 이상 공인기관의 시험성적서를 제출하여야 하며 열저항은 최소값을, 열관류율은 최대값을 적용한다. 단, 창호의 경우 해당 창호에 대한 "에너지소비효율등급제 신고확인서" 1부와 [별지 제1호서식]창호 성능확인서 1부를 제출할 수 있다.

제8조 【인증업무 운영비용】 ①공단은 인증기관이 반기별로 제출한 인증업무 운영비용(이하 "운영비용"이라 한다) 산출액을 확인한 후, 인증기관별 입금액과 입금 계좌 및 기한 등을 정하여 인증기관에 운영비용 입금 요청을 하며, 인증기관은 공단의 요청에 따라야 한다.

②공단은 규칙 제13조제5항 및 고시 제9조제1항의 운

영비용을 고시 제9조제1항에 따른 연간 사업계획에 따라 사용할 수 있다.

③인증기관은 제2항의 운영비용 금액을 다음 각 호의 기준에 따라 매년 상반기 및 하반기에 걸쳐 2회 지원한다.

1. 상반기 : 전년도 7월 1일부터 12월 31일까지 인증수수료를 납부한 인증 신청 건축물 수수료 수입 합계의 8%
2. 하반기 : 해당년도 1월 1일부터 6월 30일까지 인증수수료를 납부한 인증 신청 건축물 수수료 수입 합계의 8%

④인증기관은 기 지원한 운영비용 중 수수료를 환불한 건이 포함되는 경우, 다음 차수의 운영비용 산출시 해당내용을 반영하여 공제할 수 있다.

⑤공단은 운영비용 잔액이 발생할 시 이월하여 다음 차수의 사업계획에 사용한다.

제9조 【인증기관 및 인증결과 사후관리 등】 ①공단은 규칙 제3조제3항제3호에 따라 인증기관 및 인증기관의 인증결과에 대한 사후관리를 할 수 있다.

②공단은 연간 사후관리 일정, 범위, 방법, 예산 등에 대한 상세계획을 수립하여 국토교통부장관 및 산업통상자원부장관에게 보고한다.

③공단은 사후관리를 매년 1회 이상 실시하며, 매회 사후관리는 다음 각 호의 2단계로 실시한다.

1. 표본 검사
2. 상관성 검사

④표본 검사는 인증기관별로 각 인증물량의 5% 내외의 범위에서 표본을 정하여 인증결과를 검사한다. 공단은 표본 검사 결과 인증평가 결과에 영향을 미치는 오류 또는 인증서 표기 오류 등이 있는 경우 해당 인증기관에 경고장을 발부한다. 경고를 받은 인증기관은 다음 차수의 사후관리에서 5%가 할증된 표본을 검사받는다.

⑤상관성 검사는 제4항의 표본 중 인증기관별 대표 표본을 공단이 1개 이상 선정하여 해당 인증기관을 제외한 기관에서 이를 다시 평가하도록 하여, 허용오차범위 10% 내외에서 인증결과의 상관성을 검사한다. 공단은 상관성 검사 결과 허용오차를 벗어난 기관에게 경고장을 발부한다.

⑥공단은 제4항 및 제5항에 따른 경고가 3회 이상 누적된 기관에 대하여 산업통상자원부장관을 거쳐 국토교통부장관에게 보고하여 인증기관 지정취소 또는 업무정지 등을 건의할 수 있다.

⑦인증기관이 소유하고 있거나 직접적 이해관계에 있는 건축물에 대하여 해당 인증기관은 인증업무를 수행할 수 없으며, 이를 위반할 경우 공단은 해당 건에 대하여 산업통상자원부장관을 거쳐 국토교통부장관에게 보고하여 인증의 취소를 건의할 수 있다.

⑧공단은 인증기관 사후관리 후 인증기관의 인증업무 처리가 부적절하다고 판단되거나 「녹색건축물 조성 지원법」 제19조제1호부터 제5호까지의 규정에 해당하는 경우, 산업통상자원부장관을 거쳐 국토교통부장관에게 보고하여 인증기관 지정취소 또는 업무정지 등을 건의할 수 있다.

제10조 【인증관리시스템 운영】 공단은 인증관리시스템의 운영, 유지보수 및 개선 업무를 수행한다.

제11조 【인증을 받은 건축물의 사후관리】 ①인증기관은 규칙 제12조 및 고시 제6조에 따라 해당 인증기관에서 인증한 건축물에 대하여 에너지사용량 조사 등의 사후관리를 할 수 있다.

②인증기관이 제1항에 의한 사후관리를 할 때에는 공단과 사전 협의를 마친 후 사후관리의 범위 및 항목을 정하고 인증기관에서 정한 절차에 따라 시행한다.

제12조 【인증평가 교육】 ① 공단은 인증평가의 품질제고와 인증평가 능력 향상을 위하여 인증평가 인력을 대상으로 연 1회 이상 인증평가 직무교육을 실시한다.

②공단은 인증평가 신규 인력을 대상으로 별도의 교육과정을 개설하며, 신규 인력은 동 교육을 이수하여야 인증평가 업무를 수행할 수 있다.

제13조 【공단과 인증기관의 상호협력 및 지원】 ①공단은 규칙 제3조제3항의 업무를 원활히 수행하기 위

하여 필요한 경우 인증기관에 인력 및 필요한 정보를 요청할 수 있으며, 이 때 인증기관은 정당한 사유가 없으면 공단의 요청에 협력하여야 한다.

②인증기관은 인증평가 세부기준을 공개·공유하는 등 건축물 에너지효율등급 인증제도의 발전을 위하여 노력한다.

제14조(인증운영위원회 구성 및 운영) ①규칙 제14조에 의한 인증운영위원회 위원장은 규칙 제4조제6항의 사항에 대하여 심의할 경우 기인증기관에게 의견을 진술하게 할 수 있으며, 심의를 통하여 새로 지정된 인증기관의 장은 인증업무 수행에 관한 사항에 대하여 공단과 협의를 마친 후 인증업무에 착수하여야 한다.

②위원장은 필요한 경우 관계자를 출석시켜 운영위원회에 부의된 안건을 설명하게 하거나 의견을 들을 수 있다.

③위원은 각 소속 단체의 인증업무 책임자를 원칙으로 하여, 위원이 해당 업무를 담당하지 아니하게 되는 등 부득이한 사유가 있을 경우 공단은 해당 위원을 교체할 수 있다.

제15조(보칙) 이 규정에서 정하지 아니한 사항은 이사장이 따로 정하는 바에 따른다.

부 칙

이 규정은 2013년 9월 1일부터 시행한다.

[별지 제1호서식] 창호 성능확인서

창호 성능확인서

① 기관명			
② 대표자		③ 법인등록번호	
④ 소재지			
⑤ 전화번호			
⑥ 제품명			
⑦ 형식			
⑧ 모델명			
⑨ 열관류율(W/㎡·K)			
⑩ 기밀성(㎥/h·㎡)			
⑪ 적용 건축물명			

건축물에너지효율등급인증제도운영규정 제7조제3항에 따라, 당사에서 제작하는 창호의 성능이 위와 같음을 확인합니다.

년 월 일

대표 (서명 또는 인)

에너지관리공단 이사장 귀하

〈비고〉
본 창호 성능확인서는 본 건에만 유효합니다.

[별표 1] 기상데이터

1) 서울

월	월별평균 외기온도 [℃]	수평면/수직면 월평균 전일사량 [W/m²]								
		수평면	남	남동	남서	동	서	북동	북서	북
1월	-2.1	83.0	116.0	87.5	94.6	46.6	52.0	28.7	28.7	28.3
2월	0.2	117.4	134.4	98.9	127.3	66.7	90.8	44.2	44.2	41.0
3월	6.3	141.2	118.5	142.0	82.3	122.1	62.4	75.0	75.0	48.4
4월	13.0	180.3	110.6	105.7	120.2	95.5	112.5	77.1	77.1	66.5
5월	17.6	189.3	85.6	97.5	96.9	97.0	95.9	76.9	76.9	56.3
6월	21.8	183.1	86.0	104.6	94.5	113.0	97.4	99.3	99.3	77.3
7월	25.2	145.9	75.1	94.2	73.2	102.0	72.0	88.7	88.7	67.0
8월	26.4	147.4	86.7	99.6	84.3	100.4	80.9	85.0	85.0	68.1
9월	21.2	157.7	117.7	115.7	112.2	99.6	97.8	72.9	72.9	60.2
10월	14.7	129.1	138.7	128.9	106.8	92.1	72.7	49.5	49.5	38.3
11월	6.9	82.4	103.9	83.5	84.4	51.8	52.6	32.5	32.5	31.3
12월	0.9	72.1	105.8	87.8	79.6	50.2	43.5	28.5	28.5	26.9

2) 부산

월	월별평균 외기온도 [℃]	수평면/수직면 월평균 전일사량 [W/m²]								
		수평면	남	남동	남서	동	서	북동	북서	북
1월	3.0	101.2	154.3	155.4	86.4	94.8	40.6	34.9	27.3	27.3
2월	4.4	123.9	150.6	170.7	86.1	125.9	50.5	57.8	35.7	35.1
3월	9.1	151.1	124.7	114.9	110.1	90.4	85.9	61.3	59.7	51.2
4월	13.9	186.4	108.1	110.2	113.7	101.8	105.4	79.3	80.8	63.0
5월	17.0	196.6	86.7	102.9	102.1	106.6	106.4	88.1	88.6	66.7
6월	20.4	188.6	80.2	104.1	89.3	117.5	91.9	102.6	81.2	73.4
7월	23.8	156.6	74.8	94.3	75.8	102.6	74.6	89.0	67.8	65.5
8월	26.2	180.5	95.4	102.5	102.7	99.0	100.7	81.5	83.7	67.1
9월	22.5	150.0	109.7	110.3	97.8	93.7	82.8	65.4	62.5	53.0
10월	17.6	141.0	145.8	141.0	103.6	100.2	67.6	52.9	44.1	41.4
11월	11.7	109.3	146.1	115.2	117.7	69.0	71.1	37.2	37.7	34.4
12월	5.5	93.4	150.9	140.8	91.8	79.6	42.5	30.0	26.5	26.4

3) 인천

월	월별평균 외기온도 [℃]	수평면/수직면 월평균 전일사량 [W/m²]								
		수평면	남	남동	남서	동	서	북동	북서	북
1월	-2.1	88.3	134.6	103.5	106.9	56.8	58.6	29.8	29.1	27.5
2월	0.2	117.4	135.8	102.0	126.0	68.9	89.0	44.7	49.2	41.0
3월	5.4	152.7	133.4	161.2	96.2	140.6	71.4	84.8	51.8	48.0
4월	10.9	189.8	115.5	115.3	136.9	105.4	136.1	82.2	104.0	68.9
5월	16.5	200.4	96.3	105.6	124.2	107.4	134.6	91.7	111.6	77.6
6월	20.9	207.6	94.0	97.8	125.3	99.6	140.0	90.0	119.8	84.5
7월	24.0	164.6	80.2	98.0	86.8	107.6	88.0	93.9	77.4	70.6
8월	24.4	176.3	98.7	107.1	108.6	103.9	106.7	83.7	86.1	66.2
9월	21.1	164.2	125.0	147.6	103.6	135.7	84.4	93.0	64.4	58.7
10월	15.0	133.7	143.8	141.9	108.2	107.0	73.8	61.0	47.7	43.9
11월	7.4	95.7	136.2	103.8	109.8	57.6	62.9	30.7	32.2	29.6
12월	1.4	82.2	142.2	138.2	85.2	83.6	41.5	33.3	26.8	26.7

4) 대구

월	월별평균 외기온도 [℃]	수평면/수직면 월평균 전일사량 [W/m²]								
		수평면	남	남동	남서	동	서	북동	북서	북
1월	0.5	97.3	158.8	174.6	81.5	115.9	39.7	43.1	28.3	28.3
2월	3.4	124.8	138.4	110.6	119.2	73.5	80.8	46.8	48.5	43.3
3월	7.6	154.7	128.3	172.8	86.7	157.6	65.0	95.8	50.9	48.6
4월	14.2	190.9	112.3	122.5	111.3	115.4	101.9	87.4	79.6	65.0
5월	18.6	206.8	97.3	128.2	100.9	140.8	99.3	116.3	84.9	77.6
6월	23.0	187.2	83.0	111.6	88.9	128.7	90.8	113.1	82.3	79.5
7월	25.3	165.3	87.1	94.2	90.9	95.3	90.4	86.0	82.3	75.1
8월	26.0	160.7	86.5	123.3	79.0	135.9	74.4	108.8	66.1	67.1
9월	21.3	141.0	103.4	118.1	85.6	106.5	72.7	73.9	58.6	53.1
10월	15.0	136.4	137.5	128.9	105.8	94.0	72.3	56.2	48.6	45.7
11월	9.2	97.2	121.8	93.8	103.0	57.3	64.7	36.9	38.2	35.7
12월	3.4	89.4	144.6	114.3	107.8	59.7	55.0	27.2	26.9	25.9

5) 대전

월	월별평균 외기온도 [℃]	수평면/수직면 월평균 전일사량 [W/m²]								
		수평면	남	남동	남서	동	서	북동	북서	북
1월	-1.1	89.2	140.1	151.2	71.9	97.2	34.4	35.7	26.1	26.1
2월	0.8	124.6	140.8	116.5	115.1	75.8	75.0	44.8	45.1	40.6
3월	5.7	165.2	147.4	182.7	97.5	156.4	67.7	86.8	46.5	43.5
4월	12.9	200.4	120.8	119.0	134.8	106.9	126.4	79.2	91.0	61.7
5월	18.0	211.4	97.1	127.9	99.3	139.5	96.5	114.0	81.7	74.8
6월	21.9	187.2	85.8	101.1	97.4	107.1	102.1	94.2	90.9	76.4
7월	25.4	174.2	82.1	96.8	94.6	102.0	98.3	88.2	85.3	69.5
8월	26.1	180.9	99.1	114.5	106.2	115.7	105.1	95.1	88.4	72.7
9월	21.2	157.1	114.8	107.4	114.1	89.4	98.5	63.0	69.2	51.7
10월	13.7	140.3	151.8	125.4	127.6	83.7	85.3	46.9	46.8	39.2
11월	6.2	97.9	132.0	113.2	95.4	65.7	52.0	33.6	32.1	30.9
12월	1.8	84.4	132.9	125.7	81.5	73.5	40.0	30.5	27.3	27.3

6) 광주

월	월별평균 외기온도 [℃]	수평면/수직면 월평균 전일사량 [W/m²]								
		수평면	남	남동	남서	동	서	북동	북서	북
1월	0.5	96.9	158.5	185.7	75.7	131.3	39.6	49.6	29.9	29.9
2월	2.7	129.7	148.5	125.5	120.7	82.9	79.8	46.1	46.6	40.0
3월	7.5	158.8	132.0	125.2	114.1	100.3	89.5	66.2	62.1	53.5
4월	13.2	193.8	113.0	123.5	115.0	116.7	106.3	89.2	83.0	66.1
5월	18.1	207.4	93.1	145.0	95.5	175.6	95.4	147.6	83.6	86.4
6월	22.1	186.9	85.8	100.5	96.0	107.0	99.7	95.4	89.5	77.5
7월	25.4	173.6	83.3	99.4	98.6	108.7	105.5	97.7	93.9	78.7
8월	26.1	175.8	94.1	114.6	94.7	116.5	92.6	93.6	79.5	68.6
9월	22.0	165.6	124.3	120.0	114.8	100.1	95.3	68.3	66.6	53.7
10월	16.3	145.7	149.0	132.3	120.0	93.2	82.2	54.8	51.5	45.8
11월	9.5	102.2	140.2	132.3	92.0	83.3	50.2	38.5	32.0	31.5
12월	3.1	86.4	127.0	105.9	93.7	61.2	51.9	31.7	30.7	29.9

7) 강릉

월	월별평균 외기온도 [℃]	수평면/수직면 월평균 전일사량 [W/m²]								
		수평면	남	남동	남서	동	서	북동	북서	북
1월	0.4	92.7	148.1	112.8	114.5	58.2	58.9	26.7	26.1	24.8
2월	2.1	124.4	160.4	139.6	120.0	88.9	72.3	40.7	36.8	31.6
3월	6.1	150.7	134.0	120.5	114.5	90.5	84.9	55.3	53.6	44.9
4월	13.0	195.6	123.5	133.7	114.7	119.7	100.2	84.4	75.8	61.1
5월	17.0	209.2	102.3	121.4	112.4	125.1	113.1	102.8	94.9	76.8
6월	21.2	190.9	88.8	104.1	99.5	109.0	103.3	94.2	90.8	75.7
7월	24.5	161.7	78.4	89.3	87.4	90.8	88.9	77.1	76.4	62.1
8월	24.0	153.3	84.3	112.5	78.5	121.3	71.8	97.2	61.2	61.3
9월	20.1	149.8	112.9	133.2	89.5	118.8	71.7	77.9	54.9	49.3
10월	15.1	129.9	146.9	138.4	110.4	98.4	72.3	51.9	42.9	38.0
11월	9.6	97.7	147.4	105.2	125.3	57.0	72.7	30.1	32.3	28.5
12월	3.1	87.7	153.9	115.4	118.8	55.9	58.5	25.3	25.6	24.3

8) 원주

월	월별평균 외기온도 [℃]	수평면/수직면 월평균 전일사량 [W/m²]								
		수평면	남	남동	남서	동	서	북동	북서	북
1월	−4.0	90.3	157.5	171.8	80.5	112.2	37.3	40.1	25.5	25.4
2월	−1.4	115.6	136.9	128.7	100.7	90.1	65.5	49.6	42.6	39.9
3월	4.3	151.6	130.0	138.2	100.3	113.3	75.2	70.9	54.8	50.2
4월	12.1	190.6	116.9	125.4	113.7	115.7	102.3	88.1	80.8	67.2
5월	17.0	202.5	97.6	123.5	102.3	133.8	100.1	111.7	85.3	77.3
6월	22.0	204.8	91.2	119.4	97.5	135.0	98.7	116.9	87.5	82.3
7월	24.7	172.6	86.2	104.5	89.4	113.4	89.6	99.4	80.8	76.5
8월	25.0	168.4	93.1	101.6	99.0	97.6	95.5	78.2	77.9	61.7
9월	19.6	161.5	122.0	137.3	97.2	120.7	78.7	80.1	60.8	55.7
10월	12.6	131.6	138.9	129.2	105.3	91.5	69.9	52.5	45.9	42.6
11월	5.5	96.7	136.3	110.5	106.3	65.7	61.3	35.3	33.3	31.5
12월	−1.1	80.2	128.0	116.4	83.8	68.0	43.0	30.5	27.9	27.7

9) 춘천

월	월별평균 외기온도 [℃]	수평면/수직면 월평균 전일사량 [W/m²]								
		수평면	남	남동	남서	동	서	북동	북서	북
1월	−3.6	86.1	141.0	144.7	81.9	94.1	42.7	38.7	28.7	28.4
2월	−1.3	123.0	146.1	116.3	123.3	74.7	80.8	43.3	45.0	39.0
3월	4.4	155.5	136.4	119.3	124.3	91.0	95.6	59.6	61.1	49.6
4월	10.1	188.5	117.4	121.9	123.0	109.0	115.3	80.5	88.2	63.6
5월	17.8	202.5	99.3	108.7	116.6	108.7	119.9	91.2	99.1	74.5
6월	21.5	204.2	94.1	106.7	113.0	111.7	120.7	98.3	104.8	82.4
7월	24.9	172.2	86.5	94.0	96.6	94.9	99.4	83.9	87.5	72.9
8월	24.7	177.2	97.6	127.7	90.1	135.0	81.8	105.7	68.1	66.5
9월	19.5	155.5	118.5	106.0	116.3	86.2	96.6	61.1	65.7	51.0
10월	12.2	123.3	128.7	112.1	102.0	75.6	65.7	46.7	42.7	40.6
11월	4.8	84.7	116.9	81.8	104.6	46.6	64.3	30.5	32.9	29.8
12월	−1.5	73.2	113.7	87.1	89.1	44.0	45.3	25.3	25.2	24.8

10) 전주

월	월별평균 외기온도 [℃]	수평면/수직면 월평균 전일사량 [W/m²]								
		수평면	남	남동	남서	동	서	북동	북서	북
1월	−0.7	84.5	135.7	149.0	70.2	99.4	34.8	37.6	25.0	25.0
2월	1.4	114.3	124.9	105.4	103.3	72.5	71.1	45.7	45.7	41.9
3월	5.9	145.5	119.6	108.7	106.3	86.4	84.1	60.3	59.4	52.2
4월	12.5	194.0	111.0	158.0	95.4	165.3	83.1	120.7	67.2	64.6
5월	17.9	200.0	96.2	110.2	108.2	112.0	110.1	93.4	92.8	73.4
6월	22.1	183.3	90.9	101.3	101.0	105.2	104.6	95.6	95.0	82.7
7월	25.9	166.8	78.3	114.8	80.2	139.2	80.7	122.0	73.7	78.8
8월	26.4	170.6	98.9	103.6	99.7	99.4	94.1	83.2	79.5	70.2
9월	22.1	150.1	112.5	110.0	103.9	93.7	88.5	66.5	65.3	54.5
10월	15.3	127.8	136.3	112.8	116.6	77.8	81.6	45.6	47.3	39.8
11월	8.7	97.6	141.7	139.4	87.8	90.1	48.0	37.4	29.4	28.3
12월	2.1	77.9	115.3	110.5	73.8	69.6	40.8	33.0	29.0	28.9

11) 청주

월	월별평균 외기온도 [℃]	수평면/수직면 월평균 전일사량 [W/m²]								
		수평면	남	남동	남서	동	서	북동	북서	북
1월	−2.1	94.7	177.1	161.4	110.9	91.3	50.8	30.7	23.9	23.2
2월	0.4	120.2	178.3	217.5	87.5	161.4	45.0	65.4	30.8	30.6
3월	5.7	155.4	142.8	194.3	87.7	172.0	61.0	96.9	46.4	44.8
4월	12.7	189.7	121.7	125.1	118.3	111.3	104.4	81.1	78.2	62.3
5월	18.1	209.9	110.2	120.3	120.5	119.1	118.8	99.5	99.0	80.3
6월	22.3	193.5	88.3	122.0	88.9	140.9	87.6	119.7	77.4	78.6
7월	25.5	178.6	90.4	99.3	102.4	100.3	104.5	86.5	89.4	72.1
8월	26.0	167.9	93.7	132.3	82.7	143.4	73.2	109.0	59.3	60.6
9월	19.8	163.8	134.2	159.5	99.0	138.8	73.9	85.0	53.8	49.5
10월	13.7	141.1	173.2	190.7	107.5	140.2	62.2	65.5	38.2	35.7
11월	6.9	94.7	160.5	153.8	97.4	92.5	46.9	34.1	26.1	25.4
12월	−0.1	80.8	162.0	135.3	110.0	67.9	48.3	23.5	21.0	20.1

12) 목포

월	월별평균 외기온도 [℃]	수평면/수직면 월평균 전일사량 [W/m²]								
		수평면	남	남동	남서	동	서	북동	북서	북
1월	1.9	99.9	162.9	185.6	78.8	126.6	38.4	45.4	27.6	27.5
2월	3.3	132.1	147.4	125.3	117.3	83.7	76.6	46.1	44.0	39.6
3월	6.6	167.4	137.4	119.1	129.3	93.1	102.6	62.2	65.4	51.9
4월	12.4	206.8	116.7	119.6	126.8	109.9	117.9	83.0	87.0	62.7
5월	17.3	214.3	94.4	139.6	98.0	165.5	96.5	139.2	83.3	83.7
6월	20.9	206.6	81.9	122.0	87.3	150.6	88.0	131.7	77.9	82.1
7월	24.6	180.2	84.6	93.6	105.8	97.8	114.9	87.9	99.9	76.5
8월	26.2	198.2	97.3	147.1	92.7	167.8	87.5	132.7	73.5	73.5
9월	21.9	181.2	129.3	125.1	124.7	104.9	105.5	70.2	71.4	52.7
10월	17.5	154.4	166.7	183.3	110.6	141.6	70.1	71.1	42.8	39.5
11월	10.5	120.9	174.5	144.5	129.5	84.7	72.9	36.7	35.1	31.6
12월	4.4	87.3	129.7	100.4	101.3	54.2	54.7	28.9	28.7	27.7

13) 제주

월	월별평균 외기온도 [℃]	수평면/수직면 월평균 전일사량 [W/m²]								
		수평면	남	남동	남서	동	서	북동	북서	북
1월	6.3	64.0	78.8	85.5	48.4	63.1	32.1	33.5	26.9	26.8
2월	6.7	94.6	102.7	131.6	55.2	108.8	40.2	55.3	34.6	34.2
3월	8.9	133.3	104.6	95.2	98.3	78.7	81.7	57.0	58.2	49.2
4월	14.0	188.6	105.1	109.8	113.0	102.1	104.5	77.6	78.0	57.5
5월	17.8	199.5	95.7	105.8	109.4	108.2	112.3	94.6	96.7	78.9
6월	21.5	194.0	81.3	98.2	101.0	107.0	110.8	95.7	98.3	77.7
7월	25.9	198.0	86.4	106.6	101.2	115.4	107.2	99.9	93.6	76.4
8월	26.9	181.2	87.6	141.8	81.8	167.1	78.6	135.0	69.9	74.4
9월	23.0	156.8	109.6	101.0	114.7	87.0	101.9	64.2	71.5	53.0
10월	18.2	132.5	119.9	99.8	109.2	74.8	83.0	53.7	55.8	49.5
11월	13.2	94.2	119.9	112.5	80.2	71.4	45.3	34.9	30.1	29.6
12월	8.1	64.6	83.0	86.9	51.0	60.8	32.3	31.7	27.2	27.1

[별표 2] 주거 및 주거용 이외 건축물 용도프로필

- Uhr : 사용시간
- $m^3/(h\ m^2)$: 단위시간(h)당, 단위면적(m^2)당 외기도입풍량(m^3)
- $Wh/(m^2d)$: 일일(d) 단위면적(m^2)당 발생열량(Wh)
- d/mth : 월간(mth) 일수(d)

1) 주거공간

구분	단위	값
사용시간과 운전시간		
사용시작시간	[Uhr]	0:00
사용종료시간	[Uhr]	24:00
운전시작시간	[Uhr]	0:00
운전종료시간	[Uhr]	24:00
설정 요구량		
최소도입외기량	[$m^3/(h\ m^2)$]	1.6
급탕요구량	[$Wh/(m^2d)$]	84
조명시간	[h]	5
열발열원		
사람	[$Wh/(m^2d)$]	53
작업보조기기	[$Wh/(m^2d)$]	52
실내공기온도		
난방설정온도	[˚C]	20
냉방설정온도	[˚C]	26
월간 사용일수		
1월 사용일수	[d/mth]	31
2월 사용일수	[d/mth]	28
3월 사용일수	[d/mth]	31
4월 사용일수	[d/mth]	30
5월 사용일수	[d/mth]	31
6월 사용일수	[d/mth]	30
7월 사용일수	[d/mth]	31
8월 사용일수	[d/mth]	31
9월 사용일수	[d/mth]	30
10월 사용일수	[d/mth]	31
11월 사용일수	[d/mth]	30
12월 사용일수	[d/mth]	31
용도별 가중치		
난방	-	1
냉방	-	1
급탕	-	1
조명	-	1
환기	-	1

2) 소규모사무실(30㎡ 이하)

구분	단위	값
사용시간과 운전시간		
사용시작시간	[Uhr]	09:00
사용종료시간	[Uhr]	18:00
운전시작시간	[Uhr]	07:00
운전종료시간	[Uhr]	18:00
설정 요구량		
최소도입외기량	[m³/(h m²)]	4
급탕요구량	[Wh/(m²d)]	30
조명시간	[h]	6
열발열원		
사람	[Wh/(m²d)]	30
작업보조기기	[Wh/(m²d)]	42
실내공기온도		
난방설정온도	[°C]	20
냉방설정온도	[°C]	26
월간 사용일수		
1월 사용일수	[d/mth]	22
2월 사용일수	[d/mth]	19
3월 사용일수	[d/mth]	21
4월 사용일수	[d/mth]	22
5월 사용일수	[d/mth]	22
6월 사용일수	[d/mth]	20
7월 사용일수	[d/mth]	22
8월 사용일수	[d/mth]	21
9월 사용일수	[d/mth]	18
10월 사용일수	[d/mth]	21
11월 사용일수	[d/mth]	21
12월 사용일수	[d/mth]	21
용도별 가중치		
난방	-	1
냉방	-	1
급탕	-	1
조명	-	1.500
환기	-	1

3) 대규모사무실(30m² 초과)

구분	단위	값
사용시간과 운전시간		
사용시작시간	[Uhr]	09:00
사용종료시간	[Uhr]	18:00
운전시작시간	[Uhr]	07:00
운전종료시간	[Uhr]	18:00
설정 요구량		
최소도입외기량	[m^3/(h m^2)]	6
급탕요구량	[Wh/(m^2d)]	30
조명시간	[h]	9
열발열원		
사람	[Wh/(m^2d)]	55.8
작업보조기기	[Wh/(m^2d)]	126
실내공기온도		
난방설정온도	[°C]	20
냉방설정온도	[°C]	26
월간 사용일수		
1월 사용일수	[d/mth]	22
2월 사용일수	[d/mth]	19
3월 사용일수	[d/mth]	21
4월 사용일수	[d/mth]	22
5월 사용일수	[d/mth]	22
6월 사용일수	[d/mth]	20
7월 사용일수	[d/mth]	22
8월 사용일수	[d/mth]	21
9월 사용일수	[d/mth]	18
10월 사용일수	[d/mth]	21
11월 사용일수	[d/mth]	21
12월 사용일수	[d/mth]	21
용도별 가중치		
난방	-	1
냉방	-	1
급탕	-	1
조명	-	1
환기	-	1

4) 회의실 및 세미나실

구분	단위	값
사용시간과 운전시간		
사용시작시간	[Uhr]	07:00
사용종료시간	[Uhr]	18:00
운전시작시간	[Uhr]	07:00
운전종료시간	[Uhr]	18:00
설정 요구량		
최소도입외기량	[m^3/(h m^2)]	15
급탕요구량	[Wh/(m^2d)]	30
조명시간	[h]	11
열발열원		
사람	[Wh/(m^2d)]	96
작업보조기기	[Wh/(m^2d)]	8
실내공기온도		
난방설정온도	[°C]	20
냉방설정온도	[°C]	26
월간 사용일수		
1월 사용일수	[d/mth]	22
2월 사용일수	[d/mth]	19
3월 사용일수	[d/mth]	21
4월 사용일수	[d/mth]	22
5월 사용일수	[d/mth]	22
6월 사용일수	[d/mth]	20
7월 사용일수	[d/mth]	22
8월 사용일수	[d/mth]	21
9월 사용일수	[d/mth]	18
10월 사용일수	[d/mth]	21
11월 사용일수	[d/mth]	21
12월 사용일수	[d/mth]	21
용도별 가중치		
난방	-	1
냉방	-	1
급탕	-	1
조명	-	0.818
환기	-	1

5) 강당

구분	단위	값
사용시간과 운전시간		
사용시작시간	[Uhr]	07:00
사용종료시간	[Uhr]	18:00
운전시작시간	[Uhr]	07:00
운전종료시간	[Uhr]	18:00
설정 요구량		
최소도입외기량	[m³/(h m²)]	2
급탕요구량	[Wh/(m²d)]	30
조명시간	[h]	11
열발열원		
사람	[Wh/(m²d)]	36
작업보조기기	[Wh/(m²d)]	24
실내공기온도		
난방설정온도	[°C]	20
냉방설정온도	[°C]	26
월간 사용일수		
1월 사용일수	[d/mth]	22
2월 사용일수	[d/mth]	19
3월 사용일수	[d/mth]	21
4월 사용일수	[d/mth]	22
5월 사용일수	[d/mth]	22
6월 사용일수	[d/mth]	20
7월 사용일수	[d/mth]	22
8월 사용일수	[d/mth]	21
9월 사용일수	[d/mth]	18
10월 사용일수	[d/mth]	21
11월 사용일수	[d/mth]	21
12월 사용일수	[d/mth]	21
용도별 가중치		
난방	-	1
냉방	-	1
급탕	-	1
조명	-	0.818
환기	-	1

6) 구내식당

구분	단위	값
사용시간과 운전시간		
사용시작시간	[Uhr]	08:00
사용종료시간	[Uhr]	15:00
운전시작시간	[Uhr]	08:00
운전종료시간	[Uhr]	15:00
설정 요구량		
최소도입외기량	[m^3/(h m^2)]	18
급탕요구량	[Wh/(m^2d)]	1250
조명시간	[h]	7
열발열원		
사람	[Wh/(m^2d)]	177
작업보조기기	[Wh/(m^2d)]	10
실내공기온도		
난방설정온도	[°C]	20
냉방설정온도	[°C]	26
월간 사용일수		
1월 사용일수	[d/mth]	22
2월 사용일수	[d/mth]	19
3월 사용일수	[d/mth]	21
4월 사용일수	[d/mth]	22
5월 사용일수	[d/mth]	22
6월 사용일수	[d/mth]	20
7월 사용일수	[d/mth]	22
8월 사용일수	[d/mth]	21
9월 사용일수	[d/mth]	18
10월 사용일수	[d/mth]	21
11월 사용일수	[d/mth]	21
12월 사용일수	[d/mth]	21
용도별 가중치		
난방	-	1.571
냉방	-	1.571
급탕	-	0.024
조명	-	1.286
환기	-	1.571

7) 화장실

구분	단위	값
사용시간과 운전시간		
사용시작시간	[Uhr]	07:00
사용종료시간	[Uhr]	18:00
운전시작시간	[Uhr]	07:00
운전종료시간	[Uhr]	18:00
설정 요구량		
최소도입외기량	[m^3/(h m^2)]	15
급탕요구량	[Wh/(m^2d)]	0
조명시간	[h]	11
열발열원		
사람	[Wh/(m^2d)]	0
작업보조기기	[Wh/(m^2d)]	0
실내공기온도		
난방설정온도	[°C]	20
냉방설정온도	[°C]	26
월간 사용일수		
1월 사용일수	[d/mth]	22
2월 사용일수	[d/mth]	19
3월 사용일수	[d/mth]	21
4월 사용일수	[d/mth]	22
5월 사용일수	[d/mth]	22
6월 사용일수	[d/mth]	20
7월 사용일수	[d/mth]	22
8월 사용일수	[d/mth]	21
9월 사용일수	[d/mth]	18
10월 사용일수	[d/mth]	21
11월 사용일수	[d/mth]	21
12월 사용일수	[d/mth]	21
용도별 가중치		
난방	-	1
냉방	-	1
급탕	-	0
조명	-	0.818
환기	-	1

8) 그 외 체류공간(휴게실, 탈의실, 헬스장, 열람실, 매점 등)

구분	단위	값
사용시간과 운전시간		
사용시작시간	[Uhr]	07:00
사용종료시간	[Uhr]	18:00
운전시작시간	[Uhr]	07:00
운전종료시간	[Uhr]	18:00
설정 요구량		
최소도입외기량	[m³/(h m²)]	7
급탕요구량	[Wh/(m²d)]	30
조명시간	[h]	11
열발열원		
사람	[Wh/(m²d)]	96
작업보조기기	[Wh/(m²d)]	8
실내공기온도		
난방설정온도	[°C]	20
냉방설정온도	[°C]	26
월간 사용일수		
1월 사용일수	[d/mth]	22
2월 사용일수	[d/mth]	19
3월 사용일수	[d/mth]	21
4월 사용일수	[d/mth]	22
5월 사용일수	[d/mth]	22
6월 사용일수	[d/mth]	20
7월 사용일수	[d/mth]	22
8월 사용일수	[d/mth]	21
9월 사용일수	[d/mth]	18
10월 사용일수	[d/mth]	21
11월 사용일수	[d/mth]	21
12월 사용일수	[d/mth]	21
용도별 가중치		
난방	-	1
냉방	-	1
급탕	-	1
조명	-	0.818
환기	-	1

9) 부속공간(로비, 복도, 계단실 등)

구분	단위	값
사용시간과 운전시간		
사용시작시간	[Uhr]	07:00
사용종료시간	[Uhr]	18:00
운전시작시간	[Uhr]	07:00
운전종료시간	[Uhr]	18:00
설정 요구량		
최소도입외기량	[m³/(h m²)]	0.15
급탕요구량	[Wh/(m²d)]	0
조명시간	[h]	11
열발열원		
사람	[Wh/(m²d)]	0
작업보조기기	[Wh/(m²d)]	0
실내공기온도		
난방설정온도	[°C]	20
냉방설정온도	[°C]	26
월간 사용일수		
1월 사용일수	[d/mth]	22
2월 사용일수	[d/mth]	19
3월 사용일수	[d/mth]	21
4월 사용일수	[d/mth]	22
5월 사용일수	[d/mth]	22
6월 사용일수	[d/mth]	20
7월 사용일수	[d/mth]	22
8월 사용일수	[d/mth]	21
9월 사용일수	[d/mth]	18
10월 사용일수	[d/mth]	21
11월 사용일수	[d/mth]	21
12월 사용일수	[d/mth]	21
용도별 가중치		
난방	-	1
냉방	-	1
급탕	-	0
조명	-	0.818
환기	-	1

10) 창고/설비/문서실

구분	단위	값
사용시간과 운전시간		
사용시작시간	[Uhr]	07:00
사용종료시간	[Uhr]	18:00
운전시작시간	[Uhr]	07:00
운전종료시간	[Uhr]	18:00
설정 요구량		
최소도입외기량	[m³/(h m²)]	0.15
급탕요구량	[Wh/(m²d)]	0
조명시간	[h]	11
열발열원		
사람	[Wh/(m²d)]	0
작업보조기기	[Wh/(m²d)]	0
실내공기온도		
난방설정온도	[°C]	20
냉방설정온도	[°C]	26
월간 사용일수		
1월 사용일수	[d/mth]	22
2월 사용일수	[d/mth]	19
3월 사용일수	[d/mth]	21
4월 사용일수	[d/mth]	22
5월 사용일수	[d/mth]	22
6월 사용일수	[d/mth]	20
7월 사용일수	[d/mth]	22
8월 사용일수	[d/mth]	21
9월 사용일수	[d/mth]	18
10월 사용일수	[d/mth]	21
11월 사용일수	[d/mth]	21
12월 사용일수	[d/mth]	21
용도별 가중치		
난방	-	1
냉방	-	1
급탕	-	0
조명	-	0.818
환기	-	1

11) 전산실

구분	단위	값
사용시간과 운전시간		
사용시작시간	[Uhr]	00:00
사용종료시간	[Uhr]	24:00
운전시작시간	[Uhr]	00:00
운전종료시간	[Uhr]	24:00
설정 요구량		
최소도입외기량	[m^3/(h m^2)]	1.3
급탕요구량	[Wh/(m^2d)]	30
조명시간	[h]	12
열발열원		
사람	[Wh/(m^2d)]	15
작업보조기기	[Wh/(m^2d)]	1800
실내공기온도		
난방설정온도	[°C]	20
냉방설정온도	[°C]	26
월간 사용일수		
1월 사용일수	[d/mth]	31
2월 사용일수	[d/mth]	28
3월 사용일수	[d/mth]	31
4월 사용일수	[d/mth]	30
5월 사용일수	[d/mth]	31
6월 사용일수	[d/mth]	30
7월 사용일수	[d/mth]	31
8월 사용일수	[d/mth]	31
9월 사용일수	[d/mth]	30
10월 사용일수	[d/mth]	31
11월 사용일수	[d/mth]	30
12월 사용일수	[d/mth]	31
용도별 가중치		
난방	-	0.314
냉방	-	0.314
급탕	-	0.685
조명	-	0.514
환기	-	0.314

12) 주방 및 조리실

구분	단위	값
사용시간과 운전시간		
사용시작시간	[Uhr]	08:00
사용종료시간	[Uhr]	15:00
운전시작시간	[Uhr]	08:00
운전종료시간	[Uhr]	15:00
설정 요구량		
최소도입외기량	[m³/(h m²)]	90
급탕요구량	[Wh/(m²d)]	0
조명시간	[h]	7
열발열원		
사람	[Wh/(m²d)]	56
작업보조기기	[Wh/(m²d)]	1800
실내공기온도		
난방설정온도	[°C]	20
냉방설정온도	[°C]	26
월간 사용일수		
1월 사용일수	[d/mth]	22
2월 사용일수	[d/mth]	19
3월 사용일수	[d/mth]	21
4월 사용일수	[d/mth]	22
5월 사용일수	[d/mth]	22
6월 사용일수	[d/mth]	20
7월 사용일수	[d/mth]	22
8월 사용일수	[d/mth]	21
9월 사용일수	[d/mth]	18
10월 사용일수	[d/mth]	21
11월 사용일수	[d/mth]	21
12월 사용일수	[d/mth]	21
용도별 가중치		
난방	-	1.571
냉방	-	1.571
급탕	-	0
조명	-	1.286
환기	-	1.571

13) 병실

구분	단위	값
사용시간과 운전시간		
사용시작시간	[Uhr]	00:00
사용종료시간	[Uhr]	24:00
운전시작시간	[Uhr]	00:00
운전종료시간	[Uhr]	24:00
설정 요구량		
최소도입외기량	[m^3/(h m^2)]	4
급탕요구량	[Wh/(m^2d)]	82
조명시간	[h]	12
열발열원		
사람	[Wh/(m^2d)]	108
작업보조기기	[Wh/(m^2d)]	24
실내공기온도		
난방설정온도	[°C]	20
냉방설정온도	[°C]	26
월간 사용일수		
1월 사용일수	[d/mth]	31
2월 사용일수	[d/mth]	28
3월 사용일수	[d/mth]	31
4월 사용일수	[d/mth]	30
5월 사용일수	[d/mth]	31
6월 사용일수	[d/mth]	30
7월 사용일수	[d/mth]	31
8월 사용일수	[d/mth]	31
9월 사용일수	[d/mth]	30
10월 사용일수	[d/mth]	31
11월 사용일수	[d/mth]	30
12월 사용일수	[d/mth]	31
용도별 가중치		
난방	-	0.314
냉방	-	0.314
급탕	-	0.251
조명	-	0.514
환기	-	0.314

14) 객실

구분	단위	값
사용시간과 운전시간		
사용시작시간	[Uhr]	21:00
사용종료시간	[Uhr]	08:00
운전시작시간	[Uhr]	21:00
운전종료시간	[Uhr]	08:00
설정 요구량		
최소도입외기량	[$m^3/(h\ m^2)$]	3
급탕요구량	[$Wh/(m^2d)$]	82
조명시간	[h]	4
열발열원		
사람	[$Wh/(m^2d)$]	70
작업보조기기	[$Wh/(m^2d)$]	44
실내공기온도		
난방설정온도	[°C]	20
냉방설정온도	[°C]	26
월간 사용일수		
1월 사용일수	[d/mth]	31
2월 사용일수	[d/mth]	28
3월 사용일수	[d/mth]	31
4월 사용일수	[d/mth]	30
5월 사용일수	[d/mth]	31
6월 사용일수	[d/mth]	30
7월 사용일수	[d/mth]	31
8월 사용일수	[d/mth]	31
9월 사용일수	[d/mth]	30
10월 사용일수	[d/mth]	31
11월 사용일수	[d/mth]	30
12월 사용일수	[d/mth]	31
용도별 가중치		
난방	-	0.685
냉방	-	0.685
급탕	-	0.251
조명	-	1.541
환기	-	0.685

15) 교실(초중고)

구분	단위	값
사용시간과 운전시간		
사용시작시간	[Uhr]	08:00
사용종료시간	[Uhr]	15:00
운전시작시간	[Uhr]	08:00
운전종료시간	[Uhr]	15:00
설정 요구량		
최소도입외기량	[$m^3/(h\ m^2)$]	10
급탕요구량	[$Wh/(m^2d)$]	30
조명시간	[h]	6
열발열원		
사람	[$Wh/(m^2d)$]	100
작업보조기기	[$Wh/(m^2d)$]	20
실내공기온도		
난방설정온도	[°C]	20
냉방설정온도	[°C]	26
월간 사용일수		
1월 사용일수	[d/mth]	0
2월 사용일수	[d/mth]	14
3월 사용일수	[d/mth]	23
4월 사용일수	[d/mth]	22
5월 사용일수	[d/mth]	21
6월 사용일수	[d/mth]	22
7월 사용일수	[d/mth]	15
8월 사용일수	[d/mth]	3
9월 사용일수	[d/mth]	22
10월 사용일수	[d/mth]	21
11월 사용일수	[d/mth]	22
12월 사용일수	[d/mth]	15
용도별 가중치		
난방	-	1.964
냉방	-	1.964
급탕	-	1.250
조명	-	1.875
환기	-	1.964

16) 강의실(대학)

구분	단위	값
사용시간과 운전시간		
사용시작시간	[Uhr]	09:00
사용종료시간	[Uhr]	18:00
운전시작시간	[Uhr]	09:00
운전종료시간	[Uhr]	18:00
설정 요구량		
최소도입외기량	[m^3/(h m^2)]	30
급탕요구량	[Wh/(m^2d)]	30
조명시간	[h]	6
열발열원		
사람	[Wh/(m^2d)]	420
작업보조기기	[Wh/(m^2d)]	24
실내공기온도		
난방설정온도	[°C]	20
냉방설정온도	[°C]	26
월간 사용일수		
1월 사용일수	[d/mth]	0
2월 사용일수	[d/mth]	0
3월 사용일수	[d/mth]	20
4월 사용일수	[d/mth]	20
5월 사용일수	[d/mth]	15
6월 사용일수	[d/mth]	20
7월 사용일수	[d/mth]	5
8월 사용일수	[d/mth]	0
9월 사용일수	[d/mth]	20
10월 사용일수	[d/mth]	20
11월 사용일수	[d/mth]	21
12월 사용일수	[d/mth]	9
용도별 가중치		
난방	-	2.037
냉방	-	2.037
급탕	-	1.667
조명	-	2.500
환기	-	2.037

17) 매장(상점/백화점)

구분	단위	값
사용시간과 운전시간		
사용시작시간	[Uhr]	08:00
사용종료시간	[Uhr]	20:00
운전시작시간	[Uhr]	08:00
운전종료시간	[Uhr]	20:00
설정 요구량		
최소도입외기량	[$m^3/(h\ m^2)$]	4
급탕요구량	[$Wh/(m^2d)$]	30
조명시간	[h]	12
열발열원		
사람	[$Wh/(m^2d)$]	84
작업보조기기	[$Wh/(m^2d)$]	24
실내공기온도		
난방설정온도	[°C]	20
냉방설정온도	[°C]	26
월간 사용일수		
1월 사용일수	[d/mth]	26
2월 사용일수	[d/mth]	23
3월 사용일수	[d/mth]	25
4월 사용일수	[d/mth]	26
5월 사용일수	[d/mth]	26
6월 사용일수	[d/mth]	24
7월 사용일수	[d/mth]	26
8월 사용일수	[d/mth]	26
9월 사용일수	[d/mth]	22
10월 사용일수	[d/mth]	25
11월 사용일수	[d/mth]	26
12월 사용일수	[d/mth]	25
용도별 가중치		
난방	-	0.764
냉방	-	0.764
급탕	-	0.833
조명	-	※수식 참조
환기	-	0.764

※ 매장의 경우 조명밀도에 따른 보정치

조명 가중치 = 0.625 × 보정치

10W/m² 이하일 경우 : 보정치=1

10W/m² 초과일 경우 : 보정치=[(해당실 조명밀도-10)×0.4+10] / (해당실 조명밀도)

18) 전시실(전시관/박물관)

구분	단위	값
사용시간과 운전시간		
사용시작시간	[Uhr]	10:00
사용종료시간	[Uhr]	18:00
운전시작시간	[Uhr]	10:00
운전종료시간	[Uhr]	18:00
설정 요구량		
최소도입외기량	[m³/(h m²)]	2
급탕요구량	[Wh/(m²d)]	30
조명시간	[h]	8
열발열원		
사람	[Wh/(m²d)]	28
작업보조기기	[Wh/(m²d)]	0
실내공기온도		
난방설정온도	[°C]	20
냉방설정온도	[°C]	26
월간 사용일수		
1월 사용일수	[d/mth]	22
2월 사용일수	[d/mth]	19
3월 사용일수	[d/mth]	21
4월 사용일수	[d/mth]	22
5월 사용일수	[d/mth]	22
6월 사용일수	[d/mth]	20
7월 사용일수	[d/mth]	22
8월 사용일수	[d/mth]	21
9월 사용일수	[d/mth]	18
10월 사용일수	[d/mth]	21
11월 사용일수	[d/mth]	21
12월 사용일수	[d/mth]	21
용도별 가중치		
난방	-	1.375
냉방	-	1.375
급탕	-	1
조명	-	1.125
환기	-	1.375

19) 열람실(도서관)

구분	단위	값
사용시간과 운전시간		
사용시작시간	[Uhr]	08:00
사용종료시간	[Uhr]	20:00
운전시작시간	[Uhr]	08:00
운전종료시간	[Uhr]	20:00
설정 요구량		
최소도입외기량	[m³/(h m²)]	8
급탕요구량	[Wh/(m²d)]	30
조명시간	[h]	12
열발열원		
사람	[Wh/(m²d)]	168
작업보조기기	[Wh/(m²d)]	0
실내공기온도		
난방설정온도	[°C]	20
냉방설정온도	[°C]	26
월간 사용일수		
1월 사용일수	[d/mth]	26
2월 사용일수	[d/mth]	23
3월 사용일수	[d/mth]	25
4월 사용일수	[d/mth]	26
5월 사용일수	[d/mth]	26
6월 사용일수	[d/mth]	24
7월 사용일수	[d/mth]	26
8월 사용일수	[d/mth]	26
9월 사용일수	[d/mth]	22
10월 사용일수	[d/mth]	25
11월 사용일수	[d/mth]	26
12월 사용일수	[d/mth]	25
용도별 가중치		
난방	-	0.764
냉방	-	0.764
급탕	-	0.833
조명	-	0.625
환기	-	0.764

20) 체육시설

구분	단위	값
사용시간과 운전시간		
사용시작시간	[Uhr]	08:00
사용종료시간	[Uhr]	23:00
운전시작시간	[Uhr]	08:00
운전종료시간	[Uhr]	23:00
설정 요구량		
최소도입외기량	[m^3/(h m^2)]	3
급탕요구량	[Wh/(m^2d)]	220
조명시간	[h]	15
열발열원		
사람	[Wh/(m^2d)]	60
작업보조기기	[Wh/(m^2d)]	0
실내공기온도		
난방설정온도	[°C]	20
냉방설정온도	[°C]	26
월간 사용일수		
1월 사용일수	[d/mth]	26
2월 사용일수	[d/mth]	23
3월 사용일수	[d/mth]	25
4월 사용일수	[d/mth]	26
5월 사용일수	[d/mth]	26
6월 사용일수	[d/mth]	24
7월 사용일수	[d/mth]	26
8월 사용일수	[d/mth]	26
9월 사용일수	[d/mth]	22
10월 사용일수	[d/mth]	25
11월 사용일수	[d/mth]	26
12월 사용일수	[d/mth]	25
용도별 가중치		
난방	-	0.611
냉방	-	0.611
급탕	-	0.114
조명	-	0.500
환기	-	0.611

[별표 3] 1차에너지 환산계수

구분	1차 에너지환산계수
연료	1.1
전력	2.75
지역난방	0.728
지역냉방	0.937

작성 가이드

녹색건축인증 및 에너지효율등급

定價 30,000원

저 자 양성희 · 김학인
유철종 · 박준성

감 수 이광호 · 한승원
왕정한 · 이기완

발행인 한 병 천

2015年 3月 18日 초 판 인 쇄
2015年 3月 25日 초 판 발 행

發行處 (주) 한솔아카데미

137-944 서울시 서초구 마방로10길 25 트윈타워 A동 2002호
TEL : 575-6144/5 FAX : 529-1130
〈1998. 2. 19 登錄 第16-1608號〉

※ 破本은 交換해 드립니다.

※ 본 교재의 내용 중에서 오타, 오류 등은 발견되는 대로 한솔아카데미 인터넷 홈페이지를 통해 공지하여 드리며 보다 완벽한 교재를 위해 끊임없이 최선의 노력을 다하겠습니다.
www.inup.co.kr / www.bestbook.co.kr

ISBN 979-11-5656-165-1 93540